AF466008

ŒUVRES D'É. VERDET

PUBLIÉES PAR LES SOINS DE SES ÉLÈVES

TOME II

COURS DE PHYSIQUE

PROFESSÉ A L'ÉCOLE POLYTECHNIQUE

PAR

É. VERDET

PUBLIÉ

PAR M. EMILE FERNET

RÉPÉTITEUR A L'ÉCOLE POLYTECHNIQUE, ANCIEN ÉLÈVE DE L'ÉCOLE NORMALE

AVEC 280 FIGURES DANS LE TEXTE

TOME PREMIER

Verdet, Emile 2
Oeuvres d'Emile verdet
3398

PARIS
VICTOR MASSON ET FILS, ÉDITEURS
PLACE DE L'ÉCOLE-DE-MÉDECINE
1868

Elève de l'Ecole Normale Supér

ŒUVRES

DE

É. VERDET

PUBLIÉES

PAR LES SOINS DE SES ÉLÈVES

TOME II

PARIS,

VICTOR MASSON ET FILS, ÉDITEURS,

PLACE DE L'ÉCOLE-DE-MÉDECINE.

Droits de traduction et de reproduction réservés.

COURS

DE PHYSIQUE

PROFESSÉ À L'ÉCOLE POLYTECHNIQUE

PAR

É. VERDET

PUBLIÉ

PAR M. ÉMILE FERNET

RÉPÉTITEUR À L'ÉCOLE POLYTECHNIQUE, ANCIEN ÉLÈVE DE L'ÉCOLE NORMALE

TOME I

PARIS

IMPRIMÉ PAR AUTORISATION DE SON EXC. LE GARDE DES SCEAUX

A L'IMPRIMERIE IMPÉRIALE

M DCCC LXVIII

Dans son enseignement à l'École polytechnique, M. Verdet s'était astreint à rédiger lui-même, conformément à un usage suivi pour un certain nombre des cours de l'École, des notes qui étaient ensuite lithographiées et distribuées aux élèves. Ces notes, écrites avec une concision qui donnera à cette partie de ses œuvres un caractère spécial, étaient destinées, le plus souvent, à rappeler seulement les points principaux de chaque leçon aux élèves qui l'avaient entendue; pour les définitions dans lesquelles la précision des termes est indispensable à l'intelligence des conséquences qui en doivent être déduites, pour les parties les plus délicates des théories, elles leur fournissaient des éléments plus complets, et leur permettaient ainsi de reconstituer sans peine dans leurs souvenirs tous les détails donnés par le professeur.

En publiant ces notes, il a été nécessaire de compléter certaines parties, d'y adjoindre quelques descriptions d'appareils, de façon à les rendre intelligibles à tous les lecteurs. On a cherché cependant à n'y ajouter que les développements indispensables, et à leur laisser, autant que possible, leur caractère primitif. Ces développements ont d'ailleurs été puisés dans les souvenirs des leçons elles-mêmes : ce sont, pour ainsi dire, ceux que les élèves auraient pu joindre aux notes lithographiées, après avoir assisté au cours. Il a paru préférable, pour la clarté, de confondre ces développements additionnels avec le texte lui-même : on n'a placé en note que ceux qui en peuvent être séparés sans nuire à l'intelligence complète de l'ensemble.

Si l'on a pu ainsi contribuer à faire connaître et apprécier davantage un enseignement qui fut si utile et si élevé, ce sera un tribut de reconnaissance au maître dont les leçons ont laissé un souvenir d'admiration à tous ceux auxquels il a été donné de les entendre.

É. FERNET.

COURS DE PHYSIQUE

PROFESSÉ

A L'ÉCOLE POLYTECHNIQUE.

DE LA CHALEUR.

NOTIONS PRÉLIMINAIRES.

1. **Chaleur.** — Le caractère purement *relatif* des sensations du chaud et du froid conduit à regarder ces sensations comme des effets d'une même puissance, diversement énergique dans son action. Cette puissance est ce qu'on nomme la *chaleur*.

Elle n'est pas seulement apte à produire en nous des sensations d'une nature particulière; elle a encore pour effet de modifier, d'une manière plus ou moins profonde, l'état physique de tous les corps : elle leur fait éprouver des changements de volume, des changements de force élastique, des changements d'état. Les figures 1 à 5 rappel-

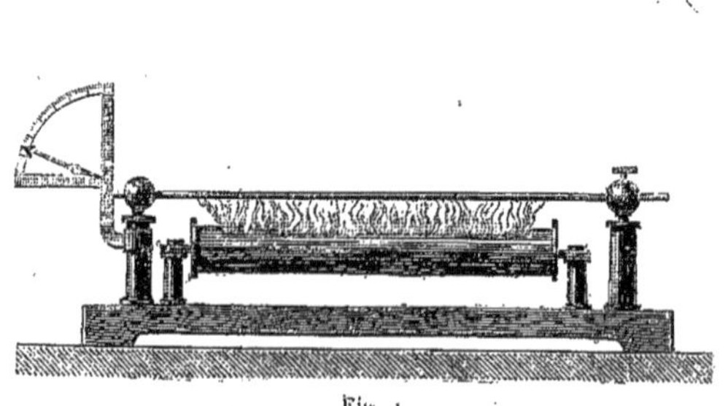

Fig. 1.

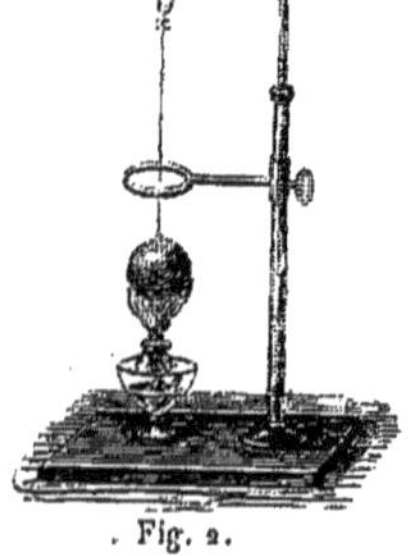

Fig. 2.

lent suffisamment les expériences à l'aide desquelles on constate, dans les cours, les changements de volume produits par la chaleur sur les corps solides, liquides ou gazeux. On retrouve dans ces effets physiques ce même caractère *relatif* qui est manifeste dans les sensations du chaud et du froid : dans des conditions convenables, toute source de chaleur peut agir comme une source de froid, et réciproquement.

L'étude des effets physiques qu'on vient d'indiquer, considérés en eux-mêmes, formera la première partie de ce cours; on traitera plus loin des lois suivant lesquelles l'action de la chaleur se fait sentir d'un corps à l'autre.

Jusqu'à ces derniers temps, il avait paru tout à fait impossible de ramener l'étude des effets de la chaleur au développement des conséquences d'un principe unique, comme cela est possible, jusqu'à un certain point, pour la plus grande partie de l'optique, ou même au développement des conséquences de plusieurs principes secondaires, comme on peut le faire pour l'étude des courants électriques.

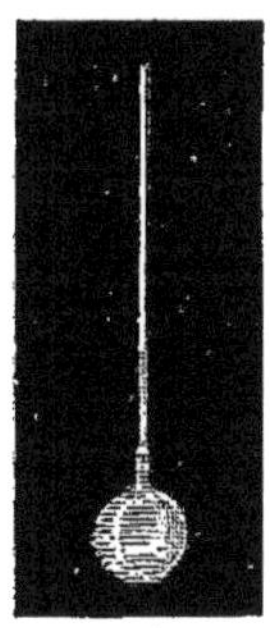
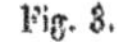

Fig. 3.

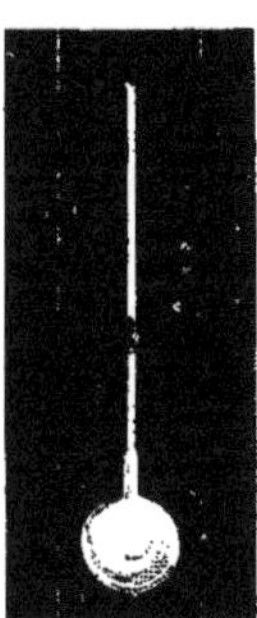

Fig. 4.

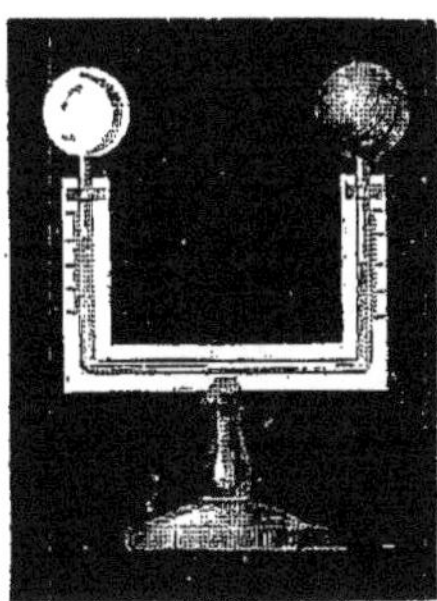

Fig. 5.

On devait se borner à l'exposition des faits observés, sans l'accompagner d'aucune conception théorique propre à en expliquer la dépendance réciproque et nécessaire. Les anciennes conceptions, toutes fondées sur l'hypothèse de la matérialité du calorique, qui n'avait jamais pu conduire à la découverte d'un phénomène nouveau, s'étaient montrées incompatibles avec les lois de la propagation de la chaleur, et avaient dû tomber en oubli. Les progrès les plus récents de la science, le perfectionnement incessant des moyens d'observation, tendaient même à faire disparaître certaines lois simples qui, dans un état moins avancé de l'art des expériences, avaient pu être jugées rigoureuses, et qui avaient longtemps donné à l'esprit scientifique une satisfaction qu'il ne saurait trouver dans des faits isolés, quelque perfection qu'aient pu atteindre les méthodes destinées à les observer.

Depuis peu d'années, la science est entrée en possession d'un principe général qui lui permettra probablement d'édifier une vraie *théorie* des effets de la chaleur. L'étude des machines qui doivent à la chaleur leur puissance motrice a fait découvrir des relations fixes entre les phénomènes calorifiques dont ces machines sont le siége et le travail mécanique qu'elles sont aptes à fournir; et, en étendant ces relations à tous les cas où l'action de la chaleur est opposée à celle d'une résistance extérieure (dilatation, fusion, vaporisation sous pression constante), on a établi des lois nouvelles qui diffèrent essentiellement, par leur caractère, des lois approximatives révélées autrefois par la simple observation : en même temps, on a mieux compris le caractère de ces lois approximatives elles-mêmes.

Toutefois le travail de reconstitution de la science que cette découverte a provoqué ne fait que de commencer; il est loin d'être assez avancé pour qu'il y ait avantage à débuter par les faits qui établissent le principe de l'équivalence du travail mécanique et de la chaleur. — Il convient encore d'étudier d'abord en eux-mêmes les phénomènes de la dilatation, de la fusion, de la formation des vapeurs, et de faire suivre cette étude des principes qui devront un jour la précéder. Tel sera l'ordre suivi dans ce cours.

2. **Définition et mesure des températures.** — On peut remarquer, d'une manière générale, que si deux corps ou deux systèmes de corps sont mis en rapport, l'un d'eux fonctionne relativement à l'autre comme une source de chaleur, et qu'il éprouve lui-même les effets résultant de l'application d'une source de froid. Cette période de réaction réciproque des deux systèmes a pour conséquence finale un état d'équilibre qui persiste indéfiniment si aucune cause extérieure ne vient le troubler : cette dernière condition, impossible à réaliser pratiquement, est d'ailleurs toujours théoriquement concevable. On dit alors que les deux systèmes *sont en équilibre de température* ou que *leurs températures sont égales*.

Il peut arriver que cet état d'équilibre soit réalisé dès le premier instant et sans qu'aucune modification survienne dans l'état d'aucun des deux systèmes : on doit dire alors que ces deux systèmes avaient d'avance la même température. — Dans tout autre cas, on dit que les deux systèmes sont initialement à des *températures différentes;* celui des deux qui fonctionne par rapport à l'autre comme une source de chaleur, c'est-à-dire qui détermine dans l'autre système des effets de dilatation, de fusion ou de vaporisation, est dit avoir eu primitivement la *température la plus élevée.*

Deux faits généraux, établis par l'expérience, justifient l'emploi de ces locutions :

Premièrement, si deux systèmes A et B sont respectivement à la même température qu'un troisième système C, lorsqu'on mettra les deux premiers en relation l'un avec l'autre, ils se trouveront immédiatement en équilibre. En d'autres termes, deux températures égales à une troisième sont égales entre elles.

En second lieu, si de trois systèmes A, B, C le deuxième est à une température plus élevée que le premier, et le troisième à une température plus élevée que le deuxième, l'expérience montre que le troisième est à une température plus élevée que le premier. De plus, si par l'action d'une source de chaleur on modifie l'état du système A de façon à l'amener à se trouver en équilibre de température avec le système C, il passera toujours par une suite d'états telle, que, à un certain moment, il se trouve en équilibre avec le système B. Cette circonstance permet de dire que B est à une température *intermédiaire* entre les températures de A et de C.

Dès lors, soit un nombre quelconque de systèmes à des températures différentes. En ayant égard à ce qui vient d'être dit, il sera possible de les classer dans un ordre tel, qu'un système quelconque soit à une température plus élevée que tous ceux qui le précèdent et à une température moins élevée que tous ceux qui le suivent. L'ordre ainsi établi, que nous représenterons par

$$A, B, C, \ldots, Z,$$

sera évidemment unique, et un système quelconque ne pourra

passer à l'état d'un système suivant qu'en traversant les états de tous les systèmes intermédiaires.

Supposons que, dans la constitution de tous les systèmes A, B, C;..., Z, on ait fait entrer un même corps *m*; dans chaque système, ce corps aura un volume particulier, qu'il suffira de connaître pour caractériser d'une manière précise l'état du système relativement à tous les autres. Il suit en effet des définitions précédentes que si, dans deux systèmes, le corps *m* a même volume, ces systèmes sont à la même température: que si, dans deux autres systèmes, il a des volumes différents, ces systèmes sont à des températures différentes, et que le système où le volume de *m* est le plus grand est à la température la plus élevée. — Un corps commun à divers systèmes et dont les volumes peuvent être mesurés commodément est ce qu'on nomme un *thermomètre*.

Convenons maintenant d'appeler *température* d'un système, soit l'expression numérique du volume que possède le thermomètre faisant partie de ce système, soit une fonction quelconque de cette expression. Une telle convention, qui sera d'une grande commodité pour la désignation des états divers que traverse un système soumis à l'action de la chaleur, s'accordera entièrement avec les définitions données plus haut de l'égalité et de l'inégalité des températures: elle ne présentera donc que des avantages.

Le mot *température*, lorsqu'il est employé isolément, n'a donc aucune signification mystérieuse que les progrès ultérieurs de la science puissent éclaircir, et qu'on doive aujourd'hui se contenter de sentir d'une manière plus ou moins vague. Il désigne simplement un *nombre* qui satisfait aux deux conditions suivantes : deux systèmes en équilibre, où ce nombre a la même valeur, demeureront en équilibre lorsqu'on les mettra en rapport l'un avec l'autre; deux systèmes où ce nombre a des valeurs différentes se modifieront réciproquement, et celui auquel correspond la valeur la plus grande fonctionnera, relativement à l'autre, comme source de chaleur. — Il résulte de ce qui précède qu'on peut trouver une série de nombres jouissant de ces propriétés, et qu'on en peut même trouver une infinité, selon la diversité des conventions qu'on voudra faire.

3. **Conventions relatives à la fixation des valeurs numériques des températures.** — Les conventions suivantes, qui ne sont peut-être pas les plus avantageuses possible, ont été universellement adoptées :

1° On appelle *température zéro* la température de tout système où le thermomètre prend un volume particulier, défini arbitrairement.

2° On prend pour expression de la température un nombre *proportionnel* au changement relatif qu'éprouve le volume du thermomètre en passant de l'état défini par la température zéro à un autre état déterminé quelconque. Ce nombre est positif ou négatif, suivant que le changement de volume considéré est une dilatation ou une contraction. — Il y a d'ailleurs autant d'*échelles thermométriques* qu'on attribue de valeurs diverses au coefficient par lequel est exprimée la proportionnalité entre les températures et les variations de volume du thermomètre.

Les plus anciens thermomètres, ceux de Galilée et des académiciens de Florence, semblent avoir été entièrement conformes à ces conventions. C'étaient de petits thermomètres à alcool, de dimensions exactement identiques, dont la tige était divisée en *degrés* rigoureusement égaux, et où d'ailleurs la position du zéro était entièrement arbitraire. — Newton paraît avoir, le premier, défini le zéro par un phénomène physique facile à reproduire dans des conditions identiques, la fusion de la glace; mais le degré de son thermomètre était encore une fraction du volume à zéro, définie numériquement. — Fahrenheit remplaça cette définition numérique par l'introduction d'un deuxième point fixe, caractérisé par l'ébullition de l'eau sous une pression déterminée, la pression normale de 760 millimètres. Le degré de son thermomètre fut alors une fraction de l'accroissement du volume entre la température de la glace fondante et la température de la vapeur d'eau bouillant sous la pression normale. Ces deux dernières conventions, relatives à la définition de l'échelle thermométrique, sont identiques au fond; mais la seconde est pratiquement beaucoup plus commode que la première.

En donnant des valeurs diverses à la fraction qui caractérise la valeur absolue du degré, définie comme on vient de le dire, on obtient : l'*échelle centigrade*, dans laquelle l'intervalle des deux points fixes est divisé en 100 parties égales; l'*échelle de Réaumur,* dans laquelle cet intervalle est divisé en 80 parties égales; l'*échelle de Fahrenheit,* dans laquelle ce même intervalle est divisé en 180 parties égales; seulement, dans cette dernière, le point de fusion de la glace correspond à la température 32 degrés, au lieu de la température zéro, et le point de l'ébullition de l'eau correspond à la température 212 degrés.

4. **Définition précise du degré centigrade.** — Le *degré centigrade,* en particulier, est donc l'élévation de température qui produit sur le thermomètre une variation de volume égale à la centième partie de la variation qui a lieu lorsque l'instrument passe, de la température de la fusion de la glace, à la température de la vapeur d'eau bouillant sous la pression normale.

Cette définition n'a un sens tout à fait précis que si l'on fait connaître la matière du thermomètre; en effet, si, en vertu des conventions faites sur les points fixes, tous les thermomètres doivent s'accorder aux températures zéro et 100 degrés, il n'y a *a priori* aucune raison pour qu'ils s'accordent dans des conditions différentes.

Presque tous les corps d'ailleurs sont propres à servir de thermomètres[1]. Des raisons de commodité pratique ont fait adopter pendant longtemps l'usage à peu près exclusif du thermomètre à mercure. — Des raisons d'une tout autre nature, parmi lesquelles on ne citera pour le moment que la propriété offerte par l'air atmosphérique de conserver toujours l'état gazeux, ont fait remplacer le thermomètre à mercure, dans toutes les recherches scientifiques exactes, par le thermomètre à air. De plus, on a substitué, dans ce thermomètre, l'observation des variations de force élastique à celle des variations de volume. — Toutes les températures mentionnées dans ce cours se rapporteront donc à l'échelle définie par les conventions suivantes.

Soit P_0 la force élastique d'une masse donnée d'air sec, occupant

[1] Un certain nombre de corps, et en particulier l'eau et les solutions salines, présentent à une certaine température un *maximum de densité*, et par conséquent peuvent affecter le même volume dans deux conditions différentes, de part et d'autre de cette condition particulière. De tels corps ne peuvent évidemment être employés comme corps thermométriques, au moins entre les limites où l'anomalie de leur loi de dilatation est sensible.

un volume déterminé V_0 et environnée de toutes parts de glace en fusion. Soit P_{100} la force élastique de la même masse, lorsqu'elle occupe le même volume V_0, étant environnée de toutes parts d'une atmosphère de vapeur aqueuse en contact avec une masse d'eau bouillant sous la pression normale de 760 millimètres. Soit P la force élastique observée dans une autre condition physique, le volume demeurant toujours égal à V_0; la température correspondante sera le nombre θ donné par la formule

$$\theta = \frac{P - P_0}{P_{100} - P_0}.$$

On n'exposera pas, pour le moment, les détails de la construction ni du mode d'observation du thermomètre à air et du thermomètre à mercure; cette étude sera mieux placée après celle des dilatations. On admettra donc, pour l'expliquer plus tard :

1° Qu'on sait construire et observer ces deux thermomètres;

2° Qu'on sait les comparer l'un à l'autre, de façon que, une indication du thermomètre à mercure étant donnée, il soit toujours possible d'en déduire l'indication qu'aurait accusée, dans les mêmes circonstances, le thermomètre à air.

Cette comparaison est souvent d'une grande importance, car bien souvent les grandes dimensions et la manipulation difficile du thermomètre à air en rendent l'usage impossible. Il faut alors recourir au thermomètre à mercure, et traduire ses indications en indications du thermomètre à air. — Sous les mêmes conditions, le thermomètre à alcool rend quelquefois d'utiles services.

ÉTUDE DES DILATATIONS.

NOTIONS GÉNÉRALES SUR LES DILATATIONS.

5. D'après les notions qui viennent d'être exposées au sujet des températures et du thermomètre, l'étude des dilatations se réduit à comparer les dilatations des corps de diverses natures avec les dilatations ou, plus exactement, avec les variations de force élastique de l'air sec. Il suit évidemment de là qu'il n'y a aucune raison d'espérer que cette étude puisse conduire à des lois simples. Il n'en résulte pas que son importance soit diminuée : la comparaison des faits analogues est le fondement de toutes les sciences d'observation.

Quelques expressions d'un usage continuel doivent d'abord être expliquées.

6. **Coefficient moyen de dilatation.** — On est dans l'usage de rapporter les volumes successifs d'un corps quelconque, à diverses températures, au volume que ce corps occupe à la température zéro. Si l'on désigne par V_0 ce dernier volume, par V le volume correspondant à la température t, par Δ la dilatation qu'éprouve chaque unité de volume du corps, supposé homogène, en passant de zéro à t degrés, par V' et Δ' les quantités analogues pour la température t', la définition même des quantités Δ et Δ' donne

$$\frac{V-V_0}{V_0}=\Delta, \qquad \frac{V'-V_0}{V_0}=\Delta',$$

d'où l'on déduit les deux formules

$$V=V_0(1+\Delta), \qquad V'=V_0(1+\Delta').$$

On en déduit également

$$V'=V\frac{1+\Delta'}{1+\Delta}.$$

Si Δ' et Δ sont petits, la dernière formule se réduit sensiblement à

$$V' = V(1 + \Delta' - \Delta).$$

Le rapport de la dilatation Δ à l'intervalle de température t s'appelle le *coefficient moyen de dilatation* de zéro à t degrés. Ce nombre est, en général, variable avec t; mais si, au-dessous d'une certaine limite de température, ses variations sont peu sensibles, on peut, au-dessous de cette limite, regarder l'accroissement de volume comme sensiblement proportionnel à l'accroissement de température, et appeler *coefficient de dilatation* le rapport sensiblement constant $\frac{\Delta}{t}$. Si l'on fait $\frac{\Delta}{t} = \delta$, les deux premières formules deviennent

$$V = V_0(1 + \delta t), \qquad V' = V_0(1 + \delta t').$$

On en déduit

$$V' = V\,\frac{1 + \delta t'}{1 + \delta t},$$

ou, par approximation,

$$V' = V[1 + \delta(t' - t)].$$

Le coefficient de dilatation exprime évidemment la fraction du volume à zéro dont augmente le volume V d'un corps à t degrés, pour une élévation de température d'un degré. Si l'on voulait comparer l'accroissement de volume déterminé par cette élévation de température avec le volume V à t degrés, on aurait, en désignant maintenant par V′ le volume à $t + 1$ degrés,

$$V' = V_0[1 + \delta(t + 1)],$$
$$V = V_0(1 + \delta t),$$

d'où l'on déduirait

$$\frac{V'}{V} = \frac{1 + \delta(t + 1)}{1 + \delta t},$$

ou enfin

$$\frac{V' - V}{V} = \frac{\delta}{1 + \delta t}.$$

7. **Coefficient vrai de dilatation.** — Pour les corps où le coefficient moyen de dilatation est rapidement variable avec la température, la définition précédente cesse d'être applicable. Mais si l'on cherche la limite vers laquelle tend l'expression

$$\frac{1}{V_0}\frac{V'-V}{t'-t}$$

à mesure que la température t' se rapproche indéfiniment de t, cette limite, qui est évidemment propre à caractériser la manière d'être du corps à la température t, pourra recevoir le nom de *coefficient vrai de dilatation* à la température t. En faisant usage des notations du calcul infinitésimal, on représentera ce coefficient par

$$\frac{1}{V_0}\frac{dV}{dt}.$$

Quelques auteurs préfèrent définir le *coefficient vrai de dilatation* comme la limite de

$$\frac{1}{V}\frac{V'-V}{t'-t},$$

c'est-à-dire

$$\frac{1}{V}\frac{dV}{dt}.$$

8. **Densités d'un même corps à diverses températures.** — Il est à peine nécessaire d'ajouter que les densités D et D' d'un même corps à des températures différentes t et t', étant inversement proportionnelles aux volumes, sont liées entre elles par les formules

$$D = \frac{D_0}{1+\Delta}, \qquad D' = \frac{D_0}{1+\Delta'},$$

$$D' = D\,\frac{1+\Delta}{1+\Delta'};$$

ou, si Δ et Δ' sont petits,

$$D' = D(1+\Delta-\Delta').$$

Si la dilatation est supposée proportionnelle à la température, on obtient les formules

$$D = \frac{D_0}{1+\delta t}, \qquad D' = \frac{D_0}{1+\delta t'},$$

$$D' = D\,\frac{1+\delta t}{1+\delta t'},$$

ou, par approximation,

$$D' = D[1 - \delta(t' - t)].$$

9. **Ordre à suivre dans l'étude des dilatations des divers corps.** — Au point de vue théorique, l'ordre à suivre dans l'étude expérimentale des dilatations des corps solides, liquides ou gazeux est assez indifférent; mais l'enchaînement des méthodes employées par les physiciens exige qu'on étudie d'abord la dilatation des liquides. — C'est en effet par là que l'on commencera l'exposé des recherches qui ont été faites sur ce sujet.

DILATATION DES LIQUIDES.

10. **Difficulté apparente de la question.** — Les liquides dont on veut observer les dilatations étant toujours contenus dans des enveloppes solides qui sont soumises à l'action de la chaleur en même temps que les liquides eux-mêmes, on n'observe jamais directement que la résultante des effets produits sur le système. — Pour savoir dans quel sens intervient la dilatation de l'enveloppe, il suffit de plonger dans l'eau chaude un ballon surmonté d'un tube étroit et rempli, jusque vers le milieu de ce tube, d'un liquide coloré (voir fig. 3, p. 2) : l'abaissement du niveau du liquide, dans les premiers instants de l'immersion, démontre que *la capacité de l'enveloppe augmente sous l'influence de la chaleur.*

Une méthode ingénieuse, fondée sur un principe indiqué par Boyle, permet de déterminer la dilatation d'un liquide indépendamment de cette influence.

11. **Détermination de la dilatation d'un liquide indépendamment de la dilatation de l'enveloppe.** — Le principe de Boyle peut s'énoncer comme il suit : *Si les pressions de deux colonnes verticales d'un même liquide à des températures diverses font équilibre à une même pression, ou se font équilibre l'une à l'autre, leurs hauteurs sont en raison inverse des densités.* Ce principe est exprimé par la formule

$$\frac{h}{h'} = \frac{D'}{D}.$$

Or, on a vu précédemment (8) que

$$\frac{D'}{D}=\frac{1+\Delta}{1+\Delta'};$$

on a donc

$$\frac{h}{h'}=\frac{1+\Delta}{1+\Delta'}.$$

Si la seconde colonne est à la température zéro, en désignant par h_0 sa hauteur et par D_0 la densité du liquide à zéro, on a

$$\frac{h}{h_0}=\frac{D_0}{D}=1+\Delta;$$

d'où l'on tire

$$\frac{h-h_0}{h_0}=\Delta.$$

On voit donc qu'il suffit de déterminer par l'expérience les deux termes de la fraction qui forme le premier membre, pour connaître la dilatation du liquide. C'est ce qu'on s'est proposé de réaliser dans les expériences qui suivent.

12. **Expériences de Dulong et Petit sur la dilatation du mercure.** — Deux tubes de verre verticaux (fig. 6), élargis à la partie supérieure et réunis à la partie inférieure par un tube horizontal de petit diamètre, sont environnés, l'un de glace fondante, l'autre d'huile chaude; la température de l'huile est accusée par un thermomètre à air, dont le réservoir occupe toute la hauteur du manchon dans lequel elle est contenue.

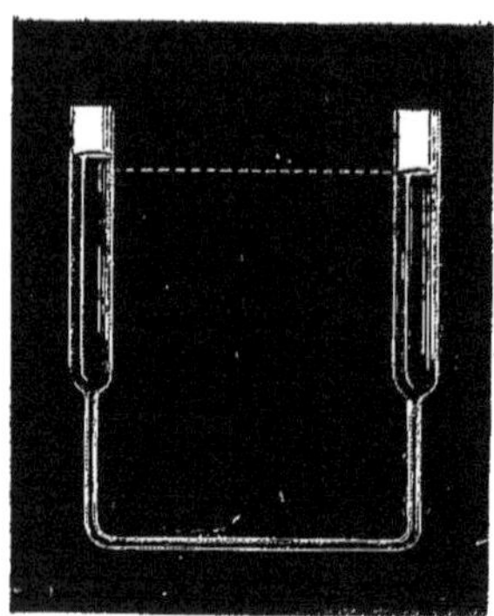

Fig. 6.

L'équilibre établi, on ne voit le mercure contenu dans le tube horizontal passer ni d'un côté ni de l'autre. Or, si l'on supposait que les pressions des deux colonnes fussent égales entre elles à la hauteur de l'arête supérieure de ce tube, il est évident que, à un niveau inférieur, la pression du mercure froid serait plus grande que celle du mercure chaud, et tout le mercure contenu dans le tube horizontal serait chassé du côté de la colonne chaude; si les pressions étaient égales entre elles à la hauteur de l'arête inférieure, un phénomène inverse aurait lieu. Dans l'un et dans l'autre cas, il n'y aurait donc pas équilibre. Il y aurait encore moins équilibre si les pressions exercées aux deux extrémités du tube horizontal étaient différentes à toutes les hauteurs. Il existe donc, dans l'intérieur du tube, une droite horizontale telle, qu'à ses deux extrémités les pressions des deux colonnes mercurielles soient égales, et, si le diamètre du tube est très-petit par rapport à la hauteur des colonnes, on ne commettra pas d'erreur sensible en admettant que cette horizontale est l'axe même du tube [1]. On pourra donc, dans le calcul de Δ, compter les hauteurs h et h_0 à partir de l'*axe* du tube de communication.

Une connaissance imparfaite de la dilatation de l'air a rendu inexactes toutes les déterminations de température dans les recherches de Dulong et Petit; d'autre part, les données immédiates des observations n'ayant pas été conservées, il a été impossible de corriger les erreurs avec certitude, lorsque, postérieurement à ces recherches, la dilatation de l'air a été mieux étudiée. Il a donc été nécessaire de reprendre à nouveau le travail : c'est ce qu'a fait M. Regnault.

13. **Expériences de M. Regnault.** — Les inconvénients de l'appareil de Dulong et Petit, qu'on devait se proposer d'éviter dans un nouvel appareil, sont : 1° la valeur trop faible de la différence de niveaux observée, tenant à une trop faible hauteur des colonnes verticales; ces colonnes avaient seulement 50 à 60 centimètres environ; 2° le défaut d'uniformité de la température d'une masse d'huile chauffée principalement par le bas, sans être agitée; 3° l'incertitude de la température des portions supérieures des colonnes

[1] Si cette égalité de pression est rigoureuse aux deux extrémités d'une horizontale déterminée, elle cesse de l'être aux deux extrémités de toute horizontale inférieure ou supérieure. Il n'y a donc qu'un filet infiniment mince de mercure qui soit, à proprement parler, en équilibre; tous les filets inférieurs cheminent de la colonne à zéro vers la colonne échauffée, tous les filets supérieurs cheminent en sens inverse. Mais ces deux systèmes de mouvements opposés se compensent, de manière que les niveaux du mercure dans les deux colonnes ne changent pas.

mercurielles, qui sont en contact avec l'air ambiant par une surface assez large.

14. *Première disposition des expériences.* — Deux tubes de fer ver-

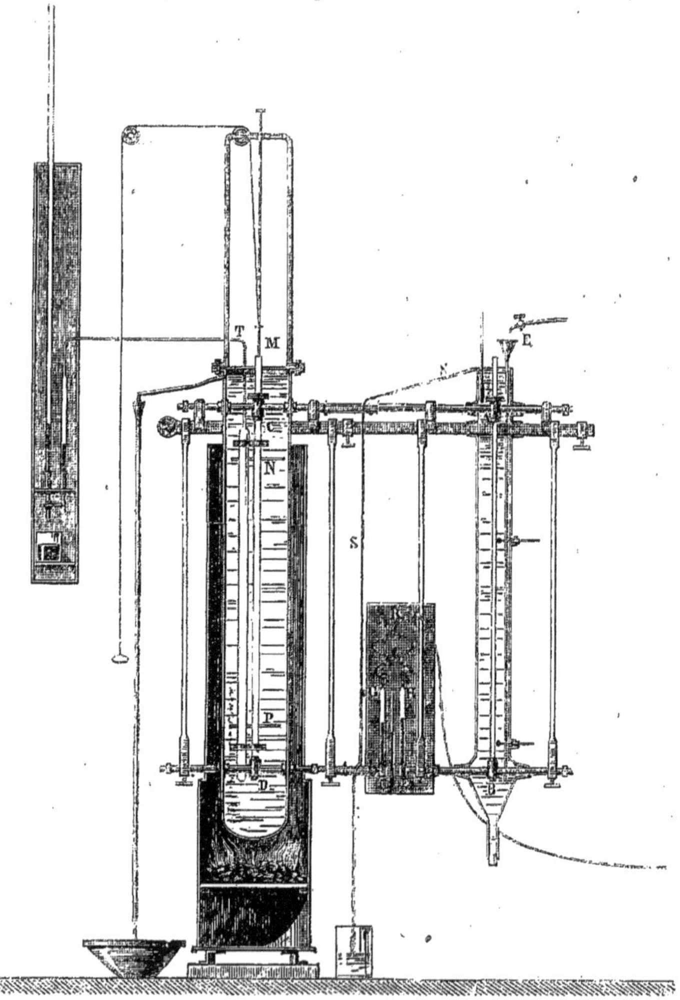

Fig. 7.

ticaux, AB, CD (fig. 7), communiquent ensemble, à quelques centimètres au-dessous de leurs extrémités supérieures, par un tube horizontal AC; ils communiquent séparément, par leurs extrémités inférieures, avec les tubes horizontaux BE, DF; dans ceux-ci sont mastiqués des tubes de verre verticaux EH, FG, terminés par des tubes de plomb qui se réunissent à un même tube R et établissent la communication avec un réservoir dans lequel on peut comprimer de l'air à volonté. La hauteur des tubes verticaux AB, CD est d'environ $1^m,50$; leur diamètre intérieur, qui est aussi celui des tubes horizontaux et des tubes de verre, est de $0^m,01$. — On comprend qu'en refoulant de l'air dans le réservoir et dans le tube R on puisse lui donner une force élastique suffisante pour faire équilibre à la pression de colonnes de mercure remplissant les deux parties de l'appareil. Pour maintenir ces colonnes à des températures inégales et connues, on fait circuler d'un côté un courant continu d'eau froide, arrivant par l'entonnoir E et sortant du manchon par le tube S; de l'autre côté, on échauffe par le bas l'huile dont la colonne mercurielle est environnée, et l'on s'efforce de rendre sa température uniforme, en faisant monter et descendre continuellement l'agitateur MNP. Afin de soustraire l'air comprimé aux changements de température qui feraient varier sa force élastique, on a soin de placer le réservoir qui le contient au milieu d'une masse considérable d'eau froide.

Le calcul s'effectuera comme il suit. Soient H et H' les distances de l'axe du tube AC à l'axe du tube BE et à l'axe du tube DF; h et h' les hauteurs du mercure dans les tubes EH et FG, au-dessus de l'axe de BE; θ la température de l'eau froide, θ' la température ambiante, t la température de l'huile, donnée par un thermomètre à air; δ le coefficient moyen de dilatation du mercure de zéro à θ ou à θ', d le coefficient moyen de zéro à t degrés; P la pression atmosphérique, x la pression exercée sur l'axe du tube AC par les deux colonnes mercurielles qui s'élèvent des deux parts au-dessus de cet axe, et qui sont en équilibre de pression: f la force élastique de l'air comprimé. On aura, en considérant la pression qui s'exerce sur la surface du mercure dans le tube EH, et exprimant toutes les pressions en colonnes de mercure ramenées à zéro,

$$f = P + x + \frac{H}{1+\delta\theta} - \frac{h}{1+\delta\theta'}.$$

De même, en considérant la pression qui s'exerce sur la surface du mercure dans le tube FG,

$$f = P + x + \frac{H'}{1+dt} - \frac{h'}{1+\delta\theta'};$$

d'où, en égalant les seconds membres de ces équations,

$$\frac{H}{1+\delta\theta} - \frac{h}{1+\delta\theta'} = \frac{H'}{1+dt} - \frac{h'}{1+\delta\theta'} \text{ (1)}.$$

15. *Autre forme de l'expérience.* — Les tubes verticaux AB, CD communiquent entre eux par la partie inférieure (fig. 8), et le tube horizontal supérieur AC est remplacé par deux tubes AE, CF, terminés par des viroles où sont encastrés des tubes de verre EG, FH.

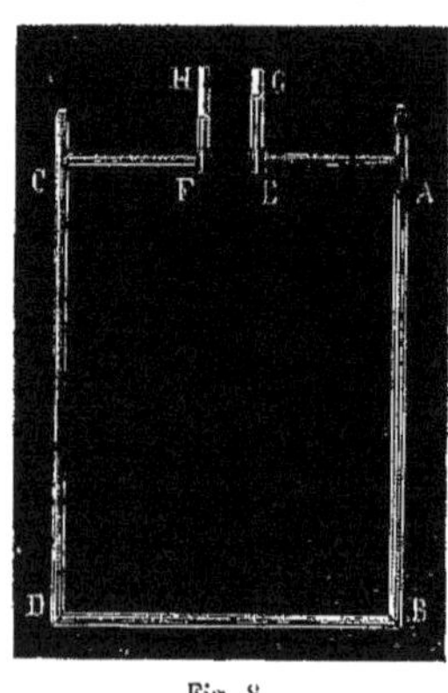

Fig. 8.

Les deux colonnes de mercure se font ainsi équilibre directement; les pressions des parties supérieures de ces colonnes, où les températures sont variables suivant une loi inconnue, sont mesurées par les hauteurs des deux colonnes de mercure contenues dans les tubes EG, FH, qu'on peut regarder comme possédant la température ambiante. On amène à la même hauteur les axes des tubes horizontaux AE, CF; on laisse au contraire le tube inférieur BD s'incliner plus ou moins, par suite de l'inégale dilatation des colonnes creuses AB et CD, en sorte qu'il y ait entre ses deux extrémités une petite différence de niveau ε, variable avec la température t. La formule de calcul est alors, en égalant les pressions qui s'exercent au point le plus bas de l'appareil,

$$\frac{H}{1+\delta\theta} + \frac{h}{1+\delta\theta'} + \frac{\varepsilon}{1+\delta\theta'} = \frac{H'}{1+dt} + \frac{h'}{1+\delta\theta'}.$$

(1) L'équation ainsi obtenue permet d'obtenir la valeur de d en fonction des données de l'expérience et de la quantité δ; cette quantité δ n'est pas connue, mais les produits $\delta\theta$ et $\delta\theta'$ étant très-petits par rapport à l'unité, on pourra par exemple, dans une première

L'exactitude des déterminations obtenues par ces deux procédés suppose en définitive :

1° Qu'on sache obtenir une température uniforme et constante dans le manchon à huile;

2° Qu'on sache vérifier l'exacte horizontalité de l'axe, ou, ce qui revient au même, d'une arête déterminée d'un tube;

3° Qu'on sache mesurer avec précision la différence de hauteur verticale de deux points.

L'uniformité de la température du manchon s'obtient par l'agitation incessante de l'huile, produite par le mouvement alternatif des plaques métalliques horizontales N, P (fig. 7). On n'arrive jamais ainsi à une constance absolue; mais, en accélérant ou en ralentissant tour à tour l'action du feu sur le bain d'huile, on peut amener la température à osciller entre des limites tellement rapprochées, que l'état du système soit pratiquement équivalent à l'état d'un système de température invariable.

Quant à la vérification de l'horizontalité des tubes et à la mesure des différences de hauteur des divers points, elles s'effectuent au moyen du cathétomètre.

16. **Digression sur le cathétomètre.** — Le cathétomètre est formé d'une colonne verticale. et d'une lunette horizontale qu'on peut diriger dans un azimut quelconque et amener à une hauteur quelconque. — Dans les cathétomètres construits par Gambey, la lunette glissait le long d'une règle verticale qui tournait autour de l'axe de l'instrument, et le système entier était équilibré par un contre-poids. — Dans les instruments que l'on construit aujourd'hui, et en particulier dans celui que représentent les figures ci-contre, la lunette LL' (fig. 9) est portée par une pièce D qui glisse le long d'un manchon métallique AB tournant autour de la colonne centrale, et le contre-poids est inutile[1]. Une division millimétrique,

approximation, substituer à δ la valeur obtenue par Dulong et Petit. Il sera d'ailleurs facile, quand on aura ainsi calculé une valeur approchée de d, d'en calculer d'autres par la méthode des approximations successives. E. F.

[1] Les figures 9 et 9 *bis* sont deux vues du même instrument, prises de deux positions opposées. Le manchon AB a ici la forme d'un prisme triangulaire; il est traversé dans toute sa longueur par une barre métallique, sur laquelle il repose par la pointe d'une vis

tracée sur le manchon AB (fig. 9 *bis*), et un vernier *mn* tracé sur la pièce D, mesurent les déplacements de la lunette; pour pouvoir produire à volonté des déplacements très-petits, on a relié la pièce D,

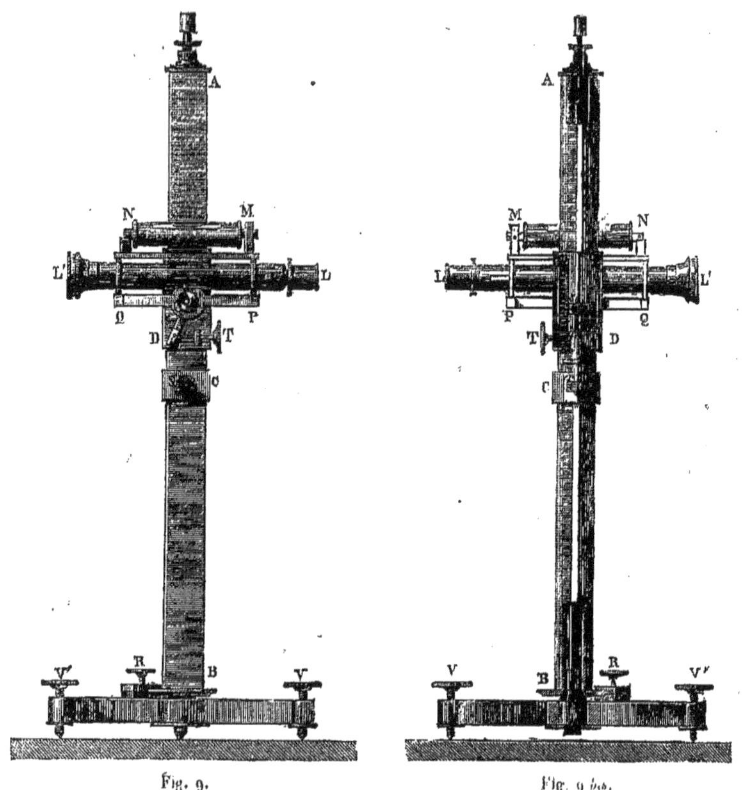

Fig. 9. Fig. 9 *bis*.

par une vis de rappel *q*, avec la pièce C que l'on fixe sur le manchon au moyen de la vis de pression S (fig. 9). — La vis T sert à obtenir l'horizontalité de l'axe de la lunette, comme on va l'indiquer plus loin.

Pour obtenir des mesures précises, on doit *régler* d'abord l'instrument, par la série suivante d'opérations préalables :

située à sa partie supérieure, comme le montre la figure 9 *bis* où le manchon est supposé évidé à ses deux extrémités : la vis de pression R, dont l'écrou est entraîné avec le manchon lorsqu'elle n'est pas serrée, permet de fixer la lunette dans un azimut déterminé.

1° Rendre vertical l'axe de rotation. — Le niveau MN, qui est fixé à la lunette, étant amené parallèlement à l'une des branches du trépied à vis calantes, on fait tourner la vis qui termine cette branche jusqu'à ce que la bulle d'air du niveau ait la position indiquée par les repères du tube; la droite qui joint les deux points extrêmes de la bulle est alors horizontale. On fait tourner le système entier de 180 degrés; si la bulle revient à la même position, l'axe de rotation est perpendiculaire à l'horizontale qui vient d'être définie. S'il y a un déplacement de la bulle, cette perpendicularité n'existe pas, et la droite qui joint les points extrêmes de la bulle fait avec l'axe un angle égal à la moitié de l'angle que font entre elles ces deux positions successives. Le déplacement de la bulle étant proportionnel à ce dernier angle, si l'on en fait disparaître la moitié en agissant sur la vis du trépied, l'autre moitié en agissant sur la vis du niveau, on aura rendu l'axe perpendiculaire à la droite horizontale qui joint les points extrêmes de la bulle, et une nouvelle rotation de 180 degrés ne produira aucun effet sur le niveau. Toutefois on n'arrive en général à satisfaire à cette condition qu'après avoir répété plusieurs fois les opérations qui viennent d'être indiquées. — On amène ensuite le niveau dans une direction perpendiculaire à la précédente, et, au moyen des deux vis calantes qui n'ont pas été touchées, on répète la même série d'opérations. On revient alors à la première position, et l'on recommence jusqu'à ce qu'on soit assuré d'avoir rendu l'axe simultanément perpendiculaire à deux horizontales qui se coupent à angle droit. Ce résultat étant obtenu, l'axe est évidemment vertical.

2° Rendre horizontal l'axe de la lunette. — On dirige la lunette sur une règle divisée, placée verticalement, et l'on note la division de cette règle qui paraît, dans la lunette, coïncider avec le point de croisement des fils du réticule; on retourne la lunette sur son support PQ, on fait tourner l'appareil de 180 degrés, et on note encore la division qui paraît coïncider avec le point de croisement des fils du réticule. Si l'axe de la lunette est horizontal, la même division est en coïncidence dans les deux cas. Si l'axe n'est pas horizontal, le support de la lunette est placé de façon qu'elle vise trop bas dans l'une des positions qu'on vient de lui donner, trop haut dans l'autre, et alors la distance des deux divisions successivement visées est proportionnelle au double de l'angle formé par l'axe avec sa projection horizontale. Au moyen de la vis T, qui, en agissant sur la queue D de la fourchette PQ (fig. 9), déplace l'axe de la lunette dans un plan vertical autour du point O, on amène la lunette à viser la division intermédiaire aux deux précédentes, et le défaut d'horizontalité se trouve corrigé. Il est ordinairement nécessaire de répéter plusieurs fois cette double opération pour obtenir une correction parfaite.

Ainsi réglé, le cathétomètre permet de reconnaître avec précision :

1° Si deux points situés à peu près à la même distance de l'instrument (à la portée de la lunette) sont dans un même plan horizontal;

2° Quelle est la différence de hauteur verticale de deux points compris dans des plans horizontaux peu différents, mais dans des azimuts verticaux très-différents.

Si l'on veut mesurer la différence de hauteur de deux points situés à des hauteurs très-différentes, dans des azimuts verticaux très-voisins, les opérations précédentes sont à la fois insuffisantes et inutiles, car elles laissent subsister les erreurs qui tiennent aux irrégularités de la graduation et aux dérangements qu'un grand déplacement vertical peut amener dans la position de l'axe de la lunette, c'est-à-dire les seules erreurs dont il y ait à se préoccuper dans ces nouvelles conditions. Pour éliminer ces erreurs, on fait une étude préliminaire de l'instrument, étude qui consiste à employer successivement, pour relever la différence de niveau de deux points déterminés, des parties diverses de l'échelle du cathétomètre, et à comparer ensuite ces mesures les unes aux autres. On obtient ainsi tout ce qui est nécessaire pour la détermination exacte du rapport de deux différences de hauteur, sinon des hauteurs absolues; mais ce rapport est, dans la plupart des cas et notamment dans les recherches sur la dilatation du mercure, tout ce qu'il importe de déterminer [1].

Si l'on a enfin à mesurer la différence de hauteur de deux points

[1] La mesure des hauteurs absolues exigerait encore qu'on fût certain de la verticalité de l'échelle divisée et de sa valeur métrique.

situés dans des azimuts très-différents et à des hauteurs très-différentes, on prendra comme intermédiaire un troisième point qui soit à peu près à la même hauteur que le premier, et à peu près sur la même verticale que le deuxième.

17. **Résultats des expériences de M. Regnault sur la dilatation du mercure.** — Les valeurs des coefficients moyens de dilatation du mercure entre zéro et une température déterminée t vont en croissant avec la température t. C'est ce que montre le tableau suivant :

Coefficient moyen	de 0° à 50°	0,00018027
———	de 0° à 100°	0,00018153
———	de 0° à 150°	0,00018279
———	de 0° à 200°	0,00018405
———	de 0° à 250°	0,00018531
———	de 0° à 300°	0,00018658
———	de 0° à 350°	0,00018784

Si l'on désigne, comme précédemment, par Δ la dilatation totale qu'éprouve l'unité de volume de mercure en passant de zéro à t, le *coefficient moyen* de dilatation $\frac{\Delta}{t}$ peut se représenter par une expression générale de la forme

$$\frac{\Delta}{t}=a+bt\text{ [1]}$$

d'où l'on tire

$$\Delta=at+bt^2.$$

Alors le *coefficient vrai* de dilatation $\frac{1}{V_0}\frac{dV}{dt}$ peut s'exprimer à l'aide des mêmes constantes a et b, et l'on a

$$\frac{1}{V_0}\frac{dV}{dt}=\frac{d\Delta}{dt}=a+2bt.$$

Quant aux valeurs numériques de ces constantes, M. Regnault a trouvé

$$a=0,0001790066,\qquad b=0,0000000252316.$$

Le calcul peut donner alors, par une simple application des for-

[1] Voir plus loin, n° 22, l'emploi général des formules de ce genre.

mules qui précèdent, les valeurs du coefficient vrai de dilatation pour une température quelconque. On trouve, par exemple, les résultats suivants :

TEMPÉRATURE.	COEFFICIENT VRAI DE DILATATION DU MERCURE.
0°	0,00017901
50°	0,00018152
100°	0,00018305
150°	0,00018657
200°	0,00018909
250°	0,00019161
300°	0,00019413
350°	0,00019666

La valeur 0,00018027 du coefficient moyen de dilatation entre zéro et 50 degrés peut être mise sous la forme

$$\frac{1}{5547}.$$

Cette fraction ne diffère pas sensiblement de la fraction $\frac{1}{5550}$, qui était la valeur primitivement trouvée par Dulong et Petit. Comme d'ailleurs cette dernière est de celles que la mémoire retient sans difficulté, on continue d'en faire usage dans un certain nombre de circonstances, par exemple dans la correction des observations barométriques.

18. **Détermination de la dilatation des liquides autres que le mercure.** — Un liquide étant contenu dans une enveloppe solide graduée, l'élévation variable de son niveau, pour diverses températures, dépend à la fois de la dilatation du liquide et du changement de capacité de l'enveloppe.

Si l'enveloppe est homogène et formée d'une matière également dilatable dans tous les sens, le changement de capacité qu'elle éprouve par suite d'une variation de température est égal à la dilatation d'une masse solide, formée de la matière même de l'enveloppe et ayant exactement toutes les dimensions de la capacité intérieure. — En effet, la dilatation de l'unité de longueur étant la même dans tous les sens, l'enveloppe reste géométriquement semblable à elle-même à toutes les températures : il en résulte, comme il est facile de le voir, que sa capacité intérieure acquiert des valeurs qui sont entre elles dans les mêmes rapports que les volumes d'une masse quelconque de la matière même de l'enveloppe. Si C_0 est cette capacité à zéro, C la même capacité à la température t, K la dilatation de l'unité de volume de la matière dont l'enveloppe est formée, on a donc

$$C = C_0 (1 + K).$$

Soit une enveloppe thermométrique graduée, c'est-à-dire un tube divisé en parties d'égale capacité, suivi d'un réservoir dont la capacité est équivalente à celle d'un nombre déterminé N de divisions de la tige. Le nombre N aura été obtenu en pesant les quantités de mercure qui remplissent à une même température, à la température zéro par exemple, la capacité du réservoir et celle d'un nombre donné de divisions. Un liquide introduit dans ce thermomètre, avec les précautions convenables pour en chasser tout l'air, s'élève jusqu'à la division n_0 à la température zéro, et jusqu'à la division n à la température t. Faisons

$$N + n_0 = V_0,$$
$$N + n = V,$$

et prenons pour unité de volume la capacité d'une division à la température zéro. Appelons Δ la dilatation de l'unité de volume du liquide de zéro à t degrés, K celle de l'unité de volume de la matière de l'enveloppe entre les mêmes limites. Le volume du liquide à la température t sera $V_0(1 + \Delta)$; mais comme, à cette température, il occupe V divisions, et que la capacité de chacune de ces divisions, d'abord égale à l'unité, est devenue égale à $1 + K$, on doit avoir

$$V_0(1 + \Delta) = V(1 + K),$$

d'où l'on tire

$$\frac{V - V_0}{V_0} = \frac{\Delta - K}{1 + K},$$

ou approximativement, en négligeant K vis-à-vis de l'unité,

$$\frac{V - V_0}{V_0} = \Delta - K.$$

L'expression $\frac{V-V_0}{V_0}$ est ordinairement appelée *dilatation apparente*, et l'on énonce la relation approchée qu'on vient d'établir en disant que la dilatation apparente est égale à l'excès de la dilatation absolue sur la dilatation de l'enveloppe. — L'emploi de ces locutions est entièrement inutile : ce qu'on appelle *dilatation apparente* ne désigne pas une véritable propriété physique, mais l'effet d'une combinaison des propriétés physiques de deux corps distincts.

Il est clair que si K était connu l'équation fournirait Δ, et réciproquement. De là la méthode générale par laquelle on détermine la dilatation des liquides. — On introduit du mercure dans une enveloppe thermométrique graduée en parties d'égale capacité, et, en portant l'appareil d'abord à zéro, puis à une température connue t, on détermine pour ce liquide les nombres V_0 et V; la quantité Δ étant connue par les expériences précédentes de M. Regnault (17), on peut calculer à l'aide de l'équation la valeur de K correspondante à l'intervalle de température de zéro à t, pour l'enveloppe particulière qui a été employée. — Si l'on fait ensuite, avec la même enveloppe thermométrique, une expérience semblable sur un autre liquide, comme on connaît maintenant la quantité K, on pourra calculer la valeur de Δ pour ce nouveau liquide, entre les mêmes limites de température.

19. **Forme particulière donnée à ce procédé. — Thermomètre à poids.** — L'appareil connu sous le nom de *thermomètre à poids* se compose d'un cylindre de verre (fig. 10), terminé à sa partie supérieure par un tube de verre deux fois recourbé : l'extrémité de ce tube est effilée en une pointe capillaire. Supposons l'appareil complétement plein, à la température zéro, d'un liquide déterminé, et soit alors P le poids de liquide qu'il contient. Le thermomètre étant porté ensuite à une température connue, soit p le poids de liquide qui s'échappe par la pointe, et qu'on recueille dans une petite capsule placée au-dessous. Soient D_0 et D les densités du liquide à la température zéro et à la température finale de l'expérience, K la dilatation de l'unité de

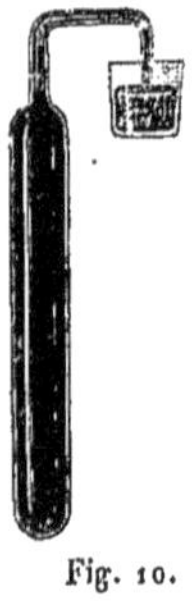

Fig. 10.

volume de l'enveloppe. En exprimant que le volume acquis par la capacité intérieure de l'enveloppe chauffée est égal au volume du liquide qui y est contenu à la même température, on a

$$\frac{P}{D_0}(1+K)=\frac{P-p}{D};$$

et comme

$$D=\frac{D_0}{1+\Delta},$$

il vient

$$P(1+K)=(P-p)(1+\Delta);$$

d'où l'on tire

$$\frac{p}{P-p}=\frac{\Delta-K}{1+K}.$$

L'expression $\frac{p}{P-p}$ représente donc ce qu'on a appelé plus haut la *dilatation apparente* du liquide employé, dans l'enveloppe qui a servi à l'expérience.

20. **Opérations à effectuer pour déterminer la dilatation d'un liquide quelconque.** — Dans ces diverses expériences, quelle que soit la forme d'enveloppe thermométrique employée, que ce soit un thermomètre ordinaire ou un thermomètre à poids, l'introduction du liquide se fait toujours par la série d'opérations suivante. — On chauffe le réservoir de manière à chasser une partie de l'air qu'il contient; on plonge l'extrémité du tube dans le liquide : la pression atmosphérique, à mesure que l'air intérieur se refroidit, fait monter une quantité plus ou moins grande de liquide dans l'appareil; on recommence plusieurs fois cette série d'opérations. Lorsque l'appareil est presque entièrement plein, on achève de chasser l'air par l'ébullition du liquide qu'il contient; en plongeant alors une dernière fois l'extrémité du tube dans le liquide, on voit l'appareil se remplir complétement, au moment où la vapeur formée se condense. Lorsque le liquide est trop volatil, ou qu'il peut s'altérer avant d'atteindre sa température d'ébullition, on remplace l'ébullition par le jeu de la machine pneumatique.

Le liquide une fois introduit, s'il s'agit d'un thermomètre ordinaire, on le ferme au moyen d'un trait de chalumeau, à une température telle, qu'il soit entièrement rempli par le liquide ou par sa vapeur. On observe ensuite quelles sont les divisions de la tige auxquelles arrive le liquide quand l'appareil est amené successivement à la température zéro, et à une température connue t.

S'il s'agit d'un thermomètre à poids, l'appareil étant à peu près plein à la température ordinaire, on chauffe le liquide suffisamment pour le faire arriver jusqu'à l'extrémité de la pointe effilée; on plonge cette pointe dans une capsule pleine du liquide chaud, et on laisse refroidir. On environne ensuite le thermomètre de glace fondante, et l'on ne rejette l'excédant de mercure contenu dans la capsule que lorsqu'une immersion prolongée dans la glace fondante a donné à tout le liquide la température zéro. On replace la capsule vide sous la pointe effilée, pour recueillir le liquide qui sortira de l'appareil quand il sera soumis à une température connue [1].

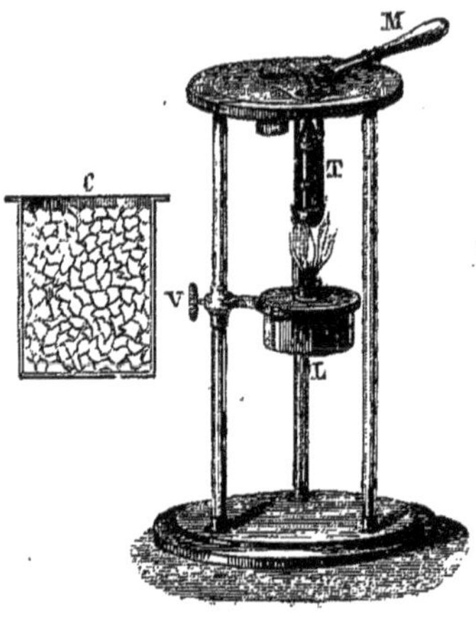

Fig. 11.

21. **Résultats relatifs à la dilatation des enveloppes de verre et à la dilatation des différents liquides.** — La dilatation d'une enveloppe de verre ou de cristal augmente, en général, à peu près proportionnellement à la température, au moins jusqu'à

(1) L'appareil représenté ci-dessus (fig. 11) permet d'effectuer commodément toutes les opérations qu'exige l'emploi du thermomètre à poids. Une plaque métallique circulaire, qui supporte à la fois le thermomètre T et la capsule dans laquelle plonge sa pointe, est mobile à frottement doux dans un anneau supporté par trois colonnes verticales : il suffit d'imprimer à cette plaque un mouvement de rotation autour de son centre, à l'aide de la poignée M, pour amener le réservoir du thermomètre au-dessus de la lampe L, qui sert à chauffer le liquide : une rotation en sens inverse l'en éloignera, quand on voudra laisser refroidir l'appareil. Pendant ces mouvements, la pointe effilée sera d'ailleurs toujours restée dans la capsule. Enfin on peut également, par une simple rotation de la plaque, amener la capsule au-dessus de la lampe, pour chauffer le liquide avant de le

la température de 100 degrés. Mais elle est variable d'une enveloppe à une autre, suivant la composition du verre ou du cristal, ou même suivant le travail qu'ils ont éprouvé : ainsi un thermomètre dont le réservoir a été soudé à la tige ne se dilate pas de la même quantité qu'un thermomètre de même matière dont le réservoir a été immédiatement soufflé à l'extrémité de la tige.

D'après les expériences de M. Regnault,

Le coefficient de dilatation	du verre vert varie	de	0,000021 à 0,000023
———	du verre blanc...	de	0,000025 à 0,000026
———	du cristal.......	de	0,000021 à 0,000024

Il est donc toujours nécessaire de déterminer directement le coefficient de dilatation de l'enveloppe thermométrique particulière que l'on emploie.

La dilatation de la plupart des liquides croît si rapidement avec la température, que la connaissance du coefficient moyen de dilatation entre des limites de température tant soit peu écartées caractérise le liquide d'une manière tout à fait insuffisante. — Pour un grand nombre de liquides on trouve, comme pour le mercure, que l'accroissement du coefficient moyen est sensiblement proportionnel à l'accroissement de la limite supérieure de température; on pose alors

$$\frac{\Delta}{t} = a + bt,$$

d'où l'on tire

$$\Delta = at + bt^2.$$

S'il arrive que, pour d'autres liquides, la dilatation croisse trop rapidement pour pouvoir être représentée par cette formule, on trouve en général qu'elle peut être exprimée par une formule du même genre, contenant trois termes,

$$\Delta = at + bt^2 + ct^3,$$

laisser entrer dans le thermomètre. — Lorsqu'on veut placer le thermomètre dans la glace fondante, on éteint la lampe; on soulève la plaque à l'aide de la poignée M, et l'on introduit le vase C au-dessous d'elle, dans la monture annulaire, après avoir ménagé dans la glace que contient ce vase un espace cylindrique vide pour recevoir le thermomètre.

E. F.

ou quatre termes,

$$\Delta = at + bt^2 + ct^3 + dt^4.$$

Voici quelques exemples des formules obtenues :

ALCOOL.

$$\Delta = 0{,}0010486\,t + 0{,}0000017510\,t^2 + 0{,}00000000134518\,t^3$$

ESPRIT DE BOIS.

$$\Delta = 0{,}0011856\,t + 0{,}0000015649\,t^2 + 0{,}0000000091113\,t^3$$

SULFURE DE CARBONE.

$$\Delta = 0{,}0011398\,t + 0{,}0000013707\,t^2 + 0{,}00000019123\,t^3$$

ÉTHER.

$$\Delta = 0{,}0015132\,t + 0{,}0000023592\,t^2 + 0{,}000000040051\,t^3$$

PROTOCHLORURE DE PHOSPHORE.

$$\Delta = 0{,}0011286\,t + 0{,}00000087288\,t^2 + 0{,}000017924\,t^3$$

PROTOCHLORURE D'ARSENIC.

$$\Delta = 0{,}00097907\,t + 0{,}0000009669\,5t^2 + 0{,}0000000017772\,t^3$$

BICHLORURE D'ÉTAIN.

$$\Delta = 0{,}0011328\,t + 0{,}00000091171\,t^2 + 0{,}0000000075798\,t^3$$

CHLORURE DE TITANE.

$$\Delta = 0{,}00094257\,t + 0{,}0000013458\,t^2 + 0{,}00000000088804\,t^3$$

CHLORURE DE SILICIUM.

$$\Delta = 0{,}0012941\,t + 0{,}0000021841\,t^2 + 0{,}000000040864\,t^3$$

LIQUEUR DES HOLLANDAIS ($C^4\,H^4\,Cl^4$).

$$\Delta = 0{,}0011189\,t + 0{,}0000010469\,t^2 + 0{,}0000000010341\,t^3$$

BROME.

$$\Delta = 0{,}0010382\,t + 0{,}0000017114\,t^2 + 0{,}00000000054471\,t^3$$

PROTOCHLORURE DE SOUFRE.

$$\Delta = 0{,}0009591\,t + 0{,}00000000038185\,t^2 + 0{,}000000007318\,6t^3$$

ACIDE ACÉTIQUE ANHYDRE

$$\Delta = 0{,}0010504\,t + 0{,}0000018389\,t^2 + 0{,}0000000079165\,t^3$$

22. Des formules empiriques en général. — Les formules comme celles que l'on vient d'indiquer sont ce qu'on appelle des *formules empiriques;* leur utilité est de résumer dans une équation unique tout un ensemble de résultats expérimentaux; mais elles n'ont de signification physique qu'entre les limites où l'on a reconnu qu'elles s'accordaient avec l'expérience, ou tout au plus jusqu'à une faible distance de part et d'autre de ces limites.

Quelle que soit la relation qui existe réellement entre deux variables physiques y et x, si l'observation a fait connaître n systèmes de valeurs correspondantes de ces deux variables, on pourra toujours trouver une fonction entière de x, de degré $n-1$, qui reproduise, pour chaque valeur observée de x, la valeur observée de y. Mais une telle formule n'est guère plus simple ni plus commode que le tableau entier des résultats de l'observation : l'usage des formules empiriques de la forme

$$y = a + bx + cx^2 + \ldots$$

suppose que la fonction qui exprime réellement la loi exacte du phénomène est développable en série par la formule de Maclaurin, et que la convergence de la série permet de la réduire à un petit nombre de termes (quatre ou cinq tout au plus) dans toute l'étendue des expériences. S'il n'en est pas ainsi, on décompose le système entier des expériences en plusieurs systèmes partiels, pour chacun desquels on calcule une formule particulière, d'un petit nombre de termes. D'autres fois, l'étude attentive des résultats de l'observation suggère la possibilité d'employer, pour les représenter, des expressions analytiques d'une autre forme. On ne peut rien dire de général à ce sujet; mais, en traitant des forces élastiques de la vapeur d'eau, on aura occasion de dire quelques mots des formules composées d'exponentielles.

Les formules où le second membre est une fonction entière de la variable indépendante reçoivent le nom de *formules paraboliques.* On peut en calculer les coefficients par l'une des méthodes suivantes :

1° Par les méthodes ordinaires d'interpolation, en choisissant, dans l'ensemble des observations, un nombre d'observations égal au nombre des coefficients à déterminer; ces observations doivent être prises dans toute l'étendue des expériences, et répondre, autant que cela est possible, à des valeurs équidistantes de la variable indépendante.

2° Par la méthode de Gauss et de Legendre, connue sous le nom de *méthode des moindres carrés,* qui fait concourir *toutes* les observations au calcul des coefficients.

3° Par une méthode spéciale que Cauchy a développée dans le tome VII du *Journal de Liouville,* qui fait aussi concourir toutes les observations à la détermination des coefficients, et qui présente un avantage considérable pour le calcul. Si l'on a supposé qu'une formule d'un nombre donné de termes pouvait représenter les observations, et que, les calculs étant terminés, on reconnaisse qu'un terme de plus est nécessaire, tous les calculs sont à recommencer, si l'on a fait usage de la méthode des moindres carrés. Au contraire, si l'on a fait usage de la méthode de Cauchy, les calculs relatifs à la formule composée de n termes servent de point de départ aux nouveaux calculs que rend nécessaires l'introduction du $(n+1)^{\text{ième}}$ terme.

23. **Maximum de densité de l'eau.** — Pour constater l'existence du maximum de densité de l'eau, on fait dans les cours l'expérience suivante. Un cylindre de verre, contenant de l'eau jusque vers sa partie supérieure (fig. 12), est environné, en son milieu, d'une galerie métallique où l'on place un mélange réfrigérant. Deux thermomètres donnent, l'un la température des couches supérieures du liquide, l'autre la température des couches inférieures. Le cylindre étant rempli d'eau primitivement à 15 degrés, par exemple, la température du thermomètre inférieur demeure stationnaire une fois qu'elle est arrivée à 4 degrés environ, celle du thermomètre supérieur s'abaisse jusqu'à zéro ou même au-dessous. Les couches d'eau qui sont refroidies au-dessous de 4 degrés par l'ac-

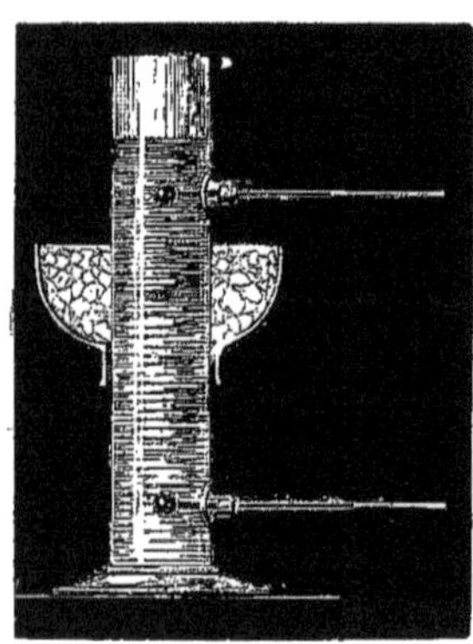

Fig. 12.

tion du mélange réfrigérant ont donc une densité moindre que les couches du fond. — Cette expérience permet de concevoir comment la température hivernale du fond des lacs d'eau douce ne s'abaisse jamais au-dessous de 4 degrés; elle donne également l'explication du phénomène bien connu des *puits de glace*.

24. Détermination de la température précise du maximum de densité. — Pour déterminer exactement la température du maximum de densité de l'eau, on cherche une formule empirique qui représente la loi de dilatation de l'eau, dans un intervalle de quelques degrés comprenant la température du maximum de densité, et on égale à zéro la dérivée de cette expression empirique[1].

Despretz, en appliquant cette méthode à ses propres expériences, a obtenu le nombre 4 degrés; M. Frankenheim a déduit des expériences de M. Isidore Pierre le nombre 3°,9. Au reste, on ne peut déterminer cette température avec une bien grande précision, puisque les variations de volume de l'eau sont le plus petites possible dans le voisinage du volume minimum[2].

Ce calcul peut être remplacé par la construction graphique suivante. — On prend pour abscisses les températures observées, et pour ordonnées les volumes apparents de l'eau, c'est-à-dire, par exemple, les nombres de divisions occupées par l'eau à ces diverses températures dans un thermomètre à eau. Par les points ainsi déterminés, on fait passer une courbe MN (fig. 13). Au-dessous de l'axe des x, on porte, en sens contraire de chaque ordonnée y, une longueur égale à ykt, k étant le coefficient de dilatation de l'enveloppe thermométrique, et

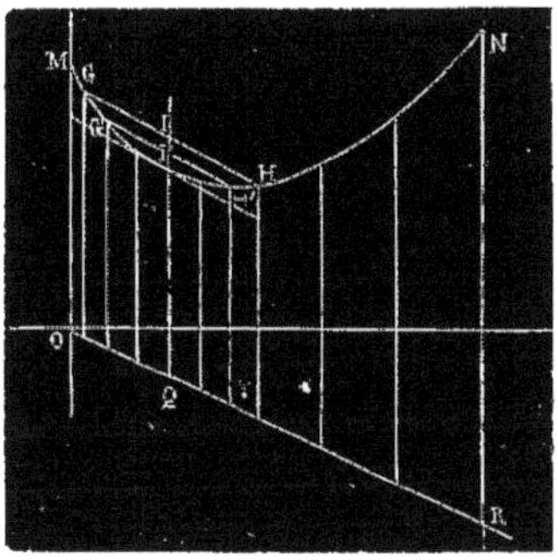

Fig. 13.

[1] Aucune formule parabolique à trois ou quatre termes ne peut représenter la dilatation de l'eau dans l'intervalle entier de zéro à 100 degrés.

[2] Pour cette raison même, il est possible au contraire de déterminer avec une grande

l'on détermine ainsi une seconde courbe OQR; la longueur interceptée entre les deux courbes, sur une ordonnée quelconque, représente le volume réel de l'eau à la température définie par l'abscisse correspondante. Or, la courbe OQR se réduit sensiblement à une ligne droite; dès lors, pour obtenir la température du minimum de volume ou du maximum de densité, il suffit de mener à la courbe MN une tangente parallèle à OR, et de prendre l'abscisse du point de contact. La courbe MN se confondant d'ailleurs avec une parabole du second degré à axe vertical, dans le voisinage de son point le plus bas, on détermine ce point de contact d'une manière aussi précise que possible en menant deux cordes GH, G'H' parallèles à OR, et joignant leurs milieux I et I' par une droite qui va passer au point de la courbe où la tangente leur est parallèle.

25. **Maximum de densité des solutions salines.** — La présence d'un sel en dissolution dans l'eau abaisse à la fois la température du maximum de densité et celle du point de congélation; le premier effet étant plus marqué que le second, il arrive que le maximum de densité des solutions concentrées ne peut être rendu sensible que si elles sont maintenues dans une immobilité parfaite, qui en retarde la congélation. — La mer ou les lacs salés se congèlent toujours avant de s'être refroidis jusqu'à leur maximum de densité. Aussi n'observe-t-on, dans ces masses d'eau, rien d'analogue à la distribution hivernale des températures des lacs d'eau salée.

DILATATION DES SOLIDES.

26. **Dilatation cubique.** — Procédé du thermomètre à poids. — Le corps solide sur lequel on veut expérimenter, façonné sous la forme d'un petit cylindre, est introduit dans le réservoir d'un ther-

précision la densité maxima elle-même, c'est-à-dire de trouver une masse de platine, ou de toute autre substance, qui ait exactement le poids d'un nombre donné de centimètres cubes d'eau distillée à la température du maximum de densité de l'eau. Cette opération est celle qu'ont dû faire les savants chargés de construire le *kilogramme étalon*, à l'époque où le système métrique a été établi. Elle peut donc avoir été exacte, bien que ces savants aient commis une erreur de près d'un demi-degré sur la température à laquelle se rapporte le maximum de densité.

momètre à poids (fig. 14), avant qu'on ait soudé à ce réservoir la tige qui le termine. On emplit ensuite l'appareil de mercure, et l'on exécute la même série d'opérations que pour la recherche de la dilatation d'un liquide quelconque (20).

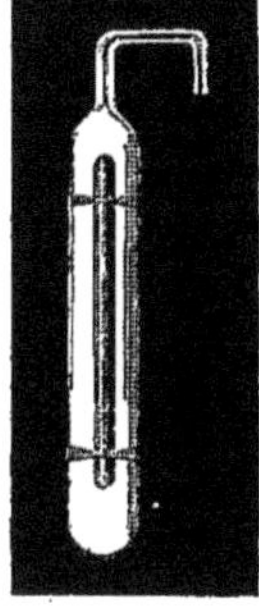

Fig. 14

Soient P le poids du mercure contenu dans l'appareil à zéro, p le poids du mercure sorti quand l'appareil a été porté à la température t; le poids du mercure contenu dans l'appareil à t degrés est $P-p$. Soit π le poids du corps solide, et désignons par G_0 la densité du mercure à zéro, par γ_0 la densité du corps solide à zéro. Enfin, soient Δ, M et K les dilatations de l'unité de volume du mercure, du corps solide et de l'enveloppe, entre les températures zéro et t. La quantité K aura été déterminée préalablement sur une enveloppe construite avec un fragment du tube dans lequel on a pris le réservoir du thermomètre à poids où le corps solide a été introduit. — En exprimant que le volume acquis par la capacité de l'enveloppe chauffée est égal au volume du liquide qui y est contenu à la même température, augmenté du volume du corps chaud, on obtient l'équation

$$\left(\frac{P}{G_0}+\frac{\pi}{\gamma_0}\right)(1+K)=\frac{P-p}{G_0}(1+\Delta)+\frac{\pi}{\gamma_0}(1+M),$$

équation dans laquelle la quantité M seule est inconnue.

27. **Dilatation linéaire.** — La dilatation cubique est liée à la dilatation linéaire par une relation simple, au moins pour les corps dont toutes les dimensions s'accroissent simultanément dans le même rapport. Si l'on désigne par K la dilatation de l'unité de volume d'un pareil corps, de zéro à t degrés, et par Λ la dilatation de l'unité de longueur entre les mêmes limites, on a évidemment

$$1+K=(1+\Lambda)^3,$$

d'où l'on tire

$$K=3\Lambda+3\Lambda^2+\Lambda^3.$$

expression qui se réduit, en négligeant Λ^2 et Λ^3 vis-à-vis de Λ, à

$$K = 3\Lambda.$$

La valeur de l'une des deux quantités étant déterminée directement par l'expérience, on en peut donc immédiatement déduire l'autre.

La méthode du thermomètre à poids fournit directement les dilatations cubiques : parmi les méthodes qui ont été employées pour déterminer les dilatations linéaires, on citera seulement ici celle de Ramsden.

28. **Appareil de Ramsden.** — La règle métallique AB, dont on étudie la dilatation, est placée (fig. 15) entre deux autres règles CD, EF, maintenues à une température invariable, dans la glace fondante par exemple, et qui servent de termes de comparaison. La règle CD porte vers ses extrémités, en c et d, deux croisées

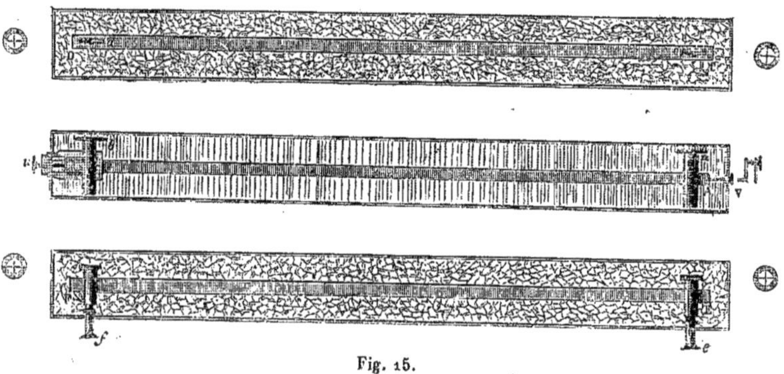

Fig. 15.

de fils sur lesquelles la lumière est réfléchie par de petits miroirs plans; la règle EF porte deux oculaires e, f, munis chacun de leurs croisées de fils; la règle AB porte deux objectifs a, b, dont l'un b est mobile dans le sens de la longueur de la règle, au moyen d'une vis micrométrique u; l'extrémité opposée A de cette règle vient butter contre une vis V, qui permet de la déplacer tout entière d'une petite quantité dans le sens de sa longueur. Si l'on considère les trois extrémités des règles qui sont situées d'un même côté, on voit que, si le centre optique de l'objectif porté sur la règle intermédiaire est en ligne droite avec les deux croisées de fils portées sur les règles extrêmes, l'image du centre de la croisée qui est placé devant l'objectif coïncide avec le centre de la croisée de l'oculaire. — Les trois règles étant d'abord à la température de la glace fondante, on déplace la règle intermédiaire à l'aide de la vis V, et l'on règle ainsi la position de l'objectif *a* de façon que cette coïncidence ait lieu pour l'œil placé en *e;* on règle ensuite la position de l'objectif *b*, à l'aide de la vis micrométrique *u* qui le fait mouvoir sans déplacer la règle, de façon que la même condition soit réalisée pour l'œil placé en *f*. On chauffe alors la règle AB, les deux autres demeurant à zéro. Les coïncidences n'ont plus lieu : on les rétablit en déplaçant d'abord la règle AB tout entière, de manière à ramener l'objectif *a* à sa position première, dont il s'est d'ailleurs écarté très-peu, et en déplaçant ensuite l'objectif *b* à l'aide de la vis micrométrique *u*. Ce dernier déplacement est la mesure de la dilatation éprouvée par la longueur comprise entre l'extrémité A et le point où est fixé l'écrou de la vis micrométrique *u*. — Le parallélisme des trois règles est avantageux pour l'exactitude des observations, mais il n'est pas nécessaire qu'il soit rigoureusement réalisé.

29. **Résultats relatifs à la dilatation des solides.** — On réunira ici les résultats relatifs à la dilatation d'un certain nombre de solides. Cette dilatation étant à peu près proportionnelle à la température, entre zéro et 100 degrés, on donnera seulement le *coefficient moyen de dilatation linéaire* entre ces limites de température, en indiquant les valeurs extrêmes entre lesquelles sont comprises les valeurs obtenues par divers observateurs.

	COEFFICIENT MOYEN DE DILATATION LINÉAIRE, ENTRE ZÉRO ET 100 DEGRÉS.
Platine	0,0000086 à 0,0000098
Or	0,0000140 à 0,0000155
Argent	0,0000191 à 0,0000208
Fer	0,0000110 à 0,0000127
Acier	0,0000108 à 0,0000139
Cuivre	0,0000170 à 0,0000184
Laiton	0,0000182 à 0,0000193
Étain	0,0000194 à 0,0000248

	COEFFICIENT MOYEN DE DILATATION LINÉAIRE, ENTRE ZÉRO ET 100 DEGRÉS.
Plomb..................	0,0000272 à 0,0000290
Zinc....................	0,0000294 à 0,0000311

Les divergences entre les résultats obtenus par divers observateurs tiennent sans doute, pour une part, à l'imperfection des méthodes expérimentales dont quelques-uns ont pu se servir. Mais elles sont réelles pour la plus grande part, et il en est de la dilatation comme de toutes les autres propriétés physiques des corps solides : elle varie d'un échantillon à l'autre du même corps, tantôt à cause de la présence d'une très-faible dose de matières étrangères, tantôt à cause du travail auquel le solide a été soumis. Les nombres qui précèdent n'ont donc qu'un intérêt pratique, et si quelque théorie venait un jour à établir une relation entre la dilatation des corps et une autre de leurs propriétés physiques, ils ne pourraient servir à l'appuyer ni à la combattre. Une telle théorie ne pourrait être vérifiée ou réfutée d'une manière définitive que par une série de mesures prises sur un seul et même échantillon de chaque substance.

30. **Dilatation des cristaux.** — On a admis, dans tout ce qui précède, que, par l'action de la chaleur, toutes les dimensions du corps solide considéré augmentent dans le même rapport, et par conséquent que le corps solide demeure géométriquement semblable à lui-même à toute température. Telle est en effet la manière d'être du verre, des métaux, et en général de tous les corps *amorphes* ou *non cristallisés*, qu'on peut caractériser en disant qu'ils offrent les mêmes propriétés physiques suivant toutes les directions (égalité de dilatation, de conductibilité calorifique ou électrique, d'élasticité, de force réfringente, etc.). Les *corps cristallisés* se comportent d'une tout autre façon.

On appelle *cristal* ou *corps cristallisé* tout corps tel, que les droites qu'on y peut concevoir menées par un même point, dans des directions diverses, n'aient pas les mêmes propriétés physiques, et qu'en même temps toutes les droites menées par divers points, parallèlement à une même direction, aient les mêmes propriétés. — Toutes les fois qu'un pareil corps prend l'état solide, en se déposant au sein d'une solution concentrée, ou d'une masse en fusion qui se refroidit, il affecte une forme polyédrique caractéristique, qui traduit en quelque sorte au dehors la distribution interne de ses propriétés physiques suivant des directions déterminées. La tendance d'un corps à se limiter par une surface géométriquement définie indique évidemment que l'attraction de ses molécules, sur les molécules encore dissoutes ou liquéfiées, n'a pas la même valeur suivant que l'on considère une direction normale à cette surface ou une direction parallèle; la forme polyédrique fait voir que, suivant toutes les normales à un plan donné, cette attraction doit être considérée comme identique. Ainsi se trouve justifiée la définition abstraite qui précède.

Cette définition est encore justifiée par une propriété qui, sans être absolument générale, est plus ou moins sensible dans la plupart des cristaux. Si l'on brise un de ces corps, par le choc d'un marteau ou autrement, les fragments dans lesquels il se divise sont le plus souvent limités par des faces planes, dont la situation est définie par rapport aux plans qui limitaient la forme naturelle du cristal. Ce mode particulier de division est désigné sous le nom de *clivage,* et les faces suivant lesquelles se séparent les divers fragments sont les *plans de clivage.* Il est clair que, perpendiculairement à un plan de clivage, la cohésion du solide est moindre que parallèlement à ce plan, et que, suivant toutes les normales à un plan de clivage, elle présente la même valeur.

Un même corps, cristallisé dans les mêmes conditions, peut affecter diverses formes polyédriques, mais ces formes sont liées entre elles par des relations simples, qui permettent de les déduire toutes d'une seule. On n'entrera ici dans aucun détail sur ces relations, dont l'étude constitue une branche importante de la science, la *cristallographie.* — On se bornera à faire connaître les caractères les plus généraux des divers systèmes entre lesquels on peut répartir toutes les formes observées, et les relations qui existent entre ces caractères et l'action exercée par la chaleur.

31. **Particularités offertes, au point de vue des dilatations, par les divers systèmes cristallins.** — I. *Système cubique.* — Toutes les formes de ce système sont caractérisées par trois

axes rectangulaires, égaux entre eux et jouissant des mêmes propriétés physiques : tels sont le cube, l'octaèdre régulier, le dodé-

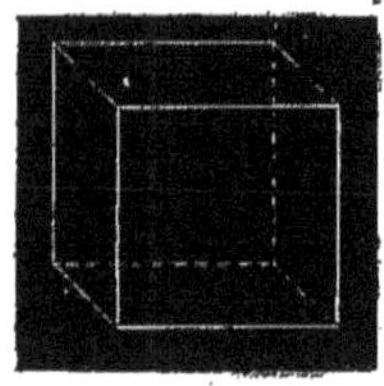
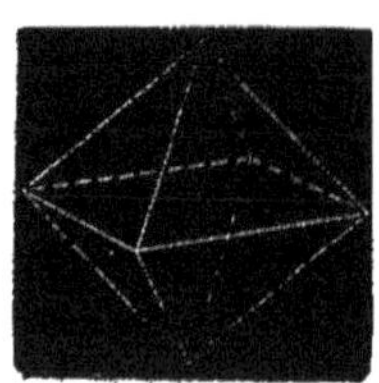
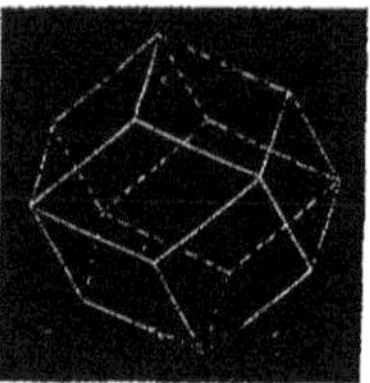

Fig. 16.

caèdre composé de losanges égaux, etc. (fig. 16). — On en trouve des exemples dans le sel gemme, le spath fluor, l'alun, le chlorate de soude, etc.

Ces cristaux présentent une dilatation égale en tout sens, ce qui est attesté par l'invariabilité de la forme géométrique, c'est-à-dire par la conservation des angles à toute température. Ils ont, par suite, un seul coefficient de dilatation linéaire, qui est sensiblement le tiers du coefficient de dilatation cubique (27).

II *a*. *Système du prisme droit à base carrée.* — Toutes les formes de ce système sont caractérisées par trois axes rectangulaires, dont deux seulement sont égaux entre eux et jouissent des mêmes propriétés physiques : tels sont le prisme droit à base carrée, l'octaèdre formé de deux pyramides régulières à base carrée, accolées par leur base, etc. (fig. 17). — On en trouve des exemples dans le zircon, le cyanoferrure de potassium, etc.

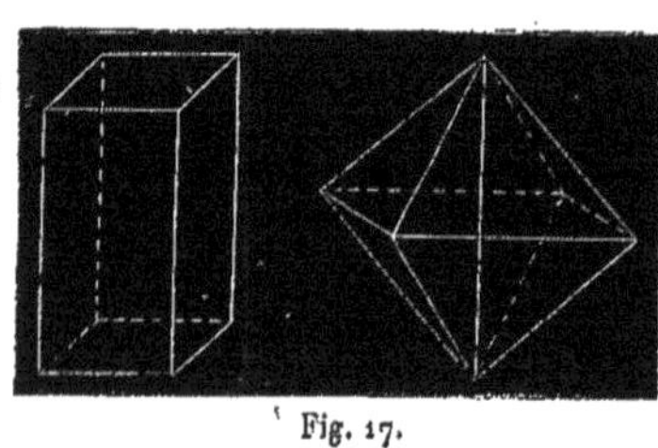

Fig. 17.

II *b*. *Système du prisme hexagonal.* — Les formes de ce système sont caractérisées par quatre axes, dont trois sont situés dans un plan perpendiculaire au quatrième; ces trois axes sont égaux entre eux, identiques dans leurs propriétés physiques, et inclinés l'un sur l'autre de 120 degrés : tels sont le prisme hexagonal, le rhomboèdre, etc. (fig. 18). Le rhomboèdre peut être dérivé du prisme hexagonal, en supposant que trois pans non adjacents s'inclinent d'un angle donné, et que les trois autres pans s'inclinent du même angle en sens opposé.

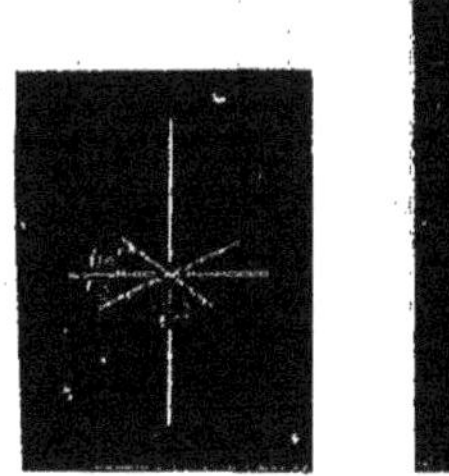 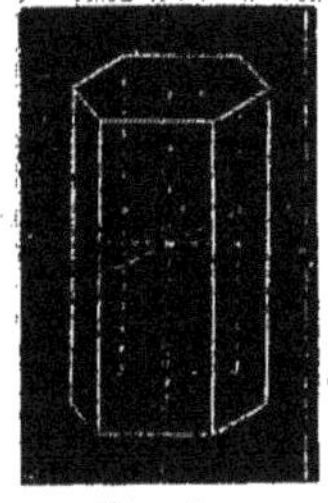 

Fig. 18.

— On trouve des exemples de cristaux de ce système dans le quartz, le spath d'Islande, etc.

Sous l'action de la chaleur, les cristaux de ces deux systèmes (II *a* et II *b*) se dilatent de la même façon. Suivant l'*axe principal* (l'axe qui diffère des autres par sa longueur et ses propriétés physiques), la dilatation linéaire a une valeur déterminée; suivant une direction perpendiculaire, elle a une autre valeur, qui est la même pour toutes les directions perpendiculaires à l'axe principal. — En désignant par λ le coefficient de dilatation linéaire parallèlement à l'axe principal, par λ' le coefficient de dilatation linéaire suivant toute direction perpendiculaire, et par k le coefficient de dilatation cubique, on verra, en raisonnant comme précédemment (27), que ces quantités sont liées entre elles par la relation approchée

$$k = \lambda + 2\lambda'.$$

Des expériences faites par M. Mitscherlich sur le spath d'Islande, qui appartient au système du prisme hexagonal (II *b*), l'ont conduit à constater dans ce corps une particularité digne de remarque. — L'inégalité de la dilatation suivant l'axe et de la dilatation perpendiculaire étant accusée par des changements d'angles, ces changements permettent de calculer $\lambda - \lambda'$; le thermomètre à poids fait connaître k. On trouve ainsi que

$$k < \lambda - \lambda',$$

ce qui montre qu'on doit avoir

$$\lambda' < 0.$$

Des mesures directes, prises au sphéromètre, montrent en effet qu'en passant de la température zéro à la température de 100 degrés le spath se dilate dans la direction de son axe, et se contracte dans la direction perpendiculaire. Les valeurs absolues de ces variations mesurées donnent

$$\lambda = 0,000029,$$
$$\lambda' = -0,000006,$$

d'où l'on déduit la valeur calculée

$$k = \lambda + 2\lambda' = 0,000017.$$

La mesure directe de ce coefficient de dilatation cubique a donné

$$k = 0,000019.$$

On voit donc qu'il n'y a, entre les valeurs ainsi obtenues par des méthodes absolument différentes, qu'une divergence peu considérable, eu égard à la difficulté de ce genre de déterminations.

III *a*. *Système du prisme droit à base rectangle.* — Les formes de ce système sont caractérisées par trois axes rectangulaires, différents par leurs longueurs et par leurs propriétés physiques : tels sont le

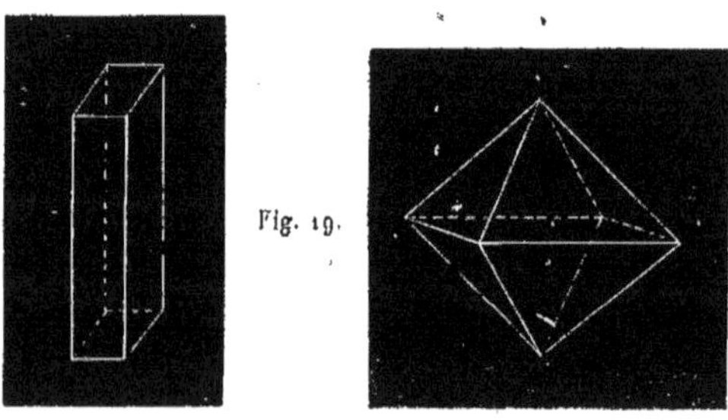
Fig. 19.

prisme droit à base rectangle, l'octaèdre formé de deux pyramides à base rectangle, accolées par la base, etc. (fig. 19). — On en trouve des exemples dans la topaze, le nitre, le sulfate de magnésie.

III *b*. *Systèmes à axes obliques.* — Ce groupe comprend deux systèmes qu'on distingue, en cristallographie, sous les noms de système du prisme oblique à base rectangle et système du prisme oblique à base de parallélogramme (fig. 20). — Le sulfate de chaux, le feldspath en fournissent des exemples.

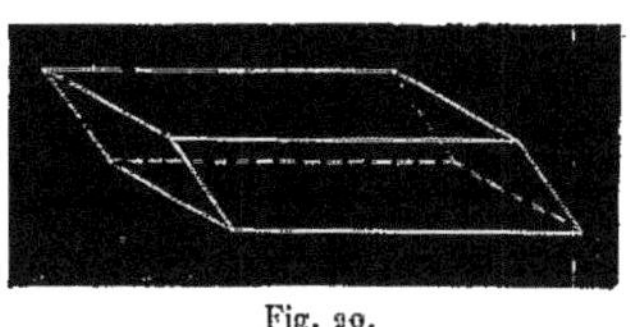
Fig. 20.

Dans ces derniers systèmes (III a et III b) il existe trois coefficients de dilatation linéaire, relatifs à trois directions rectangulaires, et, en les désignant par λ, λ', λ'', on obtient encore pour le coefficient de dilatation cubique la valeur approchée

$$k = \lambda + \lambda' + \lambda''.$$

Dans le système du prisme droit à base rectangle (III a), ces trois directions rectangulaires sont les axes cristallins eux-mêmes; dans les systèmes à axes obliques (III b), ce sont trois droites qui n'ont pas de relation simple avec les axes cristallins [1].

La plupart des corps qu'on regarde comme non cristallisés sont réellement des assemblages de cristaux très-petits, groupés suivant des lois particulières. Ces divers modes de groupement sont souvent accusés par des particularités de structure, comme celles qu'on nomme structure *granuleuse*, *fibreuse*, *lamellaire*.

DILATATION DES GAZ.

32. **Relations entre le volume d'un gaz, sa pression et sa température.** — La pression ayant sur le volume des gaz une influence qu'il est facile de constater, même dans les expériences les plus grossières, il est nécessaire de déterminer, pour cette classe de corps, trois relations distinctes :

[1] M. Fizeau a entrepris récemment une série de recherches sur les dilatations des cristaux, à l'aide d'une méthode particulière qui permet de déterminer les valeurs numériques avec une grande approximation. Un certain nombre des résultats obtenus ont déjà été publiés dans les *Comptes rendus de l'Académie des sciences*, 1866, t. LXII, p. 1101 et 1133, et 1867, t. LXIV, p. 312 et 771. — Ces recherches ont conduit M. Fizeau, entre autres résultats remarquables, à ce fait que l'iodure d'argent possède, entre — 10 et + 70 degrés, un coefficient de dilatation cubique *négatif;* c'est-à-dire que, entre ces limites, il diminue de volume quand la température s'élève, et il augmente de volume quand la température s'abaisse. E. F.

1° Une relation entre le volume et la pression, la température demeurant constante;

2° Une relation entre le volume et la température, la pression demeurant constante;

3° Une relation entre la pression et la température, le volume demeurant constant.

Si l'une de ces relations était connue dans un cas particulier, et une autre dans tous les cas possibles, la troisième en résulterait nécessairement. En effet, appelons p, v, t la pression, le volume et la température; supposons que la relation entre p et v soit connue pour une valeur particulière t_0 de la température, et que la relation entre v et t soit connue pour toutes les valeurs possibles de la pression p. Si l'on caractérise l'état initial d'un gaz par les trois données p', v', t', et qu'on demande le volume v'' que présentera ce gaz sous la pression p'' et à la température t'', on calculera d'abord le volume u qu'il offrirait sous la pression p' et à la température t_0, puis le volume u' qu'il prendrait sous la pression p'' à cette même température t_0, et enfin le volume v'' qu'il prendrait en passant de t_0 à t'' sous la même pression p''.

On a longtemps admis les deux lois simples suivantes.

1° *Loi de Mariotte.* — A une température déterminée, les volumes v et v' d'une masse gazeuse sont inversement proportionnels aux pressions p et p', ce qui donne la relation

$$pv = p'v', \tag{1}$$

ou, en désignant par d et d' les densités du gaz aux pressions p et p',

$$\frac{p}{d} = \frac{p'}{d'}.$$

2° *Loi de Gay-Lussac.* — Tous les gaz ont un même coefficient de dilatation, indépendant de la valeur absolue de la température. De là résulte que, à deux températures t et t', définies par la dilatation de l'air sec, les volumes v et v' d'une masse gazeuse sont liés par la relation

$$\frac{v'}{v} = \frac{1+\alpha t'}{1+\alpha t}. \tag{2}$$

De ces deux lois on déduit la relation générale qui lie le volume v

d'une masse gazeuse sous la pression p et à la température t, au volume v' de cette même masse sous la pression p' et à la température t' :

$$\frac{pv}{1+\alpha t}=\frac{p'v'}{1+\alpha t'},$$

ou bien la relation entre les densités d et d',

$$\frac{d(1+\alpha t)}{p}=\frac{d'(1+\alpha t')}{p'}=G,$$

G étant une constante caractéristique du gaz.

Si $v=v'$, on a entre la pression et la température, le volume demeurant constant, la relation

$$(3)\qquad \frac{p}{p'}=\frac{1+\alpha t}{1+\alpha t'}.$$

Ces lois, qu'on sait aujourd'hui n'être pas rigoureuses, peuvent cependant servir à estimer, avec une exactitude suffisante, l'effet des petites variations de volume, de pression ou de température qu'on ne peut entièrement éviter, dans les expériences où l'on a d'ailleurs cherché à rendre constante la valeur de ces éléments.

Il reste à indiquer successivement les expériences à l'aide desquelles on détermine les relations plus exactes, mais moins simples, qui doivent remplacer les précédentes lorsqu'on veut une précision plus grande.

33. **Loi de compressibilité des gaz.** — Les expériences bien connues dans lesquelles on fait varier le volume d'un gaz, soit à l'aide du *tube de Mariotte*, soit à l'aide d'un tube barométrique mobile dans une *cuvette profonde*, servent seulement à constater que, entre la loi de Mariotte et la véritable loi de compressibilité, les écarts ne sont pas considérables. — Des expériences dues à Despretz montrent que la loi de Mariotte ne peut pas être la loi exacte : plusieurs tubes de verre identiques, plongeant dans une cuvette pleine de mercure (fig. 21), contiennent des gaz différents, qui occupent dans ces tubes des volumes égaux sous la pression atmosphérique; on introduit ces tubes, avec la cuvette qui les supporte, dans un cylindre de verre rempli d'eau, comme celui qui est représenté, à une échelle moindre, par la figure 22, au moyen d'un

piston mis en mouvement à l'aide d'une vis, on comprime cette eau. Les deux gaz diminuent de volume, mais leurs volumes ne tardent pas à devenir inégaux, et les différences sont même parfois considé-

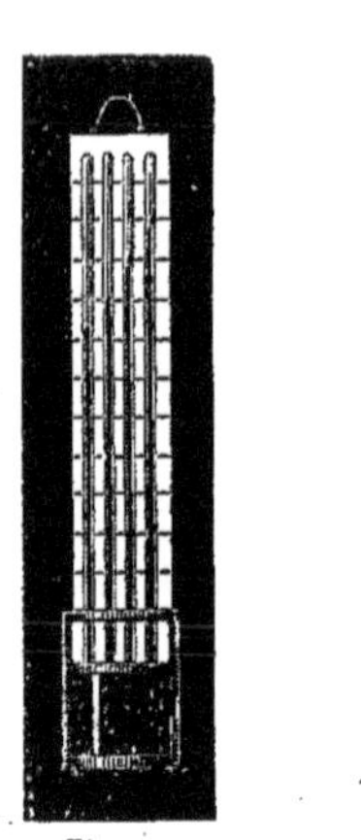

Fig. 21.

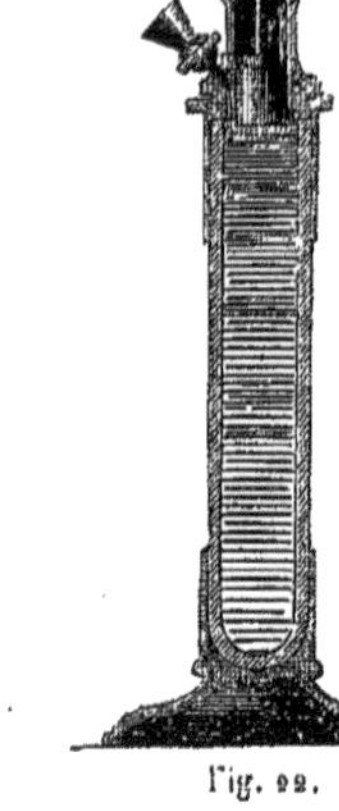

Fig. 22.

rables, comme le représente la fig. 21. — Chaque gaz a donc sa loi particulière de dilatation, et très-probablement il n'en est aucun qui suive rigoureusement la loi de Mariotte.

34. **Compressibilité des gaz sous des pressions d'une à deux atmosphères.** — L'appareil ci-après (fig. 23), employé par M. Regnault, a permis de constater et de mesurer les écarts entre la loi de Mariotte et la loi de compressibilité, pour certains gaz, sous des pressions comprises entre une et deux atmosphères. — Le tube de gauche est destiné à recevoir le gaz sur lequel on opère : il présente un diamètre plus considérable dans sa partie médiane, et a été divisé en parties d'égale capacité par un jaugeage au mercure; il est mastiqué à sa base dans une pièce de fer munie d'un robinet à trois voies. L'usage de ce robinet, dans les quatre positions qu'on peut lui donner, est expliqué par les figures 24. Le tube de droite, ouvert à sa partie supérieure, est destiné à fonctionner comme manomètre à air libre : un manchon rempli d'eau froide maintient la température constante. Le tube de gauche vient

communiquer, par sa partie supérieure, avec un petit robinet à trois

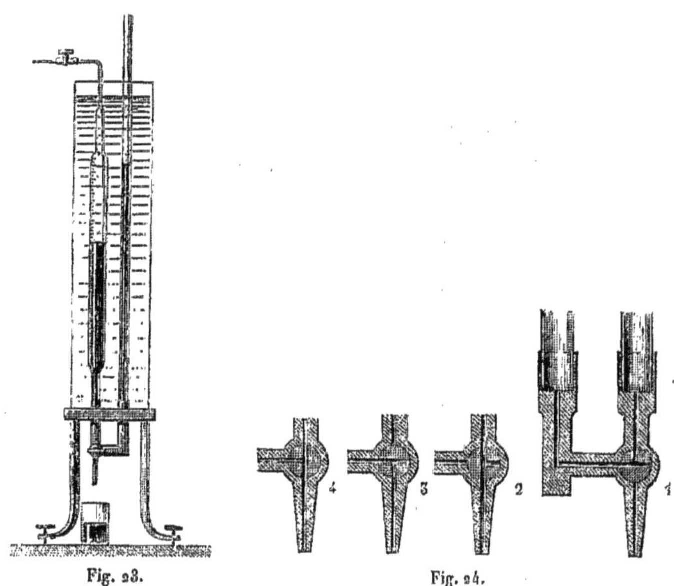

Fig. 23. Fig. 24.

voies qui permet d'établir à volonté la communication, soit avec une machine pneumatique, soit avec un récipient plein de gaz sec et pur.

On fait plusieurs fois le vide et on laisse plusieurs fois rentrer de l'air sec dans le tube gradué; une dernière fois on fait le vide jusqu'à amener le mercure au voisinage du petit robinet supérieur; par un mouvement de ce robinet, on supprime la communication avec la machine pneumatique, et l'on fait arriver dans le tube gradué le gaz du récipient. Par un autre mouvement de ce robinet, on enferme dans ce tube une certaine quantité de gaz, et l'on en détermine le volume, sous une pression d'abord peu différente de la pression atmosphérique, puis sous une série de pressions croissantes jusqu'à deux atmosphères [1].

On a inscrit dans le tableau suivant les valeurs que prend, pour

[1] Il est commode d'employer, comme récipient du gaz, une éprouvette plongeant dans une cuvette mobile pleine de mercure. En soulevant plus ou moins la cuvette, on fait aisément passer dans le tube gradué la quantité de gaz convenable aux expériences.

un certain nombre de gaz, le rapport $\frac{\left(\frac{V_0}{V}\right)}{\left(\frac{p}{p_0}\right)}$ lorsque $\frac{p}{p_0}$ est sensiblement égal à 2.

Air atmosphérique	1,00215
Oxyde de carbone	1,00293
Gaz des marais	1,00634
Bioxyde d'azote	1,00285
Protoxyde d'azote	1,00651
Acide chlorhydrique	1,00925
Acide sulfhydrique	1,01083
Gaz ammoniac	1,01881
Cyanogène	1,02353
Acide sulfureux	1,02352

Si la loi de Mariotte était exactement vraie, ce rapport devrait se réduire à l'unité. On voit que, lorsque la pression est doublée, le volume de chacun de ces gaz est réduit à moins de la moitié du volume primitif. Tous les gaz inscrits dans ce tableau se compriment donc suivant une loi plus rapide que la loi de Mariotte. On peut même remarquer que l'écart est d'autant plus grand que le gaz est plus facilement liquéfiable.

35. **Compressibilité des gaz sous des pressions croissantes jusqu'à vingt-cinq atmosphères.** — Il est aisé de concevoir l'imperfection que doit nécessairement offrir toute méthode où l'on se contente de mesurer les volumes successifs que présente une masse constante de gaz sous des pressions diverses : lorsque le volume de cette masse est réduit à une petite fraction du volume initial, c'est-à-dire précisément dans les conditions où il est le plus probable que la loi de Mariotte se trouve en défaut, l'importance relative des erreurs commises dans l'appréciation du volume devient considérable et la méthode perd toute son exactitude [1].

C'est ce qui a conduit M. Regnault à l'emploi d'une méthode

[1] Cette remarque s'applique aux expériences de Dulong, qui ne seront pas décrites dans ces leçons parce qu'elles n'offrent plus aujourd'hui qu'un intérêt historique. On en trouvera la description dans les *Mémoires de l'Académie des sciences*, t. X, ou dans les *Annales de chimie et de physique*, 2e série, t. XLIII, p. 74.

d'expérimentation toute différente. — L'appareil est disposé de manière à permettre de prendre une masse de gaz sous un volume déterminé, et de la comprimer ensuite jusqu'à ce que son volume se réduise sensiblement à la moitié du volume initial. Si l'on exécute cette expérience avec des masses de gaz variables, de façon à donner à la pression initiale une série de valeurs croissantes, on obtient toutes les données nécessaires à la détermination de la loi de compressibilité des gaz entre les limites des expériences, et l'on conserve une précision égale pour toutes les observations.

Un tube de verre à parois épaisses *ab* (fig. 25), jaugé au mercure,

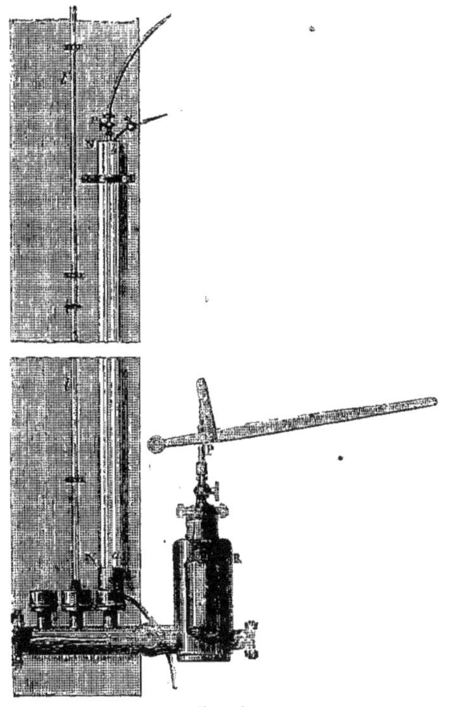

Fig. 25.

communique à sa partie supérieure avec un réservoir où le gaz a été comprimé d'avance, et qui n'est pas représenté sur la figure [1].

[1] Cette figure représente les parties essentielles de l'appareil établi par M. Regnault au

Cette communication peut être établie ou supprimée à l'aide d'un robinet *r*, construit avec assez de perfection pour garder les gaz sous des pressions de plusieurs atmosphères. Une série de tubes verticaux *t*, *t'*, qui présente une hauteur considérable, fait fonction de manomètre à air libre; l'ajustement de ces tubes entre eux se fait à l'aide d'une monture particulière, représentée en coupe par la figure 26, et formée de deux cônes métalliques *ab*, *ab'*, qui sont juxtaposés par leurs bases et séparés par une rondelle de cuir percée *oo'*; le système est serré fortement au moyen d'un collier (figuré au-dessous, non plus en coupe, mais en projection horizontale) dont l'intérieur est creusé d'une gorge, et dont les deux moitiés, articulées à charnière, sont rapprochées par une clef à vis. — Une pompe foulante P (fig. 25) permet de refouler dans le manomètre le mercure du réservoir R, et d'augmenter ainsi à volonté la pression du gaz renfermé dans le tube *ab*. Un courant d'eau froide, parcourant le manchon NN, maintient constante la température de ce gaz.

Fig. 26.

L'expérience a montré que la distance de deux repères marqués sur le tube jaugé demeure invariable sous les pressions les plus fortes; on en conclut que ces pressions n'augmentent pas sensiblement la capacité intérieure du tube.

Il résulte des expériences effectuées par M. Regnault que l'air, l'azote et l'acide carbonique suivent une loi de compressibilité plus rapide que la loi de Mariotte [1]; l'hydrogène au contraire suit une loi moins rapide.

Pour représenter empiriquement la loi de compressibilité, on s'est arrêté à la méthode suivante :

Soient p_0 la pression atmosphérique, p une pression constante, v_0 et v les volumes d'une même masse gazeuse qui correspondent à

Collége de France, appareil au moyen duquel on pouvait atteindre des pressions de trente atmosphères. On renverra le lecteur, pour la description complète de cet appareil, au mémoire de M. Regnault publié dans le tome XXI des *Mémoires de l'Académie des sciences*, p. 329.

(1) L'oxygène pur est absorbé par le mercure et ne se prête pas à des expériences directes, mais les phénomènes qu'il offrirait se déduisent de ceux qu'on observe avec l'air atmosphérique et l'azote.

ces deux pressions. Faisons

$$\frac{p}{p_0}=y, \qquad \frac{v_0}{v}=x.$$

Si la loi de Mariotte était rigoureusement exacte, on aurait

$$\frac{y}{x}=1;$$

en outre, il est évident que, pour la valeur $x=1$, on doit avoir $y=1$. On est ainsi conduit à la formule empirique

$$\frac{y}{x}=1+A(x-1)+B(x-1)^2,$$

formule qui a d'ailleurs paru suffisante pour représenter tous les résultats numériques fournis par les expériences.

C'est par des formules de ce genre qu'on a calculé les nombres du tableau suivant.

VOLUME DU GAZ (le volume sous la pression atmosphérique étant pris pour unité).	PRESSION EN ATMOSPHÈRES.			
	AIR.	AZOTE.	ACIDE carbonique.	HYDROGÈNE.
1	1,000	1,000	1,000	1,000
$\frac{1}{2}$	1,998	1,999	1,983	2,001
$\frac{1}{4}$	3,987	3,992	3,897	4,007
$\frac{1}{8}$	7,946	7,964	7,519	8,034
$\frac{1}{16}$	15,804	15,860	13,926	16,162
$\frac{1}{20}$	19,720	19,789	16,705	20,269

Il est important de remarquer que ces nombres ne conviennent rigoureusement qu'aux conditions de température des expériences, c'est-à-dire à des températures comprises entre + 2 et + 10 degrés. D'autre part, des mesures de densités, prises sous diverses pressions et à diverses températures, ont montré qu'à 100 degrés l'acide carbonique s'écarte beaucoup moins de la loi de Mariotte qu'aux températures ordinaires. — La loi de Mariotte semble donc une *limite* dont la loi réelle de compressibilité des gaz tendrait à se rapprocher, à mesure que la pression serait moindre et la température plus élevée.

36. **Loi des variations de pression des gaz sous volume constant.** — Les variations de pression d'une masse d'air sec, maintenue au volume qu'elle possédait à la température zéro et sous la pression normale de 760 millimètres, définissent les températures (voir n° 4). Dès lors, si l'on évalue numériquement la variation correspondante à l'intervalle fondamental de zéro à 100 degrés, la centième partie de cette variation est, par définition, la variation correspondante à un degré d'élévation de température; c'est le *coefficient de dilatation à volume constant*[1] de l'air, coefficient qui est évidemment le même à toute température.

Il y aura lieu seulement d'examiner si ce coefficient est, pour l'air lui-même, indépendant de la pression initiale, c'est-à-dire de la pression relative à la température zéro.

Pour les gaz autres que l'air, il faudra en outre reconnaître si les variations de pression sont proportionnelles aux températures définies par les variations de pression de l'air sec, ou si elles suivent une loi plus compliquée.

Les divers problèmes qu'on vient de poser ont été étudiés d'une manière précise[2], au moyen d'un appareil que M. Regnault a emprunté, en le perfectionnant, au physicien suédois Rüdberg. — Un ballon de verre à col effilé V (fig. 27) contient le gaz; il est placé dans une chaudière métallique E. Un tube à trois branches TRS fait communiquer le col du ballon, d'une part avec un manomètre à air libre ABCDF, d'autre part avec une série de tubes desséchants qui communiquent eux-mêmes avec une pompe à main. Un trait de repère *a* a été tracé au diamant sur la partie large du tube AC du manomètre, le plus près possible de la partie capillaire AB.

On fait le vide dans l'appareil un grand nombre de fois, en y laissant à chaque fois rentrer de l'air sec ou du gaz, pour enlever

(1) Cette expression, assez impropre, et même contradictoire avec elle-même, est consacrée par l'usage.

(2) *Mémoires de l'Académie des sciences*, t. XXI, p. 53 et 96.

complétement l'humidité adhérente au verre [1]. Lorsqu'on a laissé une dernière fois rentrer l'air ou le gaz, on entoure le ballon de glace fondante, et on laisse écouler du mercure par le robinet inférieur du manomètre, ou bien on en ajoute par la branche ouverte F,

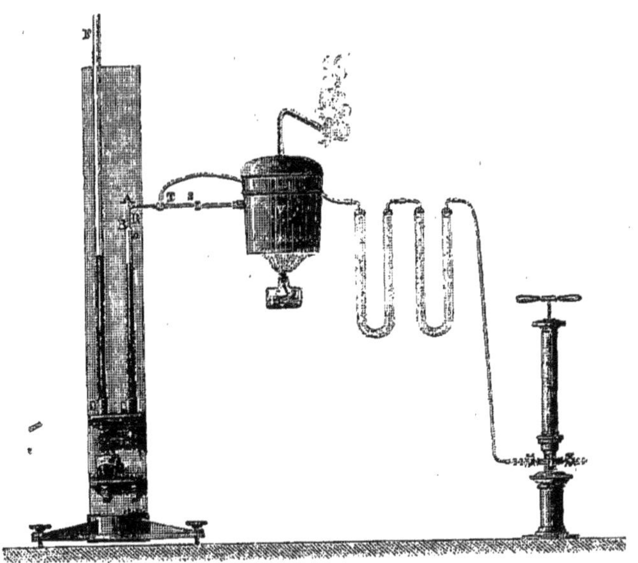

Fig. 27.

jusqu'à ce que, le mercure venant affleurer au repère *a* dans le tube AC, l'air ou le gaz soit soumis à la pression initiale que l'on veut prendre comme point de départ. On chauffe ensuite, de manière à fondre la glace et à porter l'eau à l'ébullition; on ramène le mercure au repère *a*, et l'on observe la nouvelle pression à laquelle le gaz est soumis. — Soient :

V le volume du ballon, jaugé à l'eau ou au mercure, et évalué à la température zéro;

v le volume du tube capillaire et de la partie supérieure du tube manométrique jusqu'en *a*;

[1] Cette manipulation préliminaire est de la dernière importance; c'est pour l'avoir négligée que Gay-Lussac et Dulong ont obtenu des valeurs inexactes des coefficients de dilatation des gaz.

t et t' les températures ambiantes, au moment des deux observations;

T la température d'ébullition de l'eau;

δ le coefficient de dilatation du verre du ballon;

H la pression initiale du gaz;

H' la pression finale;

α le coefficient de dilatation du gaz.

On obtient immédiatement l'équation

$$\left(V+\frac{v}{1+\alpha t}\right)H=\left[\frac{V(1+\delta T)}{1+\alpha T}+\frac{v}{1+\alpha t'}\right]H'.$$

Cette équation se résout par la méthode des approximations successives; v étant très-petit par rapport à V, on suppose d'abord les températures t et t' égales à zéro : on obtient ainsi une valeur approchée de α, qu'on emploie dans un second calcul à déterminer la valeur des termes correctifs $\frac{v}{1+\alpha t}$ et $\frac{v}{1+\alpha t'}$. On remarquera, en outre, que la température T n'est égale à 100 degrés que si la pression atmosphérique est de 760 millimètres; dans tout autre cas, on calcule T en admettant que, entre des limites de température peu étendues, les variations de la température d'ébullition de l'eau sont proportionnelles aux variations de la pression atmosphérique, et qu'une variation d'un degré de température répond à une variation de pression de 27 millimètres, au voisinage de la température 100 degrés[1].

Le tableau suivant contient les résultats fournis par les expériences, en prenant pour tous les gaz, comme pression initiale correspondante à la température zéro, la pression d'une atmosphère.

	COEFFICIENT DE DILATATION SOUS VOLUME CONSTANT ENTRE 0° ET 100°.
Air........................	$0{,}003665=\frac{1}{273}$
Azote[2]......................	$0{,}003668$

[1] Plus exactement, la température d'ébullition s'élève de 100 à 101 degrés lorsque la pression augmente de $27^{mm},6$; elle s'abaisse de 100 à 99 degrés lorsque la pression diminue de $26^{mm},7$.

[2] Les expériences directes sur l'oxygène sont impossibles, par la raison indiquée à l'occasion des expériences sur la compressibilité des gaz. [Note (1) de la page 49.]

	COEFFICIENT DE DILATATION SOUS VOLUME CONSTANT, ENTRE 0° ET 100°.
Hydrogène	0,003667
Oxyde de carbone	0,003667
Acide carbonique	0,003688
Protoxyde d'azote	0,003676
Cyanogène	0,003829
Acide sulfureux	0,003845

Ces nombres, sans être réellement égaux, diffèrent moins les uns des autres que les coefficients de dilatation des solides ou des liquides de diverses natures. — Les plus élevés se rapportent aux gaz les plus voisins de leur point de liquéfaction.

L'expérience a montré, en outre, que le coefficient de dilatation de l'air augmente avec la pression initiale : lorsque celle-ci varie de 109 à 3655 millimètres, le coefficient varie de 0,003648 à 0,003709. — Pour l'acide carbonique, l'influence de la pression initiale est plus sensible encore.

Enfin, les coefficients de dilatation de l'hydrogène et de l'acide carbonique sont sensiblement constants jusqu'à la température de 325 degrés, la pression initiale étant supposée d'une atmosphère. — Celui de l'acide sulfureux diminue d'une manière sensible à mesure que la température s'élève, entre zéro et 300 degrés ; le coefficient moyen est 0,003802.

37. **Loi des variations de volume sous pression constante.** — L'appareil à l'aide duquel M. Regnault a mesuré la dilatation des gaz sous pression constante[1] ne diffère du précédent que par la disposition du manomètre à air libre. La branche qui communique avec le ballon est renflée (fig. 28) et porte deux traits de repère B et D, l'un au-dessus, l'autre au-dessous du renflement; un manchon rempli d'eau froide et fermé d'un côté par une glace transparente entoure la branche AG et la partie inférieure de la branche ouverte MN.

La marche des expériences est la même que dans le cas précédent. Seulement, pour la première observation, faite à la température

[1] *Mémoires de l'Académie des sciences*, t. XXI, p. 60.

zéro, on amène le niveau du mercure à la hauteur du repère B; pour l'observation qui se fait ensuite à la température T voisine de 100 degrés, on amène le niveau du mercure à la hauteur de l'autre repère D; la capacité comprise entre les deux repères a d'ailleurs été choisie de manière que, dans ces deux conditions, la pression du gaz soit *à peu près* la même.

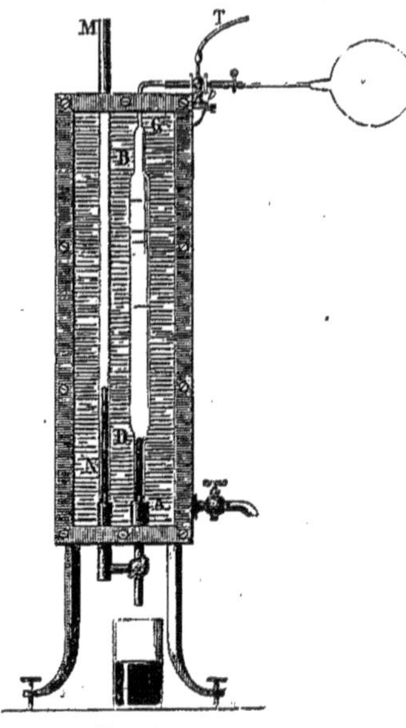

Fig. 28.

Si l'on veut étendre les expériences à des températures différentes de 100 degrés, on remplace le tube renflé AG par un tube gradué en capacités égales, et on observe la capacité occupée par le gaz dans ce tube aux diverses températures, la pression étant maintenue sensiblement égale à la pression initiale. — Le procédé expérimental devient alors tout à fait semblable à celui que M. Pouillet avait employé avant M. Regnault.

En employant les mêmes notations que plus haut, et désignant en outre par θ la température de l'eau du manchon, par u la capacité comprise entre B et D, capacité déterminée à la température θ, on arrive à la formule

$$\left(V + \frac{v}{1+\alpha t}\right) H = \left(\frac{V(1+\delta T)}{1+\alpha T} + \frac{v}{1+\alpha t} + \frac{u}{1+\alpha\theta}\right) H'.$$

Le volume u étant une fraction très-notable du volume V, il est nécessaire que sa température soit connue sans aucune incertitude. C'est pourquoi on l'a placé dans un manchon rempli d'eau froide, la température de l'eau se communiquant, bien plus sûrement que celle de l'air ambiant, aux corps qu'elle environne de toutes parts.

Les résultats de ces expériences sont contenus dans le tableau suivant.

	COEFFICIENT DE DILATATION DE 0° A 100°, SOUS LA PRESSION CONSTANTE D'UNE ATMOSPHÈRE.
Air	0,003670
Azote	〃
Hydrogène	0,003661
Oxyde de carbone	0,003669
Acide carbonique	0,003710
Protoxyde d'azote	0,003720
Cyanogène	0,003877
Acide sulfureux	0,003903

Ce tableau donne lieu aux mêmes remarques que le précédent. Il montre, en outre, que le coefficient de dilatation sous pression constante est toujours plus grand que le coefficient de dilatation à volume constant, et que la différence, à peine sensible pour l'air, est d'autant plus marquée que le gaz est plus voisin de son point de liquéfaction.

Le coefficient de dilatation sous pression constante augmente à mesure que la pression augmente, et cet accroissement est d'autant plus sensible que le gaz est plus facile à liquéfier. C'est ce que montre le tableau suivant :

	PRESSION.	COEFFICIENT DE DILATATION À PRESSION CONSTANTE.
Hydrogène	760mm	0,003661
—	2545	0,003662
Air atmosphérique	380	0,003650
—	760	0,003670
—	2525	0,003691
—	2620	0,003696
Acide carbonique	760	0,003709
—	2520	0,003846
Acide sulfureux	760	0,003902
—	980	0,003980

38. **Conclusions générales.** — En rapprochant entre eux ces divers résultats, on est conduit aux conclusions générales suivantes :

Il est probable que la raréfaction et l'élévation de température tendent à rapprocher un gaz quelconque d'un *état gazeux parfait*, où il suivrait rigoureusement la loi de Mariotte et où ses deux coefficients de dilatation deviendraient égaux et indépendants de la pression.

Il est également probable que la valeur commune de ces deux coefficients de dilatation serait indépendante de la nature du gaz.

39. Choix du corps thermométrique. — Les corps solides, lorsqu'on veut les employer comme corps thermométriques, présentent cet inconvénient que deux échantillons différents d'un même corps solide n'ont presque jamais les mêmes propriétés physiques; les thermomètres solides ne sont donc pas comparables entre eux. Aussi l'emploi en est-il à peu près limité à la construction de *pyromètres,* c'est-à-dire d'instruments servant à apprécier grossièrement, pour les besoins de la pratique industrielle, des températures très-élevées.

Quant aux corps liquides, l'influence sensible de l'enveloppe solide dans laquelle ces liquides sont nécessairement contenus ne permet pas de regarder comme absolument comparables les indications de divers thermomètres, construits avec un même liquide, mais avec des enveloppes solides dont les dilatations sont toujours différentes. Toutefois, la commodité des thermomètres à liquides est telle, qu'on ne saurait en abandonner l'usage, même dans les recherches les plus précises; mais il est nécessaire que chacun de ces instruments ait d'abord été comparé avec un instrument étalon, qui est le thermomètre à air.

Enfin, quand on emploie comme corps thermométrique un gaz contenu dans une enveloppe de verre, on doit remarquer que la dilatation moyenne du verre est toujours au moins 150 fois inférieure à celle du gaz lui-même : elle ne peut donc exercer, sur les indications du thermomètre, qu'une influence inférieure aux erreurs inévitables des expériences. De là résulte que les divers thermomètres construits avec un même gaz doivent être considérés, en réalité, comme étant des instruments pratiquement comparables.

40. Thermomètres solides. — Pour les raisons indiquées plus haut, on se contentera de signaler ici quelques-uns des instruments thermométriques construits avec des corps solides. Tels sont :

Les *pyromètres à cadran,* plus ou moins analogues à l'instrument qui sert à constater la dilatation des barres solides sous l'influence de la chaleur, et qui est représenté par la figure 1. — Un appareil de ce genre a pu être employé pour évaluer approximativement les températures dans les fours à porcelaine.

Le *pyromètre de Wedgwood* (fig. 29), formé d'une plaque métallique qui porte deux rainures de largeur décroissante, dont l'une est la continuation de l'autre. On a préparé de petits cylindres d'argile, qui, avant d'avoir été chauffés, ne pénètrent que jusqu'à une division initiale, marquée zéro. On expose l'un de ces petits cylindres à la température que l'on veut évaluer : il subit un retrait permanent, dont la valeur dépend de cette température; après le refroidissement, on observe la division à laquelle il s'arrête quand on l'introduit de nouveau dans la rainure. L'instrument n'est jamais d'ailleurs qu'un indicateur grossier.

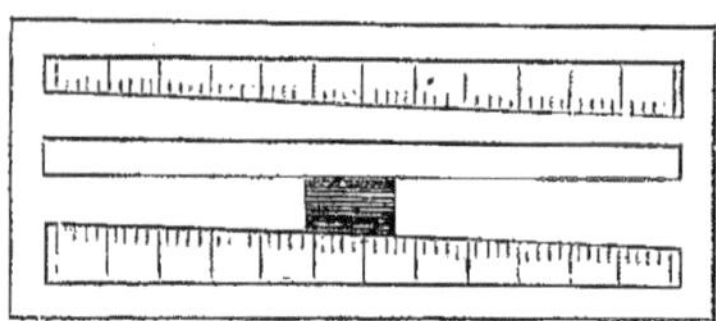

Fig. 29.

Enfin, le *thermomètre de Bréguet,* dont la construction est fondée sur le principe suivant. Si deux règles minces, formées de métaux inégalement dilatables, et ayant même longueur à une température déterminée, sont soudées ensemble dans toute leur étendue, le système ne conservera sa forme primitive qu'à la température à laquelle leur réunion aura été effectuée. Toute élévation de température déterminera une courbure telle, que la lame la moins dilatable soit placée du côté de la concavité; tout abaissement de température déterminera une courbure inverse. Si les deux lames soudées

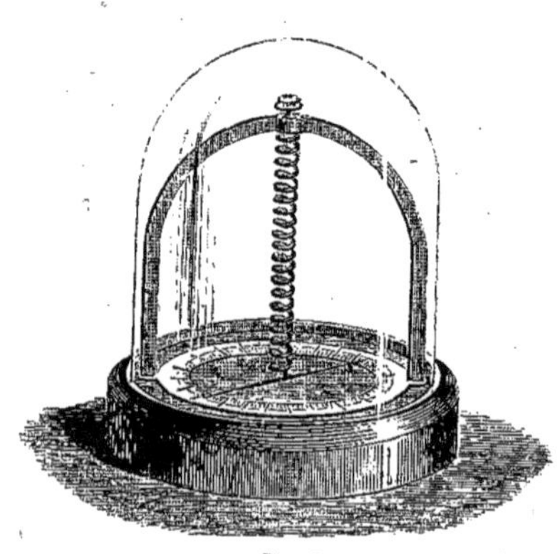

Fig. 30.

sont primitivement courbes, ces effets seront remplacés par des accroissements ou des diminutions de courbure. — De là le thermomètre de Bréguet (fig. 30), construit avec trois rubans de platine, d'argent et d'or, qui ont été superposés et enroulés en spirale. Il est remarquable par une sensibilité extrême, qui en rend l'usage précieux dans certaines circonstances. — On le gradue par comparaison avec un thermomètre à mercure, mais on ne peut guère compter sur la valeur numérique des indications qu'il fournit.

41. **Thermomètres à liquides.** — Ces instruments seraient comparables entre eux si l'on observait les volumes absolus des liquides. Si l'on n'observe que les volumes apparents, comme on le fait d'ordinaire, l'influence de l'enveloppe ne permet pas de regarder *a priori* comme comparables les indications d'instruments divers, construits avec un même liquide renfermé dans des enveloppes dont on ne peut garantir l'identité. Néanmoins, la dilatation de l'enveloppe solide étant généralement une fraction assez petite de la dilatation du liquide, l'influence qu'elle exerce est assez restreinte; d'ailleurs il est facile de comparer tous les instruments à l'un d'entre eux, ou mieux encore au thermomètre à air pris pour étalon, et de donner ainsi un sens tout à fait précis aux indications fournies par chacun d'eux.

Parmi les liquides que l'on peut employer, le mercure présente des avantages évidents, par l'étendue de sa course (de — 40 à + 350 degrés du thermomètre à air) et par la facilité avec laquelle on le purifie, en le distillant et le lavant à l'acide nitrique et à l'acide sulfurique.

42. **Construction du thermomètre à mercure.** — A l'une des extrémités d'un tube divisé en parties d'égale capacité (on dira plus loin comment se fait cette division), on souffle un réservoir cylindrique, ellipsoïdal ou sphérique; à l'autre extrémité, on soude ou on souffle une olive, terminée par un tube effilé qui s'ouvre dans l'atmosphère (fig. 31). On chauffe l'air du réservoir, on plonge le tube effilé dans du mercure chaud, et lorsque le refroidissement de l'air a déterminé l'ascension d'une certaine quantité de mercure, on fait tomber ce liquide dans le réservoir en retournant l'instru-

ment et en lui donnant quelques secousses. On réitère cette opération jusqu'à ce qu'il ne reste plus dans le réservoir qu'une faible quantité d'air, qu'on expulse définitivement par l'ébullition du mercure. On laisse refroidir, on plonge l'instrument pendant quelques instants dans la glace et dans l'eau bouillante, afin de connaître à peu près la position des points fixes; si cette position ne paraît pas convenable, on introduit une nouvelle quantité de mercure, ou on l'en fait sortir par l'action de la chaleur. On coupe ensuite le tube, en laissant à la tige une longueur déterminée par la course qu'on veut donner au thermomètre, et on ferme l'extrémité à la lampe. — On a soin d'ailleurs de laisser à l'extrémité de la tige une petite capacité où le mercure puisse s'accumuler sans briser le tube par sa dilatation, si l'instrument était soumis à des températures dépassant la limite supérieure de celles qu'il est destiné à évaluer.

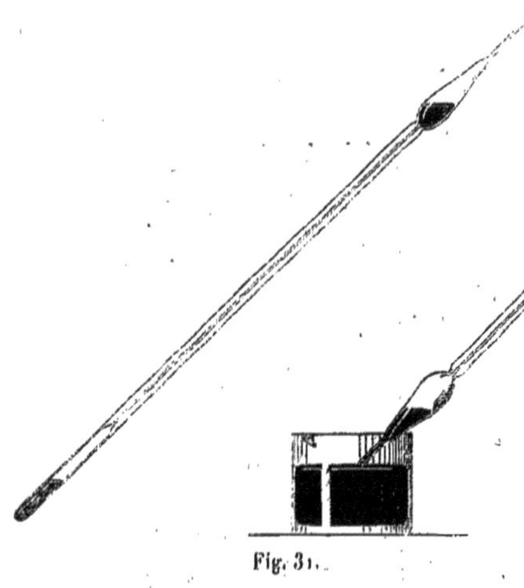
Fig. 31.

43. **Détermination des points fixes.** — L'instrument étant fermé, on détermine sur la tige deux points fixes, en le plaçant successivement dans la glace fondante (fig. 32) et dans la vapeur d'eau bouillante (fig. 33). Dans les deux appareils, la colonne thermométrique doit être entourée tout entière, aussi bien que le réservoir, de glace fondante ou de vapeur. Si la pression atmosphérique n'est pas de 760 millimètres, on emploie le mode de correction indiqué plus haut à propos de la dilatation des gaz[1].

44. **Digression sur le procédé employé pour diviser un tube en parties d'égale capacité.** — On soumet d'abord le tube

[1] Voir la note (1) de la page 53.

à une épreuve préliminaire, consistant à promener dans toute son étendue une colonne de mercure, dont on observe attentivement la

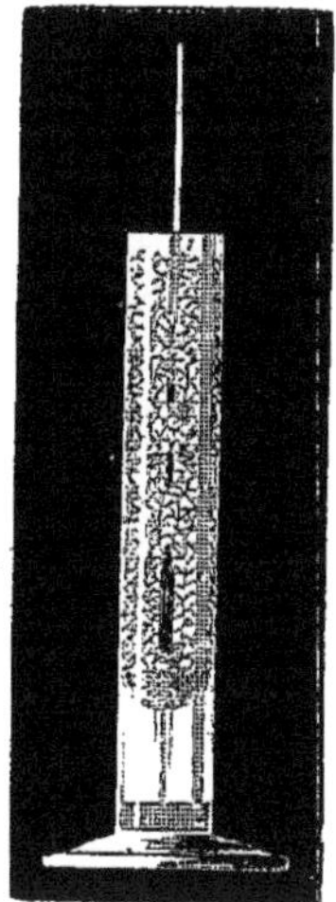

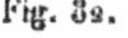

Fig. 32.

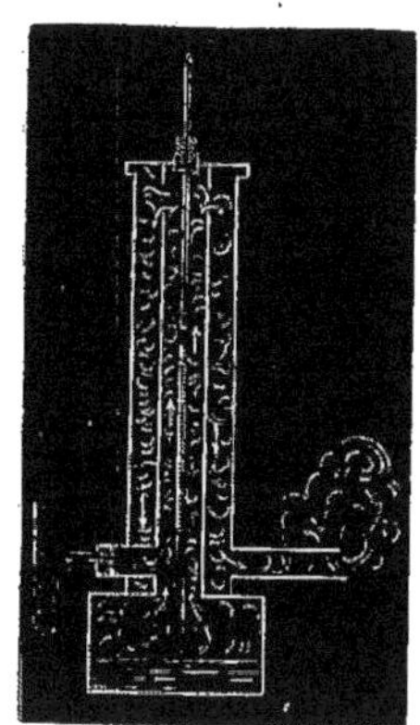

Fig. 33.

forme à la loupe dans les diverses parties du tube, en même temps qu'on en mesure approximativement la longueur d'une manière quelconque. Si la colonne ne montre nulle part de renflement ou d'étranglement, si les longueurs successivement mesurées diffèrent peu les unes des autres, et surtout si elles paraissent varier d'une manière régulière et continue, le tube peut être employé à construire un thermomètre précis. Dans le cas contraire, il doit être rejeté.

Les opérations suivantes exigent l'emploi d'une *machine à diviser*. — La partie essentielle de cette machine est, comme on sait, une vis (fig. 34) maintenue entre des supports fixes; le mouvement de cette vis autour de son axe déplace un écrou, auquel sont joints un microscope et un *tracelet*. Si la machine doit tracer immédiatement des divisions sur un corps solide, le tracelet est un burin d'acier ou même une pointe de diamant. Si l'on veut simplement graduer un tube de verre, le tracelet est un burin un peu mousse, qui marque des traits sur un vernis à la gomme laque dont le tube est revêtu;

on rendra ensuite ces traits visibles, par l'action des vapeurs d'acide fluorhydrique.

Un système de pièces auxquelles les différents constructeurs ont donné des dispositions diverses permet d'apprécier de combien de tours et de fractions de tour on fait tourner la vis de la machine, en

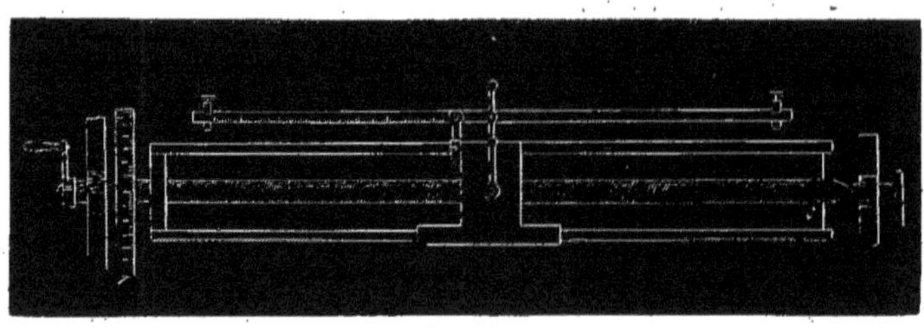

Fig. 34.

sorte qu'il est facile de tracer un système de traits équidistants ou assujettis à telle loi qu'on voudra. — Lorsqu'on veut marquer des traits équidistants, il est avantageux que la machine présente une disposition mécanique qui arrête le mouvement de la vis, indépendamment de l'attention de l'observateur, toutes les fois que ce mouvement atteint le nombre voulu de tours et de fractions de tour : une disposition de ce genre se trouve dans toutes les machines que l'on construit actuellement.

Toute vis qui fait mouvoir un écrou présente un *temps perdu* : on le fait disparaître, avant de commencer une expérience, en faisant marcher la vis d'un nombre de tours un peu grand, dans le sens où elle doit marcher dans l'expérience elle-même; on répète cette opération préliminaire chaque fois qu'on doit changer le sens du mouvement.

Enfin, quelque soin qu'on ait apporté à la construction de la machine à diviser, la vis motrice n'est jamais parfaite. On apprécie les défauts d'uniformité qu'elle peut présenter, en faisant deux traits sur une règle métallique ou sur un tube de verre, et relevant la distance de ces deux traits au moyen de diverses régions de la vis fonctionnant comme vis micrométrique; si les résultats de ces mesures sont peu différents les uns des autres, et surtout si les différences suivent une loi continue et régulière, il est facile d'en déduire le système des corrections dont on devra faire usage. S'il en était autrement, la machine ne pourrait être employée.

Voici maintenant comment on peut procéder, si l'on veut tracer sur le tube des divisions qui correspondent à des capacités égales.

On introduit dans le tube une colonne de mercure; on en mesure la longueur au moyen de la machine à diviser, en faisant marcher

Fig. 35.

l'écrou, par exemple, de gauche à droite. On fait ensuite mouvoir la colonne, soit par des chocs, soit en pressant sur une sphère de caoutchouc fixée à l'extrémité du tube, de manière que son extrémité gauche vienne se placer sous le fil du microscope de la machine qui visait auparavant l'extrémité de droite; on évalue la longueur de la colonne dans cette nouvelle position et l'on continue jusqu'à ce qu'on ait ainsi déterminé, dans toute l'étendue du tube, les longueurs l_0, l_1, t_2, etc., qui correspondent à des capacités consécutives, égales chacune au volume de la colonne (fig. 35). — On fait alors écouler le mercure, on vernit le tube, on le replace à peu près dans sa position première, et l'on y trace d'abord K divisions séparées par des intervalles égaux à $\frac{l_0}{K}$, puis K nouvelles divisions séparées par des intervalles égaux à $\frac{l_1}{K}$, K divisions séparées par des intervalles égaux à $\frac{l_2}{K}$, etc. Enfin on fait agir l'acide fluorhydrique et on enlève le vernis par un lavage à l'alcool.

Ce mode d'opération a l'inconvénient de donner une graduation

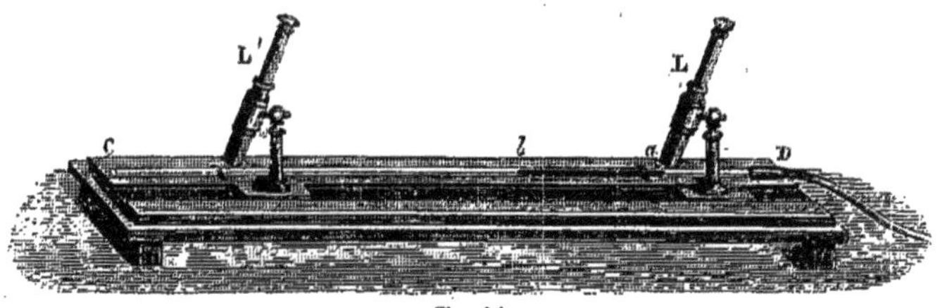

Fig. 36.

discontinue. Il est préférable de diviser toute l'étendue du tube *en parties d'égale longueur,* et de rechercher ensuite les erreurs *systéma-*

tiques et continues qui sont résultées tant des variations de diamètre du tube que des imperfections de la machine à diviser. On y parvient en déterminant, au moyen d'une planchette CD portant deux microscopes mobiles L, L' (fig. 36), le nombre de divisions et de dixièmes de division [1] qu'occupe, dans diverses régions du tube, une même colonne de mercure *ab*. On peut, pour plus de sûreté, répéter cette opération avec plusieurs colonnes mercurielles de longueurs différentes, et il devient facile de calculer, soit une formule empirique qui donne la capacité réelle du tube en fonction du nombre des divisions, soit une table équivalente [2].

[1] Les dixièmes de division s'apprécient avec une grande exactitude, en amenant le fil du microscope au milieu de l'intervalle de deux divisions qui comprennent entre elles l'extrémité de la colonne; on voit immédiatement si la fraction excédante de cette colonne est inférieure ou supérieure à $\frac{5}{10}$ de division, et, avec un peu d'habitude, on parvient à évaluer sûrement la différence.

[2] Supposons, par exemple, que, dans des positions diverses, la colonne de mercure s'étende successivement

de la division x_0 à la division x_1,
de ——— x_1 à ——— x_2,
de ——— x_2 à ——— x_3,
. . . . ,
de ——— x_{n-1} à ——— x_n,

x_0 et x_n étant très-voisines des deux extrémités de la graduation. La capacité comprise entre deux divisions quelconques x et x' n'étant pas exactement proportionnelle à $x'-x$, convenons de représenter par $\varphi(x)$ et $\varphi(x')$ des quantités telles, qu'en les ajoutant respectivement à x et à x' on ait une différence $[x'+\varphi(x')]-[x+\varphi(x)]$ qui soit exactement proportionnelle à la capacité. La quantité $\varphi(x)$ sera une fonction continue de x, qui demeurera toujours très-petite si le tube a été bien choisi et si la machine à diviser dont on a fait usage est bien construite. En se reportant à l'expérience qui vient d'être décrite, on voit que l'on a

$$x_1-x_0+\varphi(x_1)-\varphi(x_0)=x_2-x_1+\varphi(x_2)-\varphi(x_1),$$
$$x_2-x_1+\varphi(x_2)-\varphi(x_1)=x_3-x_2+\varphi(x_3)-\varphi(x_2),$$
$$\cdots\cdots\cdots\cdots\cdots\cdots$$

Le nombre de ces équations étant inférieur de deux unités au nombre des expressions $\varphi(x_0), \varphi(x_1), \varphi(x_2), \ldots$, si l'on connaissait deux quelconques de ces quantités, on pourrait déterminer toutes les autres, et l'on connaîtrait ainsi, pour des valeurs sensiblement équidistantes de x, la correction qu'il faut ajouter à un nombre observé de divisions ou en retrancher pour obtenir une expression proportionnelle à la capacité. On en déduirait aisément la valeur des corrections pour tous les nombres intermédiaires. Or, il est évidemment permis de poser

$$\varphi(x_0)=0, \quad \varphi(x_n)=0,$$

45. **Déplacement graduel des deux points fixes du thermomètre.** — Quand on vient, après un temps un peu long, à replacer un thermomètre dans les conditions qui ont servi à déterminer les points fixes (43), on observe que le niveau du mercure s'arrête en des points de la tige un peu plus élevés que les points primitivement marqués. Cette épreuve, répétée à des intervalles de temps suffisants, montre que ce déplacement des deux points fixes s'opère graduellement : il ne peut s'expliquer que par une diminution de la capacité de l'enveloppe. — Quant à la cause même de cette diminution, on doit la chercher dans une *trempe* éprouvée par le verre, et plus particulièrement par le réservoir, pendant les manipulations nécessaires à la construction du thermomètre : toute élé-

c'est-à-dire de convenir qu'on représentera par $x_n - x_0$ la capacité comprise entre les deux divisions extrêmes. Ce n'est en réalité que choisir pour unité de capacité la capacité moyenne des divisions du tube, et c'est assurément le choix le plus naturel qu'on puisse faire.

On ne conservera aucun doute sur la table de correction ainsi dressée, si l'on en vérifie l'exactitude au moyen d'une nouvelle colonne de mercure sur laquelle on aura répété les mêmes observations. Il sera avantageux que la longueur moyenne de cette colonne de mercure ne soit pas dans un rapport simple avec la longueur moyenne de la colonne précédente.

La correction $\varphi(x)$ devant varier avec lenteur si le tube a été bien choisi et bien gradué, on peut supposer que, dans un petit intervalle, ses variations sont proportionnelles aux variations de x; il devient ainsi facile de passer, de la table précédente, à une table qui donne les corrections correspondantes à des divisions exactement équidistantes, par exemple aux divisions 0, 10, 20, 30,.... L'usage de la table pour les divisions intermédiaires se comprend de lui-même.

On peut encore promener dans le tube une colonne de mercure en déplaçant successivement une de ses extrémités d'un nombre constant de divisions, de dix divisions par exemple, et observer le déplacement de l'autre extrémité. Si x_0, x_{10}, x_{20},... désignent les positions successives de cette seconde extrémité, on aura évidemment

$$10+\varphi(10)-\varphi(0)=x_{10}-x_0+\varphi(x_{10})-\varphi(x_0),$$
$$10+\varphi(20)-\varphi(10)=x_{20}-x_{10}+\varphi(x_{30})-\varphi(x_{10}),$$
....

Deux, trois colonnes de mercure de longueurs différentes fournissent deux, trois systèmes d'équations semblables. Si la correction φ est lentement variable, comme on le suppose toujours, et que x_0, par exemple, soit égal à 106,2, on pourra poser

$$\varphi(x_0)-\varphi(100)=0,62\,[\varphi(110)-\varphi(100)];$$

par des relations de ce genre on parviendra à substituer, aux corrections $\varphi(x_0)$, $\varphi(x_{10})$,..., qui entrent dans les équations précédentes, les corrections relatives aux divisions équidistantes qu'on veut inscrire dans la table. Il sera facile d'obtenir un nombre d'équations égal à celui de ces inconnues; mais il y aura avantage à obtenir un nombre d'équations supérieur, qu'on pourra décomposer en plusieurs systèmes d'équations se contrôlant réciproquement.

vation ultérieure de température, suivie d'un abaissement lent, constitue un *recuit* qui accélère la déformation du réservoir. La tige n'ayant pas été soumise, lorsqu'on a construit le thermomètre, aux mêmes variations de température que le réservoir, sa capacité demeure invariable; on constate en effet que la distance des deux points fixes ne change pas. Il suffit donc de mesurer une fois pour toutes l'intervalle des deux points fixes, et de déterminer avant chaque nouvelle série d'expériences le *déplacement du zéro.* — Dans les thermomètres dont le réservoir a été soudé à la tige, on observe un déplacement plus considérable que dans les thermomètres dont le réservoir a été soufflé.

46. **Comparaison des thermomètres à mercure entre eux.** — Entre zéro et 100 degrés, tous les thermomètres à mercure marchent à très-peu près d'accord, malgré la différence de leurs enveloppes. Les divergences ne deviennent sensibles qu'au delà de 100 degrés; en général, elles ne dépassent pas quatre ou cinq degrés en arrivant à la température de l'ébullition du mercure, c'est-à-dire à 350 degrés du thermomètre à air.

De ces faits il résulte que l'on peut, entre zéro et 100 degrés, regarder comme comparables les observations effectuées avec des thermomètres à mercure différents.

Au delà de 100 degrés, on peut encore se contenter de l'observation du thermomètre à mercure, si l'on se propose seulement de définir approximativement les conditions dans lesquelles on pourra reproduire un phénomène déterminé; ainsi la plupart des points de fusion et d'ébullition rapportés dans les traités de chimie n'ont pas été déterminés d'une autre manière. — Mais toutes les fois qu'on veut obtenir une définition précise des températures, il est indispensable de convertir les indications du thermomètre à mercure en indications du thermomètre à air.

47. **Emploi du thermomètre à poids pour la mesure des températures.** — Si, dans la formule approchée qui a été donnée précédemment (19), on fait

$$\Delta - K = \delta t,$$

et si l'on néglige K vis-à-vis de l'unité, on en conclut

$$t = \frac{1}{\delta} \frac{p}{P - p}.$$

Cette indication sera d'accord avec celle d'un thermomètre à tige graduée dont l'enveloppe serait identique à celle du thermomètre à poids.

Le thermomètre à poids présente cet avantage, qu'il peut s'introduire tout entier dans un appareil, plus facilement qu'un thermomètre à tige dont le réservoir aurait les mêmes dimensions.

48. **Correction des indications d'un thermomètre dont la tige est en partie extérieure à l'espace dont on mesure la température.** — Lorsqu'on emploie un thermomètre à tige pour déterminer la température d'un espace, et qu'on est obligé de laisser la tige à l'extérieur, il peut arriver qu'une portion notable de la colonne mercurielle soit à une température différente de celle du réservoir. La lecture faite sur l'instrument permet cependant d'évaluer encore avec assez de précision la température cherchée, pourvu qu'on connaisse la température de la portion de la colonne qui est extérieure à l'espace en question [1].

Soient :

T la température indiquée par le thermomètre, c'est-à-dire celle qui correspond à la division où arrive le niveau du mercure;

θ la température correspondante à la dernière des divisions contenues dans l'espace où est placé le réservoir;

t la température de la partie de la tige comprise entre les divisions correspondantes à θ et à T;

x la température de l'espace soumis à l'expérience;

δ l'accroissement apparent du volume occupé par le mercure dans le verre, pour un degré d'élévation de température.

[1] Pour connaître cette température sans incertitude, il est avantageux d'entourer la tige du thermomètre d'un manchon dans lequel on fera passer un courant d'eau froide. On considère la température de cette eau comme étant sensiblement celle de la portion de la tige qu'elle entoure.

On aura

$$x = \theta + (T - \theta)\frac{1+\delta x}{1+\delta t},$$

équation qui fournira x en fonction de quantités connues.

49. **Thermomètres à maxima et à minima.** — Les thermomètres dits *à maxima* ou *à minima* sont destinés à conserver l'indication de la température la plus haute ou de la température la plus basse à laquelle l'instrument a été soumis, entre l'instant où il a été mis en expérience et l'instant où on l'observe. Il suffira d'indiquer rapidement la construction de quelques-uns d'entre eux.

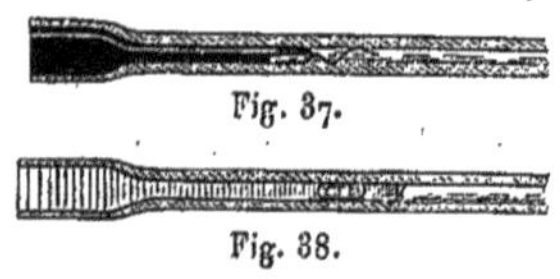

Fig. 37.

Fig. 38.

Le thermomètre à maxima de *Rutherford* est un thermomètre à mercure : un petit flotteur cylindrique de fer (fig. 37), maintenu par un ressort, est poussé en avant par la dilatation du mercure quand la température s'élève; il est abandonné dans sa position actuelle lorsque le mercure se contracte par l'abaissement de température [1]. — Le thermomètre à minima de Rutherford est un thermomètre à alcool; un petit cylindre d'émail plongé dans le liquide (fig. 38) est entraîné par la capillarité lorsque le liquide se contracte, et reste immobile dans le tube horizontal lorsqu'il y a dilatation.

Le thermomètre de *Six*, formé de deux colonnes d'alcool séparées par une colonne de mercure (fig. 39), réunit, comme le montre la figure, ces deux combinaisons.

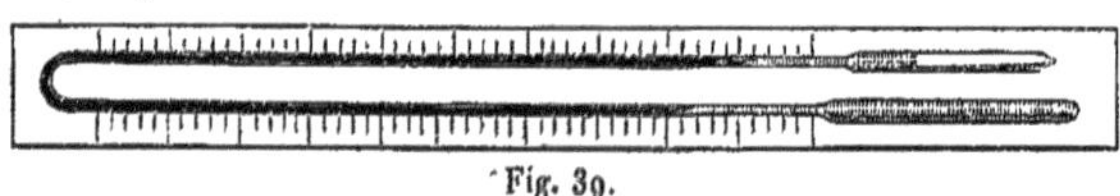

Fig. 39.

Le thermomètre à maxima de *Walferdin* (fig. 40) est un thermomètre à mercure, dont la tige se termine par une pointe effilée

[1] Pour mettre cet instrument en expérience, il suffit d'incliner l'appareil de manière à faire tomber le petit cylindre à la surface du mercure, en lui imprimant au besoin de petits chocs pour vaincre les frottements. On le replace ensuite horizontalement. — La manœuvre est la même pour le thermomètre à minima de Rutherford, et aussi pour le thermomètre de Six.

qui s'engage dans une ampoule de verre contenant du mercure. Pour mettre l'instrument en expérience, on le chauffe jusqu'à ce que le mercure arrive au sommet de la pointe effilée, on le retourne et on le laisse refroidir. Le mercure de l'ampoule, environnant alors l'extrémité de la pointe, rentre dans la tige et y pénètre en colonne continue tant que la température s'abaisse : on arrête le refroidissement à une température déterminée θ et on replace l'instrument dans sa position première. S'il est soumis à une série de températures supérieures à θ, une partie du mercure s'écoulera dans l'ampoule, et, pour connaître la limite supérieure que ces températures auront atteinte, il suffira de plonger le thermomètre dans un bain liquide dont on élèvera la température jusqu'à ce que le mercure du thermomètre atteigne par sa dilatation l'extrémité de la pointe effilée.

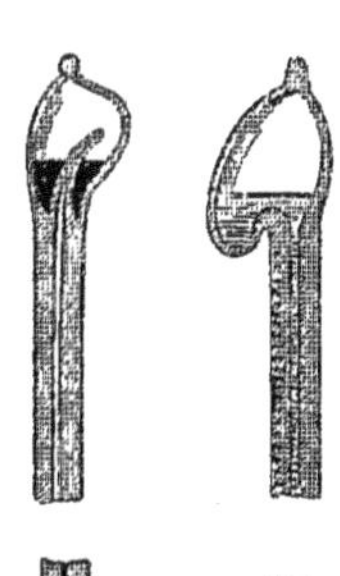

Fig. 40. Fig. 41.

Dans le thermomètre à minima de *Walferdin* (fig. 41) la tige se termine à la partie inférieure par une pointe effilée, autour de laquelle est soudé le réservoir; ce réservoir contient du mercure et de l'alcool. Pour mettre l'instrument en expérience, on le retourne, de manière que le mercure du réservoir vienne entourer et couvrir la pointe effilée; on le refroidit jusqu'à ce que tout l'alcool contenu dans la tige soit rentré dans le réservoir, et on le laisse se réchauffer jusqu'à une température déterminée θ, ce qui fait passer dans la tige une certaine quantité de mercure. On redresse alors l'instrument, et il est clair que si on le soumet à l'action d'une série de températures inférieures à θ, il rentrera du mercure dans le réservoir; on connaîtra le minimum de cette série de températures en déterminant par l'expérience la température à laquelle la colonne de mercure restée dans la tige descend jusqu'à l'extrémité de la pointe effilée.

50. **Thermomètres à gaz, en général.** — En raison de la grandeur du coefficient de dilatation des gaz, l'influence des variations de la dilatation du verre est négligeable, et les divers ther-

momètres construits avec un même gaz et des enveloppes diverses ne diffèrent, dans leurs indications, que de quantités inférieures aux erreurs inévitables des expériences. Cet avantage précieux a conduit les physiciens à définir la température au moyen d'un thermomètre à gaz. — Parmi les divers gaz, il a été naturel de choisir l'air sec.

Pour la définition de la température, on a préféré la considération des variations de pression à celle des variations de volume (4). — Voici l'une des raisons qui ont déterminé ce choix. Dans les appareils qui servent à l'observation de la dilatation des gaz sous pression constante, la masse du gaz qui est soumise à l'action de la chaleur diminue à mesure que la température s'élève; par suite, la masse de gaz qu'une élévation donnée de température fait sortir du réservoir diminue, et son volume, ramené à la température constante du tube gradué où s'observent les dilatations, s'apprécie avec une exactitude décroissante. La sensibilité du procédé thermométrique n'est donc pas la même à toutes les températures. Rien au contraire ne tend à faire varier la sensibilité de la méthode fondée sur l'observation des variations de pression à volume constant.

Tout appareil propre à l'étude de la dilatation de l'air peut servir de thermomètre, en supposant connu le coefficient de dilatation α, et en prenant, dans l'équation relative à cet appareil, la température T pour inconnue. Il suffira de donner au réservoir une forme qui favorise l'établissement de l'équilibre entre l'air et le système de corps dont on veut mesurer la température. Une forme cylindrique allongée est ordinairement préférable à la forme sphérique.

On a supposé, dans la définition de la température, que la masse d'air dont le volume doit être maintenu constant supporte, à la température zéro, une pression égale à la pression atmosphérique. L'expérience a montré qu'il n'est pas nécessaire de s'astreindre à cette condition, et que la pression initiale de l'air peut être abaissée à $\frac{1}{9}$ d'atmosphère sans que la marche de l'instrument soit altérée d'une manière sensible. Cette remarque permet de mesurer des températures très-élevées, sans donner au manomètre des dimensions incommodes.

51. **Formes spéciales données aux thermomètres à gaz.** — Dulong a donné au thermomètre à air une forme qui en rend

l'usage assez commode et qui a été fréquemment employée depuis. — Un réservoir cylindrique V, terminé par un tube de petit dia-

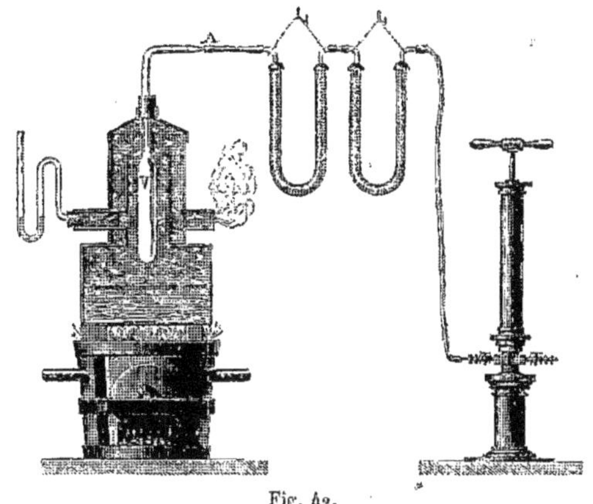

Fig. 42.

mètre (fig. 42), est placé dans le milieu dont on cherche la température, par exemple dans la vapeur d'un liquide en ébullition. On le remplit d'air sec à la pression atmosphérique H, au moyen d'une pompe à air et d'un système de tubes desséchants. Le vide ayant été fait un certain nombre de fois à l'aide de la pompe, et l'appareil rempli chaque fois d'air sec, on ferme à la lampe le tube au point A, et l'on transporte l'instrument sur une cuvette à mercure (fig. 43); on casse la pointe sous le mercure, et l'on entoure le réservoir de glace fondante, jusqu'à sa partie supérieure. Lorsque l'équilibre de température est établi, on relève au cathétomètre la hauteur du mercure dans le réservoir au-dessus de la pointe supérieure d'une vis à deux pointes V, dont la pointe inférieure a été préalablement amenée en contact avec la surface du mer-

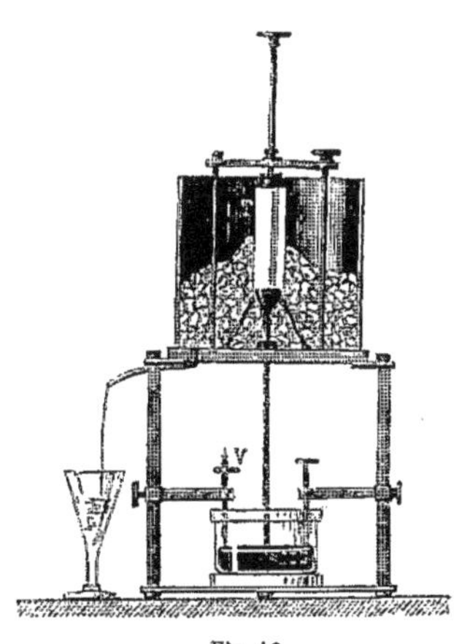

Fig. 43.

cure[1]. La distance des deux pointes étant connue d'avance, on a ainsi les éléments nécessaires pour déterminer la force élastique H′ du gaz refroidi à zéro. — On ferme l'extrémité du tube à l'aide d'une boulette de cire molle placée dans une petite cuiller qui plonge dans le mercure, et qui est figurée par un trait ponctué dans la figure 43 ; on retire le thermomètre et l'on détermine le poids de mercure qui y est entré : de ce poids on déduit facilement le volume u occupé par le mercure à zéro. — Enfin on achève de remplir l'appareil de mercure, ce qui permet de déterminer le volume entier V du thermomètre à zéro. — Soient δ le coefficient de dilatation du verre, α celui de l'air; on aura, pour déterminer la température x, l'équation

$$\frac{V(1+\delta x)}{1+\alpha x} H = (V-u) H'.$$

Aux réservoirs de verre, qui ne peuvent servir au delà de la température où le verre commence à se ramollir, M. Pouillet a substitué, pour la mesure des hautes températures, un réservoir de platine. Cet appareil, auquel il a donné le nom de *pyromètre*, est inexact pour une double raison : le platine, à une température élevée, dégage l'air qui était condensé à sa surface; en outre, il est perméable aux gaz, et lorsqu'il est placé dans un fourneau, au milieu d'une flamme contenant de l'hydrogène, il détermine l'endosmose de ce gaz.

Enfin, pour les hautes températures, M. H. Sainte-Claire Deville a employé un thermomètre à vapeur d'iode. Le réservoir est un ballon de porcelaine, à col effilé, où l'on introduit de l'iode, et qu'on place dans l'enceinte dont on veut déterminer la température : on ferme le col de ce ballon, à l'aide du chalumeau à gaz oxygène et hydrogène, lorsque les vapeurs d'iode cessent de se dégager. Les pesées du ballon plein de vapeur, du ballon plein d'air et du ballon plein d'eau, et une mesure directe du coefficient de dilatation linéaire de la porcelaine fournissent tous les éléments nécessaires au calcul de la température. — La vapeur d'iode a été choisie en raison de sa grande

[1] Le contact de la pointe inférieure et du mercure se reconnaît, comme dans le baromètre de Fortin, par la coïncidence de la pointe et de son image vue par réflexion.

densité; on s'est d'ailleurs assuré que les indications de l'instrument ne diffèrent pas sensiblement de celles du thermomètre à air, entre les limites de température où il est possible de les employer simultanément.

52. **Avantages théoriques de l'emploi des températures définies par le thermomètre à air.** — On a fait ressortir plus haut l'avantage fondamental du thermomètre à air, au point de vue pratique, avantage qui consiste dans la comparabilité des indications fournies par des thermomètres différents. A l'époque où l'on croyait, à la suite des expériences imparfaites de Gay-Lussac et de Dulong, que tous les gaz se dilatent exactement de la même quantité entre deux températures données quelconques, on avait conclu de cette identité que la dilatation des gaz, absolument indépendante de la nature des molécules et par conséquent de leur action réciproque, était encore l'expression directe des variations de l'énergie propre à l'agent inconnu appelé chaleur. On avait donc présumé que, les températures étant définies au moyen du thermomètre à air, ces températures auraient chance d'être liées par des lois simples avec la plupart des phénomènes calorifiques. Aujourd'hui que des expériences plus précises ont accusé l'inégalité des coefficients de dilatation des divers gaz, ces conclusions ne peuvent plus être maintenues en toute rigueur; il en subsiste cependant quelque chose, car on ne peut nier que les coefficients de dilatation des divers gaz ne diffèrent entre eux incomparablement moins que les coefficients des divers solides et liquides. Il est même à croire qu'à mesure que les gaz se rapprochent de cet état idéal où ils suivraient tous la même loi de compressibilité et la même loi de dilatation, leur dilatation tend à devenir une fonction simple du mode d'action de la chaleur. — L'avantage théorique attribué par Dulong et Petit au thermomètre à air a donc, quoi qu'on en ait dit, une certaine réalité.

53. **Comparaison du thermomètre à air avec les thermomètres à mercure.** — Tous les thermomètres à mercure s'accordent très-sensiblement avec le thermomètre à air au-dessous de 100 degrés. Au-dessus de cette limite, ils sont tous en avance; vers

200 degrés, cette avance est de $\frac{1}{2}$ degré à 2 degrés; vers 350 degrés, elle est de 4 à 10 degrés.

On peut donc, même dans les recherches les plus précises, substituer le thermomètre à mercure au thermomètre à air jusqu'à la température de 100 degrés. Au delà de cette température, il devient nécessaire de comparer préalablement avec le thermomètre à air le thermomètre à mercure dont on veut faire usage.

Enfin on peut se dispenser de cette comparaison, si l'on n'a besoin de connaître les températures qu'à quelques degrés près; c'est ainsi que les chimistes déterminent le point de fusion ou d'ébullition des corps à l'aide du thermomètre à mercure, et cela dans toute l'étendue de l'échelle de cet instrument; les nombres qu'ils obtiennent manquent, il est vrai, de précision, mais ils suffisent, dans beaucoup de cas, pour caractériser un corps et le distinguer de ses isomères ou de ses analogues.

54. **Thermomètres différentiels.** — Le thermomètre différentiel de *Leslie* (fig. 44) est simplement destiné à évaluer des différences de températures. Il se compose de deux boules de verre,

Fig. 44.

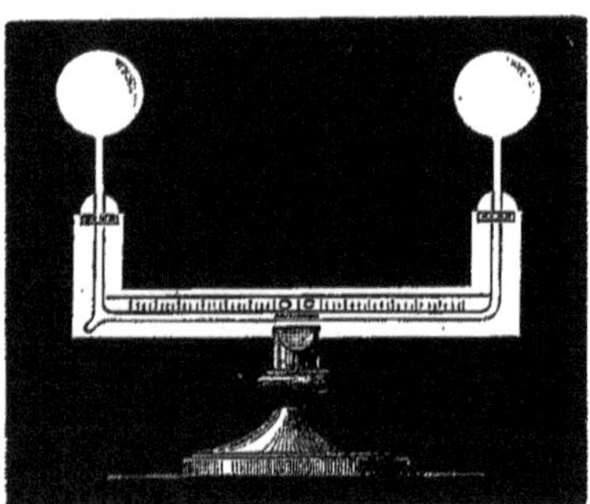

Fig. 45.

réunies par un tube deux fois recourbé; une colonne d'acide sulfurique a été introduite dans le tube, de manière qu'elle arrive à peu près au milieu de la hauteur de chacune des deux branches verticales quand les températures des deux boules sont égales. Une différence de température entre les deux boules produit une différence de niveau. — On gradue l'instrument en comparant les indications qu'il fournit avec les indications simultanées de deux thermomètres à mercure.

L'instrument employé par *Rumford*, pour le même objet, est connu sous le nom de *thermoscope* (fig. 45). Il diffère du précédent en ce que la branche horizontale est la plus longue et contient simplement un index d'alcool : elle porte une graduation dont les divisions ont été déterminées, comme pour l'instrument précédent, en comparant les indications obtenues dans des circonstances déterminées avec celles de deux thermomètres à mercure. — Il est aisé de voir que la volatilité de l'alcool rend l'usage de cet instrument très-incertain : il ne peut être employé, en réalité, que pour constater l'égalité de température des deux boules. Si l'on substituait à l'index d'alcool un index de mercure ou d'acide sulfurique, il pourrait servir à mesurer des différences de température.

CHANGEMENTS D'ÉTAT PRODUITS PAR LA CHALEUR.

FUSION ET SOLIDIFICATION.

55. **Températures de fusion et de solidification.** — Le passage des solides à l'état liquide a lieu suivant deux modes distincts : 1° par un ramollissement graduel à mesure que la température s'élève : c'est le phénomène offert par le verre, la cire, les résines, les corps gras; 2° par une fusion brusque, à une température qui demeure invariable aussi longtemps que dure la fusion elle-même, et qui se reproduit identique dans toutes les expériences : c'est le phénomène que présentent la glace et la plupart des métaux. — Le deuxième mode peut, à la rigueur, être regardé comme un cas particulier du premier, la période de ramollissement étant alors restreinte entre des limites très-rapprochées.

Le passage de l'état liquide à l'état solide se fait aussi suivant deux modes qui correspondent aux deux précédents. Toutefois, lorsqu'il s'effectue par une solidification brusque, la température à laquelle cette solidification se produit est loin d'être aussi invariable que la température de fusion. Le phénomène connu sous le nom de *surfusion* montre que, dans un certain intervalle *au-dessous de sa température de fusion*, un corps peut se présenter à la même température sous l'état solide et sous l'état liquide. A une pareille température, l'état solide est pour le corps qui le possède un état absolument stable, et cet état se conserve tant qu'on n'élève pas la température jusqu'à la valeur qu'on nomme le *point de fusion;* au contraire, l'état liquide n'a qu'une stabilité imparfaite, et il suffit d'un très-petit dérangement moléculaire pour amener une solidification instantanée [1]. Voici quelques exemples de ce genre d'observations.

[1] La solidification n'est pas réellement instantanée dans toute la masse. Les premières parties du liquide qui reprennent l'état solide élèvent, par suite de ce changement d'état, la température du liquide environnant; le phénomène est ainsi ralenti, mais il se continue jusqu'à ce que tout le liquide soit solidifié, à moins qu'une source de chaleur extérieure ne vienne modifier le phénomène.

56. **Phénomènes de surfusion.** — Les anciennes expériences de Fahrenheit et Blagden sur l'eau montrent qu'on peut parfois conserver à l'état liquide, jusqu'à la température de 12 degrés au-dessous de zéro, de l'eau contenue dans un tube de petit diamètre, fermé, vide et soustrait à toute agitation. L'eau reste même encore liquide lorsqu'on renverse le tube, de manière à produire l'effet du *marteau d'eau;* mais elle se solidifie lorsque, par un mouvement local, par exemple par les vibrations que détermine l'action d'un archet, on amène un changement dans la situation relative des molécules d'une portion du liquide; une fois commencée en un point, la congélation se propage rapidement.

Dans une masse d'eau de plus grandes dimensions, la surfusion est plus difficile à réaliser, parce qu'il est plus difficile d'obtenir l'immobilité de la masse entière; cependant elle est toujours possible, et l'agitation ou le contact d'une masse de glace déjà formée sont alors nécessaires pour déterminer la congélation. La température de solidification ne paraît être exactement égale à zéro que lorsque la congélation résulte du contact d'un fragment de glace déjà formée; lorsque la congélation résulte de l'agitation, la température est probablement toujours un peu inférieure à zéro.

Quelques faits analogues ont été constatés accidentellement sur d'autres corps : c'est ainsi qu'on a pu observer des gouttelettes de soufre ou de phosphore demeurées liquides à la température ordinaire.

M. Louis Dufour, dans des expériences récentes [1], a employé, pour l'observation des phénomènes de surfusion, une méthode générale qui n'est elle-même qu'une imitation des expériences bien connues de M. Plateau sur l'équilibre des liquides soustraits à l'action de la pesanteur. Cette méthode consiste à placer le liquide soumis à l'expérience en petites sphères flottant librement au sein d'un autre liquide de même densité, non miscible avec lui, et ayant son point de fusion à une température bien inférieure. Avec cette

(1) *Bibliothèque universelle de Genève, Archives des sciences physiques*, 1861, t. X, p. 346, et t. XI, p. 22. Ces expériences ont été résumées par M. Dufour dans les *Annales de Chimie et de Physique*, 3e série, t. LXVIII, p. 370. — Les applications des résultats de ces expériences aux phénomènes météorologiques ont été, de la part de M. L. Dufour, l'objet de développements tout particuliers.

disposition, on peut abaisser la température de la masse liquide beaucoup au-dessous du point de fusion des petites sphères, sans qu'elles se solidifient. — C'est ainsi que M. Dufour a pu observer des sphères d'eau demeurées liquides jusqu'à 20 degrés au-dessous de zéro dans un mélange de chloroforme et d'huile d'amandes douces; des gouttes de soufre ou de phosphore refroidies jusqu'à 20 degrés au-dessus de zéro dans une solution de chlorure de zinc, sans se solidifier; des gouttes de naphtaline refroidies jusqu'à 40 degrés dans l'eau pure. — Dans toutes ces expériences, les gouttes passent brusquement à l'état solide lorsqu'on les met en contact avec un fragment solide du même corps; le contact d'un autre corps solide produit un effet moins sûr et n'agit probablement qu'en vertu d'une agitation locale de la masse liquide. Dans tous les cas, l'abaissement de température est d'autant plus facile à obtenir que le diamètre des sphères liquides est moindre [1].

Il est possible qu'un phénomène de surfusion semblable se produise pour les gouttes d'eau liquide suspendues dans l'atmosphère. S'il en était ainsi, on conçoit sans peine comment les observations de M. L. Dufour jetteraient un jour nouveau sur le mode de formation de la grêle, du givre, du verglas, sous l'influence des causes qui déterminent la solidification, soit au sein même de l'atmosphère, soit au contact des corps qui sont à la surface du sol.

57. **Changements de volume qui accompagnent la fusion.** — La fusion est, pour la plupart des corps, accompagnée d'un accroissement de volume. Néanmoins, la glace éprouve une contraction brusque en se liquéfiant; il en est de même d'un certain nombre d'autres corps, dont on voit les fragments solides flotter à la

[1] Il paraît aujourd'hui bien démontré que, entre certaines limites de température, il faut, pour déterminer la solidification, le contact d'une parcelle solide du corps fondu lui-même, ou d'un corps isomorphe. Des vibrations excitées au sein du liquide seraient impuissantes à produire le phénomène; on peut au contraire le provoquer en frottant deux corps solides quelconques au milieu du liquide. Lorsqu'on a soin d'éviter l'accès de parcelles solides de la substance et le frottement de deux corps solides, on peut facilement amener les corps à l'état de surfusion sans recourir à l'artifice employé par M. Dufour. — Ces différents faits ont été établis récemment par des expériences variées, sur le soufre, le phosphore, l'acide phénique, etc., expériences qui sont dues à M. Gernez. E. F.

surface de la partie fondue : tels sont le bismuth, l'argent, la fonte de fer.

On n'insistera point ici sur les effets produits par la force d'expansion qui se manifeste au moment de la formation de la glace : une masse d'eau qui remplit à l'état liquide une cavité complétement close peut, à l'instant où elle se solidifie, en briser les parois, alors même qu'elles offrent une résistance considérable. Ce sont là des effets dont la nature offre un grand nombre d'exemples divers, et qui ont donné lieu à des expériences bien connues, répétées chaque jour dans les cours élémentaires.

On fera seulement observer que l'anomalie offerte par l'accroissement de volume de l'eau, au moment de son passage à l'état solide, présente une liaison évidente avec l'anomalie du maximum de densité de l'eau liquide. Aucune anomalie semblable ne se retrouve d'ailleurs à l'état solide : la glace se contracte par l'action du froid, se dilate par l'action de la chaleur, comme la généralité des corps solides; ce phénomène a été mis en évidence par des expériences directes et par l'observation du retrait, accompagné de fissures, qu'éprouve la glace des lacs et des rivières lorsque la température descend beaucoup au-dessous de zéro.

Fig. 46.

58. **Influence de la pression sur la température de fusion.** — Puisque la plupart des corps se dilatent en passant de l'état solide à l'état liquide, une pression qui tend à rapprocher les molécules de ces corps doit être considérée comme un obstacle à la fusion; la fusion ne doit avoir lieu qu'à une température plus élevée. — C'est ce qu'ont démontré, pour quelques corps, les expériences de M. Bunsen. Un tube fermé à ses deux extrémités et deux fois recourbé DAE (fig. 46) contient le corps à fondre F à la partie supérieure de l'une de ses branches E; la partie supérieure D de l'autre branche contient de l'air, et le reste de l'appareil contient du mercure. On chauffe le tube en le plongeant dans un bain convenablement préparé : le mercure en se dilatant comprime l'air, et la réaction élastique de l'air comprimé se fait sentir dans tout

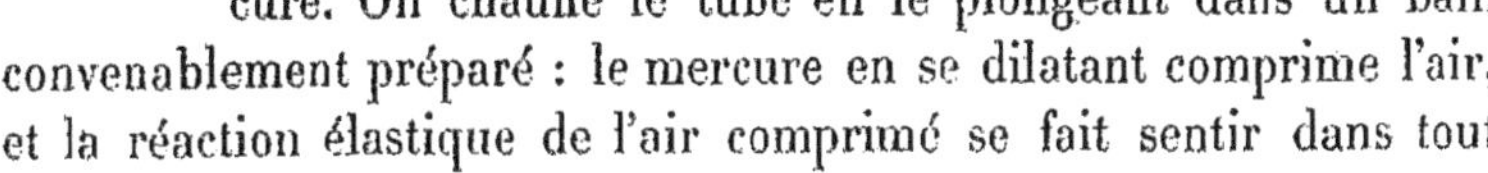

l'appareil; une graduation du tube CD en parties d'égale capacité permet d'évaluer la pression avec une exactitude suffisante; en faisant varier graduellement la température du bain liquide, on détermine un certain nombre de valeurs corrélatives de la pression et du point de fusion. C'est ainsi qu'ont été obtenus, par exemple, les résultats suivants :

PRESSION.	TEMPÉRATURE DE FUSION.	
	Paraffine.	Blanc de baleine.
1^{atm}	46°,3	47°,3
100	49°,9	"
165	"	50°,9

Au contraire, pour les corps qui présentent, comme l'eau, la propriété particulière de se contracter en passant de l'état solide à l'état liquide, la pression, en favorisant le rapprochement des molécules, doit abaisser la température du point de fusion. — C'est ce que montrent les expériences de M. William Thomson. Un cylindre de verre (fig. 47), fermé par des viroles de cuivre dont l'une donne passage à un piston d'assez gros diamètre mis en mouvement par une vis V, contient de la glace en fragments; un thermomètre dont le réservoir et la tige sont préservés par une enveloppe de verre résistante est placé au milieu de la masse; un tube vertical gradué M, fonctionnant comme un manomètre à air comprimé, sert à mesurer la pression; enfin les interstices de la glace sont occupés par de l'eau distillée qui achève de remplir complétement l'appareil. En faisant descendre la vis V, on exerce des pressions graduellement croissantes, qu'on évalue à l'aide du manomètre M. Or, le cylindre contenant toujours à la fois de la glace et de l'eau liquide, le thermomètre doit être considéré comme indiquant à chaque instant la température de fusion de la glace dans les conditions de l'expérience : l'observation montre

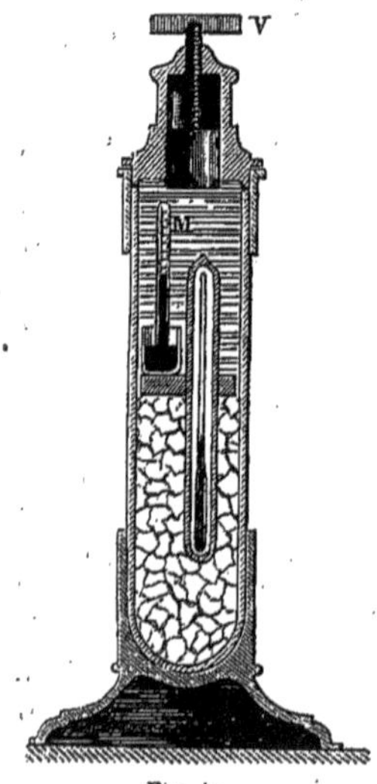

Fig 47.

que cette température s'abaisse d'une manière continue. On a ainsi obtenu, par exemple, les nombres suivants :

PRESSION.	TEMPÉRATURE DE FUSION.
1atm	0°,000
8	— 0°,049
16	— 0°,129

D'après ces résultats, si deux fragments de glace sont pressés l'un contre l'autre par une force, si petite qu'elle soit, il doit y avoir fusion aux points de contact; mais l'eau de fusion se trouvant soustraite à la pression dès qu'elle arrive dans les interstices, et étant d'ailleurs un peu plus froide que la glace elle-même, se congèle de nouveau; les deux fragments de glace deviennent donc adhérents l'un à l'autre. De là le phénomène du *regel,* observé par Faraday dans les circonstances les plus variées.

Les expériences de M. Tyndall mettent en évidence les effets produits sur la glace par de très-fortes pressions. On accumule des fragments de glace grossièrement concassée entre les pièces d'un moule, de manière qu'ils maintiennent d'abord ces pièces à une certaine distance les unes des autres; on soumet ensuite le système à une pression énergique, par exemple à la pression exercée par une presse hydraulique. A mesure que les pièces du moule se rapprochent, la glace se brise en fragments plus petits, comme le ferait tout autre corps solide, mais la fusion qui a lieu aux points où ces fragments se touchent leur permet de glisser les uns sur les autres; ils se soudent ensuite, et la masse entière finit par prendre la forme du moule. On peut obtenir ainsi des sphères de glace, des lentilles, etc., d'une transparence parfaite. — Ces faits trouvent une application immédiate dans la théorie des glaciers : on sait que, malgré l'extrême rigidité de la glace, un glacier paraît se comporter comme une matière plastique semi-fluide; en réalité, le mécanisme de cette plasticité apparente est celui que M. Tyndall a fait connaître [1].

[1] Les divers travaux des savants anglais ou allemands dont il vient d'être fait mention dans ce paragraphe ont été analysés par Em. Verdet dans les *Annales de Chimie et de Physique*, 3e série, t. XXXV, LII et LVI. E. F.

59. **Congélation des solutions salines.** — La température de congélation des solutions formées par un même sel, en proportions diverses, s'abaisse à mesure que la solution est plus concentrée. — Le résultat de la congélation est toujours de la glace pure; cette glace peut contenir quelques traces de sel interposées dans sa masse, mais jamais de sel combiné en proportions définies.

60. **Sursaturation des solutions salines.** — La cristallisation des sels qui se précipitent des solutions salines, phénomène analogue à la congélation, présente une anomalie qui peut être rapprochée de la surfusion, et qu'on connaît sous le nom de *sursaturation.*

La proportion d'un sel déterminé que dissout un poids donné d'eau, à une température donnée, ne peut dépasser un maximum qui, dans la plupart des cas, est croissant avec la température; mais si, après avoir préparé une solution saturée d'un sel, on la sépare des cristaux non dissous, et si on la refroidit ensuite à l'abri de toute agitation, il arrive souvent qu'un refroidissement de plusieurs degrés ne détermine pas la précipitation du sel dissous. La précipitation a lieu si l'on agite la solution au moyen d'un corps solide, et surtout si l'on y projette un cristal du sel qu'elle contient. — Comme l'air des lieux habités renferme des poussières de la nature la plus variée, la sursaturation s'obtient plus facilement dans un tube fermé et vide qu'à l'air libre; la rupture du tube et la rentrée de l'air déterminent souvent la précipitation du sel, mais elles ne la déterminent jamais si l'air a été filtré sur des matières telles que le coton ou l'asbeste, qui retiennent les poussières dont il est chargé [1].

[1] Des expériences récentes, exécutées séparément par M. Gernez et par M. Ch. Viollette, ont montré que l'action exercée par la rentrée de l'air, dans un tube qui contient une solution sursaturée de sulfate de soude, doit être attribuée aux parcelles de sulfate de soude qui sont disséminées dans l'atmosphère. — M. Gernez, en étudiant les solutions sursaturées d'un certain nombre de substances, a constaté qu'on doit les partager en deux groupes, possédant des propriétés un peu différentes. En effet, les unes se comportent comme les corps surfondus, c'est-à-dire qu'il faut, pour en déterminer la solidification subite, soit le contact d'une parcelle solide du corps dissous ou d'un corps isomorphe, soit le frottement de deux corps solides au sein du liquide; les autres jouissent d'une plus grande stabilité moléculaire, et résistent à l'agitation ou à la pression des corps solides : elles restent indéfiniment sans cristalliser, si on ne les touche pas avec une parcelle solide de la substance dissoute ou d'une substance isomorphe. Dans le premier

FORMATION ET PROPRIÉTÉS GÉNÉRALES DES VAPEURS.

61. **Caractères généraux de la formation ou de la condensation des vapeurs.** — Le passage de l'état liquide à l'état de gaz ou *vaporisation*, et le passage inverse de l'état gazeux à l'état liquide ou *condensation*, présentent des caractères très-différents de ceux des changements d'état qu'on vient d'étudier.

L'existence simultanée d'un même corps sous ces deux états, à une température donnée, s'observe facilement et dans une étendue très-considérable, peut-être même dans une étendue indéfinie de températures; en outre, l'influence prépondérante de la pression est évidente dans les observations les plus simples. — C'est ce qu'il est aisé de déduire, comme on va l'indiquer rapidement, des expériences les plus élémentaires.

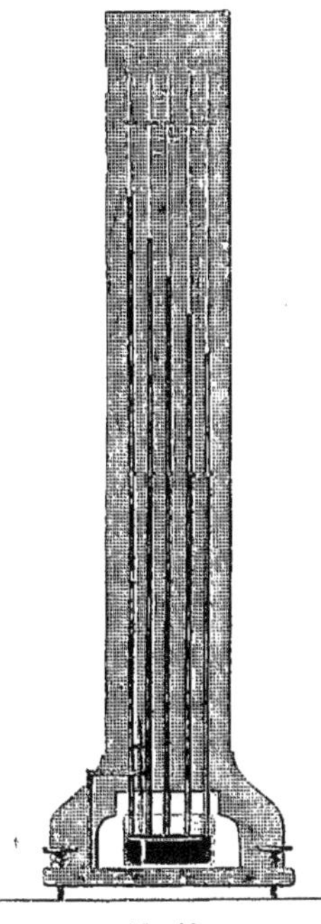

Fig. 48.

Et d'abord les expériences de Dalton montrent que, si l'on construit des baromètres à vapeur avec des liquides différents (fig. 48), on obtient la disparition complète ou incomplète du liquide, suivant les quantités introduites : on observe toujours une dépression de la colonne mercurielle, indiquant que, dans la chambre barométrique, il s'est formé un fluide doué de force élastique, c'est-à-dire un gaz. — Si l'on a placé dans chaque tube une quantité de liquide suffisante pour qu'il reste dans tous un excès liquide, on observe que les tensions acquises par les diverses vapeurs, à une même température, dépendent de la nature du liquide lui-même.

groupe se placent les solutions de chlorure de calcium, de biacétate de potasse, etc.; dans le second, les solutions d'alun, de sulfate de soude, d'acétate de soude, d'hyposulfite de soude, etc. E. F.

Pour un même liquide, la tension de la vapeur formée dépend de la température. — C'est ce que l'on constate en entourant le tube à vapeur B d'un bain dont on fait varier progressivement la température (fig. 49), et évaluant grossièrement la tension de la vapeur par la différence de niveau du mercure dans ce tube et dans un baromètre sec A, placé parallèlement.

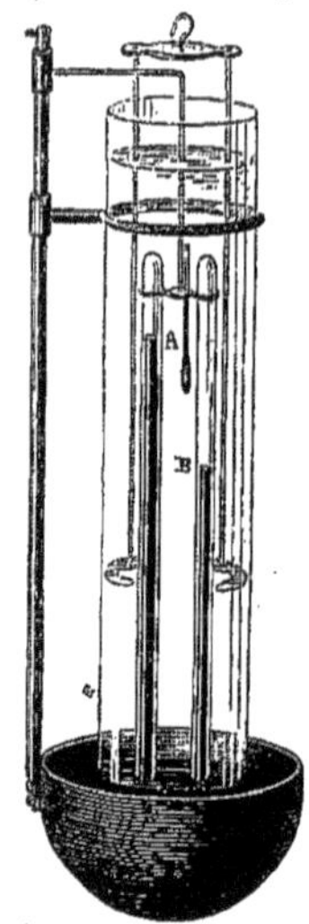

Fig. 49.

La force élastique d'une vapeur qui est en contact avec un excès de liquide, à une température déterminée, constitue un *maximum de tension* qui reste indépendant de l'espace occupé par la vapeur, tant que cet espace n'est pas assez grand pour permettre la vaporisation complète du liquide. — C'est ce qu'on vérifie sans peine en plaçant le tube à vapeur dans une cuve profonde (fig. 50), qui permet de diminuer ou d'accroître à volonté l'espace occupé par la vapeur : on constate que la hauteur du mercure dans le tube, au-dessus de la cuvette, reste constante tant qu'il y a un excès liquide, c'est-à-dire tant que la vapeur est *saturée*.

Au contraire, lorsqu'on vient à augmenter l'espace dans lequel se fait la vaporisation, de manière que l'excès liquide ait complétement disparu, on constate que les tensions varient, tant que ces conditions persistent, à peu près en raison inverse des volumes. — Les vapeurs *dilatées* se comportent donc comme des gaz lorsqu'on fait varier leur volume, tant que ces variations ne dépassent pas la limite où l'excès liquide apparaît.

Enfin, lorsqu'une vapeur, au lieu de se former dans le vide, se forme dans un espace occupé par un autre gaz, l'expérience montre que, *saturée ou dilatée*, elle acquiert, pour une température et un volume donnés, la même tension dans le gaz que dans le vide. — On le vérifie en employant, pour la vapeur d'eau, l'appareil que représente la figure 51, et qui est dû à Gay-Lussac : lorsqu'on veut opérer sur la vapeur d'éther ou d'autres liquides capables d'attaquer le mastic des robinets, on substitue à cet appareil celui que représente la figure 52. Dans l'un et l'autre appareil, on introduit d'abord un gaz sec dans la branche A, et l'on en mesure le volume et la pression. On introduit ensuite dans cette même branche le liquide qui doit produire la vapeur[1]; on ramène le volume du mélange à la

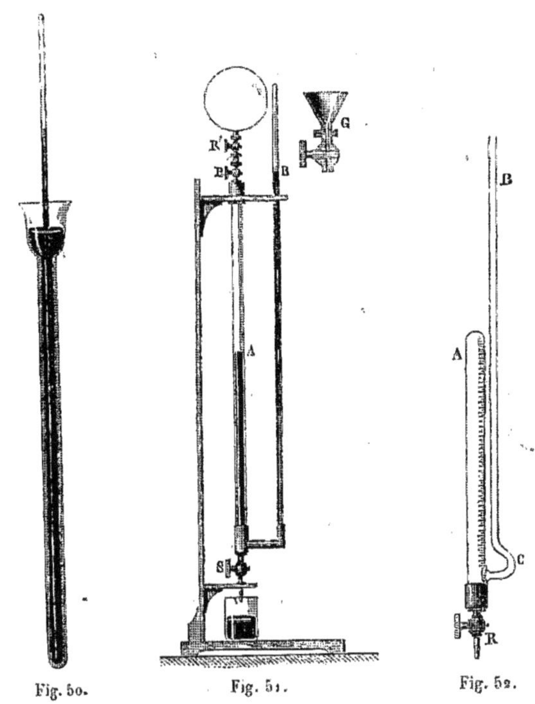

Fig. 50. Fig. 51. Fig. 52.

valeur initiale, et l'on constate que l'excès de sa force élastique sur la force élastique primitive est égal à la force élastique de la vapeur,

[1] Si l'on opère avec le premier appareil (fig. 51), on introduit le liquide volatil en détachant de la branche A le ballon qui a servi à l'introduction du gaz, et adaptant au-dessus du robinet R le *robinet à goutte* G, qui est représenté séparément à une échelle un peu plus grande : chaque rotation de ce robinet introduit en A une petite quantité du liquide placé dans l'entonnoir, sans mettre l'intérieur du tube en communication avec l'extérieur. — Dans le second appareil (fig. 52), on verse d'abord le liquide volatil au-dessus du mercure dans la branche B; on fait ensuite écouler progressivement du mercure par le robinet R, et comme le niveau s'abaisse plus rapidement à droite qu'à gauche, il arrive un moment où le liquide volatil passe de droite à gauche dans la branche fermée A.

E. F.

mesurée directement dans les mêmes circonstances. — Un mélange de vapeurs de diverses natures est soumis aux mêmes lois qu'un mélange de gaz et de vapeurs.

De l'ensemble des faits observés on peut donc tirer les conclusions qui suivent :

1° Un grand nombre de substances, sinon toutes, peuvent, dans une très-grande étendue de l'échelle thermométrique, exister à la même température sous l'état gazeux et sous l'état liquide.

2° A une température donnée, l'état de gaz ou de vapeur est un état d'équilibre stable, tant que la densité de la vapeur, et par suite sa force élastique, n'atteint pas une limite déterminée, qui est fonction de la nature du corps et de la température.

3° Lorsque cette limite est atteinte, l'état gazeux n'est stable que relativement aux perturbations qui tendent à élever la température ou à diminuer la densité de la vapeur; il est instable relativement aux perturbations de sens contraire; quelque faibles que soient ces perturbations, elles ont toujours pour conséquence un retour partiel du corps à l'état liquide.

4° L'état liquide n'est jamais stable dans les molécules constituant la *surface libre*, par laquelle le liquide est en contact avec un espace vide ou rempli d'un fluide élastique. Tant que cet espace n'est pas saturé de vapeur, il y a évaporation sur la surface libre; lorsque la saturation est atteinte, il est à croire que l'évaporation se continue, mais qu'elle est sans cesse compensée par une condensation équivalente. — On indiquera plus loin les conditions desquelles dépend la stabilité de l'état liquide lorsqu'il n'y a pas de surface libre.

62. **Liquéfaction et solidification des gaz.** — La liquéfaction, aujourd'hui réalisée, de la plupart des gaz qui avaient d'abord été réputés permanents vient donner aux conclusions précédentes une extension qui permet de les considérer comme tout à fait générales. Pour un certain nombre de ces corps, les procédés employés ont même permis d'aller jusqu'à la solidification. — Ces changements d'état ont été obtenus par des procédés divers :

1° *Action du froid*. On en trouve un exemple dans la liquéfaction de l'acide sulfureux par un mélange de neige et de sel marin (Monge et Clouet); dans la liquéfaction du gaz ammoniac par un mélange de neige et de chlorure de calcium (Guyton de Morveau).

2° *Action de la pression.* La méthode employée par M. Faraday consiste à réaliser dans un espace clos les conditions propres à déterminer le dégagement d'une quantité considérable de gaz. Si, par exemple, dans un tube recourbé (fig. 53), on place à l'extrémité A des cristaux d'hydrate de chlore et qu'on chauffe modérément cette extrémité (à 40 degrés environ), on obtient à l'extrémité B du chlore liquide; en A, il ne reste que de l'eau chargée d'une très-faible quantité de chlore. — Du chlorure ammoniacal d'argent, placé en A et chauffé de la même manière, donne en B de l'ammoniaque liquéfiée.

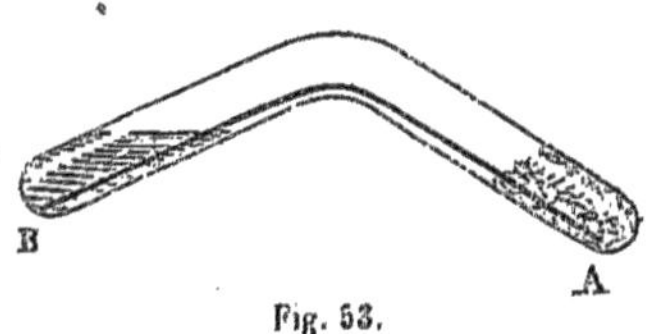

Fig. 53.

L'emploi de ce procédé présente des dangers manifestes : il y a évidemment avantage à employer plutôt, lorsque cela est possible, des procédés mécaniques pour comprimer le gaz. Telles sont, par exemple, les pompes à compression, qui donnent facilement et sans danger le protoxyde d'azote liquide.

3° *Action simultanée de la pression et du froid.* L'évaporation des gaz liquéfiés est elle-même une source de froid d'une puissance remarquable : c'est ainsi que le cyanogène, l'acide carbonique, le protoxyde d'azote se solidifient sous l'action du froid résultant de leur propre évaporation (1). — C'est l'évaporation de l'acide carbonique solide, mélangé d'éther, qui a été employée le plus fréquemment par Faraday comme méthode de réfrigération énergique, combinée avec la compression. Il a pu liquéfier ainsi un grand nombre de gaz considérés jusque-là comme permanents, en les comprimant,

(1) Cette source de froid devient plus active encore si l'on accélère l'évaporation par le jeu de la machine pneumatique. Ainsi l'évaporation de l'acide carbonique solide a été appliquée par Faraday à la liquéfaction de l'acide fluosilicique et de l'acide fluoborique. Il est nécessaire de délayer l'acide carbonique solide dans de l'éther, si l'on veut que le froid produit par l'évaporation superficielle se fasse sentir dans l'intérieur de la masse. — On peut encore accélérer l'évaporation par le passage rapide d'un courant d'air; c'est le procédé employé par MM. Loir et Drion pour obtenir l'acide carbonique solide, sous la pression de l'atmosphère, par l'évaporation de l'ammoniaque liquéfiée.

à l'aide de pompes foulantes, dans des tubes de verre à parois très-résistantes, refroidis extérieurement par ce procédé.

Les seuls gaz qui aient résisté jusqu'ici à l'application de ces moyens énergiques sont l'hydrogène, l'oxygène, l'azote, l'oxyde de carbone, le bioxyde d'azote, et le carbure d'hydrogène C^2H^4 qui est connu sous le nom de *gaz des marais.* — Le tableau suivant contient les principales données numériques relatives à la liquéfaction et à la solidification des gaz. On y a fait entrer trois corps, l'éther chlorhydrique, le chlorure de bore et le chlorure de cyanogène, qui établissent la transition la plus évidente entre les fluides élastiques généralement appelés vapeurs, et ceux que tout le monde considère comme des gaz.

	TEMPÉRATURE.	PRESSION EN MILLIMÈTRES.
Chlorure de bore, liquide	— 30°	98,25
	0°	381,32
	15°	676,27
	20°	807,50
Chlorure de cyanogène (C^2AzCl), solide	— 30°	68,30
	— 20°	148,21
	— 10°	270,51
——— liquide	— 5°	350,20
	0°	444,11
	15°	830,30
Éther chlorhydrique, liquide (C^4H^5Cl)	— 30°	110,24
	0°	465,18
	15°	832,56
Acide sulfureux, solide	— 76°	inconnue
——— liquide	— 30°	287,47
	0°	1165,06
	15°	2064,90

		PRESSION EN ATMOSPHÈRES.
Cyanogène, solide	— 34°	indéterminée
——— liquide	— 17°	1,25
	0°	2,37
	39°	7,50
Éther méthylique, liquide (C^2H^3O)	— 30°	0,759
	0°	2,472

	TEMPÉRATURE.	PRESSION EN ATMOSPHÈRES.
Éther méthylique, liquide (C^2H^3O)	15°	4,052
Éther méthylchlorhydrique (C^2H^3Cl), liquide	— 30°	0,762
	0°	2,488
	15°	4,124
Acide iodhydrique, solide	— 51°	indéterminée
——— liquide	— 17°	2,09
	0°	3,97
Acide bromhydrique, solide	— 87°	indéterminée
Ammoniaque, solide	— 75°	indéterminée
——— liquide	— 30°	1,140
	0°	4,189
	15°	7,136
Arséniure d'hydrogène, liquide	— 60°	0,95
	0°	8,95
Chlore, liquide	— 33°	1,00
Acide sulfhydrique, solide	— 85°	indéterminée
——— liquide	— 25°	4,933
	0°	10,798
	15°	16,379
Acide chlorhydrique, liquide	— 73°	1,80
	0°	26,20
Acide carbonique, solide	— 73°	1,85
	— 57°	5,33
——— liquide	— 25°	17,114
	0°	35,404
	15°	52,167
Protoxyde d'azote, solide	—101°	indéterminée
——— liquide	— 25°	20,651
	0°	36,080
	15°	49,779
Acide fluosilicique, liquide	— 73°	4,60
	— 52°	11,50
Acide fluoborique, liquide	—106°	9,00

63. **Mesure des tensions maxima des vapeurs.** — Pour que l'étude d'une vapeur ou d'un gaz soit complète, il faut avoir déterminé sa loi de compressibilité, sa loi de dilatation à l'état de vapeur non saturée, et la relation qui existe entre les températures et ses tensions maxima à l'état de vapeur saturée. L'étude des deux premières lois a été à peine abordée pour les vapeurs proprement

dites; la recherche des tensions maxima a au contraire beaucoup occupé les physiciens, principalement à cause de l'intérêt pratique qu'offre cette recherche dans le cas de la vapeur d'eau.

Tous les appareils destinés à la mesure des tensions maxima des vapeurs doivent satisfaire à deux conditions essentielles : il doit d'abord être possible d'y établir une même température dans l'espace qui contient la vapeur et le thermomètre; il doit être possible, en outre, de maintenir cette température constante, ou de la faire osciller entre des limites très-resserrées pendant le temps nécessaire à une observation.

La première condition n'est pas satisfaite dans l'appareil très-simple dont s'est servi Dalton et qui a été précédemment indiqué (voir la figure 49, p. 85) : on ne peut agiter l'eau du manchon cylindrique sans que l'agitation se transmette au mercure de la cu-

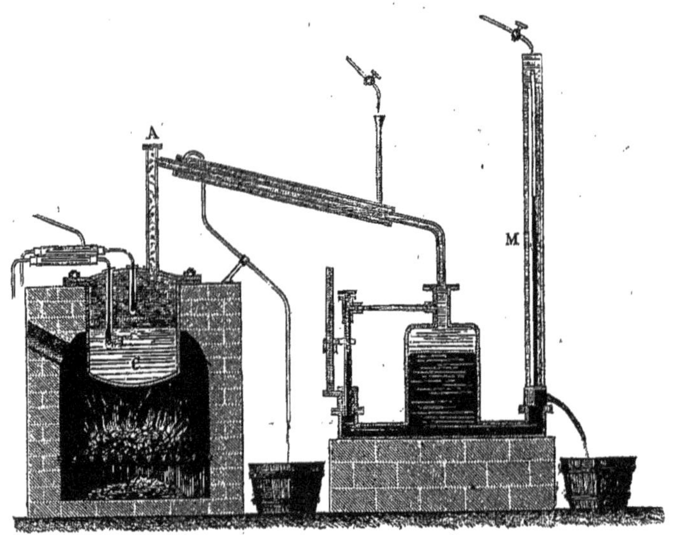

Fig. 54.

vette et des colonnes barométriques, de façon à rendre impossible toute observation.

La deuxième condition n'a pu être réalisée dans l'appareil (fig. 54) qui a été employé en 1829 par une commission de l'Académie des sciences dont Dulong a été le membre principal et le rapporteur. — Cet appareil se composait d'une chaudière de fonte C, d'un manomètre à air comprimé M, et de capacités intermédiaires pleines de mercure et d'eau, dont la disposition se comprend aisément à l'aide de la figure. Le tube vertical qui surmontait la chaudière étant d'abord ouvert en A, on portait l'eau à l'ébullition jusqu'à ce que tout l'air fût chassé; on fermait alors l'ouverture A, et, sous l'influence du foyer de chaleur sur lequel la chaudière était placée, la température et la tension de la vapeur s'élevaient graduellement. Pour faire une observation, on arrêtait le feu, et on notait les maxima de température et de pression accusés par les thermomètres T et T' et par le manomètre à air comprimé M. Mais, en raison de la variabilité incessante de la température, et de la masse considérable des thermomètres, il n'était guère probable que la température de ces instruments fût à chaque instant égale à celle de la vapeur; par suite, rien ne garantissait que le maximum de température et le maximum de pression observés fussent réellement corrélatifs l'un de l'autre.

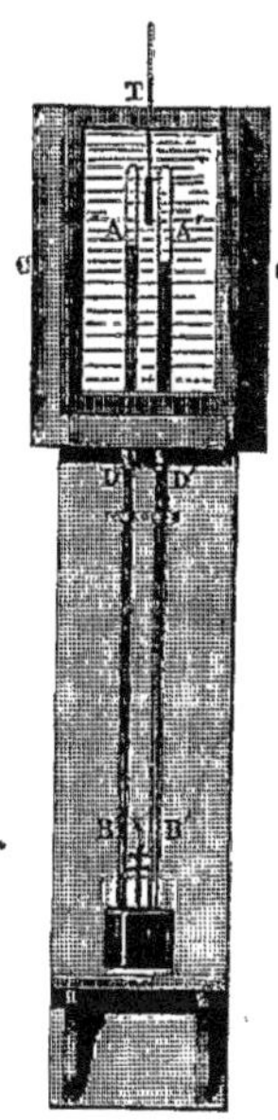

Fig. 55.

On se bornera ici à ces indications très-sommaires sur des expériences qui n'ont plus aujourd'hui qu'un intérêt historique[1]. — On entrera au contraire dans quelques détails sur les recherches qui ont été faites plus récemment sur le même sujet, par des procédés d'une précision beaucoup plus grande.

64. **Mesure des tensions maxima inférieures à 300 millimètres.** — L'appareil employé par M. Regnault est celui de Dalton, avec des perfectionnements essentiels. Le baromètre ordinaire et le baromètre à vapeur s'engagent, seulement par leurs parties supérieures A et A' (fig. 55), dans une cuve métallique CC', percée d'une fenêtre latérale que ferme une glace à faces parallèles. — Il est facile d'échauffer l'eau contenue

[1] Voir les *Mémoires de l'Institut*, t. X, p. 194, ou les *Annales de Chimie et de Physique* 2e série, t. XLIII, p. 74.

dans cette cuve et de rendre sa température uniforme, au moyen d'un agitateur, sans déterminer aucune oscillation des colonnes mercurielles. Les erreurs de réfraction suivent une loi plus régulière que dans l'appareil de Dalton, où l'on visait les extrémités des colonnes mercurielles au travers d'un manchon cylindrique de verre soufflé, plein d'eau. Ces erreurs peuvent d'ailleurs être corrigées ici à l'aide d'observations préliminaires : il suffit de relever les différences de hauteur d'un certain nombre de traits de repère fixes, en laissant d'abord la caisse métallique pleine d'eau, puis la vidant et enlevant même la glace. — Les corrections de capillarité s'apprécient aussi directement. Avant l'expérience, les deux baromètres A et A' sont mis en communication par leur partie supérieure à l'aide d'extrémités effilées, qu'on retranchera ensuite quand on montera définitivement l'appareil; ces extrémités sont mastiquées dans un tube à trois branches (fig. 56), qui sert à faire le vide plusieurs fois, en y laissant rentrer chaque fois de l'air sec. Quand les deux tubes sont bien desséchés, on y fait le vide une dernière fois, on ferme le robinet R, et l'on fait passer dans l'un d'eux un excès du liquide qu'on veut soumettre à l'expérience; la différence de niveaux qui s'établit immédiatement, corrigée de la pression due au poids de l'excès liquide, fait connaître l'influence de la capillarité. Il est utile de répéter ces déterminations à diverses températures.

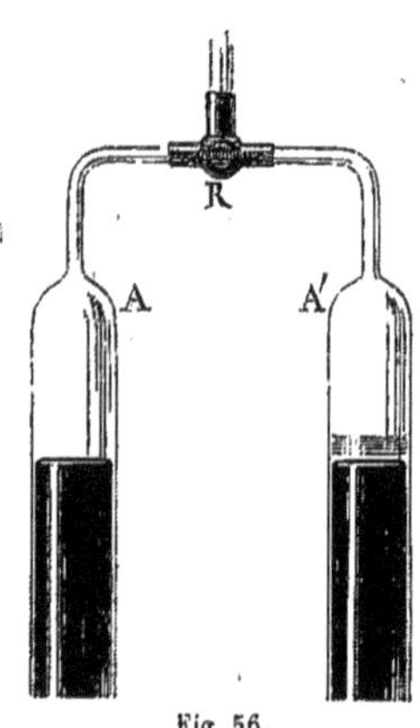

Fig. 56.

La limite de 300 millimètres, où M. Regnault a jugé convenable d'arrêter l'emploi de ce procédé expérimental, n'a rien d'absolu; elle est simplement déterminée par la difficulté de maintenir tout à fait uniforme la température d'une masse liquide de quelque hauteur.

Au lieu d'échauffer l'eau contenue dans la cuve métallique, on peut la refroidir en y projetant, par exemple, à des intervalles rapprochés, de petits fragments de glace; mais si l'on abaisse la température au-dessous de la température de l'air ambiant, la condensation de l'humidité atmosphérique sur le verre ne tarde pas à arrêter les observations. On écarte cette difficulté par un artifice fondé sur le principe connu sous le nom de *principe de la paroi froide*. — Si un baromètre à vapeur AB est recourbé à la partie supérieure (fig. 57) et qu'on entoure son extrémité de glace ou d'un mélange réfrigérant G, la vapeur en contact avec la paroi refroidie se condense partiellement et l'équilibre de tension est rompu dans la chambre barométrique; de là, précipitation d'une partie de la vapeur vers la paroi refroidie et évaporation d'une partie de l'excès liquide; les mêmes alternatives se continuent jusqu'à ce que tout l'excès liquide ait passé dans la région refroidie. La tension finale de la vapeur est alors partout égale à la tension maxima qui correspond à la plus basse des températures où se trouvent ces diverses parties. Toute-

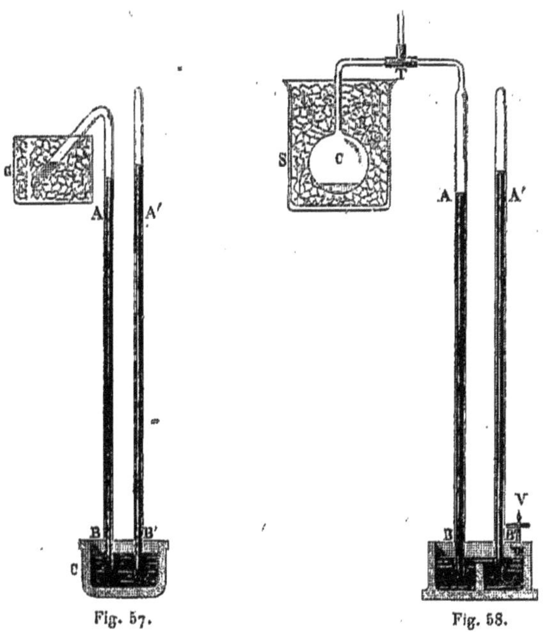

Fig. 57. Fig. 58.

fois, on doit remarquer que cet état définitif d'équilibre ne s'établit que dans des conditions analogues à celles de l'appareil représenté sur la figure; si le liquide condensé sur la paroi froide revenait sans cesse se mélanger à l'excès liquide primitif, il se produirait une distillation continue.

Il résulte de cette observation qu'on peut laisser à la température ambiante les deux baromètres que l'on compare, et se contenter de refroidir une capacité qui communique avec le baromètre à vapeur. — Soient, par exemple, un ballon C (fig. 58) et un baromètre à vapeur AB, réunis par un tube à trois branches T; dans le ballon se trouve une ampoule de verre fermée, contenant une quantité suffisante de liquide. On fait le vide de manière à dessécher tout l'appareil; on note la petite force élastique de l'air que la machine ne peut enlever, ainsi que la température ambiante; enfin, on détermine la rupture de l'ampoule, on entoure le ballon d'un liquide froid, de glace ou d'un mélange réfrigérant S, et on relève la différence de niveau du baromètre à vapeur et d'un baromètre ordinaire A′B′. Cette différence, ramenée à zéro et diminuée de la force élastique de l'air resté dans l'appareil (qui se calcule au moyen de la force élastique initiale et des changements de température et de volume), est la tension maxima de la vapeur, correspondante à la température du ballon. — Parmi les divers mélanges réfrigérants dont on peut se servir, le mélange de glace pilée et de chlorure de calcium cristallisé a l'avantage qu'on peut maintenir sa température presque absolument constante, pendant un temps assez long, en projetant tour à tour des fragments de glace ou de chlorure dans le liquide qui résulte de l'action réciproque de ces deux corps.

65. **Mesure des tensions maxima supérieures à 300 millimètres, dans les cas où la méthode de l'ébullition ne peut être employée.** — Pour les tensions supérieures à 300 millimètres, la méthode qui a été le plus fréquemment employée par M. Regnault, et qui est en effet la plus précise, est la *méthode de l'ébullition,* qui sera décrite plus loin. Lorsqu'il n'a pu faire usage de cette méthode, soit parce que le liquide ne pouvait être préparé en quantité suffisante, soit parce que l'ébullition présenatit quelque danger, il a eu recours à l'un des deux appareils suivants :

1° Un manomètre à deux branches (fig. 59), placé dans un bain liquide, communique par la branche A avec un ballon à vapeurs C, par la branche D avec l'atmosphère ou avec un récipient à air comprimé; on évalue ainsi l'excès positif ou négatif de la tension maxima d'une vapeur sur une pression connue, qui se mesure par les procédés ordinaires.

2° Une autre forme particulière d'appareil a été spécialement employée dans le cas des gaz liquéfiés. — Une boîte de fonte (fig. 60) est divisée en deux chambres A, B par une cloison verticale qui ne descend pas tout à fait jusqu'au fond; la partie inférieure est remplie de mercure M, M'; la chambre A communique avec une pompe à comprimer les gaz P; la chambre B communique, par un tube de platine T, passé à la filière et réduit de la sorte à un très-petit diamètre, avec

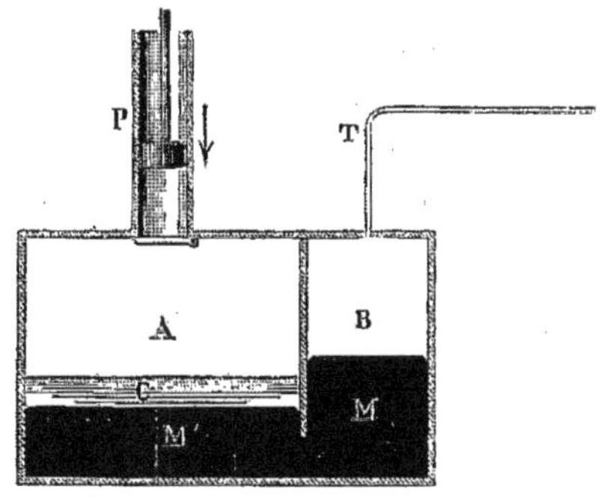

Fig. 59. Fig. 60.

un manomètre à air comprimé. Un bain liquide ou des mélanges réfrigérants permettent de faire varier la température du gaz qui a été liquéfié en C par le jeu de la pompe. La force élastique de la vapeur en A ne diffère de celle de l'air contenu dans le manomètre à air comprimé que d'une quantité mesurée par la différence des niveaux du mercure en A et B; on peut calculer cette différence, si les dimensions de l'appareil sont connues, mais il est permis de la négliger par rapport aux tensions énormes qu'on développe dans ces expériences. — C'est par ce procédé que M. Regnault a déterminé la plupart des nombres qui composent le tableau relatif à la liquéfaction des gaz (p. 89 et 90).

66. **Mesure des tensions maxima supérieures à 300 millimètres, par la méthode de l'ébullition sous diverses pressions.** — La méthode de l'ébullition, proposée par Dulong et appliquée par M. Regnault, est fondée sur les considérations suivantes.

Dans un liquide en ébullition, les bulles de vapeur qui viennent crever à la surface doivent posséder une force élastique au moins égale à la pression de l'atmosphère qui les surmonte; elles doivent donc, à mesure qu'elles se renouvellent, chasser cette atmosphère devant elles, de sorte qu'au bout d'un temps suffisant la région voisine ne contient plus que de la vapeur. On doit d'ailleurs regarder cette vapeur comme saturée, car elle est en contact avec les gouttelettes liquides qui y sont sans cesse projetées par le phénomène de l'ébullition, en même temps qu'avec le liquide condensé sur les parois du vase. Enfin, si la vapeur est condensée à quelque distance, de manière qu'il s'établisse un état d'équilibre dans l'atmosphère qui presse sur le liquide, il est nécessaire que la pression de cette atmosphère soit égale à la force élastique de la vapeur saturée voisine du liquide. En mesurant donc d'une part la température de la vapeur, et d'autre part la pression de l'atmosphère artificielle, on déterminera réellement une température et une tension maxima correspondantes. — La température du liquide peut être et est en général différente de celle de la vapeur; il importe seulement que cette différence ne soit pas assez grande pour apporter une perturbation sensible aux indications du thermomètre. La permanence de la température d'ébullition permet d'ailleurs toujours de ne faire les observations qu'après l'établissement d'un parfait équilibre de températures entre la vapeur et le thermomètre.

L'appareil (fig. 61) est formé d'une chaudière C; d'un tube TT' environné extérieurement d'un courant d'eau froide, dans lequel la vapeur se condense sans cesse pour retomber à l'état liquide dans la chaudière; d'un réservoir R dans lequel on comprime ou l'on raréfie l'air, à l'aide de pompes adaptées au tube P; enfin d'un ma-

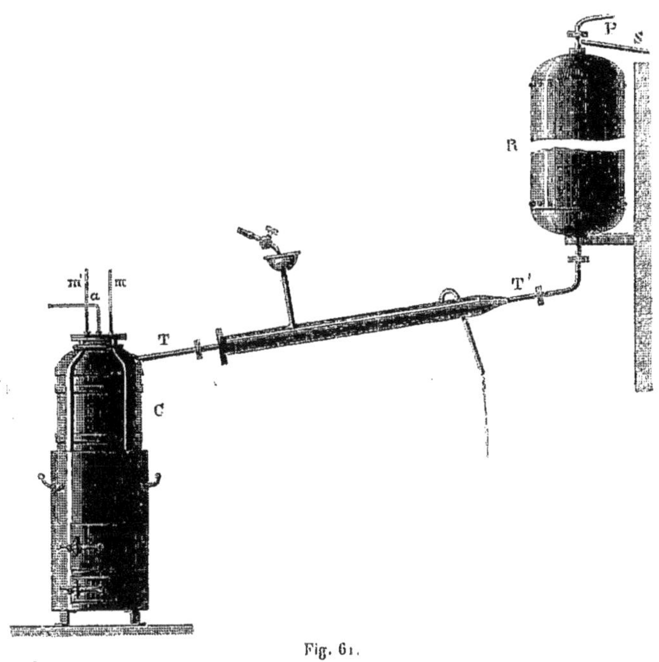

Fig. 61.

nomètre à air libre qui n'est pas représenté dans la figure, et qui est mis en communication avec le réservoir R par le tube S : les dimensions de ce manomètre varient suivant l'extension qu'on veut donner aux expériences. Des tubes de fer remplis d'huile et plongés au sein de la vapeur contiennent des thermomètres à mercure *m*, *m'*, et le réservoir d'un thermomètre à air dont on voit la partie supérieure en *a*.

67. **Résultats fournis par les recherches précédentes.** — Les résultats fournis par les recherches précédentes ont été contrôlés les uns par les autres, toutes les fois qu'il a été possible de déterminer un même élément par des méthodes diverses. — On a

cherché ensuite à représenter la marche générale de ces résultats, soit par des constructions graphiques, soit par des formules empiriques.

On doit à Dalton cette remarque, que si, dans un intervalle peu étendu de températures, on mesure les forces élastiques de la vapeur d'eau pour des températures équidistantes, ces forces élastiques croissent un peu moins vite que les termes d'une progression géométrique. — Il suit de là qu'on aura chance de trouver une formule algébrique appropriée à la représentation des tensions maxima de la vapeur d'eau, en cherchant à modifier l'expression simple qui se déduit de l'hypothèse d'une progression géométrique. Cette expression serait, en désignant par t une température quelconque et par f la tension correspondante,

$$f = 760\, a^t.$$

On a été ainsi conduit à essayer trois espèces différentes de formules empiriques, savoir :

$$(1) \qquad f = \mathrm{A}\alpha^t + \mathrm{B}\beta^t + \mathrm{C}\gamma^t + \ldots,$$

$$(2) \qquad f = 760\, a^{t + mt^2 + \ldots},$$

$$(3) \qquad \log \frac{f}{760} = a + b\alpha^t + c\beta^t + \ldots.$$

La dernière formule, proposée par M. Biot, paraît être la plus convenable. Pour tous les liquides étudiés, on peut se borner à prendre les trois premiers termes; dans la plupart des cas, le coefficient b est négatif, le nombre α est un peu inférieur à l'unité, et le terme $c\beta^t$ est très-petit relativement à $b\alpha^t$.

Pour la détermination des constantes de cette formule (3), il serait avantageux de prendre une série de cinq observations correspondant à cinq températures équidistantes; dans le cas de la vapeur d'eau, par exemple, on choisirait les températures zéro, 50, 100, 150, 200 degrés. On aurait alors, en posant

$$\alpha^{50} = \alpha', \quad \beta^{50} = \beta',$$

et en désignant $\log \frac{f}{760}$ par φ,

$$\begin{aligned}
\varphi_0 &= a + b + c,\\
\varphi_1 &= a + b\alpha' + c\beta',\\
\varphi_2 &= a + b\alpha'^2 + c\beta'^2,\\
\varphi_3 &= a + b\alpha'^3 + c\beta'^3,\\
\varphi_4 &= a + b\alpha'^4 + c\beta'^4,
\end{aligned}$$

et il existe des méthodes d'élimination connues, pour résoudre tout système d'équations de cette forme [1]. — En réalité, il est impossible

(1) On déduit immédiatement, des cinq équations dont il s'agit, les suivantes :

$$\begin{aligned}
\varphi_1 - \varphi_0 &= b(\alpha' - 1) + c(\beta' - 1),\\
\varphi_2 - \varphi_1 &= b(\alpha' - 1)\alpha' + c(\beta' - 1)\beta',\\
\varphi_3 - \varphi_2 &= b(\alpha' - 1)\alpha'^2 + c(\beta' - 1)\beta'^2,\\
\varphi_4 - \varphi_3 &= b(\alpha' - 1)\alpha'^3 + c(\beta' - 1)\beta'^3.
\end{aligned}$$

Si maintenant on pose

$$b(\alpha' - 1) = b', \quad c(\beta' - 1) = c',$$

les relations précédentes deviennent

$$\begin{aligned}
\varphi_1 - \varphi_0 &= b' + c',\\
\varphi_2 - \varphi_1 &= b'\alpha' + c'\beta',\\
\varphi_3 - \varphi_2 &= b'\alpha'^2 + c'\beta'^2,\\
\varphi_4 - \varphi_3 &= b'\alpha'^3 + c'\beta'^3.
\end{aligned}$$

De là on déduit

$$\begin{aligned}
\varphi_2 - \varphi_1 - \alpha'(\varphi_1 - \varphi_0) &= c'(\beta' - \alpha'),\\
\varphi_3 - \varphi_2 - \alpha'(\varphi_2 - \varphi_1) &= c'(\beta' - \alpha')\beta',\\
\varphi_4 - \varphi_3 - \alpha'(\varphi_3 - \varphi_2) &= c'(\beta' - \alpha')\beta'^2,
\end{aligned}$$

et, en posant

$$c'(\beta' - \alpha') = c'',$$

il vient

$$\begin{aligned}
\varphi_2 - \varphi_1 - \alpha'(\varphi_1 - \varphi_0) &= c'',\\
\varphi_3 - \varphi_2 - \alpha'(\varphi_2 - \varphi_1) &= c''\beta',\\
\varphi_4 - \varphi_3 - \alpha'(\varphi_3 - \varphi_2) &= c''\beta'^2.
\end{aligned}$$

On en déduit

$$\begin{aligned}
\varphi_3 - \varphi_2 - \alpha'(\varphi_2 - \varphi_1) - \beta'[\varphi_2 - \varphi_1 - \alpha'(\varphi_1 - \varphi_0)] &= 0,\\
\varphi_4 - \varphi_3 - \alpha'(\varphi_3 - \varphi_2) - \beta'[\varphi_3 - \varphi_2 - \alpha'(\varphi_2 - \varphi_1)] &= 0,
\end{aligned}$$

ou enfin

$$\begin{aligned}
\varphi_3 - \varphi_2 - (\alpha' + \beta')(\varphi_2 - \varphi_1) + \alpha'\beta'(\varphi_1 - \varphi_0) &= 0,\\
\varphi_4 - \varphi_3 - (\alpha' + \beta')(\varphi_3 - \varphi_2) + \alpha'\beta'(\varphi_2 - \varphi_1) &= 0.
\end{aligned}$$

Ces deux dernières équations font connaître immédiatement les valeurs de $\alpha' + \beta'$ et d'obtenir jamais, par l'observation directe, les données relatives à cinq températures déterminées d'avance; mais si l'on a fait un certain nombre d'observations dans une petite étendue de l'échelle thermométrique, voisine de l'une de ces températures, on peut toujours représenter ces observations avec une exactitude suffisante par une formule parabolique, et se servir ensuite de cette formule pour calculer les données qui se rapportent rigoureusement à la température que l'on considère. Si ce calcul est bien fait, les résultats qu'il fournit n'ont pas moins de certitude que ceux des observations directes.

Les tableaux suivants font connaître la marche des tensions maxima à diverses températures, pour un certain nombre de vapeurs. Les données numériques qu'ils renferment sont empruntées aux recherches publiées par M. Regnault[1]. — Dans le tableau qui est relatif à la vapeur d'eau, les tensions sont exprimées en millimètres jusqu'à 100 degrés, et en atmosphères aux températures supérieures.

VAPEUR D'EAU.

TEMPÉRATURES.	TENSIONS EN MILLIMÈTRES.
— 32°	0,32
— 20°	0,93
— 10°	2,09
— 5°	3,11
0°	4,60
+ 5°	6,53
10°	9,17
15°	12,70
20°	17,39
25°	23,55
30°	31,55
40°	54,91

de $\alpha' \beta'$, c'est-à-dire les coefficients d'une équation du second degré

$$Z^2 - Mz + N = 0$$

dont α' et β' sont les deux racines. Il est facile ensuite d'obtenir a, b, c.

Cette méthode élégante d'élimination est due à M. Bravais; elle est évidemment applicable à un nombre quelconque d'équations.

[1] *Mémoires de l'Académie des sciences*, t. XXI et XXVI.

VAPEUR D'EAU (*suite*).

TEMPÉRATURES.	TENSIONS EN MILLIMÈTRES.
+ 50°	91,98
60°	148,79
70°	233,09
80°	354,64
90°	525,45
100°	760,00

	TENSIONS EN ATMOSPHÈRES.
+ 100°	1,000
121°	2,025
134°	3,008
144°	4,000
152°	4,971
159°	5,966
171°	8,036
180°	9,929
189°	12,155
199°	15,062
213°	19,997
225°	25,127
230°	27,534

VAPEUR D'ALCOOL.

	TENSIONS EN MILLIMÈTRES.
— 20°	3,34
0°	12,70
+ 10°	24,23
20°	44,46
30°	78,52
50°	219,90
75°	665,54
80°	812,91
100°	1697,55
125°	3746,88
155°	8259,19

VAPEUR D'ÉTHER.

— 20°	68,90
0°	184,39

VAPEUR D'ÉTHER (*suite*).

TEMPÉRATURES.	TENSIONS EN MILLIMÈTRES.
+ 10°	286,83
20°	432,78
30°	634,80
35°	761,20
50°	1264,83
75°	2645,41
100°	4953,30
120°	7719,20

VAPEUR DE SULFURE DE CARBONE.

— 20°	47,30
0°	127,91
+ 10°	198,46
20°	298,03
30°	434,62
45°	729,53
50°	857,07
75°	1779,88
100°	3325,15
125°	5699,99
150°	9095,94

VAPEUR DE CHLOROFORME.

+ 20°	160,47
30°	247,51
50°	535,05
60°	755,44
65°	889,72
75°	1214,20
100°	2428,54
125°	4386,60
150°	7280,62
165°	9527,82

VAPEUR DE MERCURE [1].

+ 100°	0,746
150°	4,266

[1] La formule qui représente les résultats de cette table, lorsqu'on l'applique aux températures inférieures à 30 degrés, donne des forces élastiques inférieures à $\frac{1}{20}$ de millimètre.

VAPEUR DE MERCURE (*suite*).

TEMPÉRATURES.	TENSIONS EN MILLIMÈTRES.
+ 200°	19,90
250°	75,75
300°	242,15
350°	663,18
360°	797,74
400°	1587,96
450°	3384,35
500°	6520,25
520°	8264,96

VAPEUR DE SOUFRE.

TEMPÉRATURES.	TENSIONS EN MILLIMÈTRES.
+ 390°	272,31
400°	328,98
440°	663,11
450°	779,89
500°	1635,32
550°	3086,51
570°	3877,08

68. **Remarques relatives aux résultats contenus dans les tableaux précédents.** — Ces tableaux donnent lieu à des remarques de diverses natures.

1° Le tableau relatif aux tensions de la vapeur d'eau conduit à ce résultat que, avec les usages actuellement en vigueur dans l'industrie, les chaudières des machines dites *à basse pression* présentent des chances d'explosion bien différentes de celles des machines *à haute pression*. Chaque chaudière est en effet soumise à une épreuve préliminaire, sous une pression triple de celle qu'elle doit supporter pendant le travail de la machine; on voit donc que, pour dépasser cette limite de résistance, il suffira que la température éprouve un accroissement accidentel de 38 degrés, si la pression normale de la machine est de deux atmosphères; tandis qu'un accroissement de 47 degrés sera nécessaire si la pression normale est de cinq atmosphères.

2° Le tableau relatif aux tensions de la vapeur de mercure fournit une justification de l'emploi du mercure dans les manomètres et les baromètres. Dans les expériences sur la vapeur mercurielle, on a réellement mesuré l'excès de la tension de cette vapeur, à diverses températures, sur la tension qu'elle possède à la température du baromètre par lequel on a évalué la pression atmosphérique. Cet excès étant, à la température de 100 degrés, de quelques dixièmes de millimètre, on en conclut qu'en passant de la température ambiante à la température de 100 degrés la tension de la vapeur de mercure n'éprouve qu'un très-faible accroissement; comme d'ailleurs, entre les mêmes limites, toutes les autres vapeurs éprouvent un accroissement de tension qui est *très-considérable relativement à la tension initiale*, on est autorisé à penser que, dans le cas de la vapeur mercurielle, cette tension initiale est tout à fait insensible.

3° Enfin, le premier tableau montre, dans les tensions de la vapeur d'eau, une véritable continuité de part et d'autre du point de congélation. Cette remarque conduit à considérer les corps solides comme ayant une tension de vapeur comparable à celle des liquides : elle s'applique d'ailleurs aux corps gazeux que l'on a pu amener à l'état solide, comme l'acide carbonique ou le protoxyde d'azote.

69. **Limites du phénomène de la vaporisation.** — Si, prenant les formules empiriques qui représentent les résultats relatifs aux tensions des vapeurs, on cherche à étendre ces formules en dehors des limites des expériences qui les ont fournies, on est conduit à des conséquences dont l'examen peut offrir quelque intérêt. Si l'on se borne, par exemple, à la formule approchée

$$\log \frac{f}{760} = a - b\alpha^t,$$

α étant inférieur à l'unité, on voit que, pour $t = -\infty$, cette formule donnerait $f = 0$. De même, pour $t = +\infty$, elle donnerait $f = 760 \times 10^a$. — Ici se présente donc cette question, à laquelle on doit chercher une réponse dans l'expérience: le phénomène de la vaporisation peut-il se produire à toute température, ou seulement entre deux limites déterminées?

Pour ce qui est d'une limite inférieure, les expériences de Bellani montrent qu'une plaque de zinc poli, suspendue dans un vase clos au-dessus d'une couche d'acide sulfurique monohydraté, n'a pas éprouvé, au bout de deux ans, d'altération sensible dans l'éclat de sa surface. Les expériences de Faraday montrent qu'une feuille d'or, placée au-dessus d'une masse de mercure dans un vase clos, n'est pas ternie au bout d'un mois, si la température est demeurée inférieure à — 6 degrés, tandis que, à des températures supérieures à zéro, elle se ternit assez vite. — Il paraîtrait donc résulter de ces expériences que, pour l'acide sulfurique et pour le mercure, il existe une limite inférieure, à une température finie, pour le phénomène de la vaporisation. Il est d'ailleurs évidemment impossible de résoudre cette question d'une manière rigoureuse.

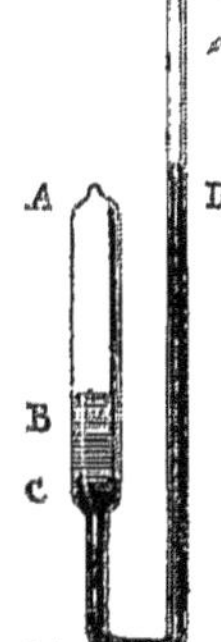

Fig 62.

Quant à l'existence d'une limite supérieure, il est probable que tout corps peut, à une température suffisamment élevée, se transformer en vapeur, en conservant une densité comparable, sinon égale, à sa densité sous l'état liquide. En d'autres termes, à une température suffisamment élevée, toute différence semble disparaître entre l'état liquide et l'état gazeux. — Cagniard de Latour a introduit des liquides dans la partie large AB d'un tube deux fois recourbé (fig. 62) qui contenait du mercure en CMD, et de l'air en DE; l'appareil étant plongé dans un bain à une température connue, la mesure du volume occupé par l'air permettait d'évaluer approximativement la pression de la vapeur formée en A. On a constaté une vaporisation complète de l'éther, de l'alcool, de l'eau et du sulfure de carbone, dans les conditions indiquées par le tableau suivant :

	TEMPÉRATURE.	PRESSION.	RAPPORT DU VOLUME DE LA VAPEUR AU VOLUME DU CORPS À L'ÉTAT LIQUIDE.
Ether	175°	38^{atm}	$\frac{20}{7}$
Alcool	248°	119^{atm}	3
Eau	fusion du zinc	indéterminée [1]	4
Sulfure de carbone	258°	71^{atm}	$\frac{5}{2}$

On doit à M. Drion des observations analogues sur l'éther chlorhydrique et sur l'acide sulfureux, dont les points de vaporisation

(1) L'eau attaque le verre à ces hautes températures, et il devient impossible d'observer le volume de l'air à l'aide duquel la pression devrait être évaluée.

totale sont respectivement à 170 degrés et à 140 degrés. Il a montré de plus que, même à des températures inférieures à ces limites, le coefficient de dilatation des liquides devient égal, puis supérieur à celui de l'air; on peut donc présumer qu'il tend à devenir égal à celui de la vapeur.

Ainsi, pour ce second point, contrairement aux conclusions qu'on aurait pu déduire de la formule, l'expérience paraît indiquer qu'au-dessus d'une certaine température il n'y a plus, à proprement parler, ni état liquide, ni maximum de tension des vapeurs; les variations de pression modifient sans doute encore d'une manière continue la densité du corps, mais sans jamais produire peut-être ces changements brusques qu'on désigne par les expressions de *liquéfaction* ou de *vaporisation*.

70. **Tension des vapeurs émises par les solutions salines, les acides hydratés et les liquides analogues.** — Lorsqu'on détermine les tensions des vapeurs émises par une solution, pour les températures où le corps dissous ne paraît avoir aucune volatilité sensible, on trouve en général que la tension de ces vapeurs est moindre que la tension correspondante des vapeurs du dissolvant, bien que ces vapeurs ne contiennent aucune trace appréciable du corps dissous. — C'est ce que montrent nettement les déterminations faites sur l'acide sulfurique diversement étendu.

	TENSION MAXIMA A LA TEMPÉRATURE DE 10°, EN MILLIMÈTRES.
$SO^3,2HO$	0,115
$SO^3,3HO$	0,501
$SO^3,4HO$	1,200
$SO^3,5HO$	1,885
$SO^3,6HO$	3,029
$SO^3,8HO$	4,466
$SO^3,10HO$	5,777
$SO^3,12HO$	6,420
$SO^3,18HO$	7,712
Eau pure	9,165

Ces différences sont importantes à signaler pour la pratique :

elles peuvent, jusqu'à un certain point, s'expliquer par l'affinité de la solution pour la vapeur du dissolvant.

Lorsque la volatilité du corps dissous est comparable à celle du dissolvant, la tension du mélange de vapeurs qui se produit est inférieure à la somme des tensions maxima propres aux deux corps, pour la température considérée.

On constate une diminution analogue dans la tension maxima d'une vapeur, en présence d'un corps solide capable d'agir sur elle. — Cette remarque fait aisément concevoir l'influence perturbatrice des récipients solides où sont contenues les vapeurs. Cette influence disparaît lorsque toute l'étendue des parois est couverte d'une couche mince de liquide condensé; mais il peut se faire que cette dernière condition ne soit jamais satisfaite, si l'évaporation de l'excès liquide est ralentie par la présence d'un gaz dans l'espace occupé par la vapeur.

71. **Solution approchée de divers problèmes relatifs aux vapeurs.** — L'étude de la dilatation et de la compressibilité des vapeurs non saturées ayant été à peine abordée jusqu'ici, on ne peut résoudre exactement les problèmes divers qui se rapportent aux changements de température et de volume de ces corps. — Lorsqu'il s'agit de changements peu considérables et que les vapeurs ne sont pas très-voisines du point de saturation, on peut, sans grande erreur, faire usage des mêmes formules que dans le cas des gaz. Il arrive même parfois qu'on étende ces formules jusqu'au point de saturation; mais les résultats qu'on obtient ainsi ne peuvent évidemment être considérés que comme des approximations très-imparfaites.

On a souvent à résoudre, relativement à un gaz mélangé de vapeur, les mêmes problèmes que pour un gaz sec. — Si, dans les divers états du mélange, la force élastique de la vapeur est connue, le problème n'offre pas de difficulté, puisque la force élastique du gaz contenu dans le mélange s'obtient en retranchant de la force élastique totale la force élastique de la vapeur. Dès lors, si l'on désigne par V le volume initial du mélange sous la pression H et à la température t, par f la force élastique initiale de la vapeur; par

V', H', t', f' les quantités analogues pour un autre état, on a la relation

$$\frac{V}{V'} = \frac{H'-f'}{H-f} \cdot \frac{1+\alpha t}{1+\alpha t'}.$$

En particulier, si dans deux états successifs le gaz est en contact avec un excès liquide, f et f' sont les tensions maxima de la vapeur qui correspondent aux températures t et t'; ces quantités peuvent être censées connues, s'il s'agit de la vapeur d'eau. — C'est ainsi qu'on peut, par exemple, dans l'évaluation des volumes des gaz, corriger toutes les mesures effectuées sur la cuve à eau.

ÉTUDE DE QUELQUES MODES SPÉCIAUX DE FORMATION DES VAPEURS.

72. **Évaporation.** — L'évaporation superficielle d'un liquide se produit à toutes les températures où ce liquide a une tension de vapeur sensible, et ne s'arrête que lorsque l'espace ambiant est saturé de vapeur. Elle est donc évidemment favorisée par toutes les causes qui tendent à augmenter la tension des vapeurs émises par le liquide ou qui s'opposent à la saturation de l'espace ambiant, c'est-à-dire :

1° Par l'élévation de température du liquide ou de l'atmosphère ambiante;

2° Par le renouvellement plus ou moins rapide de cette atmosphère;

3° Par l'absence complète de vapeur préexistante dans l'atmosphère qui surmonte le liquide.

L'influence de l'étendue de la surface libre est trop évidente pour avoir besoin d'être expliquée.

Si l'atmosphère n'est ni entièrement privée ni entièrement saturée de la vapeur du liquide qui s'évapore, et si le liquide a même température que l'atmosphère, on admet, d'après Dalton, que la quantité de liquide évaporée en un temps donné est proportionnelle à l'excès de la tension maxima correspondante à la température actuelle sur la tension de la vapeur préexistante dans l'atmosphère. — Dans le cas de l'eau au moins, cette proportionnalité a le caractère d'une loi empirique assez approchée. On la vérifie en déterminant, dans des conditions atmosphériques diverses, le poids de l'eau qui s'évapore en un temps donné par une surface donnée.

73. **Ébullition.** — Lorsqu'on élève graduellement la température d'un liquide, il arrive ordinairement que, au moment où une certaine température est atteinte, à l'évaporation superficielle s'ajoute une formation intérieure de bulles de vapeur, qui partent des parois chauffées, traversent le liquide, et viennent crever à sa surface. A partir de ce moment, la température du liquide demeure invariable, et ne diffère pas sensiblement de la température pour laquelle la tension maxima de la vapeur est égale à la pression de l'atmosphère. Il en est du moins ainsi lorsque l'ébullition se fait par bulles petites et nombreuses; si les bulles de vapeur sont volumineuses et rares, la formation de chaque bulle est accompagnée d'une sorte de soubresaut, et la température oscille entre deux limites plus ou moins rapprochées, suivant la nature du liquide: ces deux limites sont d'ailleurs toujours supérieures à la température normale d'ébullition qu'on vient de définir.

L'influence de la pression extérieure sur la température d'ébullition est facile à constater, soit par les expériences classiques dans lesquelles on montre que l'eau entre en ébullition, sous le récipient de la machine pneumatique, à des températures d'autant plus basses qu'on y fait le vide d'une manière plus complète; soit par ce fait souvent observé que, à diverses altitudes, la température d'ébullition de l'eau s'abaisse à mesure qu'on atteint des hauteurs plus considérables au-dessus du niveau de la mer. C'est sur cette dernière observation qu'est fondé l'emploi du *thermomètre hypsométrique* pour mesurer approximativement la hauteur des montagnes, en y déterminant directement la température d'ébullition de l'eau pure. — On peut citer encore l'expérience suivante, qui montre également l'influence de la pression sur la température d'ébullition. On fait bouillir de l'eau dans un ballon de verre, pendant quelques minutes, de façon à chasser l'air : on bouche le ballon, on le retourne, et on verse alors de l'eau froide sur la paroi de l'espace rempli de vapeurs qui se trouve à la partie supérieure (fig. 63). La diminution de la pression produite par la condensation de ces vapeurs détermine un renouvellement de l'ébullition qui peut se prolonger très-longtemps, malgré le refroidissement du liquide.

L'influence de la nature du vase est également facile à manifester. — C'est ainsi que l'ébullition de l'eau ne se produit, dans les vases de verre, qu'à une température sensiblement supérieure à sa température d'ébullition dans les vases de métal. Au contraire, dans un vase revêtu intérieurement de soufre ou de gomme laque, l'ébullition paraît avoir lieu à une température un peu plus basse que dans un vase de métal.

Fig. 63.

Il semble d'abord résulter de ces diverses expériences que l'ébullition d'un liquide doive être considérée comme un phénomène normal, au même titre que la fusion d'un solide. En d'autres termes, il semble que la température d'ébullition d'un liquide soit liée d'une manière essentielle à la pression qu'il supporte, et que cette température soit susceptible seulement de quelques perturbations accessoires, dues à la viscosité du liquide, ou à son adhésion pour les parois du vase où il est contenu. — Une étude plus attentive des faits modifie singulièrement ce point de vue.

Et d'abord, on doit à M. Donny l'expérience suivante. Dans un tube de verre recourbé deux fois, et terminé par un double renflement (fig. 64), on fait bouillir de l'eau pendant très-longtemps,

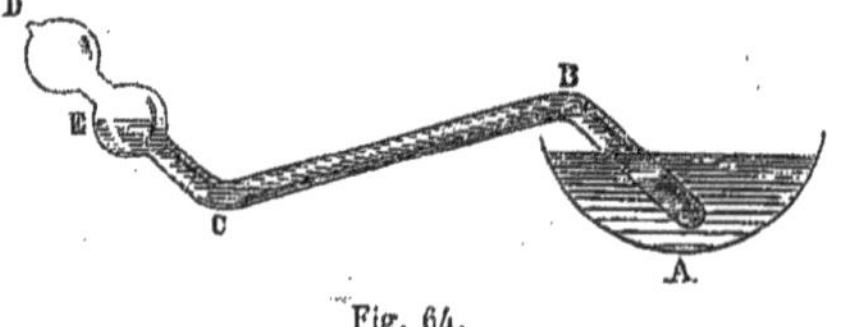

Fig. 64.

de manière que tout l'air dissous soit expulsé; on ferme à la lampe l'extrémité D, tandis que les renflements sphériques E, D sont encore remplis de vapeur. Lorsque l'appareil s'est refroidi jusqu'à la température ordinaire, on chauffe seulement la région voisine de A, en la plongeant dans une solution saline dont la température peut être élevée graduellement au moyen d'une lampe. Les courants moléculaires que développe l'échauffement ne peuvent faire descendre l'eau échauffée de B vers C; la pression que supporte la surface de l'eau en E demeure donc égale à la faible tension que possède la vapeur d'eau aux températures ordinaires, augmentée de la force élastique de l'air qu'on peut avoir laissé dans l'espace ED. Néanmoins, l'ébullition ne commence en A qu'à une température bien supérieure à la température ambiante, et il n'est pas rare de voir la température atteindre 135 degrés avant qu'aucune bulle de vapeur prenne naissance. Lorsque l'ébullition commence, la force élastique de la vapeur développée détermine une brusque projection du liquide dans l'espace ED, et quelquefois la rupture de l'appareil.

Plus récemment, les expériences de M. Louis Dufour[1] ont permis d'observer des retards du point d'ébullition pour divers liquides, par un procédé semblable à celui qui a servi pour constater les retards du point de congélation (56). — C'est ainsi que l'eau a pu être maintenue liquide jusqu'à 178 degrés, dans un mélange d'huile de lin et d'essence de girofle[2]. — Le chloroforme a été maintenu liquide jusqu'à 98 degrés dans une solution de chlorure de zinc. — L'acide sulfureux a été maintenu liquide jusqu'à + 8 degrés dans un bain d'acide sulfurique étendu. — Il n'est même pas nécessaire, pour le succès de ces expériences, que les liquides soient purgés d'air.

De ces nouvelles observations il résulte que le phénomène de l'ébullition doit aujourd'hui être envisagé comme il suit. — L'ébullition ne peut évidemment se produire que si la force élastique des bulles de vapeur, tandis qu'elles sont encore contenues dans le liquide, est égale ou supérieure à la pression qu'elles supportent; elle ne peut donc avoir lieu si la température n'est pas telle, que la force élastique maxima de la vapeur soit au moins égale à cette pression. Une fois cette température atteinte, l'ébullition est pos-

(1) *Bibliothèque universelle de Genève, Archives des sciences physiques*, 1861, t. XII, p. 210.

(2) L'essence avait dû être débarrassée, par une première distillation, de la partie qui est volatile à 90 degrés.

sible, mais non pas nécessaire. Lorsque le liquide est environné de toutes parts d'un autre liquide, on peut l'échauffer bien au delà de cette limite inférieure de l'ébullition sans lui faire prendre l'état de vapeur. Au contraire, lorsque le liquide est en contact avec un corps solide, il n'y a de retard d'ébullition considérable qu'en l'absence de tout gaz dissous. — Dans les conditions ordinaires des expériences, la présence de l'air dissous et le contact des parois déterminent toujours la formation de bulles en certains points des parois elles-mêmes, dès que la température a un peu dépassé le point où ces bulles peuvent commencer d'exister. Une fois mise en train, l'ébullition s'entretient d'ailleurs d'elle-même : lorsqu'une grosse bulle d'air se détache des parois, une petite bulle de vapeur y reste toujours adhérente, et sa surface devient le siége d'une évaporation rapide qui amène bientôt l'ascension d'une nouvelle bulle, et ainsi de suite. — Lorsque la température du liquide s'élève un peu au-dessus de ce qu'on peut appeler le *point normal d'ébullition*, la formation des bulles est accompagnée de soubresauts.

Le phénomène de l'ébullition se présente ainsi comme un *accident constant*, localisé par des causes qui ne sont pas encore tout à fait connues, en certains points de la surface solide par laquelle l'action de la chaleur se fait sentir[1]. On voit en même temps que lorsqu'un liquide n'est pas en contact par une surface libre avec un espace vide ou plein de gaz, la stabilité de l'état liquide est assurée

[1] La cause suivante agit sans doute dans beaucoup de cas, peut-être dans tous. Si, dans certaines régions, la surface n'est pas mouillée par le liquide, et si, dans ces régions, il existe des aspérités très-petites et très-fines, les forces capillaires obligent le liquide à s'écarter des parois au voisinage de ces aspérités, comme il arrive lorsqu'on plonge dans le mercure une pointe d'acier (fig. 65); il se forme ainsi une véritable surface libre, où l'*évaporation* est un phénomène constant et nécessaire. Lorsque la vapeur formée entre cette surface libre et la paroi a la force élastique suffisante, elle se dégage et l'*ébullition* commence. — On s'expliquerait ainsi comment le soufre et la gomme laque, que l'eau ne mouille pas, et les métaux, qu'elle mouille moins complétement que le verre, sont propres à accélérer l'ébullition. Dans l'expérience de M. Donny, il est nécessaire que le tube ait été d'abord débarrassé des matières grasses par un lavage à l'acide sulfurique; l'ébullition prolongée de l'eau a peut-être ensuite pour effet de déterminer, en même temps que l'expulsion de l'air dissous, une certaine action chimique de l'eau sur le verre, d'où résultent ensuite un contact plus intime et une adhérence plus forte.

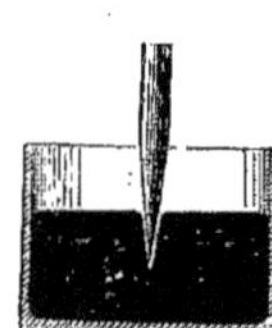

Fig. 65.

entre des limites de température très-étendues, et cette remarque complète d'une manière essentielle les notions exposées plus haut.

Lorsque le liquide forme une colonne de hauteur considérable et qu'il est chauffé par la partie inférieure, on conçoit que la température nécessaire pour amener à l'ébullition les couches profondes doive être beaucoup plus élevée que pour les couches voisines de la surface. — C'est ainsi, par exemple, que, dans les geisers d'Islande, on observe, à 20 mètres de profondeur au-dessous de la surface de l'eau, une température de 127 degrés, sans qu'il y ait ébullition.

74. **Retard du point d'ébullition, produit par les sels dissous.** — On observe dans les solutions salines une température d'ébullition variable, tant que ces solutions ne sont pas concentrées. Dès que la concentration est atteinte, la température d'ébullition devient constante, et elle est en général supérieure à celle de l'eau pure dans les mêmes circonstances. En voici quelques exemples :

	TEMPÉRATURE D'ÉBULLITION.
Solution concentrée de chlorure de potassium......	104°
——— de chlorure de sodium........	108°
——— de chlorure de calcium........	179°
——— de carbonate de soude........	105°
——— de carbonate de potasse.......	135°

75. **Formation des vapeurs dans un espace clos.** — Lorsqu'on chauffe un liquide dans un vase clos où l'on a laissé un espace vide ou plein d'air, l'accroissement graduel et continu de la force élastique de la vapeur, à mesure que la température s'élève, empêche l'ébullition de se produire. On peut ainsi élever la température de l'eau bien au delà de 100 degrés. — C'est ce qui arrive, par exemple, dans la *marmite de Papin*.

76. **Évaporation au voisinage des surfaces chaudes.** — Quand on projette de l'eau sur une surface incandescente, on sait qu'elle prend une forme globulaire, et qu'elle peut ainsi demeurer liquide pendant un temps assez long; on constate qu'elle est animée d'une sorte de mouvement giratoire, et qu'elle n'éprouve qu'une éva-

poration lente. Si l'on vient à laisser refroidir la surface chaude, il arrive un moment où l'ébullition des gouttes liquides se produit d'une manière instantanée, et il y a projection de la portion qui n'a pas été vaporisée. — Le même phénomène peut se produire avec un liquide quelconque : il suffit que la température de la surface, solide ou liquide, sur laquelle on fait l'expérience, soit notablement supérieure à la température normale d'ébullition du liquide soumis à l'expérience ; la température de ce liquide lui-même est toujours un peu inférieure à la température d'ébullition.

Dans toutes ces expériences, on peut facilement constater qu'il n'y a pas contact entre le liquide et la surface chauffée. — Si l'on prend en effet, comme surface incandescente, une capsule percée de trous, on observe que le liquide ne traverse pas, bien que le diamètre des trous soit assez grand pour livrer passage au liquide quand la capsule est froide. — En plongeant, dans un vase de verre plein d'eau, une sphère de platine incandescente, on aperçoit tout autour de sa surface un espace vide qui la sépare du liquide. — C'est cette absence de contact qui permet d'ailleurs de se rendre compte du phénomène; lorsque le contact est rétabli par le refroidissement de la surface chaude, la transmission de la chaleur devient plus prompte et l'évaporation est instantanée.

Parmi un grand nombre d'expériences frappantes, fondées sur les observations qui précèdent et servant à les confirmer, nous citerons : l'expérience de M. Boutigny, qui est répétée maintenant dans tous les cours et qui consiste à congeler de l'eau en la projetant sur un globule d'acide sulfureux liquide, au fond d'un creuset incandescent; l'expérience de M. Faraday, dans laquelle on a pu congeler du mercure par le même procédé, en remplaçant l'acide sulfureux par l'acide carbonique liquide.

MESURE DES DENSITÉS.

77. **Densité des solides et des liquides. — Corrections à faire subir aux résultats obtenus.** — On ne reviendra pas ici sur les divers procédés par lesquels la densité des solides et des liquides peut être déterminée; on se contentera d'expliquer les corrections qu'il est nécessaire d'apporter au résultat brut des observations, en prenant pour exemple le procédé de la balance hydrostatique appliqué aux solides.

Supposons qu'un corps solide, placé dans l'un des plateaux d'une balance avec des poids marqués, fasse équilibre à une tare constante placée dans l'autre plateau; le corps solide étant retiré, il faut, pour rétablir l'équilibre, ajouter des poids marqués P; le corps solide étant suspendu sous le plateau et plongé dans l'eau, il suffit d'un poids P'. Appelons V le volume inconnu du corps solide à la température de l'expérience (on suppose, ce qui est essentiel à l'exactitude des observations, qu'il n'y a pas de différence entre la température de l'eau et celle de l'air ambiant), D sa densité, Δ celle de l'eau, a celle de l'air ambiant, G celle de la matière des poids marqués; enfin, admettons que ces poids pèsent réellement dans le vide le nombre de grammes ou de fractions de gramme qui est inscrit sur chacun d'eux. On a évidemment

$$\frac{P}{G}(G-a)=V(D-a),$$

$$\frac{P'}{G}(G-a)=V(\Delta-a),$$

d'où

$$(1)\qquad \frac{D-a}{\Delta-a}=\frac{P}{P'},$$

équation qui donnera D, si Δ et a sont connus. — Les tables de dilatation de l'eau font connaître le rapport de Δ à la densité maxima qui est prise pour unité; a se calcule par des méthodes qui seront indiquées plus loin.

Ayant ainsi déterminé D_t, c'est-à-dire la densité du corps solide à une température déterminée, si le coefficient de dilatation k de ce corps est connu, on obtient la densité D_0 à la température zéro par la formule

$$D = \frac{D_0'}{1+kt}. \tag{2}$$

Il est essentiel de remarquer que, puisque l'équation (1) ne contient que le rapport $\frac{P}{P'}$ des poids marqués, il est inutile de savoir si les nombres de grammes ou de fractions de gramme inscrits sur ces poids se rapportent ou non au vide; il n'y a même aucun inconvénient à se servir de poids entièrement inexacts, pourvu que leurs rapports soient exacts. — La seule vérification à laquelle on doive soumettre une série de poids, avant de l'employer à la mesure des densités, consiste donc à examiner : 1° si tous les poids donnés comme identiques le sont réellement; 2° si un poids donné comme égal à la somme de plusieurs autres a réellement cette valeur[1].

78. **Détermination de la densité des gaz.** — On appelle en général *densité d'un gaz* le rapport du poids d'un volume donné de ce gaz au poids d'un égal volume d'air sec, à la température zéro et sous la pression de 760 millimètres. Ce rapport étant connu,

[1] Cette remarque s'applique à la plupart des recherches où l'on fait usage de la balance; c'est seulement lorsqu'on veut obtenir la valeur *absolue* d'un poids qu'il faut être sûr de la valeur exacte des poids marqués qu'on emploie. Enfin, on peut observer que, même dans ce cas, s'il est possible de ramener la détermination à la comparaison du poids cherché avec celui d'un volume donné d'eau distillée, il suffit de savoir que les rapports des poids marqués sont exacts, du moins si l'on conserve la seule définition du gramme conforme à l'esprit qui a présidé à l'établissement du système métrique. — Si l'on veut que le gramme soit la millième partie du fragment de platine déposé aux Archives de l'Empire sous le nom de *kilogramme-étalon*, on arrivera à une conclusion différente. Mais il est au moins douteux que la vraie notion du système métrique comporte l'existence d'un autre étalon que le mètre. Le kilogramme des Archives est un monument historique, précieux pour la comparaison de recherches instituées à des époques différentes; le seul kilogramme normal est le décimètre cube d'eau distillée à la température du maximum de densité. C'est à chaque observateur de disposer ses expériences de manière que toutes les pesées absolues soient réellement des applications de cette définition.

si l'on connaît aussi le poids du litre d'air, on obtiendra aisément la densité du gaz par rapport à l'eau.

La méthode qui s'offre naturellement à l'esprit, comme propre à déterminer la densité d'un gaz, consiste à effectuer les deux opérations suivantes:

1° Peser un ballon de grande capacité, successivement rempli de gaz à deux pressions différentes, mais à la même température;

2° Peser le même ballon successivement rempli d'air sec à deux pressions différentes, mais à la même température.

La première opération fait connaître le poids du gaz qui remplirait le ballon, à une température donnée et sous une pression égale à la différence des deux pressions successivement observées. La seconde fournit une donnée analogue relative à l'air. Si π et π' sont les deux poids ainsi obtenus, t et t' les températures, $H-h$ et $H'-h'$ les différences des pressions observées dans les deux opérations consécutives, k le coefficient de dilatation du ballon, α et α' ceux du gaz et de l'air, on a, en désignant par ρ la densité cherchée,

$$\rho = \frac{\pi}{\pi'} \cdot \frac{1+kt'}{1+kt} \cdot \frac{1+\alpha t}{1+\alpha' t'} \cdot \frac{H'-h'}{H-h} \text{ (1)}.$$

L'inconvénient de cette méthode est de supposer que le poids de l'air ou du gaz évacué par le jeu de la machine pneumatique, entre les deux pesées qui constituent une opération, est donné par la différence des poids apparents successifs du ballon, et par suite que la poussée de l'air n'a pas changé pendant la durée entière de chacune des deux parties de l'expérience. — Or, de faibles variations de densité de l'air ambiant, qu'on peut négliger lorsqu'il s'agit d'un corps solide ou liquide dont le poids est très-grand relativement à celui de l'air déplacé, ont une influence très-sensible lorsqu'on veut apprécier le poids du gaz contenu dans un ballon, puisque ce poids est du même ordre de grandeur que le poids d'un volume d'air égal au volume extérieur du ballon. — En outre, la durée assez longue

(1) L'application de la loi de Mariotte est légitime, si les pressions $H-h$ et $H'-h'$ diffèrent peu l'une et l'autre de 760 millimètres. Si le coefficient de dilatation du gaz est inconnu, on peut le supposer égal au coefficient α' de l'air, lorsque les températures t et t' sont peu élevées et voisines l'une de l'autre.

qu'il faut donner à l'expérience, si l'on veut être sûr que la température du gaz est bien égale à celle qu'accusent des thermomètres suspendus à l'intérieur du ballon ou dans son voisinage, tend évidemment à accroître l'influence de cette cause d'erreur. — Enfin les variations de l'état hygrométrique de l'air, en faisant varier le poids de l'humidité condensée à la surface du verre, peuvent altérer d'une quantité plus considérable encore le poids d'un appareil de verre offrant une grande surface. Lorsqu'on a voulu écarter cette dernière action perturbatrice, en desséchant exactement le ballon et faisant les pesées dans une enceinte sèche, l'électricité qui se développe par le moindre frottement à la surface du verre bien sec, et qui s'y maintient pendant un temps très-long, a été une source de difficultés nouvelles.

Toutes ces difficultés disparaissent par l'emploi des *ballons compensateurs,* comme l'a montré M. Regnault. — On se procure deux ballons aussi égaux que possible, soufflés le même jour dans la même verrerie; on les remplit d'eau distillée, on les pèse successivement dans l'air et dans l'eau, et l'on reconnaît ainsi, par l'identité ou la différence des pertes de poids, s'ils ont ou n'ont pas exactement même volume extérieur. On ferme exactement celui dont le volume extérieur est le moindre, et l'on y joint un petit tube de verre fermé, ayant un volume exactement égal à la différence des volumes extérieurs qui se déduit du résultat des pesées; c'est dans l'autre ballon qu'on introduira le gaz soumis à l'expérience. Les deux ballons étant suspendus sous les deux plateaux d'une balance, et équilibrés par l'addition de poids convenables, l'équilibre doit se maintenir et se maintient en effet indéfiniment, quels que soient les changements d'état de l'atmosphère, si les opérations précédentes ont été bien faites. — Il suffit donc, pour déterminer rigoureusement les variations de poids du gaz contenu dans le deuxième ballon, de déterminer le poids qu'il est nécessaire de placer sur le plateau qui le soutient pour faire équilibre, dans des conditions diverses, au premier ballon et à la tare qu'on aura dû ajouter du même côté.

En définitive, l'expérience se compose d'une série d'opérations effectuées dans l'ordre suivant :

Le ballon qui a été choisi comme ballon à gaz est mis en communication par un tube à trois branches T (fig. 66) avec une machine pneumatique, et avec un tube barométrique M plongeant

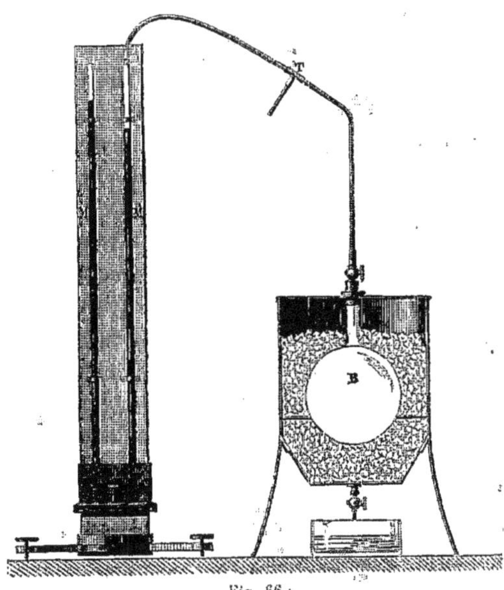

Fig. 66.

dans une cuvette à mercure; on y fait plusieurs fois le vide, en faisant rentrer à chaque fois le gaz sec sur lequel on veut opérer. Lorsqu'on juge que la dessiccation du verre est complète, on entoure le ballon de glace fondante et on ne ferme le robinet qu'au bout d'un temps suffisant pour assurer l'équilibre de température du gaz et de la glace. On note la différence des niveaux du mercure dans le tube M et dans le baromètre ordinaire M'; on sépare le ballon de la garniture qui le réunissait au tube T, on l'enlève de la glace, on l'essuie et on l'attache sous le plateau de la balance; on attend, pour faire la pesée, que l'équilibre de température soit établi entre le ballon et l'air extérieur, ce qui exige en général plusieurs heures. — On reporte le ballon dans la glace fondante; on le réunit de nouveau au tube T, et on raréfie le gaz à l'aide de la machine pneumatique : la pression du gaz restant est donnée par la comparaison des hauteurs du mercure dans les tubes M et M'; son poids est donné par une seconde pesée, effectuée avec les mêmes précautions que la première.

On exécute ensuite les mêmes opérations en remplaçant le gaz par de l'air sec.

La formule précédente devient ici

$$\rho = \frac{\pi}{\pi'} \cdot \frac{H' - h'}{H - h}.$$

79. **Application de la méthode à l'étude des coefficients de dilatation, ou de la loi de compressibilité à diverses températures.** — En remplaçant la glace fondante par de la vapeur d'eau bouillante ou par un bain liquide, on peut comparer la densité d'un gaz à une température quelconque avec la densité de l'air à zéro, et obtenir ainsi une détermination indirecte du coefficient de dilatation sous pression constante.

De même, en faisant varier la différence $H - h$, tandis que $H' - h'$ demeure sensiblement constant, on peut étudier la loi de compressibilité d'un gaz à diverses températures.

C'est ainsi que M. Regnault a reconnu qu'à 100 degrés, sous des pressions inférieures à une atmosphère, l'acide carbonique suit presque exactement la loi de Mariotte. Il s'en écarte au contraire très-sensiblement à zéro, même sous ces faibles pressions.

80. **Poids du litre d'air.** — Supposons qu'on ait déterminé par la méthode précédente le poids π' de l'air sec qui, à la température zéro et sous la pression $H' - h'$, aurait un volume égal au volume intérieur d'un ballon de verre à zéro. Le poids π de l'air sec qui remplirait le même ballon à la température zéro et sous la pression H sera donné par la formule

$$\pi = \pi' \frac{H}{H' - h'}.$$

Si donc on mesure l'excès E du poids du ballon plein d'eau distillée, à la température zéro, sur le poids du ballon plein d'air à zéro sous la pression H, le poids absolu de l'eau distillée sera

$$P = E + \pi;$$

en divisant ce nombre par la densité de l'eau à zéro, on obtiendra la capacité intérieure V du ballon à zéro. — Enfin, le *poids normal* du litre d'air a_0, c'est-à-dire le poids correspondant à la température zéro et à la pression barométrique qui serait mesurée, *sous le parallèle de 45 degrés et au niveau de la mer,* par une colonne de mercure *à zéro* de 760 millimètres de hauteur, aura pour expression

$$a_0 = \frac{\pi}{V} \cdot \frac{760}{H} \cdot \frac{G}{g},$$

g étant l'intensité de la pesanteur au lieu de l'observation, et G l'intensité sous le parallèle de 45 degrés et au niveau de la mer.

La seule difficulté de l'expérience est de remplir le ballon d'eau *privée d'air*. Pour y parvenir, M. Regnault a employé les précautions suivantes. — On a d'abord introduit dans le ballon une petite quantité d'eau, et on y a fait le vide en accélérant l'évaporation de l'eau par l'action d'une douce chaleur; lorsque l'air atmosphérique a été ainsi complétement expulsé, on a fermé le robinet. D'un autre côté, on a fait bouillir pendant longtemps, dans un autre ballon, de l'eau distillée parfaitement pure, afin de la purger de l'air dissous; on a plongé dans cette eau la grande branche d'un siphon de verre, en la faisant descendre jusqu'au fond du ballon; l'autre branche a été fixée au moyen d'un caoutchouc sur la tubulure du ballon à densités. Lorsqu'on a ouvert le robinet de celui-ci, l'eau bouillante y a pénétré lentement, sans arriver nulle part au contact de l'air. Le ballon étant rempli d'eau, on a remplacé le siphon par un tube à boules, rempli d'eau bouillie, que l'on a toujours maintenu plein, tandis qu'on a refroidi graduellement le ballon jusqu'à la température de la glace fondante. Ce n'est qu'après un séjour de plusieurs heures dans la glace (de six à quinze heures) qu'on a considéré le ballon comme ayant définitivement atteint la température zéro, et qu'on a fermé le robinet pour procéder à la pesée[1].

[1] Il est essentiel que l'expérience soit faite à une température peu supérieure à zéro, afin que l'eau du ballon se contracte en passant de zéro à cette température. Si la température s'élevait trop, la dilatation de l'eau déterminerait la rupture du verre.

On trouve ainsi pour poids du litre d'air sec, à la température zéro, et sous la pression qui est mesurée *à Paris,* à 60 mètres au-dessus du niveau de la mer, par une colonne mercurielle de 760 millimètres de hauteur, le nombre $1^{gr},29320$. — Quant au poids *normal* du litre d'air, défini comme il l'a été plus haut, sa valeur est

$$a_0 = 1^{gr},29278^{(1)}.$$

L'intensité de la pesanteur n'étant pas réellement constante sur un parallèle donné, il serait préférable de n'avoir aucun égard au poids normal du litre d'air, et de se contenter du poids observé à Paris dans des circonstances définies; on en conclurait aisément le poids qui devrait s'observer dans un lieu quelconque, où l'intensité de la pesanteur aurait été directement mesurée.

81. **Densité des vapeurs.** — On appelle *densité d'une vapeur* le rapport du poids d'un volume donné de cette vapeur au poids d'un égal volume d'air, pris dans les mêmes circonstances de température et de pression. — Les vapeurs n'ayant pas en général la même loi de compressibilité ni la même loi de dilatation que l'air, il est évident que la valeur de ce rapport doit dépendre de la pression et de la température auxquelles on considère chaque vapeur; mais on conçoit que ces valeurs doivent tendre vers une limite invariable, à mesure que la vapeur s'éloigne de son point de liquéfaction.

Soit δ la densité d'une vapeur à la température t et sous la pression H; soit a_0 le poids du litre d'air à zéro et sous la pression de 760 millimètres; un volume V de vapeur, à la température t et sous la pression H, aura un poids

$$p = V\delta \frac{a_0}{1+\alpha t} \cdot \frac{H}{760}.$$

Il reste à indiquer rapidement les méthodes employées pour déterminer les densités des diverses vapeurs.

(1) Ces nombres ne sont pas ceux que M. Regnault a donnés dans son mémoire, d'après un calcul légèrement inexact; ce sont ceux qui se déduisent réellement de ses expériences.

Il n'est pas inutile de remarquer que le gramme auquel M. Regnault rapporte le poids du litre d'air est le gramme théorique, c'est-à-dire le poids du centimètre cube d'eau distillée à 4 degrés centigrades.

82. **Procédé de Gay-Lussac.** — Une éprouvette graduée E (fig. 67) est remplie de mercure, et renversée sur un bain de mercure contenu dans une marmite de fonte F; on introduit au sommet de cette éprouvette, dans une ampoule scellée et pleine, un poids connu du liquide dont on veut étudier la vapeur; on entoure la cloche d'un manchon M plein d'eau. On chauffe l'appareil à l'aide d'un fourneau placé sous la marmite F : l'ampoule crève, et on continue de chauffer jusqu'à ce que tout le liquide soit transformé en vapeur. Comme la force élastique de la vapeur ne peut évidemment, dans l'appareil, être amenée au-dessus de la pression de l'atmosphère, cette vaporisation complète n'est possible que si le poids du liquide est convenablement choisi; s'il restait un excès liquide, on devrait recommencer l'expérience avec une ampoule de moindres dimensions. — On note la capacité V occupée par la vapeur dans l'éprouvette, la température T du manchon, la pression barométrique H, la hauteur h (réduite à zéro) de la colonne mercurielle soulevée dans l'éprouvette au-dessus du niveau du mercure à l'extérieur du manchon. Si p est le poids du liquide introduit, k le coefficient de dilatation du verre, on a

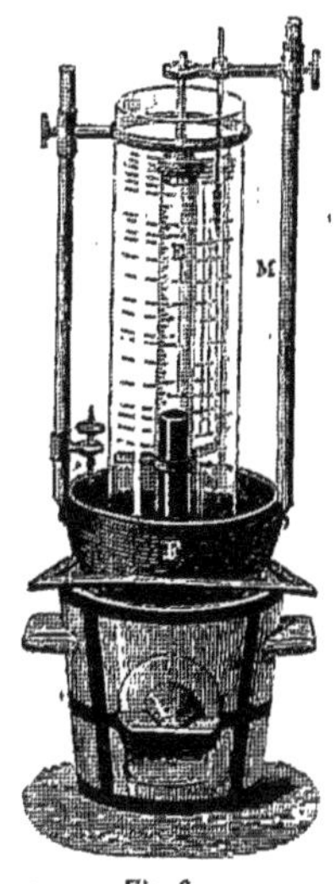

Fig. 67.

$$p = \delta V(1 + kT)\frac{\alpha_0}{1 + aT}\cdot\frac{H - h}{760}.$$

Les inconvénients de ce procédé sont faciles à apercevoir. C'est d'abord l'incertitude de la température du manchon et de la vapeur, résultant de l'impossibilité d'agiter le liquide au moment de faire les lectures. Ce sont ensuite les erreurs de réfraction, commises dans des lectures qu'on doit faire au travers du manchon et d'épaisseurs considérables de liquide. — Ces erreurs sont encore exagérées quand on remplace l'eau du manchon par de l'huile, pour opérer à des températures plus élevées, lorsque le liquide soumis à l'expérience est peu volatil.

83. **Procédé de M. Dumas.** — On pèse un ballon de verre, à col effilé et ouvert, et l'on y introduit le corps liquide ou le corps solide en poudre, en quantité suffisante pour qu'il doive remplir de sa vapeur, à la température de l'ébullition, une capacité plusieurs fois égale à la capacité du ballon. On fixe le ballon dans un support métallique MNPQ (fig. 68); on porte le système entier dans un bain liquide et l'on chauffe. Dans le support sont fixés deux thermomètres, aux extrémités de la traverse CD qui est mobile elle-même autour de son milieu, de manière que les thermomètres puissent faire fonction d'agitateurs. — La vapeur qui se forme chasse l'air du ballon; lorsque la température a dépassé d'un certain nombre de degrés[1] le point d'ébullition correspondant à la pression atmosphérique actuelle, on la maintient constante jusqu'à ce que le jet de vapeur ait cessé d'être visible à l'extrémité effilée A[2]; alors on ferme à la lampe cette extrémité, on retire l'appareil du bain, et, lorsque le ballon est refroidi, on le pèse de nouveau. On le porte ensuite sur la cuve à mercure et on casse la pointe sous une éprouvette graduée, de manière à recueillir et à mesurer l'air que la vapeur peut n'avoir pas expulsé. Enfin, on achève de remplir le ballon de mercure, et on le pèse de nouveau.

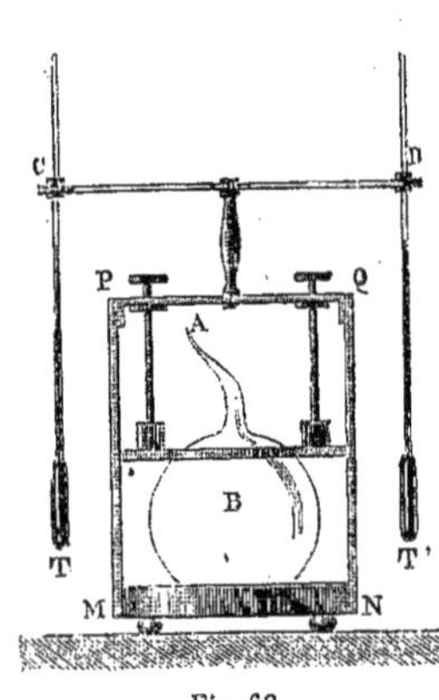

Fig. 68.

Soient p le poids du ballon ouvert et communiquant librement avec l'atmosphère, p' le poids du ballon plein de vapeur, p'' le poids du ballon plein de mercure, t la température ambiante, T la température du bain liquide au moment où l'on a fermé la pointe effilée, H la pression barométrique au même instant, a_0 le poids du litre d'air dans les circonstances normales, a le poids du litre d'air

[1] Il est nécessaire d'élever la température au-dessus du point d'ébullition pour assurer la vaporisation complète, mais la quantité dont on dépasse le point d'ébullition dépend seulement des conditions dans lesquelles on se propose d'obtenir la densité de la vapeur.

[2] Quand on opère sur un solide peu volatil, tel que le soufre, le phosphore, etc., il convient de chauffer la pointe effilée du ballon, avec quelques charbons par exemple, pour éviter l'obstruction résultant de la condensation des vapeurs.

dans les conditions où se trouve l'atmosphère du laboratoire, D_0 la densité du mercure à zéro, V la capacité intérieure du ballon à zéro, k le coefficient de dilatation du verre, m celui du mercure, α celui de l'air, δ la densité de la vapeur. On a d'abord

$$(1) \qquad p'' - p = V(1 + kt)\left(\frac{D_0}{1+mt} - a\right);$$

ensuite, s'il n'est pas resté d'air dans le ballon, on a la seconde relation

$$(2) \qquad p' - p = V(1 + kT)\,\frac{a_0\delta}{1+\alpha T}\,\frac{H}{760} - V(1 + kt)\,a;$$

et il suffit, pour avoir δ, d'éliminer V entre ces deux équations.

Si au contraire il est resté de l'air dans le ballon, on en détermine le volume u sur la cuve à mercure, et on observe en même temps l'ascension h du mercure dans l'éprouvette qui le contient, à la température ambiante t; on calcule alors le poids π de cet air, qu'on peut regarder comme sec, par la formule

$$\pi = u\,\frac{a_0}{1+\alpha t}\,\frac{H-h}{760};$$

la force élastique x que cet air possédait dans le ballon, au moment de la fermeture du col, est donc donnée par l'équation

$$\frac{V(1+kT)\,x}{1+\alpha T} = \frac{u\,(H-h)}{1+\alpha t};$$

et comme la force élastique de la vapeur a été, au même moment, égale à $H - x$, on a alors, pour déterminer δ, non plus l'équation (2), mais l'équation

$$(2\ bis) \qquad p' - p = V(1 + kT)\,\frac{a_0\delta}{1+\alpha T}\,\frac{H-x}{760} - V(1 + kt)\,a + \pi.$$

Toutes ces formules supposent que la poussée de l'atmosphère sur le ballon est restée constante, et cette hypothèse n'est pas plus exacte que dans le cas des gaz. Il y aurait donc tout avantage à suspendre un ballon compensateur sous l'un des plateaux de la balance. Il serait bon également de peser d'abord le ballon plein d'air sec, à une température connue. — Les chimistes, qui n'ont pas en général besoin de connaître la densité d'une vapeur avec une précision bien grande, se dispensent ordinairement de ces précautions.

On peut se servir, pour chauffer le ballon, de divers bains liquides, selon la température qu'on veut obtenir. L'eau pure permet d'élever la température jusqu'à 100 degrés seulement; une solution de chlorure de calcium, jusqu'à 125 degrés; les huiles animales, jusqu'à 250 degrés; enfin, les bains d'alliages fusibles ont été également employés pour dépasser cette limite.

Le procédé de M. Dumas a été un peu modifié par MM. H. Sainte-Claire Deville et Troost, pour effectuer les déterminations à des températures beaucoup plus élevées. — Aux ballons de verre ils substituent des ballons de porcelaine, dont on ferme le col avec la flamme du chalumeau à oxygène et hydrogène; aux bains liquides ils substituent des étuves à vapeurs. On obtient ainsi des températures variant d'une manière continue, si l'on se sert d'un même liquide bouillant sous diverses pressions, ou une série discontinue de températures fixes, si l'on se sert de corps différents bouillant sous la pression de l'atmosphère. La série des températures obtenues par MM. Deville et Troost est la suivante :

Étuve à vapeurs de mercure	350°
——— de soufre	440°
——— de zinc	860°
——— de cadmium	1040°

84. **Variations offertes par la densité d'une même vapeur, à diverses températures.** — La densité d'une vapeur, si on la détermine à diverses températures, ne peut être trouvée constante que si le coefficient de dilatation de cette vapeur, sous des pressions peu différentes d'une atmosphère, est égal à celui de l'air. Si cette condition n'a pas lieu, la mesure de la densité à diverses températures est une mesure indirecte du coefficient de dilatation. Les variations de la densité avec la température sont d'ailleurs, pour certains corps, très-considérables; il est de la dernière importance, au point de vue chimique, de s'en préoccuper. On sait, en effet,

que le poids atomique d'un grand nombre de composés chimiques et de plusieurs corps simples se détermine par la considération de la densité de ces corps à l'état de vapeurs, et que cette détermination repose, en définitive, sur l'hypothèse que des volumes égaux des diverses vapeurs contiennent des nombres égaux d'atomes; or, cette hypothèse est fondée sur l'identité des propriétés physiques des vapeurs et des gaz. On ne peut donc en faire usage que dans les conditions où une vapeur suit réellement les mêmes lois de compressibilité et de dilatation qu'un gaz parfait, c'est-à-dire lorsque sa température est assez élevée pour que le rapport du poids d'un volume donné de vapeur au poids d'un égal volume d'air, dans les mêmes circonstances, soit devenu indépendant de la température. — Les nombres suivants, empruntés à M. Cahours qui a le premier fixé l'attention sur ce point important, donnent une idée de l'étendue des variations de la densité des vapeurs.

ACIDE ACÉTIQUE CRISTALLISÉ.

(Température d'ébullition : 120°.)

TEMPÉRATURE.	DENSITÉ.
124°	3,198
140°	2,898
190°	2,378
240°	2,09
295°	2,08
327°	2,08

ACIDE FORMIQUE CRISTALLISÉ.

(Température d'ébullition : 99°,5.)

TEMPÉRATURE.	DENSITÉ.
110°	2,22
150°	1,86
173°	1,73
200°	1,62
240°	1,59
275°	1,58

ESPRIT DE BOIS.

(Température d'ébullition : 66°.)

TEMPÉRATURE.	DENSITÉ.
70°	1,30
85°	1,25

TEMPÉRATURE.	DENSITÉ.
100°	1,11
160°	1,11
175°	1.11

BENZINE.

(Température d'ébullition : 86°.)

TEMPÉRATURE.	DENSITÉ.
92°	2,77
100°	2,73
120°	2,73
150°	2,73
250°	2,73

Pour ces divers corps, la *densité limite* s'accorde seule avec la formule chimique résultant des analogies les plus certaines. Les densités déterminées à de basses températures, antérieurement au travail de M. Cahours, semblaient au contraire en opposition directe avec ces analogies.

85. **Densité d'un mélange de gaz et de vapeurs.** — Soit un gaz chargé de vapeur, à la température t et sous la pression H; si l'on connaît la force élastique f de la vapeur, $H-f$ sera celle du gaz, et si l'on appelle toujours ρ la densité du gaz, δ celle de la vapeur, a_0 le poids du litre d'air dans les circonstances normales, on aura, pour représenter le poids z d'un litre du mélange, l'expression

$$z = \frac{a_0}{1+\alpha t} \cdot \frac{\rho(H-f)+\delta f}{760}.$$

En particulier, s'il s'agit de l'air humide, on a $\rho = 1$, $\delta = 0,622$; le poids a d'un litre d'air contenant de la vapeur d'eau sous une tension f est donc

$$a = \frac{a_0}{1+\alpha t} \cdot \frac{H-0,378 f}{760},$$

qu'on peut encore écrire

$$a = \frac{a_0}{1+\alpha t} \cdot \frac{H-\frac{3}{8} f}{760}.$$

C'est cette valeur de a qu'on devra mettre dans toutes les formules où la densité de l'atmosphère ambiante entre comme élément de correction [1].

Ces formules supposent la constance de la densité de la vapeur d'eau à de basses températures, même aux environs du point de saturation. M. Regnault a reconnu la légitimité de cette hypothèse en déterminant à diverses températures le poids de vapeur d'eau contenu dans un volume donné d'air, cet air ayant été préalablement saturé par son passage à travers des éponges et des linges mouillés. Ces déterminations étaient effectuées par le procédé qui va être décrit à propos de l'hygromètre chimique.

[1] On ne tient pas ordinairement compte, dans le calcul de ces corrections, de l'humidité de l'atmosphère, et l'on admet le plus souvent qu'il n'y a pas d'erreur sensible à supposer l'air absolument sec. En effet, aussi longtemps que la température ambiante ne dépasse pas 20 degrés, le terme $\frac{3}{8}f$ ne peut dépasser les $\frac{3}{8}$ de la tension maxima de la vapeur d'eau à 20 degrés, c'est-à-dire $6^{mm},52$; dès lors, la pression H différant peu de 760 millimètres, remplacer $H - \frac{3}{8}f$ par H, c'est commettre, en définitive, une erreur presque toujours très-inférieure à $\frac{1}{116}$ de la correction à évaluer.

HYGROMÉTRIE.

86. **État hygrométrique.** — Un grand nombre de phénomènes météorologiques dépendent de la quantité de vapeur d'eau contenue dans l'air, ou plutôt de ce qu'on appelle le *degré d'humidité* ou l'*état hygrométrique* de l'air, c'est-à-dire du rapport entre la quantité de vapeur d'eau qu'il contient actuellement et la quantité qu'il pourrait contenir, à la même température, s'il était saturé. — Puisqu'on peut regarder la densité de la vapeur d'eau atmosphérique comme invariable (85), le poids de cette vapeur est proportionnel à sa force élastique, et le problème de l'*hygrométrie* revient à la rcherche de la force élastique de la vapeur d'eau contenue dans l'aire à un instant donné.

87. **Hygromètre chimique.** — Un courant d'eau, en s'écoulant, appelle l'air extérieur dans la capacité d'un aspirateur A (fig. 69)

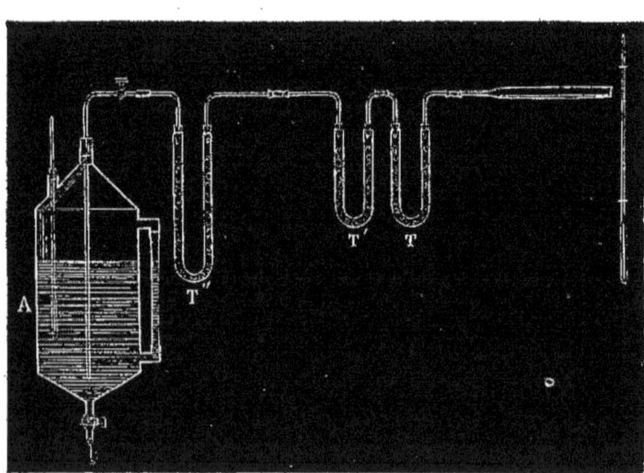

Fig. 69.

cet air cède son humidité à la pierre ponce imbibée d'acide sulfurique qui est contenue dans les tubes T et T′. Un troisième tube T″

arrête l'humidité qui pourrait accidentellement passer de l'aspirateur vers les tubes T' et T.

On détermine le poids p de la vapeur d'eau condensée dans les tubes T et T', en déterminant leur augmentation de poids; on mesure le volume V de l'eau écoulée, la pression barométrique H, la température ambiante t, et la température t' de l'aspirateur. Soient f' la force élastique maxima de la vapeur d'eau, correspondante à la température de l'aspirateur, et x la force élastique inconnue de la vapeur d'eau dans l'atmosphère. — On aura, entre ces diverses quantités, l'équation

$$p = V \cdot \frac{H - f'}{H - x} \cdot \frac{1 + \alpha t}{1 + \alpha t'} \cdot a_0 \cdot \frac{\delta}{1 + \alpha t} \cdot \frac{x}{760}.$$

La longue durée nécessaire à l'exécution d'une expérience ne permet pas d'appliquer ce procédé à des observations fréquemment répétées chaque jour. Mais la rigueur des indications qu'il fournit le rend propre à contrôler les autres procédés, dont le principe est plus ou moins discutable. — Pour effectuer cette comparaison, il convient d'installer l'hygromètre qu'on étudie à côté de l'orifice d'aspiration de l'hygromètre chimique, et de l'observer à des intervalles rapprochés : on déduit de ces observations une série de valeurs successives de x, et l'on examine si la somme des poids qu'elles permettent de calculer est égale au poids de la vapeur qui s'est réellement déposée dans les tubes T et T'.

88. **Hygromètres condenseurs.** — En refroidissant un corps au-dessous de la température ambiante, on refroidit aussi la couche d'air qui l'environne : et si l'abaissement de température est suffisant, la proportion de vapeur d'eau contenue dans cette couche finit par la saturer : il y a alors dépôt de rosée à la surface du corps. Par conséquent, si la disposition de l'expérience est telle que, d'une part, la température du corps soit identique à celle de la couche d'air en contact, et que d'autre part la force élastique de la vapeur d'eau soit la même dans cette couche et dans l'atmosphère ambiante, il suffira d'observer la température à laquelle la rosée apparaît : en cherchant ensuite, dans les tables de tensions de la vapeur d'eau, la

tension maxima correspondante à cette température, on aura la tension actuelle de la vapeur répandue dans l'atmosphère.

L'*hygromètre de Charles Leroy* fut le premier construit sur ce principe : il consiste en un vase de verre plein d'eau, qu'on refroidit en y ajoutant successivement de petits morceaux de glace, jusqu'à ce que la surface du vase se couvre de rosée; on le laisse ensuite se réchauffer jusqu'à ce que cette rosée disparaisse. Un thermomètre placé dans le vase indique à chaque instant la température de l'eau. On détermine ainsi deux températures, aussi peu différentes que possible, dont la plus basse seulement fasse apparaître la rosée. — L'appareil offre cet inconvénient évident que l'eau du vase, en s'évaporant, accroît sans cesse l'humidité de la couche d'air voisine : il est donc impossible d'arriver ainsi à une détermination exacte de l'état hygrométrique de l'atmosphère.

L'*hygromètre de Daniell* ne diffère du précédent que par une disposition un peu plus avantageuse. Un tube recourbé, à branches inégales (fig. 70), se termine à ses deux extrémités par deux boules A et B : la boule A contient de l'éther et un thermomètre à petit réservoir; il est avantageux que la capacité de l'appareil ait été purgée d'air. — Pour faire une expérience, on refroidit la boule B en versant quelques gouttes d'éther, qui s'évaporent rapidement, sur une enveloppe de gaze qui entoure cette boule. Sous l'influence de cet abaissement de température, l'éther contenu en A commence à distiller vers B, et le refroidissement qui résulte de cette distillation détermine bientôt sur A un dépôt de rosée : ce dépôt s'observe sur un cercle métallique placé au niveau de la surface du liquide. On note, sur le thermomètre qui est plongé dans le liquide de la boule, les températures d'apparition et de disparition de la rosée, et on en prend la moyenne. — On remarquera cependant que ces températures sont celles de la couche supérieure d'éther, et rien ne garantit que ce soient aussi celles de la couche d'air dont l'appareil est environné; ou plutôt il est cer-

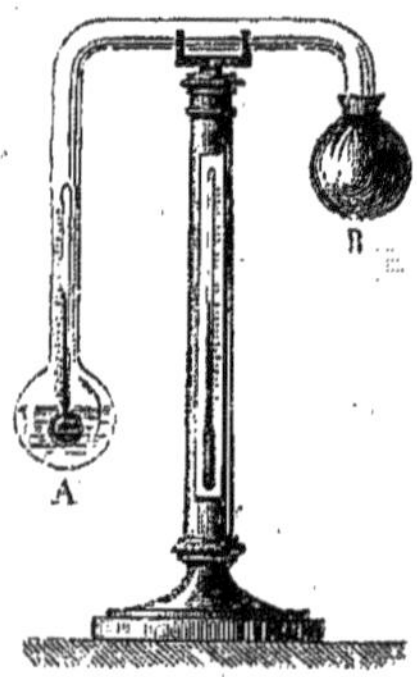

Fig. 70.

tain que la température de la couche d'air doit, à chaque instant, être en retard sur l'indication du thermomètre.

L'hygromètre de Daniell a été modifié par Dœbereiner de la manière suivante. Un liquide volatil, par exemple de l'alcool ou de l'éther, est renfermé dans un vase métallique, et on le fait traverser par un courant d'air qui y produit une évaporation rapide. L'agitation constante du liquide garantit l'uniformité de température dans toute sa masse; comme on peut à volonté accélérer, retarder ou arrêter le mouvement de la pompe pneumatique par laquelle le courant d'air est produit, il est facile, une fois le premier dépôt de rosée obtenu, de faire osciller la température entre des limites très-rapprochées, pendant un temps suffisant pour assurer la communication de la température de l'appareil à la couche d'air voisine. D'autre part, tandis que cette communication a lieu, l'équilibre s'établit également entre la force élastique de la vapeur contenue dans la couche d'air qui est en contact avec la boule et la force élastique de la vapeur contenue dans l'atmosphère ambiante, conformément aux lois du mélange des

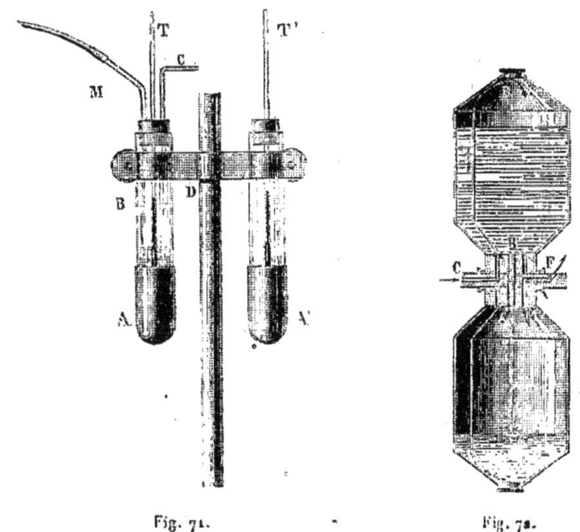

Fig. 71. Fig. 72.

gaz. Les deux conditions indiquées plus haut se trouvent donc satisfaites. — Si l'on ajoute à l'appareil A, sur lequel doit se produire le dépôt (fig. 71), un second appareil semblable A', servant de terme de comparaison, pour mieux reconnaître, par la différence d'éclat des deux surfaces, le moment précis de l'apparition du point de rosée, et si l'on remplace la pompe pneumatique par un aspirateur à eau permettant de mieux régler le courant d'air [1], on obtient l'hygromètre condenseur dont M. Regnault s'est servi et qui est aujourd'hui généralement adopté.

L'hygromètre condenseur est, quant à son principe, aussi exact que l'hygromètre chimique; il a sur lui l'avantage d'être plus commode à manier. Il exige seulement l'intervention d'un observateur exercé, et, pour chaque mesure, une certaine dépense de temps; il est donc difficile de l'employer à des observations qui doivent être plusieurs fois répétées chaque jour.

89. **Hygromètres d'absorption.** — Certaines substances ont la propriété d'absorber la vapeur d'eau atmosphérique en proportion d'autant plus grande que le degré d'humidité est plus considérable, et de changer de dimensions à la suite de cette absorption. Tout instrument dans lequel ces changements de dimensions sont rendus sensibles par une disposition mécanique est un hygromètre d'absorption.

Le plus répandu est l'*hygromètre de De Saussure*, où le corps

[1] L'aspirateur représenté par la figure 72 est particulièrement commode pour ce genre d'opérations : il se compose de deux réservoirs superposés, dont le système est mobile autour de l'axe horizontal CF, de façon que chacun d'eux puisse être amené tour à tour à la partie supérieure et à la partie inférieure : les divers conduits sont d'ailleurs tous disposés symétriquement par rapport à cet axe. L'appareil étant placé, par exemple, dans la position indiquée sur la figure, et le réservoir supérieur étant plein d'eau, le liquide s'écoule dans le réservoir inférieur par le canal BA, tandis que l'air du réservoir inférieur s'échappe dans l'atmosphère par le conduit EF. Cet écoulement détermine dans le réservoir supérieur un appel d'air, en sorte que si l'extrémité C du conduit CD est mise en communication par un tube de caoutchouc avec le tube M de la figure 71, l'air extérieur est appelé par le tube C de l'hygromètre et vient passer en bulles au travers de l'éther dont il détermine l'évaporation : la rapidité du courant peut d'ailleurs être aisément réglée à l'aide d'un robinet. Lorsque le réservoir supérieur de l'aspirateur s'est vidé complétement dans le réservoir inférieur, il suffit de faire tourner l'aspirateur tout entier autour de son axe horizontal, de manière à intervertir les rôles des deux réservoirs, et d'intervertir également les communications avec l'hygromètre et avec l'atmosphère pour continuer l'opération, et ainsi de suite indéfiniment. E. F.

avide d'humidité est un cheveu, dépouillé de sa matière grasse par le carbonate de potasse ou mieux par l'éther. — Ce cheveu est fixé dans une pince A à sa partie supérieure (fig. 73), et il vient s'attacher par son autre extrémité dans l'une des gorges d'une double poulie B : sur la seconde gorge de la poulie s'enroule un fil de soie qui soutient un poids P destiné à maintenir le cheveu constamment tendu. L'axe de la poulie porte une aiguille légère MN, dont l'extrémité M parcourt un arc gradué : les divisions sont généralement égales entre elles, la division zéro correspondant au point de sécheresse extrême, et la centième division au point d'humidité extrême.

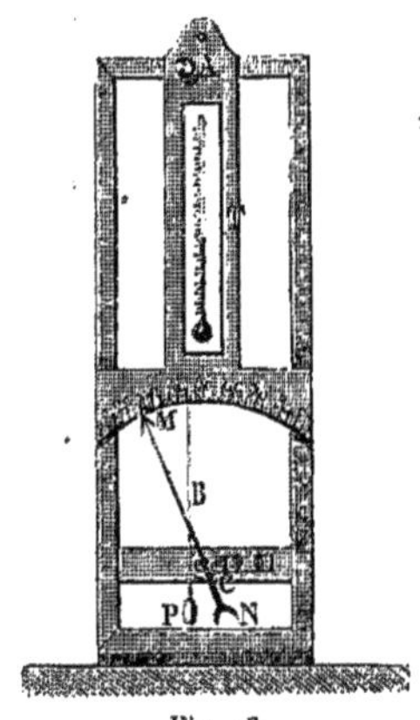

Fig. 73.

L'hygromètre de De Saussure, pas plus qu'aucun autre hygromètre d'absorption, ne mesure directement la force élastique de la vapeur atmosphérique; mais il peut en donner la mesure indirecte, si l'on a déterminé empiriquement les valeurs de la force élastique de la vapeur d'eau ambiante qui correspondent à ses diverses indications.— Cette détermination se fait commodément en suspendant l'hygromètre sous une cloche contenant une solution saline ou acide, en présence de laquelle la vapeur d'eau possède une tension maxima connue; c'est la méthode indiquée par Gay-Lussac. On peut employer à cet usage une série de mélanges d'eau et d'acide sulfurique monohydraté, que M. Regnault a étudiés avec soin. — Une table de graduation ainsi obtenue ne convient d'ailleurs évidemment qu'à une seule température : il est nécessaire de faire un certain nombre de tables semblables, à des températures diverses et comprises entre les limites habituelles des variations de température du lieu d'observation.

La complication de cette étude préliminaire, et surtout l'altération qu'éprouvent à la longue les cheveux et les substances analogues ont fait généralement abandonner l'hygromètre de De Saussure.

90. **Psychromètre.** — L'un des psychromètres les plus fréquemment employés se compose de deux thermomètres placés sur

un même support (fig. 74). Le réservoir de l'un d'eux A est enveloppé d'un linge mouillé, maintenu constamment humide par une mèche de coton qui plonge dans un petit réservoir intermédiaire. L'autre B est un thermomètre ordinaire. — L'évaporation refroidit le réservoir du premier thermomètre; mais dès que sa température s'est abaissée au-dessous de la température ambiante, l'air et les corps voisins tendent à l'y ramener, en sorte que le refroidissement a toujours une limite.

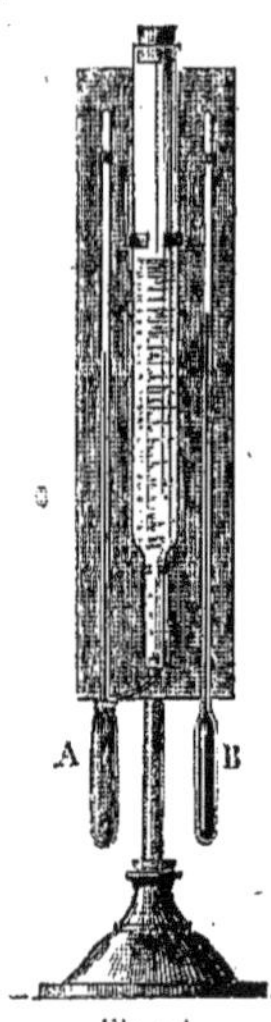

Fig. 74.

Lorsque cette limite est atteinte, il est évident qu'il y a équilibre entre la cause qui tend à refroidir le thermomètre et la cause qui tend à le réchauffer. Or, on peut, avec quelque probabilité, supposer la première cause proportionnelle à la quantité d'eau évaporée en un temps donné, et par suite, en vertu de la loi empirique de Dalton (72), proportionnelle à la différence entre la tension maxima qui correspond à la température ambiante et sa tension actuelle. D'un autre côté, si l'abaissement de température est peu considérable, on peut admettre que l'énergie de la cause qui tend à réchauffer le thermomètre est proportionnelle à cet abaissement. — Ces considérations, qu'on présente à dessein sous une forme un peu vague, ont conduit les physiciens à examiner si le phénomène ne pourrait pas être empiriquement représenté par une équation de la forme

$$f - \varphi = A(t - t'),$$

φ désignant la tension de la vapeur répandue dans l'atmosphère, f la tension maxima qui correspond à la température ambiante, t la température accusée par le thermomètre sec, t' la température finale du thermomètre humide, A une constante qu'on pourra déterminer en comparant le psychromètre avec l'hygromètre chimique ou avec l'hygromètre condenseur.

Les observations de M. Regnault ont montré que l'usage de cette formule est légitime, toutes les fois que l'air n'est pas trop agité.

Lorsque la vitesse du vent dépasse 5 à 6 mètres par seconde, la formule est en défaut; mais on doit ajouter que toutes les méthodes hygrométriques deviennent alors d'une application très-difficile. — Le psychromètre n'est donc pas, en réalité, beaucoup plus limité dans ses usages que l'hygromètre condenseur. Il est certainement d'un maniement beaucoup plus commode, et se prête à la répétition la plus fréquente des observations; on peut même, en faisant arriver les rayons d'une lampe sur la tige des thermomètres, et en recevant sur des papiers photographiques mobiles la partie des faisceaux lumineux qui passe au-dessus des colonnes mercurielles, obtenir des impressions propres à représenter la marche continue des instruments, pendant une période de vingt-quatre heures par exemple. Aussi la plupart des observatoires où l'on s'occupe de la détermination de l'humidité atmosphérique ont-ils adopté cet instrument.

CALORIMÉTRIE.

NOTIONS PRÉLIMINAIRES.

91. **Notions générales sur la définition et la mesure des quantités de chaleur.** — Les recherches relatives aux dilatations ou aux changements d'état des corps, dont on vient de présenter un résumé, ont simplement déterminé, pour chaque corps, les conditions de l'équilibre de température; elles ont fait connaître sous quel état, à quel volume et sous quelle pression un corps quelconque est en équilibre de température avec l'air sec, considéré sous un volume et à une pression quelconques. — Il est nécessaire de compléter ces notions par l'étude des phénomènes successifs qui se produisent, avant que l'équilibre de température soit établi, dans un système de corps ayant des températures inégales, quand on vient à mettre ces corps en présence les uns des autres.

Cette nouvelle étude peut être envisagée sous deux points de vue différents :

1° On peut prendre en considération la durée des phénomènes ainsi que la situation relative des corps, pour déterminer les variations de température qui ont lieu en chaque point du système, avant que l'équilibre soit établi, et le mécanisme par lequel l'équilibre une fois établi s'entretient de lui-même indéfiniment. — Cette étude est celle des *lois de la propagation de la chaleur;* il convient d'en rejeter l'exposition après celle des lois de la propagation de la lumière.

2° On peut, en considérant un système de corps qui ont des températures initiales différentes, chercher simplement les relations qui existent entre les abaissements de température ou les changements d'état qu'éprouvent certains corps du système, et les élévations de température ou les changements d'état qu'éprouvent *simultanément* les autres corps. — Cette étude, qui va maintenant nous occuper, constitue ce qu'on a appelé la *calorimétrie* ou la *mesure des quantités de chaleur*. Elle considère les phénomènes calorifiques d'espèces opposées comme ayant les uns avec les autres le rapport de la cause à l'effet, et détermine les effets divers qui peuvent résulter de l'action d'une cause donnée. L'importance théorique ou pratique qu'elle doit présenter est donc suffisamment évidente.

Les expressions *calorimétrie* et *quantité de chaleur* sont empruntées à l'ancienne hypothèse de la matérialité du calorique, mais on peut leur donner un sens tout à fait précis, indépendamment de cette hypothèse ou de toute autre. — Lorsqu'on regardait la chaleur comme un fluide subtil dont l'accumulation, en proportions diverses, produit les variations de température et les changements d'état des corps, on exprimait les phénomènes qui ont lieu dans un système où l'équilibre n'existe pas, en disant que les corps les plus chauds dégagent une partie de la chaleur qu'ils renferment, et que cette chaleur, absorbée par les corps les plus froids, en élève la température; de l'indestructibilité du fluide calorique il résultait que, dans un pareil système, le gain de chaleur des corps qui s'échauffent est égal à la perte de chaleur de ceux qui se refroidissent. Faisant choix ensuite d'un phénomène fondamental, on définissait l'unité de chaleur comme la quantité de chaleur nécessaire à la production de ce phénomène, et l'on mesurait la quantité de chaleur correspondante à un phénomène donné en cherchant combien de fois cette quantité de chaleur est susceptible de reproduire le phénomène fondamental. — Or, il est clair que le résultat expérimental de cette comparaison avait une valeur indépendante de l'hypothèse, et qu'il devait conserver sa place dans la science lorsque les vues théoriques, relatives à la nature de la chaleur, se seraient entièrement modifiées. Il n'est donc pas étonnant que l'ancien langage ait subsisté; il n'y a aucun inconvénient à le conserver encore, pourvu qu'on sache bien qu'il n'exprime autre chose que la comparaison de tous les phénomènes calorifiques avec l'un d'entre eux choisi arbitrairement.

92. **Unité de chaleur. — Quantités de chaleur absorbées ou dégagées.** — Le terme de comparaison universellement adopté dès l'origine est une variation définie de la température d'un poids déterminé d'eau distillée. On est convenu de dire qu'en passant

de la température zéro à la température + 1 degré, l'unité de poids d'eau distillée absorbe une *unité de chaleur*, et qu'en revenant de + 1 degré à zéro elle dégage une unité de chaleur [1]. — Si l'abaissement de température d'un corps, ou un changement d'état analogue, effectué dans des conditions où il n'ait pour conséquence que la variation de température d'un poids d'eau déterminé, a pour effet d'élever *m* unités de poids d'eau de la température zéro à la température + 1 degré, on dit que le phénomène considéré dégage *m* unités de chaleur.

Si deux phénomènes A et B dégagent des quantités de chaleur qui soient égales d'après cette définition, il est toujours possible de disposer une expérience telle, que le phénomène A, en s'accomplissant, ait directement ou indirectement pour conséquence, et pour conséquence unique, un phénomène B′ *exactement inverse* de B [2]. — Les phénomènes A et B′ peuvent donc être considérés comme équivalents, et il est naturel de dire, en conservant le langage de l'ancienne théorie, que le phénomène B′ absorbe autant de chaleur que le phénomène A en dégage.

Les expressions *chaleur dégagée* et *chaleur absorbée* reçoivent de ces considérations un sens parfaitement défini, mais seulement, à ce qu'il semble, pour les températures supérieures à zéro; en effet, l'élévation de température de l'eau de zéro à + 1 degré, qui est le terme constant de comparaison, ne peut résulter que du refroidissement d'un corps, ou d'un changement d'état analogue, produit toujours entre des températures supérieures à zéro, et même à + 1 degré. Pour écarter cette restriction, il suffit de remarquer que, si un phénomène A s'accomplit à des températures plus élevées que zéro en dégageant de la chaleur, on peut concevoir ce même phénomène s'effectuant dans des conditions telles, qu'il ait pour conséquence nécessaire et unique un phé-

[1] Pour la rigueur absolue de la définition, il faut ajouter que l'eau est censée soumise à la pression constante d'une atmosphère; mais, dans la pratique, il est entièrement inutile d'avoir égard à cette restriction. Les résultats des opérations calorimétriques sont indépendants de la pression supportée par l'eau distillée, ou du moins l'influence de cette pression est inappréciable par nos méthodes expérimentales.

[2] On ne doit pas entendre seulement, par cette locution, que l'état initial dans B′ est identique à l'état final dans B, et réciproquement; mais encore que tous les états intermédiaires sont les mêmes dans les deux phénomènes et s'y succèdent en ordre inverse.

nomène C, d'espèce opposée, accompli entre des températures inférieures à zéro. Il est clair qu'on doit étendre à ce cas les conventions précédentes et dire que le phénomène C absorbe autant de chaleur que le phénomène A en dégage. On dira encore que le phénomène C', exactement inverse de C, dégage cette même quantité de chaleur.

Ainsi, sans définir théoriquement l'expression *quantité de chaleur*, on donne un sens tout à fait précis aux locutions diverses où cette expression est employée, et cela suffit pour qu'on continue à en faire usage[1]. — On voit également sous quelles restrictions il est permis de dire que la chaleur dégagée par un phénomène est égale à la chaleur absorbée par le phénomène inverse. Si l'on n'a pas égard à ces restrictions, l'application du langage et des formes de raisonnement qui résultent de l'ancienne hypothèse de l'indestructibilité du calorique peuvent conduire à des conséquences entièrement erronées. L'étude de cet ordre de contradictions, entre l'ancienne hypothèse et les faits, est le point de départ de ce qu'on a appelé, depuis une quinzaine d'années, la *théorie mécanique de la chaleur*.

Avant d'aborder cette théorie, on doit faire connaître les principaux procédés calorimétriques et les résultats qu'ils ont fournis lorsqu'on les a appliqués aux deux questions suivantes :

1° Évaluation des quantités de chaleur dégagées ou absorbées dans les changements de température, ou mesure des *chaleurs spécifiques*;

2° Évaluation des quantités de chaleur dégagées ou absorbées dans les changements d'état, ou mesure des *chaleurs latentes*.

CHALEURS SPÉCIFIQUES DES SOLIDES ET DES LIQUIDES.

93. **Définitions.** — Soit q la quantité de chaleur qu'absorbe l'unité de poids d'un corps en passant de la température t à la température $t+\theta$; le rapport $\frac{q}{\theta}$ de cette quantité à l'élévation de température se nomme la *chaleur spécifique moyenne* dans l'intervalle de t à $t+\theta$.

[1] Si l'on voulait absolument définir en elle-même l'expression *quantité de chaleur*, on pourrait dire qu'elle représente un nombre caractéristique des phénomènes calorifiques, et tel, que, si pour deux phénomènes il a la même valeur, il est toujours possible de concevoir une expérience où l'un des phénomènes ait pour conséquence unique et nécessaire un phénomène exactement inverse du second.

La limite vers laquelle tend ce rapport, lorsque θ tend vers zéro, se nomme la *chaleur spécifique* à la température t. — Si l'on appelle en général Q la quantité de chaleur qu'absorbe l'unité de poids du corps en passant d'une température fixe t_0 à la température variable t, il résulte de cette définition que la chaleur spécifique c à la température t est donnée par l'expression

$$c = \frac{dQ}{dt}.$$

La chaleur spécifique moyenne est évidemment seule accessible à l'expérience directe. La chaleur spécifique vraie s'obtiendra en mesurant diverses valeurs de Q, et en différentiant l'expression empirique par laquelle on aura pu représenter la relation qui lie ces valeurs à celles de la variable t.

Dans la plupart des cas, la chaleur spécifique moyenne est assez lentement variable, d'où résulte que, dans un intervalle médiocrement étendu, on peut la regarder comme sensiblement constante et égale à la chaleur spécifique vraie. — De là, pour cette dernière quantité, une définition élémentaire qu'on peut souvent substituer à la définition exacte : on appellera *chaleur spécifique* d'un corps la quantité de chaleur qu'absorbe l'unité de poids de ce corps pour un degré d'élévation de température.

94. **Méthode de la fusion de la glace.** — *Principe de la méthode.* — On doit à Lavoisier et à Laplace une méthode de détermination des chaleurs spécifiques, applicable aux corps solides et aux corps liquides et fondée sur le principe suivant.

Soient p le poids d'un corps, T sa température initiale, ϖ le poids de glace dont ce corps détermine la fusion en se refroidissant de T à zéro, λ le nombre d'unités de chaleur qu'absorbe l'unité de poids de glace pour se transformer en eau. La chaleur spécifique moyenne c du corps, entre zéro et T degrés, sera donnée par la formule

$$pcT = \varpi\lambda.$$

Au point de vue pratique, un premier inconvénient de cette méthode, indépendamment du procédé expérimental employé, consiste dans la différence des grandeurs relatives des deux termes de comparaison : on constate en effet que la plupart des corps, en se refroidissant d'un nombre de degrés considérable, ne liquéfient qu'un poids de glace très-faible relativement à leur propre poids.

95. *Procédé expérimental.* — Pour effectuer l'expérience, le procédé le plus simple et en même temps le plus précis consiste à employer un *puits de glace*, c'est-à-dire une cavité qui a été pratiquée dans un bloc de glace compacte et qui peut se fermer par un couvercle de glace (fig. 75). Les parois de la cavité ayant été bien essuyées, on y dépose le corps chaud et on replace le couvercle : au bout d'un temps suffisant, on recueille l'eau qui a été fondue, avec du papier buvard que l'on a pesé préalablement, et qu'on pèse de nouveau après qu'il a absorbé l'eau. — Ce procédé est d'un emploi difficile dans les climats tempérés. Il y a en outre toujours incertitude sur la valeur réelle de la température initiale de la glace : plus le bloc est compacte et volumineux, plus il y a de chances que cette température diffère sensiblement de zéro.

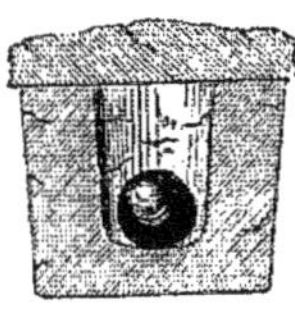

Fig. 75.

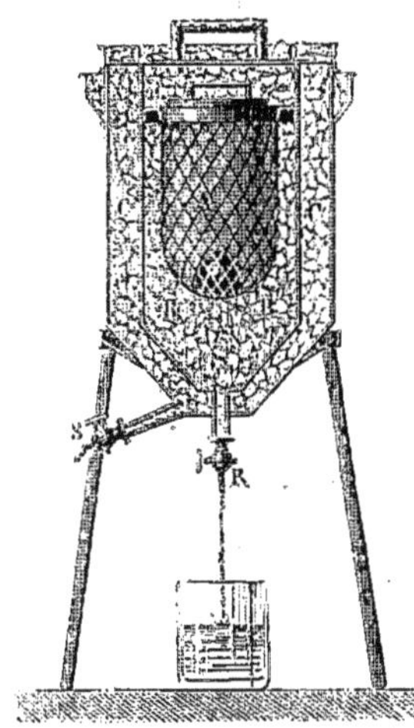

Fig. 76.

Lavoisier et Laplace faisaient usage d'un calorimètre formé de trois enceintes A, B, C (fig. 76). L'enceinte intérieure A reçoit le corps chaud sur lequel on veut opérer; l'enceinte intermédiaire B contient la glace que ce corps doit fondre, et l'eau de fusion provenant de cette enceinté s'écoule par le robinet R; enfin l'enceinte extérieure CC et le couvercle supérieur DD contiennent de la glace destinée à préserver l'enceinte B de la chaleur des corps environnants: l'eau qui provient de la fusion de cette glace peut être enlevée par le robinet S et ne doit pas intervenir dans les pesées. — La principale objection qu'on puisse faire à ce procédé, c'est qu'on est obligé d'admettre que la glace contenue dans l'enceinte B rétient toujours la même quantité d'eau adhérente et interposée, soit au commencement, soit à la fin de l'expérience : or, la forme et le volume des fragments de glace qui retiennent cette eau ayant changé, leur disposition relative ayant aussi été modifiée, rien n'est plus douteux que cette hypothèse.

L'inexactitude de la valeur de λ donnée par cette méthode justifie l'abandon qui en a été fait. Lavoisier et Laplace trouvaient λ égal à 75 ; un physicien suédois, Wilcke, l'avait trouvé égal à 72 ; on sait aujourd'hui que sa valeur véritable est 79,25.

96. **Méthode des mélanges.** — *Principe de la méthode.* — La méthode des mélanges, qui est due à Black, est fondée sur les principes suivants.

Deux corps de températures inégales T et t, étant mis en présence et soustraits à l'action de toute cause extérieure de réchauffement ou de refroidissement, prennent une température commune θ qui ne dépend que des poids, des températures initiales et de la nature des deux corps. Si m et m' sont les poids de ces corps, c la chaleur spécifique moyenne du premier entre les températures θ et T, c' celle du second entre les températures t et θ, il résulte des notions précédemment exposées qu'on aura l'équation

$$mc(T-\theta)=m'c'(\theta-t),$$

d'où l'on tire

$$\frac{c}{c'}=\frac{m'}{m}\cdot\frac{\theta-t}{T-\theta}.$$

Si le deuxième corps était de l'eau distillée, si sa température initiale t était zéro, et si son poids m' était choisi de façon que la température finale θ fût exactement $+1$ degré, on aurait simplement

$$mc(T-1)=m',$$

et la chaleur spécifique c du premier corps se trouverait évaluée dans l'intervalle de $+1$ degré à T degrés.

Sous cette forme, la méthode serait d'une application à peu près impossible; mais les propriétés calorifiques de l'eau permettent de la modifier comme il suit.

En mélangeant deux masses d'eau à des températures inégales,

Black a reconnu, et on a vérifié après lui, que tant que ces températures ne dépassent pas 30 à 40 degrés, l'expérience donne toujours

$$\frac{c}{c'} = 1,$$

c'est-à-dire

$$\theta = \frac{mT + m't}{m + m'};$$

si, en particulier, on a pris m égal à m', on a alors

$$\theta = \frac{T + t}{2}.$$

Il suit de là que, dans tout intervalle de température compris entre zéro et la limite supérieure qu'on vient d'indiquer, la chaleur spécifique moyenne de l'eau est constante, ou du moins que ses variations sont inappréciables à l'observation. Elle ne diffère donc pas de l'unité; et pour déterminer la chaleur spécifique moyenne d'un corps quelconque, il suffit de plonger ce corps dans une masse d'eau froide assez grande pour que la température finale du mélange ne dépasse pas 30 à 40 degrés. On aura alors, en appelant M la masse de l'eau,

$$mc(T - \theta) = M(\theta - t).$$

Il est en outre nécessaire, si l'on veut calculer d'une manière exacte la chaleur spécifique du corps soumis à l'expérience, de faire intervenir dans le calcul diverses circonstances accessoires, tenant aux conditions dans lesquelles l'expérience est réellement effectuée. Ce sont :

1° Le refroidissement de l'enveloppe solide dans laquelle on aura dû placer le corps que l'on étudie, s'il s'agit, comme c'est le cas le plus fréquent, d'un corps solide réduit en petits fragments, ou d'un corps liquide;

2° L'échauffement du vase qui contient l'eau ou *calorimètre*, de l'agitateur qui établit l'uniformité de température, du thermomètre par lequel les températures sont mesurées;

3° L'échauffement des supports du calorimètre par voie de conductibilité;

4° La chaleur soustraite au calorimètre par le contact de l'air ambiant et par le rayonnement du calorimètre lui-même vers les corps voisins.

Si l'on désigne par M le poids de l'eau employée; par m et c le poids et la chaleur spécifique du corps soumis à l'expérience; par m' et c' le poids et la chaleur spécifique de l'enveloppe dans laquelle ce corps aura été placé; par μ et γ le poids et la chaleur spécifique du calorimètre; par μ', μ'', μ''' et par γ', γ'', γ''' les quantités analogues pour l'agitateur, pour le mercure du thermomètre et pour le verre du thermomètre; enfin, par K la chaleur perdue par voie de conductibilité, et par R la chaleur perdue par le contact de l'air et par le rayonnement, on aura l'équation complète

$$(mc+m'c')(T-\theta)=(M+\mu\gamma+\mu'\gamma'+\mu''\gamma''+\mu'''\gamma''')(\theta-t)+K+R.$$

Cette équation suppose seulement que la température du corps est toujours identique à celle de son enveloppe, et que les températures du calorimètre, de l'agitateur et du thermomètre sont toujours identiques à celle de l'eau.

Les chaleurs spécifiques c', γ, γ', γ'', γ''' se rapportent à des substances qui ont été souvent étudiées; elles peuvent donc être aujourd'hui considérées comme connues. — Dans l'origine, on a dû en déterminer les valeurs approchées par des expériences préliminaires, dont on a calculé les résultats sans avoir égard aux diverses circonstances accessoires qui viennent d'être énumérées : ces valeurs ont donné, avec une exactitude suffisante, la valeur de *termes correctifs*, qu'on a d'ailleurs toujours rendus très-petits en donnant à m', μ, μ', μ'', μ''' les plus petites valeurs compatibles avec l'usage des diverses pièces dont ces nombres représentent les masses ou les poids. — On désignera, en général, par la seule lettre M la somme

$$(M+\mu\gamma+\mu'\gamma'+\mu''\gamma''+\mu'''\gamma''')$$

contenue dans le second membre; c'est ce qu'on nomme la *valeur du calorimètre réduite en eau*.

En choisissant pour supports des substances très-peu conductrices, et diminuant autant que possible leur section transversale, ainsi que l'étendue des surfaces par lesquelles ils sont en contact avec le calorimètre, on rendra la valeur de K absolument négligeable. On pourra d'ailleurs être assuré qu'il en est ainsi si l'on constate, par exemple, qu'en doublant le nombre des supports on n'altère pas d'une manière appréciable les résultats d'une expérience. Dans l'appareil de M. Regnault, qui sera décrit plus loin, on emploie, pour soutenir le calorimètre, des fils de soie dont la mauvaise conductibilité est une garantie parfaitement suffisante.

Il reste enfin à indiquer comment on détermine le terme R, qui exprime le refroidissement dû au contact de l'air ou au rayonnement du calorimètre. — En général, quand la température d'un corps n'est élevée que d'un petit nombre de degrés (8 à 10 au plus) au-dessus de la température ambiante, l'expérience montre qu'en un temps très-court, une minute par exemple, le corps éprouve un abaissement de température qui est sensiblement proportionnel à l'excès moyen de sa température sur la température ambiante. La perte de chaleur, égale au produit de l'abaissement de température par la valeur du corps réduite en eau, est donc alors proportionnelle à l'excès moyen de température, et en appelant u l'excès initial, u' l'excès final, M la valeur réduite en eau du corps qui se refroidit, A un coefficient constant, on peut écrire

$$M(u-u') = A\frac{u+u'}{2}.$$

Si, au lieu d'une minute, on considère un intervalle de temps x, assez petit pour que la différence $u-u'$ soit toujours très-petite, on a

$$M(u-u') = A\frac{u+u'}{2}x.$$

Cette relation, qui est connue sous le nom de *loi de Newton*, et sur laquelle on aura occasion de revenir dans la deuxième partie du cours, permet de déterminer la correction du refroidissement dans la méthode des mélanges. — Pour cela, on fera d'abord et une fois pour toutes, sur le calorimètre qui doit servir aux diverses déterminations, l'expérience préliminaire suivante. Le calorimètre étant plein d'eau, on le portera à quelques degrés au-dessus de la température ambiante, et, après l'avoir mis exactement dans les conditions où il doit se trouver pendant les expériences qu'on veut effectuer, on observera le refroidissement qu'il éprouve en un temps très-court. De l'équation

$$M(u - u') = A\,\frac{u + u'}{2}\,x,$$

on déduira une valeur de A qui sera l'élément constant de toutes les corrections, pour ce calorimètre en particulier. — L'élément variable, pour chaque expérience faite par la méthode des mélanges dans ce calorimètre, s'obtiendra en observant, non pas seulement la température initiale t et la température finale θ, mais les températures prises successivement par le calorimètre, pendant l'expérience elle-même, à des intervalles de temps assez rapprochés pour qu'il n'y ait qu'une faible différence entre deux températures consécutives. Soient u_0, u_1, $u_2, \ldots, u_n$ les excès de ces diverses températures sur la température ambiante; x_1, $x_2, \ldots, x_n$ les intervalles compris entre deux observations successives; on aura la formule approchée

$$R = A\left(\frac{u_0 + u_1}{2}\,x_1 + \frac{u_1 + u_2}{2}\,x_2 + \cdots + \frac{u_{n-1} + u_n}{2}\,x_n\right).$$

Chaque expérimentateur devra choisir les époques d'observation de la manière la plus commode et la plus exacte, pour les conditions où il est placé. La seule règle générale qu'on puisse recommander, c'est d'avoir soin que la température initiale du calorimètre soit inférieure à la température ambiante, et sa température finale supérieure à la température ambiante : les causes extérieures agissant alors comme causes de réchauffement pendant une partie de l'expérience, comme causes de refroidissement pendant une autre, l'effet perturbateur que l'on cherche à corriger se trouve en définitive atténué [1].

Lorsque le corps et l'eau du calorimètre se sont mis en équi-

[1] Il serait très-difficile d'arriver ainsi à une compensation complète. Il ne suffirait pas que la température ambiante fût exactement *moyenne* entre la température initiale et la température finale, ainsi que Rumford l'avait pensé. Au commencement de l'expérience, la grande différence qui existe entre la température du corps étudié et celle de l'eau a pour conséquence un échange rapide de chaleur, et une variation rapide de la température du

libre, l'action des causes extérieures refroidit le système entier : la température finale que l'on observe est donc un *maximum*. Pour l'exactitude des résultats, il est nécessaire qu'elle soit commune à tous les points du système. — Il importe également que tous les points du calorimètre soient initialement à la même température. — Il importe enfin qu'il en soit de même de tous les points du corps étudié.

Les diverses formes qu'on peut donner aux appareils, les modifications qu'on peut introduire dans la marche générale des expériences doivent tendre toujours à la réalisation de ces trois conditions. On décrira seulement ici les dispositions adoptées par M. Regnault.

97. *Appareil de M. Regnault*[1]. — L'appareil employé pour la plus grande partie de ces recherches est représenté par la figure 77. Une double étuve annulaire EE', GG', traversée par un courant de vapeur d'eau qui arrive dans l'enveloppe intérieure GG' et sort par un orifice O de l'enveloppe extérieure EE', sert à échauffer le corps soumis à l'expérience : ce corps est placé dans une petite corbeille en fil de laiton A, suspendue au milieu de l'espace cylindrique F: un thermomètre T donne la température. Un banc métallique creux et plein d'eau froide BB sert à protéger le calorimètre C contre le rayonnement de l'étuve et de la chaudière à vapeur M; au moment de descendre la corbeille dans le calorimètre, on soulève la trappe contenue dans la cloison PQ, on fait glisser le calorimètre sur une règle de bois jusque sous l'ouverture C de l'espace F, on enlève un tiroir qui fermait cette ouverture, et l'on descend lentement la corbeille, à l'aide du fil qui la soutient, dans l'eau du calorimètre. On ramène ensuite le calorimètre en arrière, on referme la trappe de la cloison PQ, et on observe la marche du thermomètre t qui est contenu dans le calorimètre.

La petite corbeille en fil de laiton qui contient les corps solides réduits en petits fragments a été amincie par l'action de l'acide ni-

calorimètre : plus tard cette variation se ralentit, de sorte que la période pendant laquelle la température du calorimètre excède la température ambiante a une durée plus longue que la période pendant laquelle elle lui est inférieure.

[1] La forme de l'étuve à vapeurs de cet appareil a été empruntée par M. Regnault à un appareil plus ancien de M. Neumann.

trique, pour faciliter la communication de la chaleur. Lorsqu'on opère sur des liquides, on les enferme dans des tubes de verre mince, que l'on dispose dans l'étuve d'une manière semblable. —

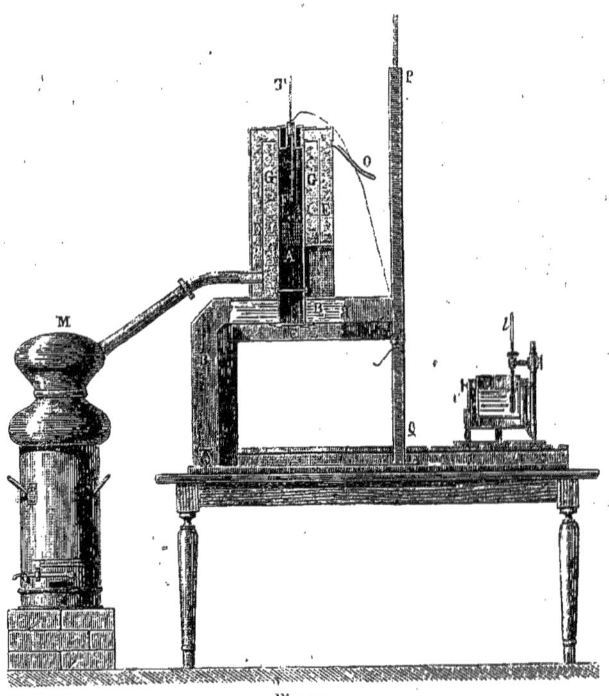

Fig. 77.

Au centre de la corbeille est une cavité cylindrique, dans laquelle se loge le réservoir du thermomètre qui donne la température de l'étuve. On ne relève cette température et on ne laisse descendre la corbeille dans le calorimètre que lorsque le thermomètre est stationnaire depuis longtemps.

Pour certains corps on a dû substituer à l'étuve à vapeur d'eau des étuves à vapeur de diverses natures.

Dans d'autres circonstances on a employé, pour obtenir une température initiale fixe, un bain d'huile ou un mélange réfrigérant M, dans lequel on disposait obliquement un tube AB (fig. 78); ce tube était fermé à ses deux extrémités pendant la durée du séjour du corps F, et un thermomètre T donnait la température. Une cloison PQ isolait le calorimètre C de l'influence de M. — Au moment

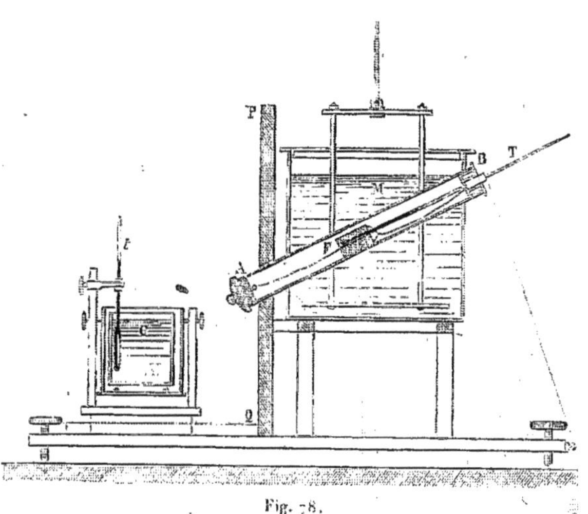

Fig. 78.

de faire l'expérience, on enlevait les bouchons A et B, on laissait glisser la corbeille dans le calorimètre C, et on continuait comme il a été indiqué plus haut.

Lorsqu'on doit opérer sur des corps solides attaquables par l'eau, comme le potassium, le sodium ou des sels solubles, on remplace l'eau du calorimètre par un autre liquide. Le liquide employé devrait, dans tous les cas, être peu volatil, et présenter une chaleur spécifique sensiblement constante aux températures ordinaires. — Cette dernière condition n'est guère satisfaite que par le mercure. Lorsqu'on emploie l'essence de térébenthine, il est nécessaire de tenir compte des variations de sa chaleur spécifique : les expériences de M. Regnault fournissent d'ailleurs les données nécessaires.

Enfin, pour mesurer, entre des limites de température très-diverses, les chaleurs spécifiques d'un certain nombre de liquides, on a donné aux appareils la forme particulière représentée par la figure 79. Le cylindre métallique R est un réservoir dans lequel on échauffe, au moyen d'un bain d'huile M, le liquide soumis à l'expérience; il contient un thermomètre T, qui donne la température acquise par le liquide lui-même. Ce cylindre communique par sa partie supé-

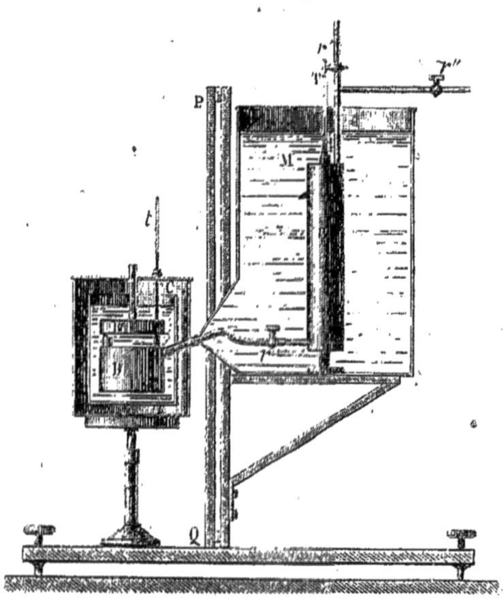

Fig. 79.

rieure avec une capacité contenant de l'air comprimé, et par sa partie inférieure avec des boîtes métalliques B, B', qui sont plongées dans un calorimètre à eau C, muni d'un thermomètre *t*. Des agitateurs convenablement disposés établissent l'uniformité de température dans le bain d'huile ou dans le calorimètre, aux diverses phases de l'expérience. — Lorsque la température du thermomètre T est devenue bien stationnaire, on ouvre le robinet *r*; la pression de l'air comprimé fait alors passer le liquide dans les boîtes métalliques, et l'observation du calorimètre se fait comme dans les cas précédents. — On a eu soin d'évaluer par une expérience préliminaire la quantité de chaleur qu'apporte au calorimètre, pendant l'unité de temps, la conductibilité du tuyau métallique qui fait communiquer les deux parties de l'appareil.

98. **Méthode du refroidissement.** — *Principe de la méthode.* — Le principe de la méthode du refroidissement, pour la détermination des chaleurs spécifiques, est dû à Tobie Mayer.

Soit t l'excès de la température d'un système de corps sur la température ambiante θ; soit M la somme des poids des divers corps du système, respectivement multipliés par leurs chaleurs spécifiques; enfin, soit dt la variation infiniment petite de la température du système en un temps infiniment court dx; la perte de chaleur correspondante à cette variation de température est évidemment exprimée par

$$-M\,dt;$$

d'un autre côté, cette perte de chaleur dépend de la température actuelle du système et de celle de l'enceinte : elle peut donc se représenter par

$$f(\theta, t)\,dx,$$

f désignant une fonction dont il est inutile de spécifier la forme. On a donc

$$M\,dt + f(\theta, t)\,dx = 0.$$

Soit un autre système où la somme des poids des corps multipliés par leurs chaleurs spécifiques ait pour valeur M′. Supposons les deux systèmes renfermés dans des enveloppes opaques *identiques;* les relations de ces systèmes avec l'atmosphère ambiante et les corps voisins ne s'effectuant que par l'intermédiaire de ces enveloppes, on devra admettre que la fonction f des températures t et θ. qui entre dans l'expression de la chaleur perdue en un temps infiniment court, a la même valeur pour le second système que pour le premier. Donc, en appelant dt le même abaissement de température infiniment petit, et dx' la durée correspondante, on a

$$M'\,dt + f(\theta, t)\,dx' = 0.$$

Il résulte de ces deux relations que l'on a

$$\frac{dx}{M} = \frac{dx'}{M'};$$

c'est-à-dire que, si deux systèmes contenus dans des enveloppes identiques ont même température et se refroidissent dans une même enceinte, les durées de refroidissements égaux *infiniment petits* sont proportionnelles aux sommes qu'on obtient en multipliant les poids des divers corps de chaque système par leurs chaleurs spécifiques respectives.

Mais, si cette proposition est vraie d'un premier refroidissement infiniment petit, commun aux deux systèmes, elle l'est aussi d'un deuxième, d'un troisième, etc.; elle est donc vraie de leur somme. En d'autres termes, si l'on désigne par $x_1 - x_0$ et $x'_1 - x'_0$ les durées *finies* nécessaires pour que chacun des systèmes se refroidisse de la température $\theta + t_0$ à la température $\theta + t$, on a

$$\frac{x_1 - x_0}{M} = \frac{x'_1 - x'_0}{M'},$$

proportion qui n'exprime d'ailleurs que le résultat immédiat de l'intégration des deux membres de l'équation précédente.

99. *Description de l'appareil.* — Dans un petit vase d'argent A (fig. 80), poli extérieurement, on introduit le corps qui doit être soumis à l'expérience : s'il s'agit d'un corps solide, on aura eu soin de le réduire en poudre. Au milieu de ce vase est assujetti le réservoir d'un thermomètre T. On place le système au centre d'un récipient métallique BB', enduit intérieurement de noir de fumée; on fait le vide dans l'intérieur de ce récipient, par l'intermédiaire du tube à robinet MR; on le plonge dans un bain d'eau à température connue ou dans la glace fondante, et on observe le temps x qui s'écoule entre les instants où le thermomètre indique deux températures choisies arbitrairement t_1 et t_0. — On répète ensuite l'expérience, en substituant au corps de l'eau distillée : soit x' la durée nécessaire, dans ce second cas, au

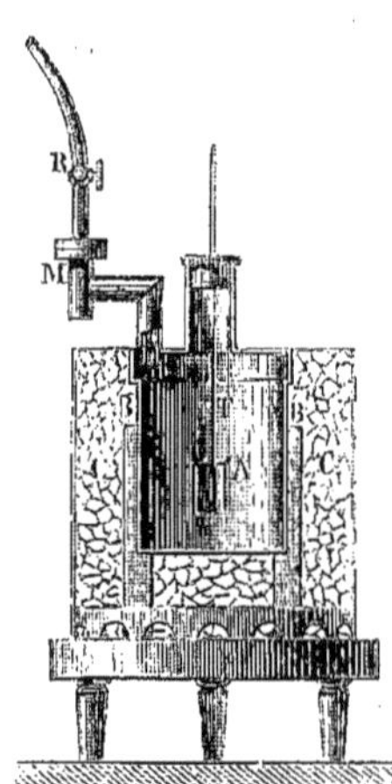

Fig. 80.

même refroidissement. — Si l'on représente par m la masse et par c la chaleur spécifique du corps; par m' la masse de l'eau distillée; par μ, μ', μ'' les masses du vase d'argent, du verre et du mercure du thermomètre, et par γ, γ', γ'' leurs chaleurs spécifiques, on a, en vertu de la relation générale qui vient d'être démontrée,

$$\frac{mc + \mu\gamma + \mu'\gamma' + \mu''\gamma''}{m' + \mu\gamma + \mu'\gamma' + \mu''\gamma''} = \frac{x}{x'}.$$

La somme constante des termes auxiliaires $\mu\gamma + \mu'\gamma' + \mu''\gamma''$ peut d'ailleurs être préalablement déterminée, au moyen d'une expérience faite avec un corps dont la chaleur spécifique est connue.

On fait usage d'un vase en argent poli, afin de diminuer autant que possible la quantité de chaleur rayonnée en un temps donné, et d'augmenter ainsi la durée du refroidissement, qui est l'objet direct de l'observation. — C'est par la même raison qu'on a soin de faire le vide dans le récipient au milieu duquel ce vase est placé. — Il est vrai que le refroidissement est accéléré par l'enduit de noir de fumée qui couvre l'intérieur du récipient, puisque cette substance ne réfléchit sur le vase d'argent aucune fraction de la chaleur que celui-ci rayonne. Mais l'usage de cet enduit n'en est pas moins indispensable : si l'intérieur du récipient conservait sa surface métallique, il serait impossible d'apprécier les altérations de cette surface et de la ramener à un état constant dans les diverses expériences; cet état constant ne s'obtiendrait guère mieux par l'application d'un vernis fluide; au contraire, en tenant pendant quelques minutes l'orifice du récipient au-dessus de la flamme d'une essence très-riche en carbone, de l'essence de térébenthine, par exemple, on est assuré de le recouvrir, à l'intérieur, d'une couche de noir de fumée suffisamment épaisse pour substituer entièrement l'action de cette couche à l'action du métal du récipient. Il est seulement nécessaire, ainsi que l'a montré M. Regnault, de dessécher le noir de fumée, qui est hygrométrique, en faisant le vide dans le récipient et y laissant rentrer plusieurs fois de l'air sec, avant de commencer l'observation.

100. *Corps auxquels la méthode du refroidissement est applicable.* — La méthode de refroidissement est tout aussi rigoureuse, dans son

principe, que la méthode des mélanges ou la méthode de la fusion de la glace. — Dans l'application, elle ne peut donner de bons résultats que pour les liquides.

Un liquide étant placé dans le petit vase d'argent, les courants moléculaires qui s'établissent dans son intérieur, dès que le refroidissement a commencé, garantissent suffisamment l'identité de température de tous les points de la masse; au contraire, cette identité ne peut avoir lieu lorsqu'on met dans le vase un solide réduit en poudre, c'est-à-dire un système de corps solides se touchant les uns les autres par un petit nombre de points et ne se communiquant réciproquement la chaleur que d'une manière très-imparfaite : les formules établies plus haut cessent alors d'être applicables. — Il convient donc de renoncer à la méthode pour les solides. Pour les liquides, elle convient spécialement à l'étude des lois suivant lesquelles la chaleur spécifique varie avec la température; on peut en effet s'en servir pour mesurer les chaleurs spécifiques moyennes dans un grand nombre d'intervalles différents entre eux et très-peu étendus.

101. **Influence de la température sur la chaleur spécifique.** — Dulong et Petit ont donné les nombres suivants pour les chaleurs spécifiques moyennes d'un certain nombre de solides, entre zéro et 100 degrés, et entre zéro et 300 degrés.

	CHALEURS SPÉCIFIQUES MOYENNES	
	de 0° à 100°.	de 0° à 300°.
Mercure	0,033	0,035
Zinc	0,093	0,102
Antimoine	0,051	0,055
Argent	0,056	0,061
Cuivre	0,095	0,101
Platine	0,036	0,036
Fer	0,110	0,122
Verre	0,177	0,190

Ce tableau indique un accroissement sensible de la chaleur spécifique moyenne, et par suite de la chaleur spécifique élémentaire entre les limites 100 degrés et 300 degrés; malgré l'inexactitude du coefficient qui servait à Dulong et Petit pour calculer les températures du thermomètre à air, la différence des deux nombres obtenus pour chaque corps est telle, qu'on ne peut conserver aucun doute sur la réalité de cet accroissement, bien qu'on en puisse regarder la valeur exacte comme étant encore incertaine [1].

La généralité de cette loi est d'ailleurs confirmée par les nombres suivants, dus pour la plupart à M. Regnault :

		CHALEURS SPÉCIFIQUES MOYENNES.
Phosphore	de $-77°,7$ à $+10°$	0,174
	de $-21°$ à $+7°$	0,179
	de $+10°$ à $+30°$	0,189
Plomb	de $-77°,7$ à $+10°$	0,0307
	de $+10°$ à $+100°$	0,0314

FORMULES EMPIRIQUES DONNANT LES QUANTITÉS TOTALES DE CHALEUR ABSORBÉES DE 0° À $t°$ PAR QUELQUES CORPS.	LIMITES DE TEMPÉRATURE entre lesquelles ont été enfermées les expériences.
EAU.	
$Q = t + 0,00002\,t^2 + 0,0000003\,t^3$	De 0° à 200°.
ALCOOL.	
$Q = 0,54755\,t + 0,0011218\,t^2 + 0,0000022\,06\,t^3$	De $-23°$ à $+66°$.
ESSENCE DE TÉRÉBENTHINE.	
$Q = 0,41508\,t + 0,0006\,1935\,t^3 - 0,0000013\,274\,t^3$	De 0° à 150°.
SULFURE DE CARBONE.	
$Q = 0,23523\,t + 0,0000815\,16\,t^2$	De $-30°$ à $+40°$.
ÉTHER.	
$Q = 0,52899\,t + 0,0002958\,7\,t^2$	De $-20°$ à $+30°$.
CHLOROFORME.	
$Q = 0,23234\,t + 0,0000507\,11\,t^2$	De $-30°$ à $+60°$.

[1] Qu'on suppose, par exemple, que Dulong et Petit aient commis une erreur de 10 degrés, en déduisant la température 300 degrés de l'indication d'un thermomètre à mercure, au moyen d'une table inexacte : il en résultera que l'unité de poids du fer aura absorbé, en s'élevant de zéro à 310 degrés, $0,122 \times 300$ unités de chaleur, et, par suite,

102. **Influence de l'état physique sur la chaleur spécifique.** — Le passage de l'état solide à l'état liquide a pour conséquence, dans un grand nombre de cas, un accroissement brusque de la chaleur spécifique. C'est ce que montrent les exemples suivants:

	CHALEURS SPÉCIFIQUES.
Glace, entre — 78° et 0°	0,474
Eau, à 0°	1,000
Brome solide, entre — 78° et — 10°	0,0843
—— liquide, entre — 7° et + 10°	0,106
Nitrate de soude solide	0,278
—— fondu	0,413
Nitrate de potasse solide	0,239
—— fondu	0,332
Chlorure de calcium cristallisé	0,345
—— fondu dans son eau de cristallisation	0,555

Au contraire, pour les métaux, l'accroissement de la chaleur spécifique résultant de la fusion est du même ordre de grandeur que l'accroissement résultant d'une élévation de température.

Les corps solides qui présentent plusieurs variétés de structure paraissent avoir, pour chacune de ces variétés, des chaleurs spécifiques différentes. Il suffira d'en citer quelques exemples :

	CHALEURS SPÉCIFIQUES.
Noir animal	0,260
Graphite	0,197 à 0,203
Diamant	0,146 à 0,148
Sélénium métallique	0,076
—— vitreux	0,103
Soufre cristallisé naturel	0,177
—— cristallisé par fusion	0,184
Phosphore rouge	0,169
—— ordinaire	0,180

que la chaleur spécifique moyenne du fer, dans cet intervalle, doit être estimée à

$$0{,}122 \times \frac{300}{310} = 0{,}118,$$

et ce nombre est encore très-notablement supérieur à 0,110. — La plupart des autres métaux donneraient lieu à des remarques analogues.

103. **Loi de Dulong et Petit relative à la chaleur spécifique des corps simples.** — Après avoir mesuré la chaleur spécifique d'un assez grand nombre de corps simples solides ou liquides, Dulong et Petit ont remarqué que, pour ces divers corps, *le produit de la chaleur spécifique par le poids atomique correspondant est sensiblement constant.*

Quelques développements sont nécessaires pour fixer avec précision le sens de cette loi importante.

On sait que toutes les combinaisons qui se font en proportions définies sont soumises à la *loi des proportions multiples,* loi que Dalton a énoncée le premier et dont les nombreuses recherches analytiques de Berzélius ont définitivement établi l'exactitude. Si l'on veut exprimer cette loi sous sa forme la plus générale, on peut dire que la composition de toutes les combinaisons chimiques se représente en admettant que la proportion pondérale de chaque élément simple, entrant dans une combinaison donnée, est exprimée par un multiple simple d'un poids constant, caractéristique de l'élément que l'on considère. Si l'on désigne par A, B, C, D,..... ces poids caractéristiques, tous les composés binaires ont des formules telles que $A^a. B^b$: tous les composés ternaires ont des formules telles que $A^a. B^b, C^c$, et ainsi de suite, les coefficients $a, b, c,...$ étant des nombres entiers simples [1]. — Les valeurs absolues et même les valeurs relatives des poids A, B, C,.... sont évidemment indéterminées et peuvent être prises arbitrairement: mais il est naturel de les choisir de telle manière que les composés chimiquement analogues présentent des formules semblables. En ajoutant à cette considération un peu vague de l'analogie la convention plus ou

(1) La simplicité d'un système de nombres entiers est un caractère qui n'a rien d'absolu: on rencontre dans la chimie organique, et spécialement dans la chimie animale, de nombreux exemples de formules qu'il serait difficile d'appeler simples. En toute rigueur, on devrait se borner à dire que les nombres $a, b, c,...$ sont des nombres *entiers;* mais on conçoit que l'expérience n'aurait jamais fait reconnaître cette loi, si, dans un grand nombre de cas, les nombres entiers dont il s'agit n'étaient pas des nombres simples. C'est ce qui arrive, par exemple, pour les combinaisons de la chimie minérale, les premières qu'on ait étudiées: dans les formules qui représentent ces combinaisons, on n'est que très-rarement obligé d'attribuer aux nombres $a, b, c....$ des valeurs supérieures à 7.

moins explicite d'attribuer la formule MO au protoxyde d'un métal; toutes les fois que ce protoxyde est la plus puissante des bases que le métal peut former, les chimistes ont obtenu le système des *nombres proportionnels*, généralement adoptés aujourd'hui et désignés par la qualification médiocrement exacte d'*équivalents*[1]. On trouvera ces nombres, rapportés à l'équivalent de l'hydrogène pris pour unité, dans les traités de chimie publiés depuis une vingtaine d'années.

Si pour les corps simples, solides ou liquides, on effectue le produit de chacun de ces nombres par la chaleur spécifique du corps auquel il correspond, on trouve, dans le plus grand nombre des cas, un produit peu différent de 3,25[2]; cependant le nombre des exceptions à cette règle est assez grand pour rendre nécessaire de modifier comme il suit l'énoncé de Dulong et Petit : Le produit de l'équivalent d'un corps simple par sa chaleur spécifique est un nombre sensiblement *égal* à 3,25, ou à un *multiple* ou à un *sous-multiple* simple de ce nombre.

En même temps que Dalton découvrait la loi des proportions multiples, Gay-Lussac démontrait, principalement par l'analyse de l'eau et des composés de l'azote, que les gaz se combinent toujours en rapports simples de volumes. — Il en résultait immédiatement que les nombres proportionnels des corps simples gazeux étaient les uns avec les autres dans le même rapport que les densités de ces gaz ou que des multiples simples de ces densités.

D'un autre côté, l'identité des lois de compressibilité et de dilatation des divers gaz semblait aux physiciens de cette époque ne pouvoir s'expliquer qu'en admettant que, dans tous ces corps, à une même température et sous une même pression, la distance des atomes est la même, et qu'en conséquence des volumes égaux des divers gaz

[1] Deux quantités pondérales de divers corps simples peuvent être dites *équivalentes* dans certaines réactions déterminées, par exemple lorsqu'un métal précipite le métal d'une solution saline, en prenant sa place; mais l'expérience n'autorise pas l'extension de cette relation d'équivalence à tous les cas possibles. Il y a d'ailleurs des corps qu'il est impossible de comparer l'un à l'autre de cette manière, même indirectement; et s'il est permis, à la rigueur et en n'ayant égard qu'aux circonstances les plus ordinaires, de dire que 1 d'hydrogène est l'équivalent de 39,2 de potassium, ou de 32,5 de zinc, cette locution perd toute signification lorsqu'on dit que 1 d'hydrogène est l'équivalent de 8 d'oxygène.

[2] On trouve, en général, des produits qui varient de 3,06 à 3,44.

contiennent le même nombre d'atomes. — Les rapports des densités des gaz exprimaient, dans cette hypothèse, les rapports des poids de leurs atomes, et il était évidemment naturel de choisir, pour nombres caractéristiques des *corps simples gazeux*, des nombres proportionnels à leurs densités. Les *poids atomiques* de l'hydrogène, de l'oxygène, de l'azote et du chlore, qui sont gazeux à la température ordinaire, se trouvaient ainsi fixés. Quant aux autres corps simples, on pouvait déterminer de même les poids atomiques de ceux qui sont solides ou liquides à la température ordinaire, mais qui sont volatils, en prenant leurs densités à l'état de vapeur à une température assez élevée pour que la valeur de la densité de chacun d'eux fût devenue indépendante de la température (84). Enfin, les poids atomiques des corps absolument fixes ne pouvaient être déterminés que par voie d'analogie; mais les lois de l'isomorphisme, découvertes en 1819 par Mitscherlich, vinrent donner à cette considération de l'analogie une signification précise, qu'on aurait vainement demandée à la comparaison des phénomènes chimiques.

Ainsi s'établit peu à peu une liste de poids atomiques, sur laquelle tous les chimistes étaient à peu près d'accord il y a quarante ans, et dont nous reproduisons ici les termes principaux[1].

	POIDS ATOMIQUES.
H.	1
O.	16
S.	32

[1] Les chimistes ont presque tous, à un certain moment, abandonné les *poids atomiques* pour les *équivalents*, qui figurent encore aujourd'hui dans la plupart des traités élémentaires. Cet abandon avait été déterminé par les difficultés où les conduisait une application imparfaite des règles qu'on vient de donner. Ainsi la densité de la vapeur du soufre, déterminée par M. Dumas, semblait exiger le poids atomique 96, et donnait, pour tous les composés sulfurés, des formules entièrement contraires à l'analogie évidente de ces composés avec les composés oxygénés. Presque toutes les difficultés de ce genre ont disparu, à mesure qu'on s'est appliqué à déterminer les densités des vapeurs dans des conditions où ces vapeurs eussent réellement les propriétés des gaz. — Le phosphore, l'arsenic, le cadmium et le mercure continuent aujourd'hui à faire exception. Ainsi la valeur 31, qu'on est conduit à donner au poids atomique du phosphore par l'analogie du phosphore et de l'azote, satisfait à la loi de Dulong et Petit; mais cette valeur ne s'accorde pas avec la densité de vapeur mesurée récemment par MM. H. Sainte-Claire Deville et Troost. Pour ces quatre corps, le produit du poids atomique par la chaleur spécifique est le double ou la moitié de la valeur commune qu'il présente pour les autres corps simples.

	POIDS ATOMIQUES.
Cl.	35,5
Br.	78,3
I.	127,1
Az.	14,0
As.	75,0
Sb.	120,6
K.	39,2
Na	23,0
Ba	137,0
Ca	40,0
Mg.	24,0
Al.	27,4
Fe.	56,0
Ni.	59,2
Co.	59,0
Zn.	65,0
Sn.	117,6
Cu.	63,4
Pb.	204,2
Hg.	200,0
Ag.	108,0
Pt.	197,2
Au.	196,4
Bi.	212,8

C'est à cette liste de poids atomiques que se rapporte la loi de Dulong et Petit. Le produit de chacun de ces nombres par la chaleur spécifique du corps auquel il se rapporte est réellement à peu près constant, ou, plus exactement, il est toujours compris entre 6 et 7.

Si l'on adopte les hypothèses des fondateurs de la théorie atomique, on peut dire que *la chaleur spécifique des atomes de tous les corps simples est la même.*

On peut donner de la même loi une expression plus strictement conforme à l'expérience, en appelant *équivalents thermiques* des corps simples les poids de ces corps qui absorbent des quantités égales de chaleur pour une égale élévation de température. On est alors conduit à l'énoncé suivant : *Les équivalents thermiques des corps simples sont entre eux dans les mêmes rapports que leurs densités à l'état de vapeur, ou que les poids de ces corps qui peuvent se substituer les uns aux autres dans des composés de même forme cristalline.*

Trois corps simples, le carbone, le bore et le silicium, échappent complétement à la loi de Dulong et Petit. Mais ils échappent aussi à toutes les règles par lesquelles on peut fixer les valeurs des poids atomiques. — En outre, chacun de ces corps se présente sous ces trois états, physiquement si différents, qu'on caractérise par les expressions d'état *amorphe*, état *graphitoïde* (cristaux opaques, d'aspect analogue au graphite) et état *adamantin* (cristaux limpides et fortement réfringents, comme le diamant). Chacun d'eux possède, sous ces trois états, des chaleurs spécifiques différentes, et il n'y a jusqu'ici aucune raison de préférer l'une de ces chaleurs spécifiques à l'autre pour l'application de la loi de Dulong et Petit.

104. **Loi de Neumann sur la chaleur spécifique des corps composés.** — M. Neumann a généralisé la loi de Dulong et Petit en démontrant par des expériences précises, exécutées sur un assez grand nombre de minéraux naturels, que *pour les corps composés de constitution chimique analogue, le produit de la chaleur spécifique par le poids atomique est un nombre constant.* La valeur constante de ce produit varie d'ailleurs d'une catégorie de composés à l'autre. — M. Regnault s'est attaché à confirmer cette loi par les expériences les plus variées, en sorte qu'on peut aujourd'hui la regarder comme tout aussi certaine que la loi de Dulong et Petit.

Sur plusieurs points d'ailleurs, ces deux lois se prêtent réciproquement un appui remarquable. — Ainsi, la loi de Dulong et Petit exige qu'on attribue au potassium et au sodium les poids atomiques 39,2 et 23, qui conduisent à représenter les compositions de la potasse et de la soude par les formules

$$K^2O, \qquad Na^2O.$$

Il suit de là qu'en désignant par $\bar{A}$ le symbole d'un acide anhydre, les sels anhydres de potasse et de soude ont pour formules

$$K^2O,\bar{A}, \qquad Na^2O,\bar{A}:$$

ces sels se placent ainsi dans la même catégorie que les sels anhydres d'oxyde d'argent et d'oxydule de cuivre, qui ont pour formules

$$Ag^2O, \bar{A}, \qquad Cu^2O, \bar{A},$$

et dans une autre catégorie que les sels de chaux et de baryte, qui ont pour formules

$$CaO, \bar{A}, \qquad BaO, \bar{A}.$$

Effectivement le produit de la chaleur spécifique par le poids atomique est le même pour les nitrates de potasse, de soude et d'argent, tandis qu'il a des valeurs fort différentes pour les nitrates de potasse et de baryte.

105. **Remarques sur les deux lois précédentes.** — La chaleur spécifique d'un corps étant variable avec la température, et la loi de cette variation n'étant pas la même pour tous les corps, les lois précédentes ne peuvent être *rigoureusement vraies* à toutes les températures, ni peut-être à aucune température. Mais il est très-digne de remarque qu'elles se vérifient d'autant plus exactement que l'on considère les corps à des températures plus basses. C'est ce qui résulte des expériences de M. Regnault sur le potassium, le sodium, le brome et le mercure. — Ainsi, on peut présumer que le produit de la chaleur spécifique par le poids atomique approche d'autant plus d'être rigoureusement constant que la température est plus basse. On sait que les autres lois simples, relatives à l'action de la chaleur sur les corps, paraissent au contraire se vérifier d'autant mieux que la température est plus élevée.

Si l'on rapproche la loi de Dulong et Petit de la loi de Neumann, on voit qu'on peut ramener la première à la seconde, en considérant les corps simples de la chimie actuelle comme des corps composés de constitution analogue. Donc les corps jusqu'ici indécomposés, que l'on est convenu d'appeler corps simples, forment, au moins très-probablement, une catégorie spéciale; ils mériteront toujours d'être considérés à part, quels que soient les progrès ultérieurs de la science. Il sera évidemment toujours impossible de savoir si l'analyse chimique a atteint les derniers éléments des corps; mais on peut affirmer que les résultats actuels de cette analyse diffèrent entièrement des résultats obtenus il y a un siècle, alors qu'on avait autant de raisons pour placer la chaux ou la silice au nombre des éléments que pour y placer le fer et le cuivre. Les corps considérés aujourd'hui comme simples sont peut-être des corps composés; mais s'il y en a un seul qui soit réellement simple, tous les autres, ou au moins tous ceux qui sont bien connus, sont également simples; si l'on parvient un jour à en décomposer un seul, on ne tardera probablement pas à décomposer tous les autres.

CHALEURS SPÉCIFIQUES DES GAZ.

106. **Considérations générales.** — On a pu, en traitant des chaleurs spécifiques des solides et des liquides, considérer la variation de température et la variation de volume comme nécessairement corrélatives, parce qu'elles le sont toujours en effet dans les conditions ordinaires des expériences. Il doit en être autrement lorsqu'on

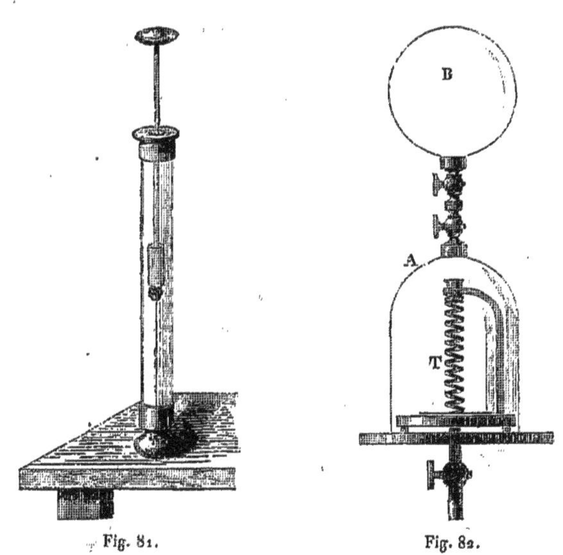

Fig. 81. Fig. 82.

aborde l'étude calorimétrique des gaz, puisque rien n'est alors plus facile que de séparer les deux effets, et il devient nécessaire de pousser plus loin l'analyse des phénomènes. — Les considérations qu'on va présenter à ce sujet s'appliquent d'ailleurs, sans y changer un seul mot, aux corps solides ou liquides aussi bien qu'aux gaz.

Un grand nombre d'expériences permettent de démontrer très-simplement que la compression des gaz dégage de la chaleur, que la dilatation des gaz absorbe de la chaleur. — Lorsque, dans le *briquet à air* (fig. 81), on enfonce brusquement le piston, on obtient une élévation de température suffisante pour enflammer l'amadou qu'on a fixé à sa partie inférieure. — Un thermomètre de Bréguet T (fig. 82) étant placé sous une cloche à robinet A qui s'applique hermétiquement sur une platine rodée, on visse à la partie supérieure de cette cloche un ballon à robinet B : si l'air a été préalablement raréfié dans le ballon B, on constate, au moment où l'on ouvre les robinets pour établir la communication entre le ballon et la cloche, que la raréfaction produite dans la cloche donne lieu à un abaissement de température. Si au contraire on a préalablement raréfié l'air en A, et qu'on ait laissé en B de l'air à la pression atmosphérique, la compression qui se produit en A au moment où l'on ouvre les robinets donne une élévation de température accusée par le thermomètre.

107. **Chaleur spécifique sous volume constant, chaleur latente de dilatation, et chaleur spécifique sous pression constante.** — Il résulte des expériences qui précèdent et d'autres expériences analogues qu'il est nécessaire, dans l'étude des chaleurs spécifiques des gaz, de considérer, en même temps que les changements de température, les effets calorifiques des changements de volume. — De là la nécessité de deux ordres divers de mesures calorimétriques.

Soit d'abord un gaz qui change de température sans changer de volume. — Soit q la quantité de chaleur nécessaire pour faire passer de t à $t+\theta$ la température de l'unité de poids de ce gaz. La limite vers laquelle tend le rapport $\frac{q}{\theta}$, à mesure que θ tend vers zéro, est ce qu'on nomme la *chaleur spécifique sous volume constant*. Si on la désigne par c, on devra représenter par cdt la quantité de chaleur absorbée ou dégagée par un accroissement de température infiniment petit (positif ou négatif), non accompagné de variation de volume. D'ailleurs, cette quantité doit *a priori* être considérée comme dépendant de la température et de la pression, suivant des lois que l'expérience seule peut faire connaître.

Soit maintenant un gaz qui change de volume sans changer de température. Cette double condition ne peut être satisfaite que si l'on communique ou si l'on soustrait sans cesse de la chaleur au gaz, à mesure que le changement de volume a lieu. — Soit k la quantité de chaleur qu'il faut communiquer à l'unité de poids de gaz pour maintenir constante sa température, tandis que son volume passe de v à $v + u$. La limite vers laquelle tend le rapport $\frac{k}{u}$ est ce qu'on nomme la *chaleur latente de dilatation*. Si on la désigne par l, on devra représenter par ldv l'absorption ou le dégagement de chaleur correspondant à une variation de volume infiniment petite (positive ou négative), non accompagnée de variation de température. La connaissance de cette grandeur a évidemment le même degré d'importance que la connaissance de la chaleur spécifique à volume constant. On doit aussi *a priori* la considérer comme dépendant de la température et de la pression, suivant des lois que l'expérience seule peut déterminer.

Supposons que l'on ait les valeurs de la chaleur spécifique sous volume constant et de la chaleur latente de dilatation, pour toutes les valeurs possibles de la température et de la pression, ou, ce qui revient au même, pour toutes les valeurs possibles de la température t et du volume v de l'unité de poids [1]. On en pourra conclure la quantité de chaleur absorbée ou dégagée par un changement quelconque dans l'état du gaz. — Soient en effet t et v la température initiale et le volume initial d'un poids de gaz égal à l'unité : si cette masse de gaz éprouve simultanément des accroissements infiniment petits de volume et de température, égaux respectivement à dv et dt, la chaleur

[1] Le volume de l'unité de poids étant déterminé par la température et par la pression, on peut regarder la pression comme déterminée par la température et par le volume de l'unité de poids, et choisir ce volume pour l'une des variables indépendantes.

absorbée correspondante devra être représentée par

$$l\,dv + c\,dt,$$

en négligeant les infiniment petits du second ordre; car ldv étant la chaleur absorbée par une variation de volume dv lorsque la température reste constante, il est évident que la chaleur absorbée par la même variation de volume, accompagnée d'une variation infiniment petite de la température, ne peut différer de $l\,dv$ que d'une quantité infiniment petite par rapport à cette expression elle-même; le même raisonnement s'applique à cdt. La chaleur absorbée par un premier changement infiniment petit du gaz étant ainsi exprimée, on exprimera d'une façon analogue la chaleur absorbée par un deuxième changement infiniment petit, par un troisième, etc.; et, pour avoir la chaleur absorbée par un changement fini quelconque, il suffira de faire la somme de toutes ces expressions.

Il importe de remarquer que cette sommation ne revient pas, en général, à l'intégration d'une différentielle à deux variables indépendantes. Les quantités l et c sont des fonctions de v et de t, mais rien n'autorise *a priori* à penser qu'elles satisfassent à la relation

$$\frac{dl}{dt} = \frac{dc}{dv},$$

et l'expérience a même prouvé le contraire. Mais si la transformation que subit le gaz est complétement définie, on peut, dans chaque phase de cette transformation, assigner les valeurs simultanées du volume et de la température; en d'autres termes, pour toute valeur de t par exemple, la valeur de v est déterminée. On peut donc exprimer v en fonction de t, dv en fonction de dt, et ramener le problème à l'intégration d'une différentielle à une seule variable, qui est toujours censée possible. — On voit par là que la quantité de chaleur absorbée dans le passage d'un état initial à un état final doit être regardée, en général, comme ne dépendant pas seulement de ces deux états, mais de la série des états intermédiaires.

Les deux grandeurs dont la détermination complète doit être l'objet des études calorimétriques relatives aux gaz ne sont pas également accessibles à l'expérience. La chaleur latente de dilatation est directement appréciable, quoique avec de grandes difficultés; car on conçoit que les expériences qui servent à constater les variations de température des gaz résultant de leurs variations de volume puissent être exécutées avec la précision nécessaire pour fournir des mesures exactes; mais la chaleur spécifique à volume constant échappe à toute mesure directe, l'effet calorimétrique des enveloppes solides où il faudrait enfermer les gaz étant incomparablement plus grand que celui des gaz eux-mêmes. — De là, la nécessité de considérer une troisième espèce de grandeur, directement mesurable par l'expérience, et liée aux deux grandeurs précédentes par une relation facile à établir.

Soit Q la quantité de chaleur nécessaire pour élever de t à $t+\theta$ la température de l'unité de poids d'un gaz qui se dilate à mesure qu'il s'échauffe, de manière à conserver une pression invariable; la limite vers laquelle tend le rapport $\frac{Q}{\theta}$ à mesure que θ diminue se nomme la *chaleur spécifique sous pression constante*[1]. On pourra mesurer la quantité Q sans rencontrer la difficulté expérimentale qui s'oppose à toute évaluation directe de la chaleur spécifique à volume constant : au lieu de renfermer un poids de gaz limité dans une enveloppe solide, on fera passer un courant gazeux continu à travers un tube métallique entouré d'eau froide, et on pourra prolonger ce courant assez longtemps pour déterminer telle élévation de température qu'on voudra dans l'eau ambiante. La valeur de Q donnera immédiatement la chaleur spécifique moyenne dans un intervalle déterminé, et un système convenable de mesures relatives à des intervalles différents de températures permettra d'obtenir par le calcul, comme dans le cas des corps solides ou liquides, la chaleur spécifique élémentaire. — Appelons C cette chaleur spécifique sous

[1] La chaleur spécifique qu'on mesure dans le cas des solides et des liquides est évidemment la chaleur spécifique sous pression constante. — La chaleur spécifique sous volume constant n'est pas directement mesurable pour ces deux classes de corps, à cause de l'énorme résistance qu'il faudrait leur appliquer pour empêcher leur dilatation. La chaleur latente de dilatation pourrait se mesurer au contraire par l'observation des effets thermométriques qui accompagnent une compression ou une dilatation subite; mais ce genre d'études a été à peine abordé jusqu'ici.

pression constante. Il résulte de la définition précédente que l'absorption de chaleur correspondante à une variation infiniment petite de température, accompagnée d'une variation de volume telle que la pression demeure constante, sera exprimée par

$$C\,dt.$$

Mais cette absorption pourra évidemment aussi s'exprimer par la formule générale

$$l\,dv + c\,dt,$$

pourvu qu'on donne à dv une valeur telle que, les variations du volume et de la température ayant lieu simultanément, il n'en résulte aucune variation de pression. Or, en appelant α le coefficient de dilatation du gaz à pression constante, on doit avoir

$$\frac{v + dv}{v} = \frac{1 + \alpha\,(t + dt)}{1 + \alpha t},$$

et par suite

$$dv = v \cdot \frac{\alpha\,dt}{1 + \alpha t}.$$

Donc, en substituant à dv cette valeur, et supprimant le facteur commun dt, on a

$$C = c + l \cdot \frac{\alpha v}{1 + \alpha t},$$

relation qui peut s'écrire

$$C = c\left(1 + \frac{l}{c} \cdot \frac{\alpha v}{1 + \alpha t}\right).$$

108. **Mesure des chaleurs spécifiques des gaz sous pression constante.** — Les diverses méthodes qui ont été indiquées pour déterminer les chaleurs spécifiques des corps solides ou liquides peuvent évidemment être appliquées à la détermination des chaleurs spécifiques des gaz sous pression constante, sauf à introduire dans les procédés expérimentaux quelques modifications faciles à imaginer. On peut également employer une méthode inverse de celle du refroidissement, et consistant à observer la durée nécessaire pour qu'un courant gazeux, passant avec une vitesse constante, abaisse d'une quantité donnée la température d'un corps solide ou liquide

déterminé. — On se bornera à exposer ici la méthode des mélanges, qui est seule propre à donner de bons résultats.

Concevons un calorimètre à eau, contenant un serpentin ou une série de boîtes métalliques plates, et construit de telle façon qu'un gaz qui pénètre par une extrémité de l'appareil, avec une température très-supérieure à celle du calorimètre, sorte par l'autre extrémité avec la température du calorimètre; admettons en outre que l'écoulement du gaz résulte d'un excès de pression extrêmement faible, de telle sorte qu'on puisse faire abstraction de la très-légère variation de pression qui a lieu pendant l'expérience. — Soient T la température initiale du gaz, t_0 celle du calorimètre; t_1 la température, très-peu supérieure à t_0, que possède le calorimètre après avoir été traversé par un poids peu considérable m_1 de gaz; R_1 la quantité de chaleur qu'enlèvent au calorimètre pendant ce temps le rayonnement de sa surface et le contact de l'air, K_1 la quantité de chaleur que lui apporte la conductibilité des tubes où circule le gaz échauffé avant d'arriver au calorimètre; enfin, soient C la chaleur spécifique moyenne du gaz, et M la valeur du calorimètre réduite en eau; on aura

$$m_1 C\left(T - \frac{t_0 + t_1}{2}\right) = M(t_1 - t_0) + R_1 - K_1.$$

Les températures t_0 et t_1 différant peu l'une de l'autre, et la durée de l'expérience étant peu considérable, il n'y a pas d'erreur sensible à admettre que le gaz a perdu précisément autant de chaleur que s'il était refroidi tout entier de T à $\frac{t_0 + t_1}{2}$, tandis qu'en réalité les premières portions du gaz ont éprouvé un refroidissement plus fort, et les dernières un refroidissement plus faible. — L'expérience continuant et les observations de la température du calorimètre étant faites à de courts intervalles, on aura une série d'équations analogues à la précédente. En les ajoutant les unes aux autres, on obtiendra une équation définitive d'où l'on pourra déduire la valeur de C : dans l'expression de cette valeur entreront, d'une part la variation de température du calorimètre, qu'on aura pu rendre aussi grande qu'il est nécessaire pour obtenir une mesure précise, d'autre part un certain nombre de termes correctifs.

Tel est le principe de la méthode que Delaroche et Bérard ont suivie les premiers, dans leurs *Recherches sur les chaleurs spécifiques des différents gaz,* qui furent couronnées en 1813 par la première classe de l'Institut. Ce travail, qui a fait faire un progrès considérable à l'art d'expérimenter, n'a donné cependant que des résultats d'une médiocre exactitude, à cause d'un accident qu'on ne pouvait prévoir à cette époque. Les gaz soumis à l'expérience étaient enfermés dans des vessies, c'est-à-dire dans des membranes poreuses environnées d'air : on sait aujourd'hui que lorsqu'une membrane poreuse sépare deux gaz de nature différente, il s'opère assez rapidement un mélange des deux gaz suivant des proportions déterminées. — Aussi n'insistera-t-on pas ici sur les détails des expériences de Delaroche et Bérard : on se contentera d'en avoir signalé l'importance historique.

109. *Expériences de M. Regnault*[1]. — L'appareil employé par M. Regnault (fig. 83) se compose de quatre parties principales : le réservoir V qui fournit le gaz, le régulateur du courant gazeux R, le bain d'huile E dans lequel le gaz acquiert une assez haute température, et le calorimètre C.

Le récipient V est rempli d'avance de gaz sec, fortement comprimé; un courant extérieur d'eau froide maintient la température constante; un manomètre, qui n'est pas représenté sur la figure ci-contre, mesure la pression du gaz.

Le bain d'huile E, dont la température est maintenue constante à l'aide d'un agitateur, est traversé par un serpentin dont le gaz parcourt toute la longueur.

Le calorimètre C contient une série de boîtes métalliques plates superposées, où le gaz circule entre les spires d'une cloison métallique dont la section est représentée par la figure auxiliaire A; après tous ces circuits, le gaz s'échappe dans l'atmosphère par le tube terminal D.

Quant au régulateur R, dont la section est représentée à une échelle plus grande par une figure auxiliaire, il se compose essentiellement d'un cylindre métallique qu'on enfonce plus ou moins,

[1] *Mémoires de l'Académie des sciences*, t. XXVI, p. 3 et suiv.

en faisant mouvoir la tête de la vis *b*, dans un tube dont le diamètre excède le sien d'une très-petite quantité; le gaz, devant traverser l'intervalle étroit qui est laissé entre ces deux pièces, éprouve une dimi-

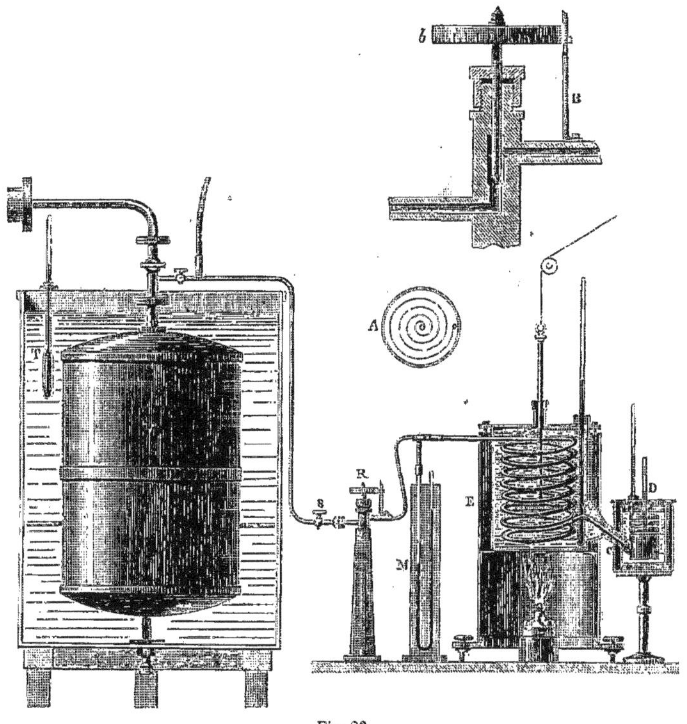

Fig. 83.

nution de pression qui dépend de la résistance de l'obstacle opposé à son mouvement; on peut donc, en soulevant ou abaissant le cylindre, maintenir absolument constante la pression que le gaz conserve en sortant du régulateur, pression que l'on apprécie sur le manomètre à huile M. La constance de la pression entraîne la constance de la vitesse d'écoulement, et dispense de mesurer successivement les poids $m_1, m_2, \ldots$, ces poids étant proportionnels aux durées des expériences partielles. Le poids total du gaz qui a passé du réservoir V dans le serpentin et dans le calorimètre peut s'évaluer indirectement de la manière suivante. Par des expériences préliminaires, on détermine à la fois le changement de pression qui a lieu dans le réservoir V lorsqu'on le fait communiquer avec un vaste ballon vide, et le poids de gaz qui passe dans ce ballon; on obtient ainsi les éléments d'une formule empirique qui permet de calculer la variation de pression correspondante à l'évacuation d'un poids donné de gaz, et *vice versâ*. — Il suffit alors, dans chaque expérience calorimétrique, d'observer l'indication initiale et l'indication finale du manomètre qui communique avec le réservoir V.

Les termes R_1, R_2, . . ., qui représentent les effets successifs du refroidissement, se calculent comme il a été dit précédemment (p. 148).

Enfin les termes K_1, K_2, . . . se calculent à l'aide des données d'une *expérience à blanc*, c'est-à-dire d'une expérience préliminaire où l'on chauffe le bain d'huile sans faire passer de courant de gaz. La variation de température du calorimètre est due alors à l'excès de la chaleur amenée par conductibilité sur la chaleur perdue par refroidissement, et l'on peut écrire

$$M(t'' - t') = K' - R',$$

t'' et t' étant deux températures du calorimètre, observées à cinq minutes d'intervalle, par exemple. On en conclut la quantité de chaleur K' que la conductibilité amène au calorimètre en cinq minutes. Pour évaluer ensuite les quantités K_1, K_2,..., on admet que la chaleur amenée par conductibilité varie proportionnellement à la durée de l'expérience et à l'excès moyen de la température du bain d'huile sur la température du calorimètre, conformément à des lois qui seront démontrées dans une autre partie du cours.

On obtient, par ces diverses opérations, la chaleur spécifique d'un gaz sous une pression constante, qui est d'environ une atmosphère. — Une modification très-simple permet d'opérer sous une pression plus élevée. On transporte le régulateur R à l'extrémité du tube D, par lequel le gaz s'échappe du calorimètre dans l'atmosphère, et on établit ainsi telle différence qu'on veut entre la pression qui s'exerce dans l'intérieur de l'appareil et la pression de l'atmosphère. La pression intérieure varie à mesure que le gaz s'écoule, en sorte que la vitesse d'écoulement n'est pas absolument constante; mais, en augmentant dans une grande proportion la capacité du réservoir V, M. Regnault a pu restreindre l'étendue de ces variations assez pour n'avoir pas à s'en occuper.

Lorsqu'on veut opérer sur des gaz qui attaquent le cuivre, tels que le chlore ou l'acide sulfureux, on fait subir à l'appareil une petite modification qui consiste à supprimer le réservoir V, ainsi que la vis régulatrice R, pour les remplacer par un appareil où s'effectuent les réactions chimiques d'où résulte la production du gaz pur et sec. L'écoulement du gaz a lieu sous l'influence d'une pression qui est très-peu supérieure à la pression atmosphérique, et qui n'éprouve que de faibles variations à partir du moment où le courant est bien établi. — On a aussi quelquefois fait usage d'un appareil où le gaz ne traversait que des tubes de platine.

110. **Résultats de ces expériences.** — M. Regnault s'est attaché, dans ses expériences, à faire varier entre des limites très-étendues la vitesse d'écoulement des gaz. La constance des résultats obtenus a été la meilleure garantie de la perfection des procédés adpotés.

	CHALEURS SPÉCIFIQUES MOYENNES ENTRE ZÉRO ET 200 DEGRÉS, SOUS LA PRESSION D'UNE ATMOSPHÈRE.
Air	0,2375
Oxygène	0,2175
Azote	0,2438
Hydrogène	3,4090
Chlore	0,1210
Vapeur de brome [1]	0,0555
Acide carbonique	0,2169
Oxyde de carbone	0,2370
Protoxyde d'azote	0,2262
Bioxyde d'azote	0,2317
Gaz des marais	0,5930
Gaz	0,4040
Acide sulfureux	0,1544

[1] Cette chaleur spécifique, qui se rapporte à l'intervalle de 150 à 230 degrés, a été déterminée par un procédé dont on dira quelques mots en traitant des chaleurs latentes de vaporisation.

	CHALEURS SPÉCIFIQUES MOYENNES ENTRE ZÉRO ET 200 DEGRÉS, SOUS LA PRESSION D'UNE ATMOSPHÈRE.
Acide chlorhydrique	0,1845
Acide sulfhydrique	0,2432
Gaz ammoniac	0,5084
Éther chlorhydrique	0,2737

La chaleur spécifique de l'air, celle de l'hydrogène et celle de l'acide carbonique ont été reconnues par M. Regnault indépendantes de la pression. — Les expériences ont été étendues de 1 à 12 atmosphères dans le cas de l'air, et de 1 à 9 atmosphères dans le cas de l'hydrogène et de l'acide carbonique.

La chaleur spécifique de l'air, celle de l'hydrogène, de l'oxygène et de l'azote ont été reconnues indépendantes de la température, entre — 30 et + 300 degrés. — La chaleur spécifique de l'acide carbonique et celle du protoxyde d'azote sont croissantes avec la température. La quantité de chaleur nécessaire pour élever la température de l'unité de poids d'acide carbonique de zéro à t degrés est représentée par la formule

$$Q = 0,18703\, t + 0,00014268\, t^2 - 0,0000000035858\, t^3.$$

Les autres gaz n'ont pas été soumis à une étude aussi détaillée que l'air, l'oxygène, l'hydrogène et l'acide carbonique. Mais les faits observés sur ces quatre gaz autorisent à formuler les conclusions générales suivantes :

1° La chaleur spécifique des gaz est indépendante de la pression, si ce n'est peut-être dans l'extrême voisinage du point de liquéfaction.

2° La chaleur spécifique des gaz est croissante avec la température, mais cet accroissement n'est sensible que pour les gaz qui s'écartent notablement de la loi de Mariotte.

111. **Application de la loi de Dulong et Petit aux gaz simples : chaleur spécifique rapportée à l'unité de volume.** — Les poids atomiques des gaz simples étant proportionnels à leurs densités, si la loi de Dulong et Petit est applicable, il faut que le

produit de la chaleur spécifique par la densité soit sensiblement constant pour cette catégorie de corps. Mais le produit de la chaleur spécifique par la densité exprime la quantité de chaleur nécessaire pour élever d'un degré la température de l'unité de volume du gaz, et peut s'appeler, en conséquence, la *chaleur spécifique du gaz rapportée à l'unité de volume*. — La loi de Dulong et Petit doit donc se manifester, dans les gaz simples, par la constance de la chaleur spécifique rapportée à l'unité de volume.

Le tableau suivant, qui contient ces chaleurs spécifiques exprimées en fonction de celle de l'air prise pour unité, montre qu'elles n'ont sensiblement la même valeur que pour les gaz simples permanents, en sorte que, pour les gaz, la loi de Dulong et Petit est probablement d'autant plus exacte qu'ils sont plus éloignés de leur point de liquéfaction.

	CHALEUR SPÉCIFIQUE RAPPORTÉE À L'UNITÉ DE VOLUME
Air	1,0000
Oxygène	1,0126
Hydrogène	0,9971
Chlore	1,2484
Vapeur de brome	1,2800

Si l'on multiplie les chaleurs spécifiques par les poids atomiques eux-mêmes, on obtient, pour les trois gaz simples permanents, les produits suivants :

Hydrogène	3,4090
Oxygène	3,4800
Azote	3,4132

Il est à remarquer que la valeur moyenne de ces trois nombres est très-différente de la valeur moyenne 6,5 du produit analogue pour les corps simples solides ou liquides.

112. **Détermination du rapport des deux chaleurs spécifiques des gaz.** — On a établi plus haut (107) la relation

$$C = c\left(1 + \frac{l}{c}\,\frac{av}{1+\alpha t}\right).$$

Il résulte de cette relation que la recherche de l, lorsque C est connu peut-être, considérée comme une recherche du rapport $\frac{C}{c}$, et c'est sous cette forme que la question est présentée dans la plupart des traités de physique, sans être précédée d'aucune analyse générale des phénomènes.

La formule indique d'elle-même la marche à suivre pour obtenir la valeur de $\frac{C}{c}$. Il résulte en effet de la définition de l (107) que le produit de cette quantité par une variation de volume peu considérable représente sensiblement la quantité de chaleur dégagée par cette variation; par suite, $l\frac{\alpha v}{1+\alpha t}$ est l'expression approchée de la quantité de chaleur que dégage une compression égale à $\frac{\alpha v}{1+\alpha t}$, c'est-à-dire une compression égale à la dilatation qu'éprouverait la masse de gaz ayant pour poids l'unité et pour volume v, par une élévation de température de 1 degré. Si l'on suppose cette quantité de chaleur répandue uniquement dans la masse du gaz, elle l'échauffera d'un nombre de degrés inversement proportionnel à la chaleur spécifique sous volume constant, c'est-à-dire de

$$\frac{l}{c}\frac{\alpha v}{1+\alpha t}.$$

Soit γ la valeur de cette élévation de température : on aura

$$C=c\,(1+\gamma).$$

On voit donc que le rapport des deux chaleurs spécifiques d'un gaz est égal à l'unité augmentée de l'élévation de température que produit, dans une masse quelconque de gaz, une compression égale à la dilatation résultant d'un degré d'accroissement de température. On peut en effet supposer la masse du gaz *quelconque,* car toutes les unités de poids qui la composent éprouvent évidemment des élévations égales de température, lorsqu'elles sont toutes comprimées en même temps de la même quantité. — Il n'est d'ailleurs pas nécessaire de mesurer l'effet thermique d'une compression précisément égale à celle qu'on vient de définir. Si δ est une petite fraction quelconque du volume initial, θ l'élévation de température que détermine une compression égale à δ, il résulte de la proportionnalité existant entre les petites compressions et les quantités de chaleur qu'elles dégagent qu'on a

$$\frac{\theta}{\delta}=\frac{\gamma}{\left(\frac{\alpha}{1+\alpha t}\right)},$$

d'où l'on tire

$$\gamma=\frac{1}{\delta}\frac{\alpha\theta}{1+\alpha t},$$

en sorte que la connaissance des quantités θ et δ permettra de déterminer γ. De là l'expérience suivante.

113. *Expérience de Clément et Desormes.* — Un ballon de verre (fig. 84), d'une grande capacité (30 à 40 litres au moins), communique avec un tube vertical V, qui plonge dans une cuvette contenant de l'acide sulfurique concentré, ou tout autre liquide non

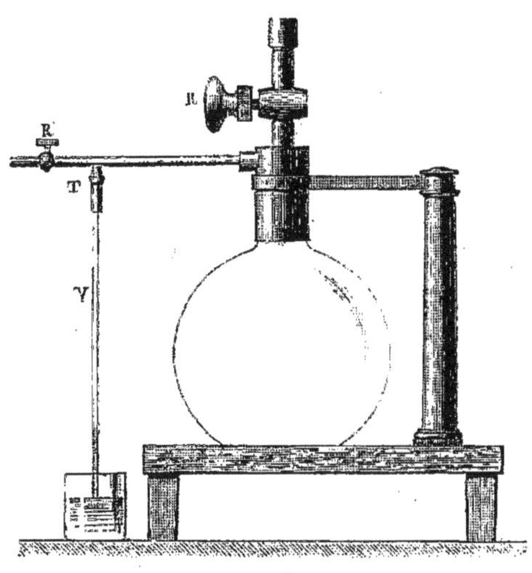

Fig. 84.

volatil. — Le robinet R étant fermé, on fait communiquer le ballon avec une machine pneumatique par l'intermédiaire du robinet R', et on enlève une très-petite quantité d'air; soit P' la pression de l'air qui reste, mesurée au moyen de l'ascension du liquide dans le tube V. — Le robinet R' étant fermé, on ouvre et on referme immédiatement R : l'air extérieur entre dans le ballon, et rétablit l'égalité des niveaux à l'intérieur et à l'extérieur du tube V. — Mais la rentrée de l'air extérieur a comprimé l'air contenu dans le ballon et l'a échauffé, en sorte que, à mesure que l'appareil revient à la température ambiante, la pression intérieure diminue : elle finit par se réduire à une valeur P'', inférieure à la pression atmosphérique P, mais supérieure à P', et mesurée par l'ascension finale du liquide dans le tube V.

On voit que P'' et P sont les pressions que possède, aux températures t et $t+\theta$, une même masse d'air dont le volume n'a pas sensiblement changé, car on peut négliger, devant la grande capacité du ballon, le petit espace occupé par le liquide soulevé dans V lorsque la pression est P''. On a, en conséquence,

$$\frac{P}{P''}=\frac{1+\alpha(t+\theta)}{1+\alpha t},$$

d'où l'on tire

$$\frac{P-P''}{P''}=\frac{\alpha\theta}{1+\alpha t}.$$

D'un autre côté, la compression relative δ s'estime en remarquant que P' et P'' sont les forces élastiques de l'air qui était primitivement contenu dans le ballon, avant et après la compression. On a donc, en appelant v le volume initial de l'unité de poids de cet air,

$$vP'=v(1-\delta)P'',$$

d'où l'on déduit

$$\delta=\frac{P''-P'}{P''}.$$

En remplaçant, dans l'expression précédente de γ, les quantités δ et $\frac{\alpha\theta}{1+\alpha t}$ par ces valeurs qu'on vient d'obtenir, il vient

$$\gamma=\frac{P-P''}{P''-P'};$$

en sorte que γ est connu, en fonction des données de l'expérience.

Il est manifeste que le procédé doit offrir une cause d'erreur tenant à ce qu'une portion sensible de la chaleur dégagée se communique nécessairement aux parois du ballon. — Une autre difficulté a été signalée, à la suite d'expériences plus récentes : M. Cazin a constaté que la rentrée de l'air dans le ballon se fait par une suite d'oscillations d'amplitude décroissante; et il est clair qu'on ignore absolument à quelle phase du phénomène correspond l'instant auquel on referme le robinet R [1].

On ne rapportera donc pas ici le détail des valeurs de $\frac{C}{c}$ obtenues par ce procédé. On se bornera à dire qu'en se servant d'un appareil de très-grandes dimensions, M. Masson a obtenu pour les divers gaz des nombres peu différents de ceux qui se déduisent de la mesure des vitesses du son, et sur lesquels on aura occasion de revenir dans une autre partie du cours.

CHALEURS LATENTES DE FUSION.

114. **Notions préliminaires.** — Un certain nombre de faits peuvent être considérés comme manifestant l'existence de ce que les physiciens ont désigné sous le nom de *chaleur latente de fusion*. — On peut citer, par exemple, la constance de la température pendant la durée de la fusion, malgré les causes qui tendent incessamment à réchauffer le corps soumis à l'expérience; ou, inversement, la constance de la température pendant la solidification, malgré les causes extérieures de refroidissement. — On peut citer aussi le réchauffement qu'on observe au moment où un liquide en surfusion commence à se solidifier en certains points, etc.

On résume tous ces faits dans une proposition générale qui peut s'énoncer comme il suit : *Tout corps qui passe brusquement de l'état solide à l'état liquide, sans traverser une période intermédiaire de ramollissement, absorbe pour se fondre une certaine quantité de chaleur, qu'il restitue lorsqu'il se solidifie.* — Cette absorption et ce dégagement de chaleur

[1] Ce phénomène des oscillations a été observé par M. Cazin en étudiant la manière dont s'établit l'équilibre de pression, entre deux récipients pleins d'acide carbonique à des pressions inégales, lorsqu'on les fait communiquer ensemble (*Annales de Chimie et de Physique*, 1862, 3e série, t. LXVI, p. 220).

ayant lieu sans faire varier la température du corps, on a considéré, dans le système de la matérialité du calorique, le fluide calorique comme dissimulé ou *latent*. Il n'y a aucun inconvénient à conserver cette expression, à titre de désignation d'une *grandeur physique* particulière, pourvu qu'on abandonne l'idée théorique dont elle procède.

On appellera *chaleur latente de fusion* d'un corps la quantité de chaleur qu'absorbe ou dégage l'unité de poids de ce corps, au moment de la fusion ou de la solidification.

115. **Mesure de la chaleur latente de fusion par la méthode des mélanges.** — La méthode consiste, en général, à effectuer trois expériences consécutives, dans des conditions différentes. — Dans la première expérience, on chauffe un poids m_1 du corps à une température T_1 très-supérieure à sa température de fusion T; on le plonge dans un calorimètre dont la valeur réduite en eau est M_1 et qui est à une température initiale t_1; soit θ_1 la température finale. — Dans la seconde expérience, on répète la même série d'opérations sur un poids m_2 du corps, chauffé à une température T_2 peu supérieure à la température de fusion T. — Enfin, dans la troisième expérience, on répète encore les mêmes opérations sur un poids m_3 du corps, chauffé seulement à une température T_3 un peu inférieure à T.

Si l'on désigne par λ la chaleur latente de fusion du corps; par c sa chaleur spécifique moyenne à l'état solide, entre la température ordinaire et la température de fusion; par c' sa chaleur spécifique moyenne à l'état liquide, entre T et T_1, et par R_1, R_2, R_3 les corrections dues au refroidissement dans chacune des trois expériences, on aura les trois équations :

$$(1) \quad m_1 [c'(T_1 - T) + \lambda + c(T - \theta_1)] = M_1 (\theta_1 - t_1) + R_1,$$
$$(2) \quad m_2 [c'(T_2 - T) + \lambda + c(T - \theta_2)] = M_2 (\theta_2 - t_2) + R_2,$$
$$(3) \quad m_3 c (T_3 - \theta_3) = M_3 (\theta_3 - t_3) + R_3.$$

La troisième équation détermine c; les deux autres donnent ensuite c' et λ.

Si le corps entre en fusion à une température très-supérieure à 100 degrés, il convient de ne pas le mettre immédiatement en contact direct avec l'eau du calorimètre, afin de ne pas déterminer une formation de vapeur dont il serait impossible d'apprécier l'effet. On peut l'introduire dans une boîte métallique, placée au milieu de l'eau, et où le liquide ne pénètre pas d'abord; mais il faut faire pénétrer l'eau dans la boîte vers la fin de l'expérience, le contact intime du liquide et du corps étant nécessaire pour garantir l'uniformité de la température finale.

Lorsqu'on opère sur un corps dont le point de fusion correspond à une température très-basse, comme l'eau, le brome, le mercure, on donne aux expériences une disposition inverse. On prend le corps à l'état solide, et on emploie l'eau du calorimètre pour le réchauffer et le fondre. Au commencement des trois expériences successives, on refroidit alors le corps : 1° jusqu'à une température très-inférieure à la température de fusion; 2° jusqu'à une température peu inférieure à la température de fusion; 3° jusqu'à une température peu supérieure à la température de fusion. — C'est ainsi que MM. de la Provostaye et Desains ont trouvé pour la glace une chaleur latente de fusion égale à 79,25.

116. **Résultats relatifs aux divers corps.** — M. Person a signalé une relation importante entre les chaleurs latentes de fusion des métaux et leurs coefficients d'élasticité, à savoir : que la chaleur latente d'un métal est d'autant plus grande que le poids nécessaire pour allonger un fil de ce métal d'une fraction donnée de sa longueur est plus considérable.

Dans les corps qui passent graduellement de l'état solide à l'état liquide, et qui, par conséquent, n'ont pas de véritable point de fusion, il n'y a pas non plus, à proprement parler, de chaleur latente de fusion. Le plus souvent, entre les limites de température où se fait la transformation graduelle du corps, on observe une absorption de chaleur incomparablement plus grande que dans tout autre intervalle de température de même étendue : c'est ce que l'on constate, en particulier, pour le phosphore. — Mais, pour certains autres corps, rien de pareil n'a lieu, et la loi de l'absorption de chaleur demeure absolument continue dans le passage de l'état solide à l'état liquide.

Si l'on représente par des abscisses les températures du corps comptées à partir d'une origine arbitraire, inférieure au point de fusion, et par des ordonnées les quantités de chaleur nécessaires pour élever le corps, de cette température prise pour origine, à une température quelconque, on obtient, dans le cas de l'eau et des corps analogues, une courbe telle que *mnpq* (fig. 85), courbe qui présente une discontinuité à la température du point de fusion *b*. — Dans

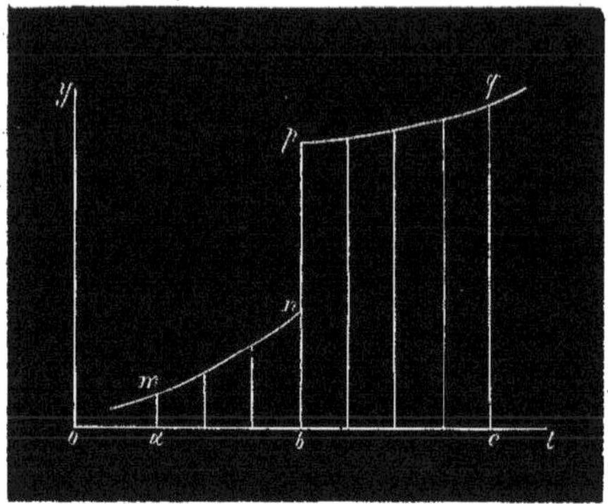

Fig. 85.

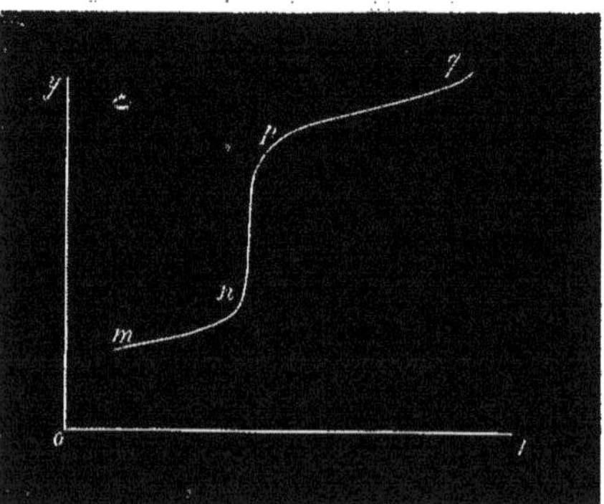

Fig. 86.

le cas du phosphore et des corps analogues, on obtient une courbe comme celle de la figure 86, caractérisée par le rapide accroissement des ordonnées qui correspondent à la période de ramollissement continu. — Dans le cas du potassium et des corps analogues, on obtient une courbe comme celle de la figure 87, où rien ne signale le passage de l'état solide à l'état liquide. Ces corps pré-

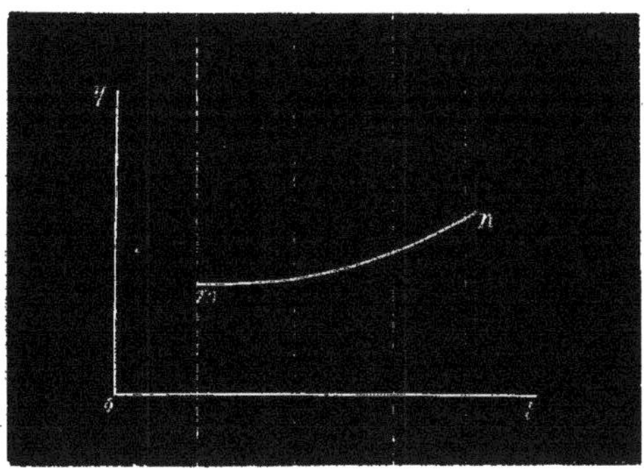

Fig. 87.

sentant d'ailleurs l'état pâteux dans un intervalle de température assez étendu, il n'y a pas, à proprement parler, de véritable point de fusion.

Il est à présumer que la discontinuité absolue qui paraît exister sur la courbe de la figure 85 n'est qu'une exagération de la rapidité de variation de l'ordonnée qui s'observe sur la figure 86 [1].

117. **Chaleur absorbée ou dégagée dans la dissolution, dans la cristallisation, dans les changements d'état physique.** — Le phénomène de la dissolution des corps solides dans les liquides, lorsqu'il n'est accompagné d'aucune action chimique, est signalé par une absorption de chaleur latente d'où résulte un abaissement de température.

Les *mélanges réfrigérants* qu'on emploie le plus ordinairement sont composés d'un sel et de glace pilée. Dans ces mélanges, le re-

[1] Ces remarques modifient l'idée qu'on doit se faire de la chaleur latente de fusion. Ce n'est pas une grandeur physique *sui generis*, mais un cas particulier de la grandeur qu'on a appelée, en traitant les phénomènes calorimétriques des gaz, *chaleur latente de dilatation*. Dans la plupart des corps, il existe un intervalle plus ou moins étendu de température où la rapidité de l'accroissement de cette chaleur latente est maxima. Lorsque les limites de cet intervalle sont tellement resserrées qu'elles se confondent pour l'observation, il paraît exister une chaleur latente de fusion spéciale.

froidissement ne commence qu'au moment où une petite partie de la glace a été fondue par l'action des causes extérieures et a pu dissoudre une petite partie du sel : la solution concentrée ainsi produite dissout ensuite tour à tour la glace et le sel.

Inversement, dans le phénomène de la cristallisation des sels dissous, il y a dégagement de chaleur latente. — La lenteur de la cristallisation ne permet pas, en général, d'observer ce dégagement de chaleur; mais dans certains cas, si le dépôt cristallin paraît se former d'une manière discontinue, on aperçoit, en opérant dans l'obscurité, un dégagement de lumière, indice d'un dégagement de chaleur : c'est le phénomène que présentent, par exemple, l'acide borique et l'acide arsénieux.

Un certain nombre de corps peuvent affecter, sous la forme solide, plusieurs états physiques différents : lorsque le passage de l'un de ces états à un autre s'effectue brusquement, il est possible de constater un dégagement ou une absorption de chaleur latente. — Ainsi, le soufre amorphe et le soufre prismatique, chauffés à 98 degrés, ou agités avec du sulfure de carbone, se transforment en soufre octaédrique : il y a alors dégagement d'une quantité de chaleur qui élève leur température d'environ 12 degrés. — Le sélénium amorphe se transforme, aux environs de 100 degrés, en un corps analogue au sélénium cristallisé; mais la quantité de chaleur qu'il dégage serait capable d'élever sa température de 200 degrés. — Un certain nombre de minéraux, tels que la gadolinite, l'orthite, l'allanite, portés à une haute température, deviennent spontanément incandescents, en même temps qu'ils éprouvent un accroissement notable et permanent de densité.

CHALEURS LATENTES DE VAPORISATION.

118. **Notions préliminaires.** — La chaleur latente de vaporisation peut être constatée, comme la chaleur latente de fusion, par certains faits généraux tels que le froid produit par l'évaporation, ou l'échauffement produit par la condensation des vapeurs.

C'est sur la production de froid par évaporation qu'est fondée l'expérience de Leslie. — Un vase plat, contenant une couche d'eau peu épaisse, est placé sous le récipient de la machine pneumatique au-dessus d'un corps avide de vapeur d'eau, comme l'acide sulfurique concentré: on fait le vide, et, en abandonnant ensuite l'appareil à lui-même, on ne tarde pas à voir la congélation s'opérer[1].

C'est sur le même principe qu'est fondée la congélation de l'eau par l'évaporation de l'acide sulfureux, congélation qui peut être réalisée même par l'acide sulfureux caléfié dans un creuset porté au rouge. — On en trouve encore d'autres applications dans les hygromètres de Daniell et de M. Regnault (88), dans le psychromètre, et dans les diverses expériences où l'on obtient un abaissement de température en dirigeant un courant d'air continu au travers d'un gaz liquéfié.

119. **Mesure des chaleurs latentes de vaporisation, par la méthode des mélanges.** — On fait arriver un poids déterminé de vapeur dans le serpentin d'un calorimètre à eau, et l'on observe l'élévation de température résultante. On conduit l'expérience de manière à réaliser les conditions suivantes : 1° que la vapeur arrive *saturée* dans le calorimètre; 2° qu'elle y prenne tout d'un coup l'état liquide *en conservant sa température;* 3° qu'elle se refroidisse ensuite *à l'état de liquide,* pour prendre la température du calorimètre ou une température peu différente. On détermine la chaleur latente par l'équation

$$m[\lambda + c(T - \tau)] + K = M(\theta - t) + R,$$

dans laquelle m désigne le poids de la vapeur; λ est la chaleur latente de vaporisation; c est la chaleur spécifique du liquide; T est la température de la vapeur, et τ la température finale du liquide condensé dans le serpentin; M représente la valeur du calorimètre réduite en eau; t la température initiale du calorimètre, et θ sa température finale; R la chaleur perdue par refroidissement, et K la chaleur gagnée par conductibilité.

[1] Une modification particulière de cette expérience, due à M. Ed. Carré, permet d'obtenir en quelques minutes la congélation de plus d'un demi-litre d'eau (*Comptes rendus de l'Académie des sciences*, 1867, t. LXIV, p. 897). E. F.

120. **Expériences de M. Regnault sur la chaleur latente de vaporisation de l'eau, à diverses températures.** — L'appareil employé par M. Regnault[1] pour ces expériences est

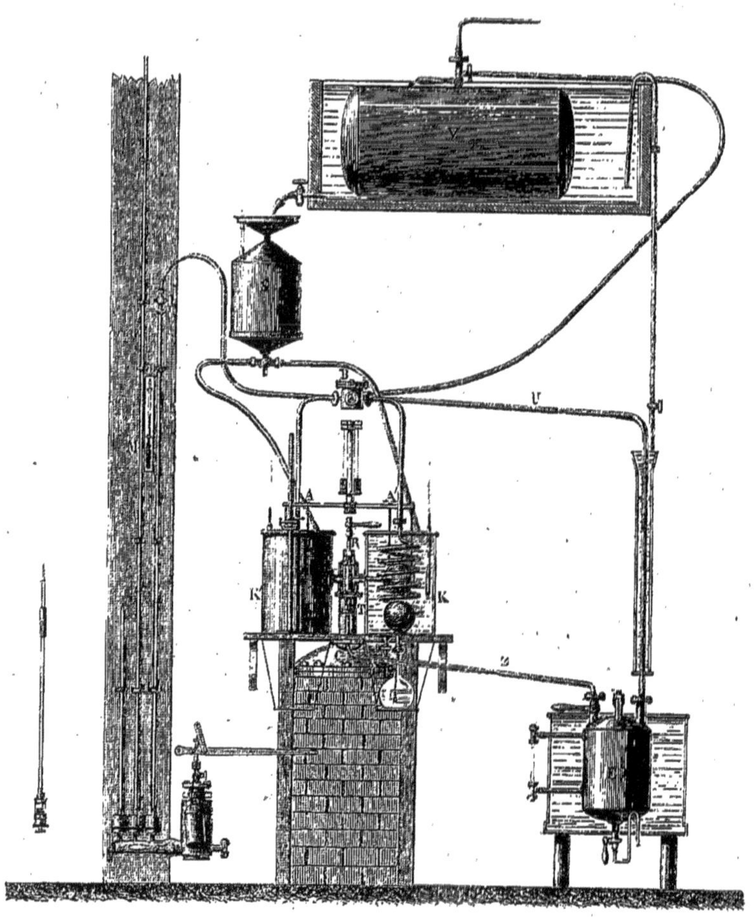

Fig. 88.

représenté, vu de face, par la figure 88, et, vu de profil, par la figure 89.

La vapeur est produite dans la chaudière C. Un réservoir à air com-

(1) *Mémoires de l'Académie des sciences*, t. XXI, p. 661.

primé V (fig. 88) établit à l'intérieur de tout l'appareil une pression qui est mesurée par le manomètre M ; la pièce B est une boîte qui sert à

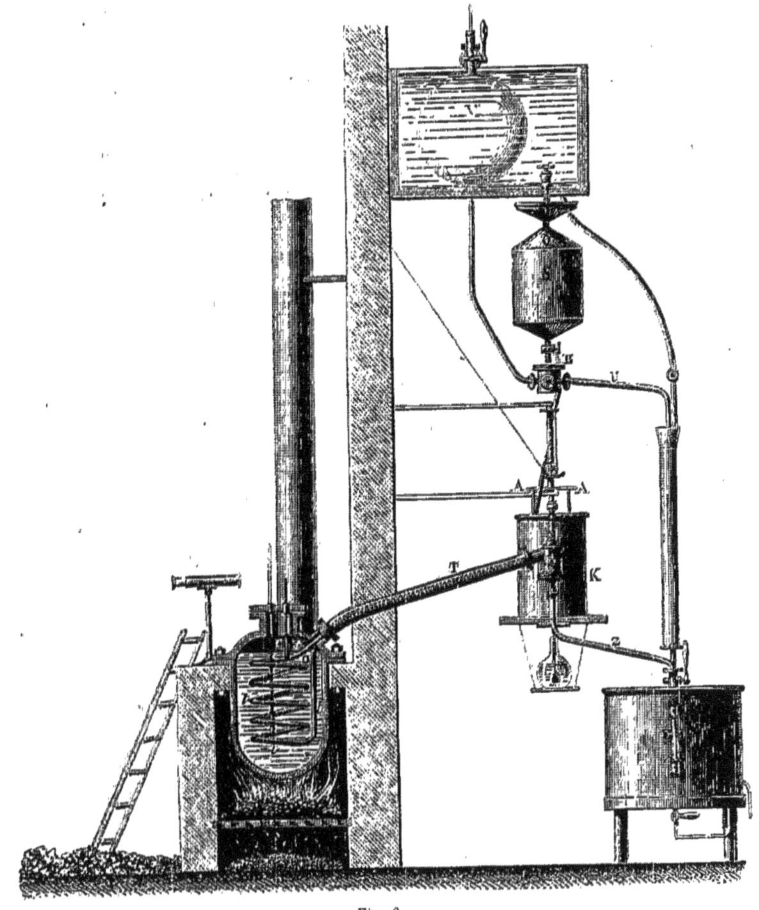

Fig. 89.

distribuer partout cette pression. — Un tube large T, qui prend la vapeur à la partie supérieure de la chaudière (fig. 89) et offre avec le condenseur E une communication permanente qui n'est pas figurée ci-contre, établit une distillation constante entre la chaudière et le condenseur. — Un tube plus étroit t prend la vapeur à la surface du liquide, fait un certain nombre de circonvolutions au milieu du liquide lui-même, et vient ensuite, en passant dans l'axe du tube T, se rendre dans la boîte qui contient le robinet R : le jeu de ce robinet R permet de mettre le tube *t*, à un instant donné, en communication avec l'un ou l'autre des calorimètres K, K' (fig. 88)[1].

Il résulte de la forme du tube *t* que toute la vapeur qui s'y introduit par l'orifice O de sa portion rectiligne (fig. 89) est obligée de parcourir ensuite un trajet sinueux de plusieurs mètres au sein de

[1] Le robinet de distribution, représenté à part dans la figure 88 *bis*, est un robinet creux, offrant la forme d'une sorte de cloche : le boisseau du robinet communique de part et d'autre, comme le montre cette figure, avec les deux calorimètres K et K'; ce boisseau est placé au milieu d'un espace annulaire II', ménagé au milieu d'une boîte de bronze dans laquelle la vapeur est amenée directement par le tube *t* (c'est l'ouverture par laquelle le tube *t* débouche dans la boîte de bronze qui est figurée en S par un trait ponctué, sur la figure 88 *bis*); la vapeur pénétrant ainsi de cet espace annulaire dans la cavité du robinet, on peut à volonté, selon la position que l'on donne au robinet, ou bien faire rendre la vapeur dans l'un ou l'autre des calorimètres par l'ouverture latérale G, ou bien intercepter complétement le passage de la vapeur dans les calorimètres. Enfin, quelle que soit la position donnée au robinet, la vapeur de l'espace annulaire II' est en communication permanente avec le condenseur, par le tube Z. De là résulte un régime de distillation continue, entraînant incessamment une quantité considérable de vapeur de la chaudière vers le condenseur : par suite, à l'instant où l'un des calorimètres vient à être mis en communication avec la boîte II', il n'en résulte qu'une perturbation peu sensible et d'une très-courte durée.

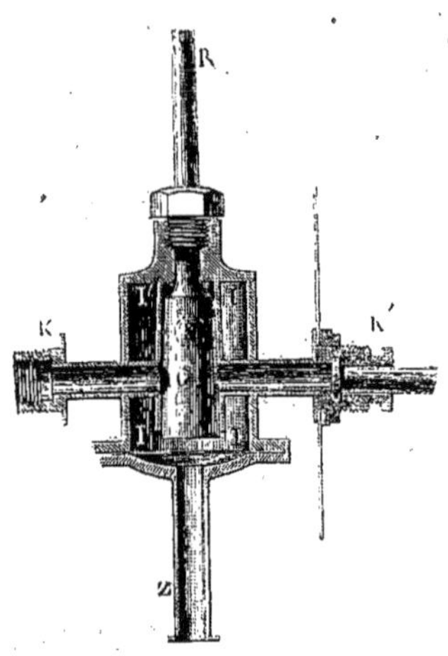

Fig. 88 *bis*.

La figure 88 montre, pour le calorimètre de droite, la forme particulière donnée à l'espace où doit se condenser la vapeur soumise à l'expérience. La vapeur est amenée directement du robinet distributeur dans la boule supérieure : les deux boules étant en communication directe par un tube vertical, l'eau de condensation et la vapeur non condensée se rendent dans la boule inférieure; enfin, sur le côté de celle-ci est ajusté un serpentin dont l'autre extrémité vient communiquer avec la boîte B qui transmet dans cette partie de l'appareil, comme dans toutes les autres, la pression du réservoir à air V. L'eau de condensation qui peut se déposer dans le serpentin vient se réunir dans la boule inférieure à celle qui s'y est déjà accumulée, en sorte qu'on peut recueillir à la fois tout le liquide, par le robinet placé au point le plus bas du système. E. F.

l'eau bouillante ou d'une enveloppe annulaire de vapeur saturée; l'eau entraînée mécaniquement s'y vaporise de nouveau, et la vapeur arrive au robinet R à la fois *sèche et saturée*, de manière que la première condition est constamment satisfaite.

La deuxième et la troisième condition ne sont pas satisfaites dans les premiers instants qui suivent la mise en rapport du tube t avec l'un des calorimètres. Mais lorsque l'écoulement de la vapeur s'est régularisé, ce qui a lieu au bout d'un temps assez court, on doit admettre que tout l'intérieur du serpentin est saturé de vapeur, et, par conséquent, que toute la vapeur émise incessamment par la chaudière passe à l'état liquide dès qu'elle y pénètre, avant d'éprouver un abaissement fini de température, et qu'elle se refroidit ensuite sous cet état. — Lorsqu'on referme le robinet, le calorimètre contient encore une certaine quantité de vapeur non liquéfiée, dont le refroidissement ultérieur suit une marche qu'il n'est pas possible de déterminer. — Il y a donc, au commencement et à la fin de l'expérience, deux périodes de courte durée, auxquelles on n'a réellement pas le droit d'appliquer l'équation précédente. Mais, en donnant à l'expérience une durée un peu longue, de manière à condenser une assez grande quantité d'eau, on rend l'influence perturbatrice de ces deux périodes extrêmes *relativement insensible*. En revanche, il devient nécessaire de mettre les plus grands soins à la détermination des corrections R et K[1].

121. **Résultats de ces expériences : chaleur totale de vaporisation.** — Si l'on désigne par c la chaleur spécifique moyenne d'un corps à l'état liquide, entre zéro et la température T à laquelle il se convertit en vapeur, et par λ la chaleur latente de vaporisation, on appelle *chaleur totale de vaporisation* à cette température la quantité Q définie par l'équation

$$Q = \lambda + cT.$$

[1] Pour plus de sûreté, M. Regnault faisait servir l'un des deux calorimètres à la détermination des corrections de conductibilité et de refroidissement, tandis que l'autre recevait la vapeur. Il avait soin, en outre, d'alterner les expériences. — On doit ajouter que l'avantage de ce mode de correction n'a pas semblé une compensation suffisante de la complication plus grande des expériences, et que M. Regnault l'a abandonné dans ses recherches ultérieures.

Pour la vapeur d'eau, la valeur de la chaleur latente de vaporisation se réduit très-sensiblement, comme on le voit, à

$$Q = \lambda + T.$$

M. Regnault, en cherchant à exprimer par une formule empirique les résultats obtenus dans ses recherches sur la vapeur d'eau, a trouvé que ces résultats sont représentés très-exactement par la formule

$$Q = 606,5 + 0,305\,T.$$

En remplaçant Q par cette valeur, on obtient, pour représenter les valeurs de la chaleur latente de vaporisation de l'eau à diverses températures, la formule empirique

$$\lambda = 606,5 - 0,695\,T.$$

122. **Résultats relatifs à quelques autres vapeurs.** — Des appareils et des procédés analogues ont été appliqués par M. Regnault à l'étude des autres vapeurs. — Il a obtenu pour représenter, soit les chaleurs totales de vaporisation, soit les chaleurs latentes, aux diverses températures, des formules empiriques dont on a reproduit ci-après quelques exemples.

En opérant sur des vapeurs fortement *surchauffées* par leur passage au travers d'un serpentin plongé dans un bain d'huile, M. Regnault a pu déterminer la chaleur spécifique de ces vapeurs sous pression constante, après avoir mesuré la chaleur latente de vaporisation correspondante à cette pression[1]. — On a également reproduit les valeurs de ces chaleurs spécifiques, pour des vapeurs diverses, sous la pression constante d'une atmosphère, et entre des limites de température un peu variables d'une vapeur à une autre.

[1] Si l'on a fait deux expériences successives sur la même vapeur, surchauffée à des degrés différents, la différence des quantités de chaleur abandonnées au calorimètre dans les deux cas permet de calculer la chaleur spécifique de la vapeur, indépendamment de la chaleur latente de vaporisation. C'est ainsi que M. Regnault a déterminé les chaleurs spécifiques d'un certain nombre de vapeurs, entre autres celle de la vapeur de brome qu'on a citée plus haut (110).

	EXPRESSION DE LA CHALEUR TOTALE DE VAPORISATION.
Sulfure de carbone.	$Q = 90,0 + 0,14601\,T - 0,0004123\,T^2$
Éther........	$Q = 94,0 + 0,45000\,T - 0,00055556\,T^2$
Benzine.........	$Q = 109,0 + 0,24429\,T - 0,0001315\,T^2$
Chloroforme......	$Q = 67,0 + 0,1375\,T$
Acétone.........	$Q = 140,5 + 0,36644\,T - 0,000516\,T^2$

	EXPRESSION DE LA CHALEUR LATENTE DE VAPORISATION.
Sulfure de carbone.	$\lambda = 90,0 - 0,08922\,T + 0,00004938\,T^2$
Éther...........	$\lambda = 94,0 - 0,07899\,T + 0,00085143\,T^2$
Chloroforme......	$\lambda = 67,0 - 0,09484\,T + 0,000050716\,T^2$

	CHALEUR SPÉCIFIQUE MOYENNE SOUS LA PRESSION D'UNE ATMOSPHÈRE.	
Vapeur d'eau..................	0,4805	(entre 100° et 230°).
Vapeur d'éther................	0,4780	(entre 60° et 230°).
Vapeur d'alcool...............	0,4534	(entre 100° et 220°).
Vapeur de sulfure de carbone.....	0,1534	(entre 80° et 150°).
Vapeur de sulfure de carbone.....	0,1613	(entre 80° et 230°).
Vapeur de benzine............	0,3754	(entre 115° et 220°).
Vapeur d'essence de térébenthine ..	0,5061	(entre 180° et 250°).
Vapeur d'esprit de bois.........	0,4580	(entre 100° et 220°).
Vapeur d'acétone..............	0,4125	(entre 130° et 230°).
Vapeur de chloroforme..........	0,1567	(entre 120° et 230°).
Vapeur de brome.............	0,0555	(entre 80° et 230°).

Les formules empiriques des chaleurs totales et des chaleurs latentes de vaporisation, *entre les limites où il est permis de s'en servir,* indiquent que la chaleur totale croît et que la chaleur latente décroît à mesure que la température s'élève. Il est à croire que ces deux lois sont générales. L'accroissement de la chaleur totale est pour ainsi dire évident *a priori;* le décroissement de la chaleur latente paraît également nécessaire, si l'on a égard aux expériences qui tendent à démontrer qu'à une température suffisamment élevée il n'y a plus de distinction entre l'état liquide et l'état gazeux (69).

PRODUCTION ET CONSOMMATION DE LA CHALEUR.

DES SOURCES DE CHALEUR ET DE FROID.

123. **Notions générales.** — Dans tout ce qui précède, toutes les fois qu'on a traité des conditions de l'équilibre de température ou de la manière dont cet équilibre s'établit, on a supposé que les systèmes de corps considérés n'étaient le siége d'aucune action chimique, ni d'aucun phénomène mécanique, résultant de l'application de forces extérieures aux systèmes. Lorsque ces conditions ne sont pas remplies, il peut arriver :

1° Qu'il s'établisse un état du système où l'équilibre n'existe pas, et qui néanmoins soit stable aussi longtemps que dure l'action chimique ou le phénomène mécanique. Il en est ainsi toutes les fois que le système est soumis à l'action de causes extérieures qui tendent à le refroidir; c'est ce qui arrive, par exemple, dans un espace clos soumis à l'action d'un foyer de combustion, et porté à une température supérieure à la température ambiante mais inférieure à la température du foyer; c'est ce qui arrive également pour tous les points d'une machine dans lesquels les chocs ou les frottements produisent une élévation de température.

2° Que des corps qui sont le siége d'une action chimique ou d'un travail mécanique continu, après avoir communiqué une certaine élévation de température à un système déterminé de corps, sans changer eux-mêmes de température, communiquent une élévation de température pareille à un deuxième système, à un troisième, etc., aussi longtemps que dure l'action chimique ou mécanique. On en trouve un exemple dans l'échauffement continu d'un courant de gaz ou de liquide par un foyer de combustion [1].

Tout système de corps qui possède ainsi la faculté d'élever la tem-

[1] Il est facile de voir, avec un peu d'attention, que ces deux phénomènes généraux sont au fond identiques l'un à l'autre.

pérature des corps voisins, sans que sa propre température s'abaisse d'une quantité correspondante, se nomme une *source de chaleur*. — Tout système qui possède la faculté inverse, d'abaisser la température des corps voisins sans éprouver une élévation de température correspondante, se nomme une *source de froid*.

C'est l'étude des conditions dans lesquelles on peut dire que la chaleur *se produit* ou *se consomme* qui va terminer cette première partie du cours. — Cette étude, qui paraissait dénuée d'intérêt et qui tendait chaque jour à disparaître de l'enseignement, lorsqu'elle se bornait à l'exposé de quelques méthodes calorimétriques et à l'énumération d'un nombre plus ou moins grand de résultats numériques, est devenue aujourd'hui d'une extrême importance, depuis qu'on est parvenu à réduire tous les modes de production ou de consommation de la chaleur à un seul, la transformation réciproque de la chaleur et du travail mécanique.

124. **Des changements d'état considérés comme une source de chaleur ou de froid.** — Tout liquide qui se congèle, tout gaz qui se condense jouit évidemment, aussi longtemps que dure le changement d'état, de la propriété caractéristique des sources de chaleur. Inversement, tout solide qui se liquéfie, tout liquide qui s'évapore est une source de froid. — On se bornera ici à ces remarques, les changements d'état ayant déjà fait l'objet d'une étude spéciale.

125. **Chaleur solaire.** — La chaleur qui nous est envoyée par le soleil peut être mesurée approximativement au moyen du pyrhéliomètre de M. Pouillet.

Un cylindre plat C (fig. 90), de cuivre ou d'argent poli, contient le réservoir d'un thermomètre dont la tige T pénètre par l'une de ses bases; la base opposée est couverte de noir de fumée, et le cylindre est rempli d'eau. Une plaque métallique P, de même diamètre que les bases du cylindre, est placée parallèlement à elles sur le même support, de façon que, quand on a rendu la base noircie du cylindre C exactement perpendiculaire aux rayons solaires, l'ombre portée par le cylindre doit recouvrir exactement la surface de la plaque P.

On observe successivement les trois élévations de température δ, Δ et δ' qui sont accusées par le thermomètre, pendant trois périodes consécutives, de cinq minutes chacune, et dans les conditions suivantes : pendant la première période, les rayons solaires sont arrêtés

Fig. 90.

par un écran; pendant la seconde, les rayons solaires arrivent librement sur le pyrhéliomètre; enfin, pendant la troisième période, les rayons solaires sont de nouveau interceptés.

Si l'on représente par M la valeur en eau du cylindre calorimétrique, la chaleur reçue par l'appareil durant les cinq minutes d'insolation peut être représentée par

$$M\left(\Delta - \frac{\delta + \delta'}{2}\right)\ (1).$$

Pour tenir compte de l'influence qu'aura évidemment exercée l'absorption atmosphérique sur la grandeur de l'effet observé, calculons

(1) Δ est généralement positif, mais δ et δ' sont tantôt positifs, tantôt négatifs; la formule est évidemment applicable dans tous les cas.

le chemin parcouru par les rayons dans l'atmosphère, la distance zénithale du soleil étant donnée.

Soient A (fig. 91) le lieu de l'observation, AI le chemin parcouru par les rayons solaires, chemin que nous désignerons par x, R le rayon terrestre, h la hauteur de l'atmosphère, et z la distance zénithale du soleil. Le triangle AOI donne

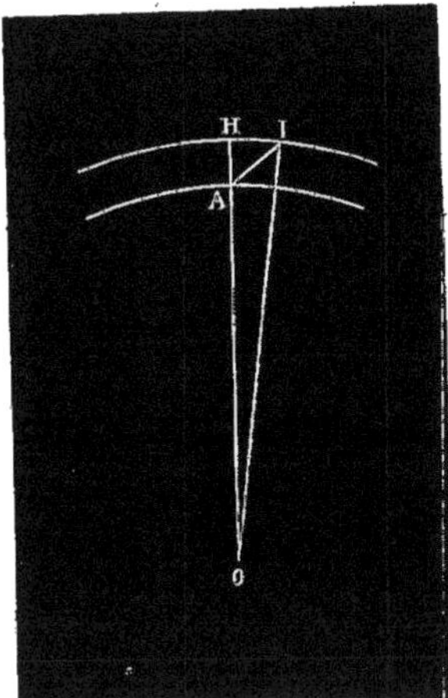

Fig. 91.

$$(R+h)^2 = R^2 + x^2 + 2Rx\cos z.$$

Or h est toujours très-petit par rapport à R: il en est de même de x, si z n'approche pas trop de 90 degrés, c'est-à-dire si le soleil n'est pas trop voisin de l'horizon; en négligeant, dans cette hypothèse, les carrés de h et de x, la formule précédente se réduit à

$$\frac{x}{h} = \frac{1}{\cos z} = E,$$

de sorte que, sans connaître la hauteur absolue de l'atmosphère, on peut obtenir les rapports des chemins parcourus dans l'air par les rayons solaires, pour diverses hauteurs du soleil, tant que cet astre n'est pas trop voisin de l'horizon.

Diverses expériences, exécutées aux diverses heures d'une journée où l'état de l'atmosphère paraît sensiblement invariable, peuvent être représentées par la formule

$$Q = A\alpha E,$$

Q désignant la chaleur envoyée au pyrhéliomètre en une minute, et A et α étant deux constantes. — La constante α dépend de l'état de l'atmosphère et varie, suivant M. Pouillet, de 0,73 à 0,82, dans des conditions où l'atmosphère paraît également pure; la constante A est sensiblement la même aux divers jours de l'année et aux divers lieux d'observation, ainsi que cela a été établi par des mesures concordantes de M. Pouillet, à Paris, et de M. John Herschel, au Cap de Bonne-Espérance.

On peut conclure de là, avec une grande probabilité, que A représente la chaleur qu'enverrait le soleil en une minute, sur une surface normale à ses rayons et d'étendue égale à la base du pyrhéliomètre: cette probabilité devient presque une certitude, si l'on remarque que l'effet des milieux absorbants sur l'intensité des rayons calorifiques transmis est représenté, en général, par une formule exponentielle [1].

M. Pouillet a trouvé que la valeur numérique de la quantité A doit être prise égale à 1,7633. — On déduit aisément de cette valeur, par le calcul :

1° Que la quantité de chaleur envoyée par le soleil à la terre, en une année, étant supposée uniformément répartie à la surface de la planète, serait capable de fondre une couche de glace d'environ 31 mètres d'épaisseur;

2° Que la quantité de chaleur émise par le soleil, en une heure, serait capable de fondre une couche de glace de 710 mètres d'épaisseur, dont on supposerait le soleil enveloppé.

Ces données numériques seront le fondement de la météorologie théorique, si cette science devient jamais possible.

126. **Chaleur terrestre.** — On sait que la terre a conservé une chaleur propre, qui se manifeste par la température élevée qui règne dans les cavités profondes. La loi d'accroissement de cette température n'est pas la même en tous lieux, ni probablement à toutes les profondeurs, mais on peut dire qu'en moyenne la température s'élève de 1 degré toutes les fois que la profondeur augmente de 30 mètres.

[1] Les formules exponentielles ne conviennent réellement qu'à des milieux homogènes dans toute leur épaisseur, et il est visible que l'atmosphère ne saurait être considérée comme un de ces milieux. Mais si on la décompose, par la pensée, en un très-grand nombre de couches assez minces pour que, dans chacune d'elles, on puisse négliger les variations de température et de densité, et si l'on remarque que le chemin parcouru par les rayons solaires, dans chaque couche en particulier, est à l'épaisseur de la couche dans le rapport constant de $\frac{1}{\cos z}$ à l'unité, l'usage de la formule de M. Pouillet se trouvera justifié.

Les puits artésiens, les sources thermales naturelles apportent incessamment à la surface de la terre une partie de cette chaleur d'origine centrale. On peut donc les compter au nombre des sources de chaleur que nous présente la nature.

127. **Chaleur dégagée ou absorbée dans les phénomènes chimiques.** — Soient deux ou plusieurs corps possédant primitivement une température commune t_0, et supposons que ces corps soient mis en présence dans des conditions où ils réagissent chimiquement les uns sur les autres; supposons, en outre, que l'expérience soit conduite de manière que la température finale des produits de la réaction soit également t_0 : toute la quantité de chaleur communiquée aux corps voisins, durant le passage de l'état initial à l'état final du système, est la quantité de chaleur *dégagée* dans les réactions chimiques que l'on considère. — Certaines réactions chimiques ont pour conséquence le refroidissement et non l'échauffement des corps voisins : on définira de même la quantité de chaleur *absorbée* dans ces réactions.

Pour mesurer ces quantités de chaleur, il suffit d'effectuer les réactions chimiques au sein d'un calorimètre ayant une masse assez considérable pour que la température finale diffère de la température initiale *d'un petit nombre de degrés*. La quantité de chaleur ainsi recueillie dans le calorimètre, ou cédée par lui aux corps réagissants, est alors très-voisine de la quantité qu'on vient de définir. — On peut d'ailleurs calculer aisément une valeur tout à fait exacte, en ajoutant au résultat immédiat de la mesure la quantité de chaleur positive ou négative qui serait nécessaire pour faire passer les produits de la réaction de la température finale à la température initiale du calorimètre; il faut pour cela connaître la chaleur spécifique de ces produits.

De faibles variations de la température t_0, qu'on suppose commune aux corps réagissants et aux produits de la réaction, influent peu sur la quantité de chaleur dégagée. Il est donc permis, en général, de prendre pour t_0 la température ambiante au moment de l'expérience, sans la spécifier exactement. Les résultats ainsi obtenus ne diffèrent pas sensiblement de ceux qu'on obtiendrait en prenant pour t_0 une température absolument fixe, par exemple celle de la glace fondante.

128. **Calorimètre à eau de MM. Favre et Silbermann.** — Toutes les fois qu'au nombre des éléments ou des produits de la réaction se trouvent des gaz ou des vapeurs, le calorimètre a une disposition analogue à celle du calorimètre à eau de MM. Favre et Silbermann.

Un cylindre métallique A (fig. 92), dans l'intérieur duquel s'opèrent les réactions, porte à sa partie supérieure deux tubes BB' et CC', qui servent à amener les gaz réagissants (1); un tube plus large KF, fermé par une plaque de verre, permet, au moyen du miroir incliné K, de voir ce qui se passe dans l'appareil (2). Les produits gazeux de la combustion traversent, avant de s'échapper dans l'atmosphère, le serpentin H au bas duquel se trouve une boîte G pour recueillir les liquides résultant de la condensation des vapeurs. Le cylindre et le serpentin sont plongés dans un vase calorimétrique *mm*, rempli d'eau; le calorimètre est environné d'une enceinte métallique MM, contenant du duvet de cygne; enfin le tout est contenu dans un vase extérieur NN, qui est rempli d'eau et sert à éliminer l'effet des variations accidentelles de la température ambiante.

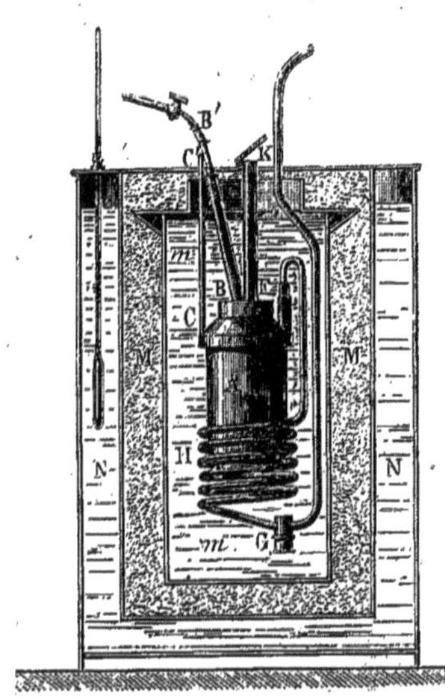

Fig. 92.

(1) La disposition de ces tubes est variable d'une expérience à l'autre; si, par exemple, on veut mesurer la chaleur dégagée par la combustion de l'hydrogène, on se sert de deux tubes concentriques amenant les deux gaz au centre du vase A, et on allume le mélange gazeux au commencement de l'expérience.

(2) Ce tube large permet également, dans certains cas, d'introduire pendant l'expérience de nouvelles quantités des éléments solides ou liquides de la réaction.

Certaines réactions chimiques ne peuvent commencer qu'à la condition d'une élévation préalable de température, mais s'entretiennent d'elles-mêmes, une fois qu'elles ont commencé. Cette élévation de température initiale exige, en définitive, qu'on communique d'abord une certaine quantité de chaleur à l'appareil; mais, si l'expérience a une durée suffisante, cette quantité de chaleur devient tout à fait insignifiante par rapport à la quantité mesurée.

D'autres fois, la réaction ne peut avoir lieu qu'à la condition d'une élévation de température artificiellement maintenue pendant toute la durée de l'expérience. On établit alors, au milieu du vase A, un foyer de combustion au sein duquel s'opère la réaction : suivant que la chaleur recueillie est plus grande ou plus petite que la chaleur correspondante à la consommation du combustible, qui peut se calculer au moyen des résultats d'expériences antérieures, on obtient par différence la mesure de la chaleur dégagée ou absorbée dans la réaction.

C'est ainsi qu'on a pu constater que le protoxyde d'azote, en se décomposant à une température élevée, dégage de la chaleur. Le gaz traversait un tube de platine qui pénétrait dans le vase A et s'y trouvait entouré de charbons maintenus en combustion par un courant d'oxygène. L'excès de la chaleur recueillie dans le calorimètre, sur la chaleur dégagée par la combustion et calculée au moyen des données d'expériences antérieures, a dû être considéré comme produit par la décomposition du protoxyde d'azote.

129. **Calorimètre à mercure de MM. Favre et Silbermann.** — Le calorimètre à mercure employé par les mêmes physiciens est une sorte de grand thermomètre à mercure (fig. 93), dont le réservoir R contient une ou plusieurs cavités cylindriques, telles que M: c'est dans ces cavités que l'on introduit les corps destinés à réagir chimiquement les uns sur les autres. La chaleur dégagée se communique au mercure : elle détermine un accroissement de volume de ce liquide, que l'on observe sur le tube de verre BC.

Cet accroissement de volume est indépendant de la manière dont la chaleur se distribue dans son intérieur. En effet, si par exemple une quantité de chaleur Q se répartit uniformément dans toute la masse, il en résulte un accroissement de température θ et un accroissement de volume correspondant. Si cette même quantité de chaleur ne se communique qu'à la moitié du réservoir, il en résulte dans cette

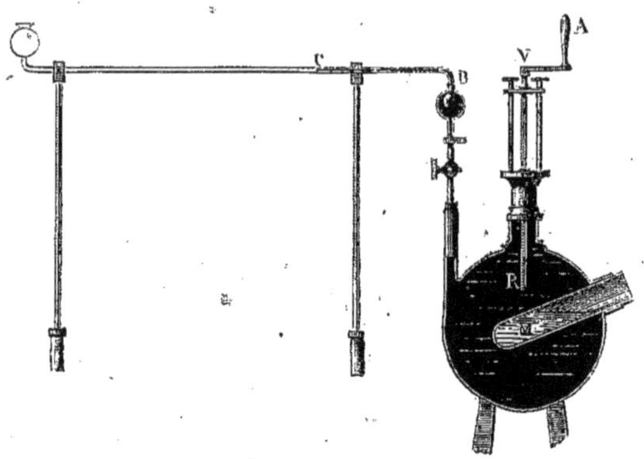

Fig. 93.

moitié un accroissement de température 2θ, et par suite un accroissement absolu de volume qui est égal au précédent. Si la distribution de la chaleur est quelconque, chaque élément de la masse du mercure éprouve un accroissement de température proportionnel à la quantité de chaleur qu'il reçoit; la dilatation du mercure étant sensiblement uniforme, l'accroissement de volume de chaque élément est proportionnel à cette même quantité de chaleur; l'accroissement total de volume de la masse entière du mercure, qui est la somme de tous ces accroissements, est donc en définitive proportionnel à la quantité totale de chaleur dégagée[1].

[1] Soit $q\,dv$ la quantité de chaleur communiquée à un volume infiniment petit dv du mercure du réservoir; en désignant par c la chaleur spécifique et par ρ le poids spécifique du mercure, l'élévation de température correspondante sera

$$\theta = \frac{q}{c\rho};$$

si l'on désigne maintenant par μ le coefficient de dilatation du mercure et par t la température initiale, l'accroissement de volume correspondant à cette élévation de température θ sera

$$\frac{\mu\theta\,dv}{1+\mu t},$$

Ainsi, les indications de l'appareil sont réellement calorimétriques; il suffit, pour les interpréter, d'avoir déterminé une seule fois le déplacement de l'extrémité de la colonne mercurielle correspondant à une quantité de chaleur donnée, par exemple à la chaleur que dégage un poids connu d'eau en se refroidissant d'un nombre connu de degrés dans une des cavités du calorimètre.

130. **Résultats.** — En employant, selon les circonstances, l'une ou l'autre des deux méthodes qui précèdent, MM. Favre et Silbermann ont obtenu, entre autres déterminations numériques, les résultats suivants :

CHALEUR DÉGAGÉE			UNITÉS DE CHALEUR.
par la combustion d'un gramme	d'hydrogène		34 460
	de charbon de bois	avec formation d'acide carbonique	8 080
		avec formation d'oxyde de carbone	2 743
	de graphite naturel		7 790
	de diamant		7 770
	de soufre octaédrique		2 220
	de soufre prismatique ou mou		2 260
par la combinaison d'un gramme d'hydrogène avec le charbon			23 780
par la décomposition d'une quantité de protoxyde d'azote contenant un gramme d'oxygène			1 090
par la décomposition d'une quantité d'eau oxygénée telle, qu'un gramme d'oxygène soit mis en liberté			1 303

ou enfin, en remplaçant θ par la valeur qui précède, et désignant par ρ_0 le poids spécifique du mercure à zéro,

$$\frac{\mu}{c\rho_0} q\,dv.$$

L'accroissement total de volume de la masse de mercure contenue dans le réservoir sera l'intégrale de l'expression précédente; or l'intégrale $\int q\,dv$ n'est autre chose que la quantité totale de chaleur Q communiquée au calorimètre; donc, en définitive, l'expression de l'accroissement total de volume est

$$\mu \frac{Q}{c\rho_0}.$$

Il est évident que si l'on remplaçait le mercure par l'eau, les anomalies de la dilatation de l'eau, aux températures voisines de son maximum de densité, ne permettraient pas d'appliquer à ce liquide un raisonnement qui suppose l'existence d'un coefficient de dilatation sensiblement indépendant de la température.

131. **Application des données précédentes au calcul de la température maxima qui peut être obtenue d'un combustible donné.** — Soit à déterminer, par exemple, la température maxima que peut produire la combustion de l'hydrogène dans l'oxygène. Si la combustion est effectuée de façon que toute la chaleur dégagée élève la température des produits de la combustion même, avant de se répandre dans les corps voisins, ces produits atteindront une température telle, que, en revenant à la température primitive, ils dégagent 34460 unités de chaleur pour chaque gramme d'hydrogène brûlé. Par suite, si l'on remarque que 9 est le poids de la vapeur d'eau résultant de la combustion de 1 d'hydrogène, que 0,48 est la chaleur spécifique de cette vapeur, et 637 la chaleur totale de vaporisation relative à la température de 100 degrés, on voit que cette température x sera donnée par la formule

$$34460 = 9\,[0,48\,(x - 100) + 637],$$

d'où l'on tire

$$x = 6750°.$$

Si maintenant on suppose que l'hydrogène, au lieu de brûler dans l'oxygène pur, brûle dans l'air, en remarquant que les 9 grammes de vapeur d'eau formée se trouvent mélangés à $26^{gr},78$ d'azote qui ont même température et dont la chaleur spécifique est 0,2438, on obtient la formule

$$34460 = 9\,[0,48\,(x - 100) + 637] + x \times 26,78 \times 0,2438,$$

d'où l'on tire

$$x = 2690°.$$

132. **Sources mécaniques de chaleur et de froid.** — Les actions mécaniques, c'est-à-dire toutes les actions qui résultent ou peuvent être censées résulter de tractions ou de pressions opérées par des poids, ou du choc de masses en mouvement, dégagent ou absorbent de la chaleur dans deux conditions différentes :

1° En modifiant la forme ou les dimensions des corps;

2° Dans le frottement.

Toutes les fois que, par une action mécanique, on produit dans l'état d'un corps une modification qui résulterait d'un abaissement de température, il y a *dégagement* de chaleur: si la modification est de celles qui résulteraient d'une élévation de température, il y a *absorption* de chaleur. — Les exemples sont nombreux : tels sont les effets thermiques produits par la compression et la dilatation de l'air; le dégagement de chaleur qu'on observe lorsqu'un fil métallique éprouve un accroissement de densité en passant à la filière, lorsqu'une balle de plomb est aplatie par le choc d'un marteau, lorsqu'un disque d'argent est frappé par le balancier d'une presse monétaire; la production de froid qui résulte de l'allongement subit d'un fil métallique, et que l'on peut constater en y appliquant un élément thermo-électrique, etc.— Les phénomènes paraissent inverses lorsque le corps qu'on comprime ou qu'on dilate a la propriété de se contracter par l'élévation de température. C'est ce qu'on observe, par exemple, sur le caoutchouc, qui a la propriété de se contracter quand la température s'élève, et de se dilater quand la température s'abaisse : l'allongement brusque d'une lame de caoutchouc, produit par une traction subite, est suivi d'un échauffement; une contraction brusque est suivie d'un refroidissement. On peut citer également le froid produit par la compression d'un mélange d'eau et de glace, phénomène constaté dans les expériences de M. William Thomson qui sont décrites plus haut (58).

Quant aux effets calorifiques du frottement, pour les expliquer dans l'hypothèse de la matérialité du calorique, on admettait qu'il y a toujours usure des matériaux, et que, la chaleur spécifique des corps pulvérulents étant moindre que celle des mêmes corps à l'état compacte, il en résulte un dégagement de chaleur. — Cette explication est absolument contraire aux résultats fournis directement par l'expérience et doit être abandonnée. Ainsi Rumford a montré que la chaleur spécifique de la limaille de bronze, obtenue en forant un canon au moyen d'un outil d'acier, ne diffère pas sensiblement de celle du bronze massif : la chaleur dégagée au moment du forage qui produit cette limaille est néanmoins très-considérable. Davy a constaté que deux morceaux de glace frottés l'un contre l'autre se liquéfient, en donnant naissance à de l'eau dont la chaleur spécifique est plus que double de celle de la glace. L'usure des matériaux frottants n'est d'ailleurs en aucune façon nécessaire au dégagement de chaleur. — C'est donc dans des considérations d'un autre ordre qu'il faut chercher l'interprétation des effets calorifiques produits par le frottement.

NOTIONS SUR LA THÉORIE MÉCANIQUE DE LA CHALEUR.

133. **Digression sur quelques théorèmes de mécanique.** — On démontre, dans les cours élémentaires de Mécanique, que le travail des forces qui agissent sur un point matériel libre est, en un temps donné, égal à la moitié de la variation qu'éprouve, dans le même temps, la force vive du point. De là l'équation

$$\int (X\,dx + Y\,dy + Z\,dz) = \frac{1}{2}(mv^2 - mv_0^2),$$

X, Y et Z étant les trois composantes, dirigées parallèlement aux axes, de la résultante des forces qui agissent sur le point matériel. — Il importe de remarquer que, le mouvement du point étant entièrement déterminé par les valeurs de X, Y, Z et par celles des coordonnées et des vitesses initiales, on peut toujours concevoir les coordonnées y et z exprimées en fonction de x, et leurs différentielles dy et dz exprimées en fonction de dx; de sorte que l'intégrale précédente ne contient, en réalité, qu'une seule variable indépendante.

Le théorème s'étend évidemment à un nombre quelconque de points matériels libres, et on peut démontrer qu'il est encore vrai pour des points matériels assujettis à des liaisons quelconques [1]. — On a donc, dans tous les cas,

$$\Sigma \int (X\,dx + Y\,dy + Z\,dz) = \frac{1}{2}(\Sigma\, mv^2 - \Sigma\, mv_0^2).$$

Telle est l'équation dite *du travail* ou *des forces vives*. Il en résulte immédiatement :

1° Que, dans tout système où les vitesses sont devenues indépen-

[1] Par exemple, si un certain nombre de ces points, devant toujours garder les mêmes situations relatives, constituent un corps solide, ou si, devant toujours rester séparés par les mêmes distances moyennes, ils constituent un liquide.

dantes du temps, la somme des forces vives étant invariable, la somme des travaux des forces est nulle pendant telle durée qu'on voudra ;

2° Que, si les vitesses sont devenues, non pas constantes, mais périodiquement variables avec le temps, comme cela arrive, par exemple, dans une machine à vapeur à mouvements alternatifs, la somme des travaux des forces est nulle pendant toute la durée égale à une période ou à un nombre entier de périodes.

Le développement de ces deux conséquences constitue toute la théorie des machines.

Dans le cas particulier où l'expression $X\,dx + Y\,dy + Z\,dz$ est, pour tous les points du système, la différentielle exacte d'une fonction de trois variables, on trouve que l'équation précédente se réduit à une équation de la forme

$$f(x, y, z, x', y', z', \ldots) - f(x_0, y_0, z_0, x'_0, y'_0, z'_0, \ldots) = \frac{1}{2}\left(\Sigma\, mv^2 - \Sigma\, mv_0^2\right).$$

Il en résulte que, si à deux époques différentes les points matériels du système occupent les mêmes situations, la somme des forces vives est la même à ces deux époques, et la somme des travaux des forces est nulle dans l'intervalle de temps qui les sépare. On démontre qu'il en est toujours ainsi lorsque les forces sont, d'une part, les actions réciproques des divers points du système, dirigées suivant les droites qui joignent ces points deux à deux et ne dépendant que des distances, et, d'autre part, des forces émanées de centres fixes, soumises aux mêmes conditions, c'est-à-dire, en réalité, dans tous les cas que la nature peut offrir [1].

[1] Soit r la distance des deux points dont les coordonnées sont x, y, z et x', y', z' ; soit $\varphi(r)$ la fonction de la distance qui représente l'action réciproque de ces deux points; le travail élémentaire de l'action du point (x', y', z') sur le point (x, y, z) sera représenté par

$$\varphi(r)\frac{(x-x')\,dx + (y-y')\,dy + (z-z')\,dz}{r},$$

et si l'on pose

$$\int \varphi(r)\,dr = \psi(r),$$

Ce théorème n'est autre chose que le principe de l'*impossibilité du mouvement perpétuel*. — Il démontre, en effet, qu'il ne peut exister de machine dont les pièces, une fois mises en mouvement, et abandonnées dans une certaine position à leurs réactions mutuelles et à l'action de la pesanteur ou de forces extérieures analogues, reviennent ultérieurement à cette position avec des vitesses supérieures à leurs vitesses initiales. Une telle machine, dont la vitesse irait ainsi en s'accélérant périodiquement jusqu'à l'infini, et qui, par conséquent, une fois mise en mouvement par une dépense donnée de travail, serait en état de développer, sans nouvelle dépense, une quantité indéfiniment croissante de forces vives, est précisément ce que les prétendus inventeurs du mouvement perpétuel s'imaginent avoir découvert.

134. **Relation entre le travail consommé et la chaleur produite par le frottement.** — Lorsque les deux surfaces qui frottent l'une contre l'autre n'éprouvent aucune usure sensible, la situation relative des molécules qui les composent étant la même à diverses époques, le travail des forces moléculaires entre deux quelconques de ces époques est rigoureusement nul. Le travail de la force mécanique par laquelle le frottement est entretenu n'a donc alors pour équivalent ni un véritable travail résistant, ni des forces vives directement perceptibles, et il est naturel de lui chercher un équivalent dans la chaleur que le frottement développe.

On trouve une confirmation de cette conjecture dans l'étude des lois de la propagation de la chaleur rayonnante. — Il est nécessaire,

il est évident, en ayant égard à la relation

$$r^2 = (x - x')^2 + (y - y')^2 + (z - z')^2,$$

que l'expression précédente se réduit à

$$\frac{d\psi}{dr}\frac{dr}{dx}dx + \frac{d\psi}{dr}\frac{dr}{dy}dy + \frac{d\psi}{dr}\frac{dr}{dz}dz,$$

c'est-à dire à

$$\frac{d\psi}{dx}dx + \frac{d\psi}{dy}dy + \frac{d\psi}{dz}dz.$$

Elle est donc la différentielle exacte d'une fonction de trois variables. — Rien n'est changé à ces raisonnements si l'on regarde x', y', z' comme les coordonnées d'un centre fixe.

pour se rendre compte de ces lois, et en particulier de la loi de l'interférence des rayons calorifiques, d'admettre l'hypothèse des ondulations. Lorsqu'un corps s'échauffe en absorbant des rayons de chaleur, la force vive du mouvement vibratoire qui constitue ces rayons paraît s'anéantir; il faut donc que le corps soit le siége de phénomènes mécaniques équivalents à cette force vive anéantie, c'est-à-dire qu'il s'y produise, soit un travail résistant des forces moléculaires, soit un accroissement de la force vive de ces molécules, soit plutôt l'un et l'autre phénomène, combinés dans des proportions indéterminées. D'ailleurs, l'échauffement d'un corps étant un phénomène toujours identique à lui-même, on doit dans tous les cas, et de quelque manière qu'il soit produit, le considérer comme un phénomène mécanique, équivalent à une somme déterminée de travail ou de forces vives. Le mouvement d'une machine où le frottement seul fait équilibre à la force motrice est ainsi ramené aux règles ordinaires de la mécanique.

135. **Équivalent mécanique de la chaleur.** — Si le phénomène qui a servi à définir l'unité de chaleur (92) n'est, comme tous les phénomènes analogues, qu'un phénomène mécanique, équivalent à une quantité de travail déterminée, toutes les fois qu'on voudra développer par le frottement la quantité de chaleur nécessaire pour élever de zéro à 1 degré la température de l'unité de poids d'eau, il faudra dépenser précisément cette quantité de travail. Il faudra donc dépenser une quantité de travail m fois supérieure pour dégager m unités de chaleur; en d'autres termes, il devra exister, entre la quantité de travail dépensée et la quantité de chaleur développée, un rapport constant, indépendant de la nature des corps qui frottent l'un contre l'autre et de la manière dont s'exerce le frottement. On pourra donner à ce rapport le nom d'*équivalent mécanique de la chaleur*.

Ces conclusions sont, comme on va le voir, vérifiées par l'expérience directe.

136. **Expériences de Joule sur la chaleur développée par le frottement.** — Pour étudier les effets calorifiques produits

par le frottement des liquides sur eux-mêmes et sur les solides, M. Joule a employé un cylindre métallique, rempli d'eau ou de mercure, et portant, sur deux couples d'arêtes opposées, des palettes fixes, comme l'indique la figure 95 qui représente une coupe du

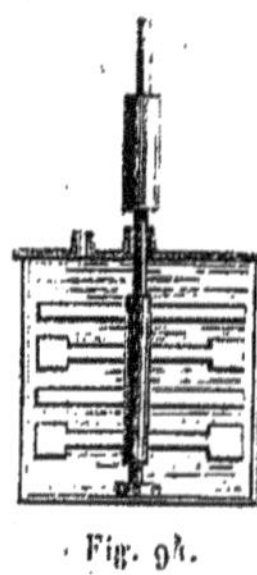

Fig. 94.

Fig. 95.

cylindre perpendiculaire à son axe. Dans l'axe du cylindre était un arbre vertical, qui entraînait dans son mouvement de rotation des palettes mobiles (fig. 94). — Il est évident que si l'axe est mis en

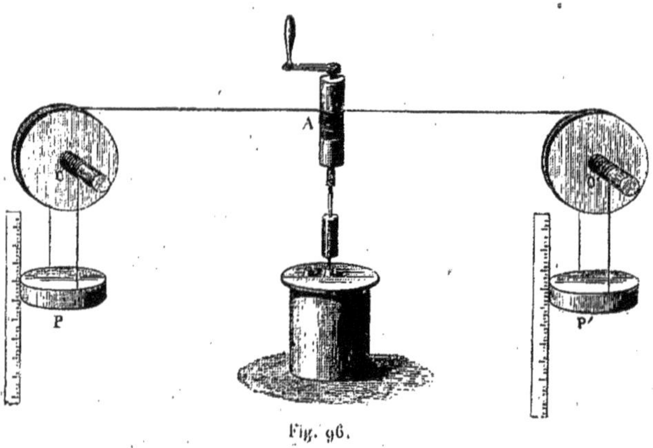

Fig. 96.

mouvement, la vitesse qu'il communiquera sans cesse au liquide se détruira constamment par le frottement du liquide sur lui-même et sur les obstacles qui s'opposent à son mouvement. En mesurant l'élévation de température de l'appareil, et tenant compte, comme à l'ordinaire, de l'influence perturbatrice du refroidissement, on aura les éléments nécessaires au calcul de la quantité de chaleur développée.

L'arbre qui portait les palettes mobiles était mis en mouvement par la chute de deux poids égaux P et P′, suspendus à des cordons enroulés sur les axes de deux treuils C et C′, comme le montre la figure 96. Les cordons qui reliaient les roues des deux treuils au cylindre de bois A, fixé sur l'arbre de l'appareil, étaient enroulés sur ce cylindre de manière que les deux actions fussent concordantes. — Connaissant la valeur des poids et le chemin parcouru sur des règles verticales graduées, on avait les éléments nécessaires à l'évaluation du travail total.

On devait retrancher de ce travail des poids moteurs le travail équivalent aux frottements des axes des poulies sur leurs supports [1], et des fils qui se trouvent à l'extérieur de l'appareil calorimétrique. — Pour l'évaluer, on supprimait les deux fils qui servaient à transmettre à l'arbre l'action motrice des poids P et P′; on remplaçait ces deux fils par un fil unique, on supprimait la liaison du cylindre A et de l'arbre à palettes, et on cherchait quel poids additionnel p il fallait placer, du côté P par exemple, pour déterminer P à descendre et P′ à monter avec une vitesse égale à celle de l'expérience principale. On mesurait ainsi le travail qu'il fallait dépenser pour vaincre les résistances nuisibles, dans des conditions identiques à celles de l'expérience principale.

Dans d'autres expériences, M. Joule a supprimé l'arbre à palettes et l'a remplacé par un axe portant un anneau conique de fonte, qui frottait sur un cône de même substance; l'appareil était d'ailleurs rempli de mercure.

On a ainsi obtenu, pour l'équivalent mécanique de la chaleur, la série des valeurs suivantes, dont l'accord est très-remarquable :

(1) Pour diminuer les frottements des axes des poulies sur leurs supports, on faisait reposer chacune des extrémités de l'axe sur les jantes croisées de poulies mobiles qui étaient entraînées dans le mouvement; c'est la disposition bien connue qui est employée dans la machine d'Atwood. E. F.

	KILOGRAMMÈTRES [1].
Frottement de l'eau sur elle-même et sur le laiton....	424,9
Frottement du mercure sur lui-même et sur le fer...	425,4
Frottement de la fonte sur elle-même.............	426,4

En exerçant sur une masse d'eau une pression déterminée, qui la force à traverser un diaphragme d'argile poreux, et observant l'échauffement produit, M. Joule a encore obtenu le nombre 425. — Il ne peut donc rester aucun doute sur l'exactitude des raisonnements qui précèdent.

M. Joule pense que le nombre le plus exact est celui qu'on déduit des expériences relatives à l'eau. Il croit même convenable d'en réduire la valeur à 424,5, pour tenir compte de la petite quantité de force vive qui se communique toujours aux supports des appareils [2].

137. **Relation entre la chaleur consommée et le travail produit par une machine à vapeur.** — On peut arriver aux mêmes conclusions par une voie qui est, pour ainsi dire, l'inverse de la précédente.

Si un corps, en passant d'un état déterminé A à un autre état B par une série donnée de transformations C, absorbe plus de chaleur qu'il n'en dégage en revenant, par une autre série de transformations C′, de l'état B à l'état A, on peut, en effectuant successivement les deux transformations C et C′, faire disparaître une certaine quantité de forces vives calorifiques, sans que le travail des forces moléculaires en offre l'équivalent mécanique. L'état du corps étant en effet le même au commencement et à la fin de l'expérience, ce travail est nul. Mais dans la première transformation

[1] L'unité adoptée pour la mesure des quantités de chaleur est la *calorie;* l'unité adoptée pour la mesure des travaux correspondants est le *kilogrammètre*. Les nombres de ce tableau expriment donc, en kilogrammètres, le travail employé à produire, dans le cylindre métallique, le développement de la quantité de chaleur représentée par une calorie. E. F.

[2] Des expériences de M. Favre sur le frottement de l'acier, effectuées à l'aide du calorimètre à mercure, ont conduit au nombre 413, qui se rapproche beaucoup des précédents.

le corps, en se dilatant, déplace le point d'application de la pression extérieure; dans la deuxième, lorsque le corps se contracte, ce point d'application se déplace en sens inverse. Il est donc à présumer que l'excès du travail effectué par le corps, dans la première période, sur le travail qui lui est appliqué dans la deuxième période, est l'équivalent de la chaleur disparue, c'est-à-dire qu'il y a entre les valeurs numériques de ces deux quantités d'espèces différentes un rapport constant, égal à l'équivalent mécanique de la chaleur.

Ce raisonnement s'applique directement à la machine à vapeur. — Supposons la machine arrivée à sa période d'activité uniforme : à chaque coup de piston, il passe du condenseur dans la chaudière un poids d'eau déterminé, qui se transforme d'abord en vapeur saturée, puis se détend à mesure que le piston se soulève, et qui retourne enfin au condenseur à mesure que le piston redescend dans le corps de pompe. Soient m le poids de cette eau, T la température de la chaudière, t celle du condenseur; la transformation de l'eau en vapeur saturée à la température T absorbe une quantité de chaleur égale à

$$m[(T-t)+606,5-0,695\,T].$$

Soit M le poids d'eau à la température θ qu'il faut introduire dans le condenseur, pendant le même intervalle de temps, pour maintenir constante la température du condenseur tandis que la vapeur y retourne et s'y liquéfie; la chaleur abandonnée par la vapeur au condenseur sera égale à

$$M(t-\theta).$$

On devra avoir, en premier lieu,

$$m[(T-t)+606,5-0,695\,T]>M(t-\theta).$$

Si maintenant on appelle P la pression variable exercée par la vapeur sur la base du piston pendant la période ascensionnelle, dh l'élément du chemin parcouru par le piston, H le chemin total, le travail effectué par la vapeur, durant cette période, sera exprimé par

$$\int_0^H P\,dh.$$

De même, en désignant par p la pression variable de la vapeur sur le piston pendant la période de descente du piston, le travail résistant de la vapeur durant cette dernière période sera représenté par l'expression analogue

$$\int_0^H p\,dh.$$

On sait que l'on a toujours

$$\int_0^H P\,dh > \int_0^H p\,dh,$$

mais il faut en outre, d'après le raisonnement précédent, que le rapport

$$\frac{\int_0^H P\,dh - \int_0^H p\,dh}{m[(T-t)+606,5-0,695\,T]-M(t-\theta)}$$

soit constant et égal à l'équivalent mécanique de la chaleur. C'est ce qu'ont vérifié les expériences suivantes.

138. **Expériences de M. Hirn.** — Pour évaluer le travail moteur ou résistant de la machine à vapeur sur laquelle portaient ses expériences, M. Hirn mesurait, au moyen d'un indicateur de Watt et à des époques très-rapprochées, la force élastique de la vapeur dans le corps de pompe : il substituait alors aux intégrales précédentes des sommes d'un nombre fini de termes, qui n'en différaient pas sensiblement. — La détermination des autres données numériques de l'expérience s'effectuait à l'aide des méthodes ordinairement employées dans les cas semblables.

Ces expériences offrent, dans leur ensemble, des difficultés pratiques qu'il est facile de concevoir; dès lors, les résultats ne peuvent être considérés comme ayant une grande exactitude absolue. — La valeur moyenne qui s'en déduirait, pour l'équivalent mécanique de la chaleur, est exprimée par le nombre 413.

139. **Généralisation du principe de l'équivalence de la chaleur et du travail mécanique.** — Si l'on a égard aux difficultés pratiques de la question, on regardera comme très-satisfaisant

l'accord des déterminations de M. Joule et de M. Hirn. — On peut d'ailleurs démontrer que, s'il y a un rapport constant entre le travail dépensé et la chaleur produite dans le frottement, et un rapport constant entre le travail produit et la chaleur consommée par une machine à vapeur, ces deux rapports sont nécessairement égaux.

Supposons en effet qu'il en soit autrement : admettons, par exemple, que, pour développer une quantité de chaleur Q par le frottement, une quantité de travail mécanique QE soit nécessaire; et que la même quantité de chaleur Q, en se consommant dans une machine à vapeur, puisse donner naissance au travail $QE(1+h)$, h étant positif. La quantité E serait ainsi l'équivalent mécanique de la chaleur déduit du frottement, et $E(1+h)$ serait l'équivalent déduit de la machine à vapeur. En dépensant une première fois la quantité de travail QE, on développera par le frottement la quantité de chaleur Q; si l'on emploie cette quantité de chaleur à faire marcher une machine à vapeur, on obtiendra le travail $QE(1+h)$, ou, ce qui revient au même, on pourra accumuler dans le volant de la machine une force vive égale à

$$2QE(1+h).$$

On pourra se servir de cette force vive pour faire marcher un appareil à frottement, et il est clair qu'on obtiendra ainsi la quantité de chaleur $Q(1+h)$. Cette quantité, en se consommant à son tour dans la machine à vapeur, accumulera dans le volant la force vive

$$2QE(1+h)(1+h)$$

ou bien

$$2QE(1+h)^2,$$

et, en répétant indéfiniment cette série d'opérations, on voit que, à l'aide d'une première dépense de travail mécanique QE, on pourra communiquer au volant d'une machine à vapeur une somme indéfiniment croissante de forces vives. Le mouvement perpétuel serait ainsi réalisé.

Si l'on supposait h négatif, on arriverait, par le même mode de raisonnement, à une conséquence également absurde : la quantité QE de travail mécanique primitivement dépensée finirait par disparaître sans produire une quantité équivalente de travail ou de force vive.

Enfin les mêmes raisonnements sont applicables à tous les phénomènes possibles : il n'existe donc réellement qu'un seul équivalent mécanique de la chaleur.

De ce qui précède on peut donc tirer les conclusions générales suivantes :

1° Toutes les fois qu'une dépense ou une production de travail ou de forces vives ne paraît avoir aucun équivalent mécanique, cet équivalent est une production ou une consommation de chaleur.

2° Toutes les fois qu'un phénomène physique paraît impliquer, non-seulement une communication de chaleur entre des corps différents, mais une véritable production ou consommation de chaleur, il y a en même temps dépense ou production de travail ou de forces vives.

3° Le rapport d'équivalence du travail mécanique et de la chaleur est le même dans tous les ordres de phénomènes, et sensiblement égal à 424,5.

140. **Expression des quantités de chaleur absorbées ou dégagées dans les changements d'état ou de volume des corps.** — Trois phénomènes se produisent en général lorsqu'on fournit à un corps une certaine quantité de chaleur :

1° La vitesse des vibrations de ses molécules est augmentée;

2° Les molécules s'écartent les unes des autres, malgré l'action des forces qui tendent à les maintenir dans leurs positions primitives d'équilibre;

3° Le point d'application des forces extérieures qui agissent sur le corps, et en particulier des pressions ou des tractions que supporte sa surface, est déplacé.

En d'autres termes, il se produit à la fois un accroissement de la somme des forces vives moléculaires, un travail *intérieur* et un travail *extérieur*. — La quantité de chaleur absorbée par le corps est l'équivalent de ce triple phénomène mécanique.

Si donc on représente par E l'équivalent mécanique de la chaleur, par Q la quantité de chaleur absorbée par un corps, par F_0 la force vive moléculaire initiale, par F la force vive finale, par I le travail intérieur correspondant à l'effet produit, et par T le travail extérieur, on aura la formule

$$EQ = \frac{1}{2}(F - F_0) + I + T.$$

L'accroissement de la somme des forces vives moléculaires et le travail intérieur ne dépendent que de l'état final et de l'état initial du corps; le travail extérieur dépend, en outre, des états intermédiaires. On peut donc, en appelant U une fonction de l'état initial et de l'état final, poser

$$EQ = U + T.$$

Cette formule paraît, dans beaucoup de cas, n'être d'aucun usage, les forces vives moléculaires et le travail intérieur échappant ordinairement, dans l'état actuel de la science, à toute détermination. Mais on a pu en tirer des conséquences importantes, en l'appliquant à des phénomènes où l'état initial était identique à l'état final, ce qui réduisait à zéro la fonction U, et permettait de comparer alors les quantités de chaleur aux travaux extérieurs, qu'il est plus facile d'évaluer [1].

[1] On a pu encore raisonner de la manière suivante : $l\,dv + c\,dt$ étant l'expression générale de la quantité de chaleur absorbée par des changements simultanés infiniment petits de volume et de température, il résulte de la formule donnée dans le texte qu'on a

$$E\,(l\,dv + c\,dt) = \frac{dU}{dv}\,dv + \frac{dU}{dt}\,dt + \delta T,$$

δT désignant le travail élémentaire extérieur. Si ce travail se réduit à celui d'une pression constante et uniforme, appliquée sur toute la surface du corps, il peut être représenté, pour chaque élément de surface $d^2\sigma$ qui se déplace d'une quantité dh suivant la normale à la surface, par

$$p\,d^2\sigma\,dh\,;$$

le travail élémentaire total est donc

$$\iint p\,d^2\sigma\,dh.$$

Or, si l'on remarque que p est constant et que dv n'est autre chose que $\iint d^2\sigma\,dh$, on voit que cette expression du travail élémentaire total se réduit à

$$p\,dv,$$

et l'équation précédente devient

$$E\,(l\,dv + c\,dt) = \frac{dU}{dv}\,dv + \frac{dU}{dt}\,dt + p\,dv,$$

d'où l'on tire, en remarquant que l'équation doit être satisfaite quelles que soient les

On doit d'ailleurs remarquer ici une conséquence générale de la formule. Pour que deux phénomènes caractérisés par le même état initial et le même état final absorbent ou dégagent des quantités égales de chaleur, il n'est pas nécessaire que tous les états intermédiaires soient identiques. Il suffit que le travail extérieur ait la même valeur dans les deux cas. Par exemple, dans les expériences de M. Regnault sur les chaleurs latentes de vaporisation, l'eau se vaporise et la vapeur se condense sous une même pression; le travail négatif de cette pression dans la vaporisation est donc égal à son travail positif dans la condensation, et les deux phénomènes doivent absorber et dégager des quantités égales de chaleur, lors même qu'ils ne seraient pas absolument inverses l'un de l'autre.

141. **Étude spéciale des gaz. — Le travail intérieur est sensiblement négligeable dans les gaz.** — L'application de la théorie mécanique de la chaleur aux gaz permanents a été singulièrement facilitée par les expériences dans lesquelles M. Joule a démontré que le travail intérieur est négligeable dans cette classe de corps.

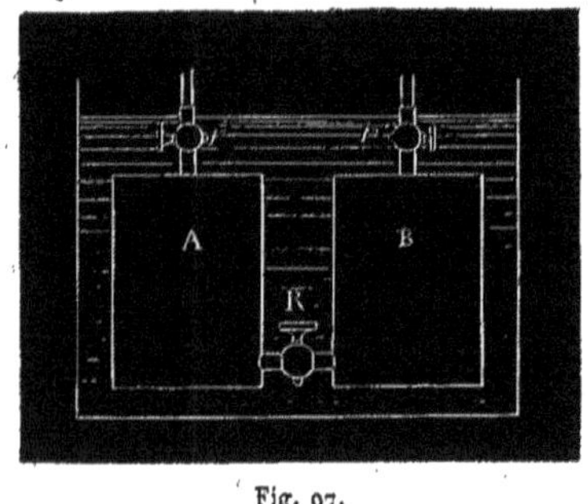

Fig. 97.

Première expérience. — Deux récipients métalliques A et B (fig. 97), réunis à la partie inférieure par un tube à robinet R, sont plongés dans un calorimètre à eau; le premier récipient contient un gaz à vingt-deux atmosphères de pression, le second est vide. — Le robinet R étant ouvert, le gaz se répartit également entre les deux récipients, de manière que

valeurs de v et de t, qui sont des variables indépendantes,

$$l = \frac{1}{E}\left(\frac{dU}{dv} + p\right),$$

$$c = \frac{1}{E}\frac{dU}{dt}.$$

Si l'on différentie la première équation par rapport à t, la seconde par rapport à v, et qu'on son volume soit doublé et sa pression réduite de moitié. L'expérience montre que la température du calorimètre reste invariable : il en résulte qu'il n'y a ni absorption ni dégagement de chaleur.

Deuxième expérience. — On supprime le récipient B; on condense dans le récipient A de l'air sous la pression de deux atmosphères. On réunit le tube d'écoulement avec la tubulure supérieure d'une cloche B pleine d'eau, renversée sur la cuve à eau (fig. 98). — On

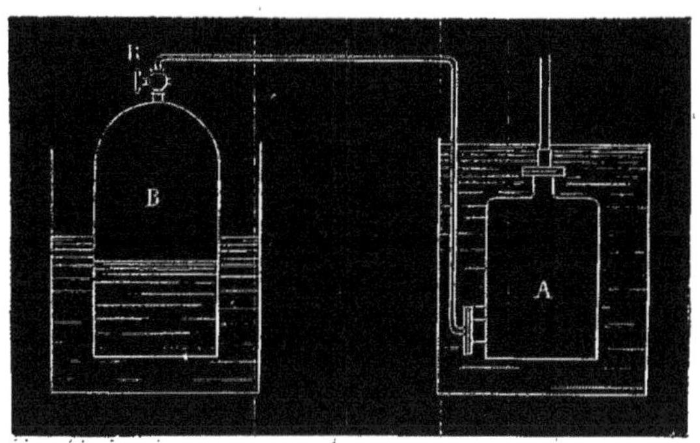

Fig. 98.

ouvre les robinets : le gaz passe dans la cloche, jusqu'à ce que la pression soit réduite à une atmosphère. La variation de température du calorimètre accuse une absorption proportionnelle au travail résistant de la pression qui a agi sur le gaz par l'intermédiaire de l'eau.

Troisième expérience. — Les deux récipients A et B sont placés dans deux calorimètres différents (fig. 99). Le récipient A contient un gaz sous la pression de vingt-deux atmosphères; le récipient B est vide. — Lorsque la communication est établie, il y a, dans le calorimètre qui environne A, abaissement de température; dans le calorimètre qui environne B, élévation de température; les deux variations accusées par l'expérience étant égales et de sens contraires, il y a com-

les retranche l'une de l'autre, on obtient la relation

$$\frac{dl}{dt} - \frac{dc}{dv} = \frac{1}{E}\frac{dp}{dt},$$

dans laquelle il n'entre plus que des quantités accessibles à l'observation, et qui doit être satisfaite pour tous les corps de la nature.

pensation exacte, et le résultat de la première expérience se trouve ainsi confirmé. On voit en même temps que le gaz conserve toujours la propriété de se refroidir lorsqu'il se dilate, mais que, lors-

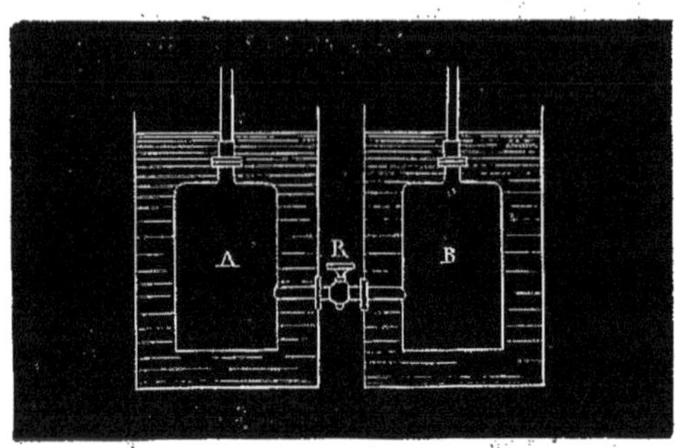

Fig. 99.

qu'il n'y a pas de travail extérieur, cet effet est exactement compensé par la chaleur que dégagent les frottements et les chocs, qui détruisent en peu d'instants la vitesse communiquée aux molécules du gaz chassé du premier récipient dans le deuxième.

Les résultats de la troisième expérience de M. Joule ont été vérifiés par M. Regnault dans les conditions les plus variées.

Une ancienne expérience de Gay-Lussac, analogue à la troisième expérience de M. Joule, fournit les mêmes résultats. — Deux grands ballons de verre A, B, réunis par un tube à robinet CC' (fig. 100), contiennent des thermomètres. Le robinet R étant fermé, on fait le vide dans le ballon B. Après un certain temps, nécessaire pour que la température devienne stationnaire en B, on ouvre le robinet R : on constate que l'abaissement de température accusé par le thermomètre T est égal à l'élévation du thermomètre T'[1]. — Mais il n'en est rigoureusement ainsi que lorsque les deux réservoirs thermométriques

[1] L'appareil figuré ci-dessus diffère de celui de Gay-Lussac par une disposition particulière qui permet d'évaluer les variations de température avec une certaine précision. Les thermomètres des ballons A et B sont formés par une série de boules de verre qui contiennent de l'air : le premier communique par le tube T avec un tube droit S qui plonge dans un godet contenant de l'acide sulfurique ; l'autre présente une disposition semblable. Les robinets r et r' étant d'abord ouverts, on raréfie un peu l'air dans les deux thermomètres, et on les fait communiquer par un tube de caoutchouc, de façon à obtenir la même ascension

sont placés à des distances un peu grandes de l'orifice d'écoulement; au voisinage de cet orifice, les phénomènes sont beaucoup plus compliqués, et il est impossible d'arriver à des conclusions certaines par ce genre d'observations.

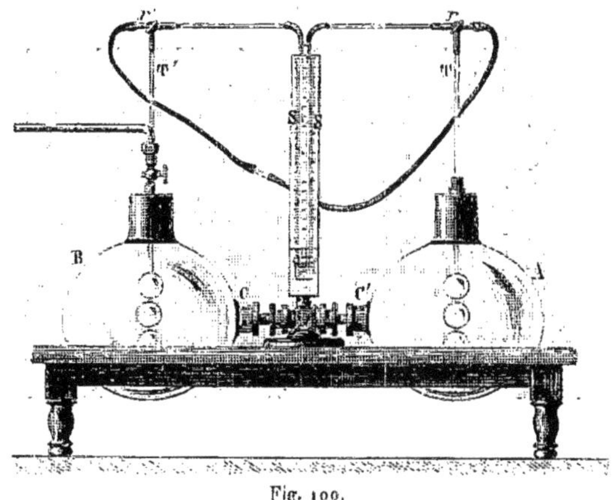

Fig. 100.

Ainsi, lorsqu'un gaz se dilate sans produire de travail extérieur, il ne dégage ni n'absorbe de chaleur, et il en est de même quand il se contracte. — Il n'y a donc, dans le simple changement de volume, ni travail intérieur, ni variation de la somme des forces vives moléculaires.

142. **Relation entre l'équivalent mécanique de la chaleur et les données numériques caractéristiques des gaz.** — De la propriété remarquable qui vient d'être énoncée il résulte que la chaleur absorbée dans la dilatation d'un gaz est exactement l'équivalent du travail extérieur effectué par le gaz, et que la chaleur dégagée dans la compression est l'équivalent du travail de la force par

du liquide en S et en S'. Les thermomètres étant ainsi réglés, on tourne r et r' de manière à supprimer les communications avec le tube de caoutchouc qui les réunissait, et on opère sur les ballons A et B comme il a été dit. — L'abaissement de température qui se produit en A est marqué par une ascension du liquide en S, et l'élévation de température en B est indiquée par un abaissement du liquide en S'. E. F.

laquelle le gaz est comprimé. On a donc, en considérant une variation infiniment petite de volume,

$$l\,dv = \frac{1}{E}p\,dv$$

ou

$$l = \frac{1}{E}p\text{ [1]}.$$

On a vu d'autre part (107) que

$$C = c + l\frac{\alpha v}{1+\alpha t},$$

c'est-à-dire que

$$l = (C - c)\frac{1+\alpha t}{\alpha v},$$

C étant la chaleur spécifique sous pression constante, c la chaleur spécifique sous volume constant, v le volume de l'unité de poids, et α le coefficient de dilatation. On a donc, en remplaçant l par cette valeur,

$$C - c = \frac{1}{E}\cdot\frac{\alpha v p}{1+\alpha t},$$

ou enfin

$$C - c = \frac{1}{E}\alpha v_0 p_0,$$

relation entre l'équivalent mécanique de la chaleur et des données numériques exactement définies, qui doit se trouver satisfaite pour tous les gaz permanents.

143. **Application de la formule précédente à quelques gaz en particulier. — Nouvelle détermination de l'équivalent mécanique de la chaleur.** — La formule qui précède est vé-

[1] On obtient cette équation d'une autre manière, en remarquant que la fonction représentée plus haut par U est, dans les gaz, indépendante du volume, d'après les expériences de Joule. En se reportant à la note de la page 218, on voit immédiatement que, si

$$\frac{dU}{dv} = 0,$$

on a

$$l = \frac{1}{E}p.$$

rifiée par la concordance des valeurs de E qui s'en déduisent, lorsqu'on l'applique à l'air, à l'oxygène, à l'azote et à l'hydrogène :

Air	426,0
Oxygène	425,7
Azote	431,3
Hydrogène	425,3

Ces nombres sont tous supérieurs au nombre 425, qui se déduit des expériences de M. Joule sur le frottement; mais on doit remarquer que la chaleur spécifique à volume constant c et surtout la différence $C-c$ ne sont pas actuellement déterminées avec une grande précision. La mesure de la vitesse du son donne la valeur de $\sqrt{\frac{C}{c}}$; si cette expression est déterminée à $\frac{1}{300}$ près, par exemple, $\frac{C}{c}$ ne se trouve déterminé qu'à $\frac{1}{150}$ près, et, la valeur moyenne de ce rapport étant un peu inférieure à $\frac{3}{2}$ l'erreur relative dont peut être affectée la valeur de $C-c$ dépasse $\frac{1}{50}$.

Appliquée à l'acide carbonique et au protoxyde d'azote, la formule conduit aux nombres 410 et 400. On doit conclure de là, non pas, comme on l'a dit quelquefois, qu'il y a autant d'équivalents mécaniques de la chaleur que de gaz différents, ce qui impliquerait la possibilité du mouvement perpétuel, mais simplement que, dans ces deux gaz, le travail intérieur qui accompagne les changements de volume ne peut pas être regardé comme négligeable. En effet, l'absence de tout travail intérieur dans les changements de volume présente tous les caractères de ces propriétés simples et générales qui n'appartiennent rigoureusement à aucun gaz, mais dont les propriétés réelles des gaz se rapprochent d'autant plus que ces corps s'éloignent davantage de leur point de liquéfaction. Une formule qui suppose nul le travail intérieur peut donc être assez exactement applicable aux gaz permanents, et se trouver entièrement en défaut pour l'acide carbonique ou le protoxyde d'azote.

On doit d'ailleurs remarquer que les expériences de M. Joule, tout en établissant avec certitude que le travail intérieur est, dans les gaz, fort peu considérable relativement au travail extérieur, ne comportent pas la précision qui serait nécessaire pour démontrer que ce travail intérieur est absolument négligeable. La densité d'un gaz, même comprimé à vingt-deux atmosphères, est si faible par rapport à celle de l'eau, qu'une variation très-sensible de la température moyenne du gaz qui se dilate, dans la première expérience de M. Joule (141), peut n'entraîner aucune variation appréciable de la température du calorimètre. — Il fallait donc, pour savoir si le travail intérieur est rigoureusement négligeable dans les divers gaz sur lesquels on peut opérer, avoir recours à de nouvelles expériences, faites dans des conditions telles, que les moyens d'observation offrissent une sensibilité supérieure à celle des expériences précédentes.

144. **Le travail intérieur est-il rigoureusement négligeable dans tous les gaz?** — Pour résoudre directement la question, MM. Joule et William Thomson ont modifié comme il suit les expériences primitives de M. Joule.

Le gaz, fortement comprimé, s'échappe dans le vide au travers d'un diaphragme poreux, tel qu'une plaque d'ardoise ou de porcelaine dégourdie, ou une série de disques d'étoffe superposés; le frottement des molécules gazeuses contre la matière du diaphragme réduit la vitesse d'écoulement à une très-petite valeur, en sorte que la force vive développée dans le phénomène est entièrement négligeable. Donc, si le gaz se refroidit en traversant le diaphragme, son abaissement de température sera entièrement dû au travail intérieur; si le travail intérieur est nul, la température du gaz demeurera constante. Des thermomètres de petites dimensions permettent de constater et même de mesurer avec précision de très-faibles variations de température, et la sensibilité du procédé est incomparablement supérieure à celle de la méthode primitive de M. Joule. — L'expérience a montré que, dans le cas de l'hydrogène, le refroidissement est absolument inappréciable; que, dans le cas de l'air, il est faible, mais appréciable sans incertitude; enfin qu'il est très-sensible dans le cas de l'acide carbonique.

145. **Hypothèse sur la constitution des gaz**[1]. — L'identité très-approchée des lois de compressibilité et de dilatation des divers gaz a conduit depuis longtemps les physiciens à admettre que, dans ces corps, les actions réciproques des molécules sont à peu près insensibles. — La loi du mélange des gaz semble même donner à cette conception un caractère de nécessité absolue. Si, dans les gaz, les actions moléculaires avaient une valeur sensible, cette valeur ne saurait être la même pour les actions qui s'exercent entre deux molécules de même nature, et pour celles qui s'exercent entre deux molécules de natures différentes. Il serait donc impossible de concevoir comment, en introduisant, par exemple, dans une capacité pleine d'hydrogène, un volume égal d'oxygène ayant la même pression, on double la pression totale, comme si l'on introduisait un second volume d'hydrogène.

Ainsi il paraît nécessaire d'admettre que, aux distances qui séparent les unes des autres les molécules d'un gaz, les actions réciproques de ces molécules sont insensibles. Mais une difficulté nouvelle se présente aussitôt. Comment se fait-il que des molécules qui n'exercent les unes sur les autres aucune action constituent un système tellement lié dans toutes ses parties, qu'on ne puisse en modifier la densité ou la température en quelque point, sans que la modification se fasse sentir dans tout le système? — On ne peut guère s'en rendre compte qu'en attribuant aux molécules des vitesses dirigées dans tous les sens, variables d'une molécule à l'autre, mais présentant la même valeur moyenne dans toute l'étendue du gaz si la température et la pression sont uniformes.

Les molécules venant, par suite de leurs mouvements, se heurter tour à tour les unes contre les autres, on conçoit qu'elles puissent modifier réciproquement leur état; on conçoit aussi que, de leurs chocs incessamment renouvelés contre les limites de la capacité qui les renferme, il puisse résulter l'apparence d'une pression uniforme et continue. A cause de la grandeur des intervalles moléculaires, presque toutes les molécules, à un instant donné, doivent se mouvoir comme si elles n'étaient soumises à l'action d'aucune force, c'est-à-

[1] Cette hypothèse sur la constitution des gaz avait été proposée, dès 1738, par Daniel Bernoulli; elle a été renouvelée par M. Joule à une époque récente.

dire en ligne droite et avec une vitesse constante. Les molécules, en très-petit nombre, qui se trouvent à cet instant très-rapprochées les unes des autres, s'influencent réciproquement et modifient aussi bien la forme de leurs trajectoires que la grandeur de leurs vitesses; mais ces modifications ne durent qu'un temps très-court, après lequel les molécules s'écartent de nouveau les unes des autres et rentrent dans les conditions générales du système; ou bien elles aboutissent à un un choc central ou latéral, et comme, dans un gaz homogène, les masses des molécules sont égales ainsi que leurs vitesses moyennes, les vitesses ne font que changer de direction sans changer de grandeur. Tout se passe donc, à très-peu près, comme si les diverses molécules cheminaient sans cesse en ligne droite, suivant toutes les directions imaginables, sans jamais se rencontrer, et que leur mouvement ne fût modifié qu'à la suite de leurs chocs contre les parois.

Si les parois sont parfaitement élastiques et maintenues immobiles, chaque molécule qui vient s'y heurter se réfléchit en changeant la direction de son mouvement, mais en conservant sa vitesse initiale tout entière. — Si l'immobilité de la paroi résulte de l'action d'une force extérieure, par exemple de la pression d'un poids dont elle est chargée, cette force doit être considérée comme substituant, à la composante normale de la vitesse des molécules qui viennent en un temps donné choquer la paroi, une composante égale et de signe contraire, ou, ce qui revient au même, comme imprimant à ces molécules une vitesse normale, de signe contraire à cette composante et de grandeur double. Elle a donc pour mesure le produit du nombre N des molécules qui viennent frapper la paroi, dans l'unité de temps, par la masse m des molécules et par la vitesse moyenne u. Ainsi la pression extérieure p à laquelle le gaz fait équilibre peut être exprimée par la formule

$$p = kNmu,$$

k étant un coefficient constant, qu'on ne cherchera pas à déterminer. — Mais le nombre N est lui-même proportionnel d'une part au nombre n des molécules contenues dans l'unité de volume, et d'autre part au nombre de fois qu'une molécule donnée vient heurter la paroi pendant l'unité de temps; il est donc proportionnel à la vitesse moyenne, car le temps qui s'écoule entre deux chocs successifs d'une même molécule doit évidemment être en raison inverse de la vitesse[1]. — Donc, en définitive, la pression à laquelle le gaz fait équilibre peut être exprimée par

$$p = hnmu^2,$$

h étant un nouveau coefficient constant.

146. Propriétés générales des gaz, déduites de l'hypothèse précédente. — La pression étant, d'après ce qu'on vient de voir, proportionnelle au nombre de molécules contenues dans l'unité de volume, est proportionnelle à la densité du gaz : la *loi de Mariotte* est donc une conséquence nécessaire de l'hypothèse qu'on vient de faire sur la constitution des corps gazeux.

L'identité des coefficients de dilatation en est une autre conséquence. En effet, si l'on a deux volumes égaux de gaz différents, contenant des nombres égaux de molécules, et que, dans chaque gaz, le produit de la masse d'une molécule par le carré de la vitesse soit le même, ces deux gaz auront la même pression; en outre, lorsqu'on les mettra en rapport direct l'un avec l'autre, le choc réciproque de leurs molécules n'aura pour conséquence aucune modifi-

(1) Soit, par exemple, un vase prismatique ABCD (fig. 101), contenant un gaz dont la pression et la température sont constantes; la molécule de gaz qui, à un instant donné, vient frapper la paroi AB au point M, suivant une direction inclinée d'un angle α sur la normale à la paroi, reviendra de nouveau frapper la même paroi en M', après avoir parcouru la ligne brisée MNPQRSM' dont la longueur est $\frac{2a}{\cos\alpha}$, a désignant la hauteur AC du vase. L'intervalle de ces deux chocs successifs est égal à $\frac{2a}{u\cos\alpha}$ pour la molécule considérée; on voit donc que l'intervalle de deux chocs successifs, constant pour une molécule déterminée, change quand on passe d'une molécule à une autre, puisqu'il est inversement proportionnel à cos α; mais il demeure toujours proportionnel à $\frac{2a}{u}$, c'est-à-dire que cet intervalle est toujours en raison inverse de la vitesse u.

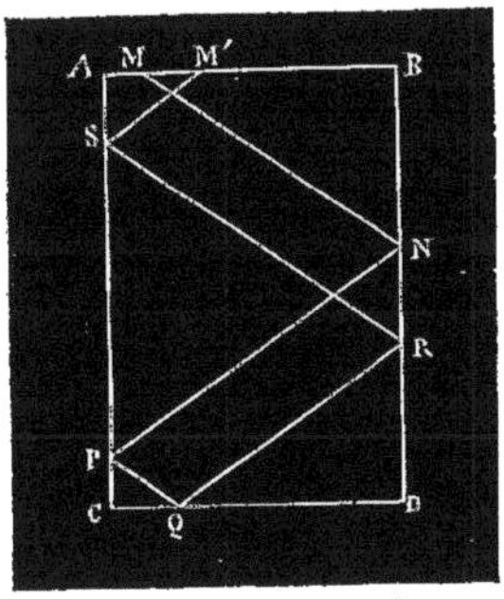

Fig. 101.

cation de leurs vitesses, puisque la force vive individuelle de ces molécules est la même. Ainsi, les deux gaz ne produiront l'un sur l'autre aucune modification, ce qui revient à dire qu'on devra les considérer comme ayant même température. L'égalité des forces vives moléculaires implique donc l'égalité de température. En d'autres termes, la force vive moléculaire est une fonction de la température qui est la même pour tous les gaz, et, comme la pression est proportionnelle à cette force vive, il est clair que la relation entre la pression et la température doit être la même pour tous les gaz. De là l'*identité des coefficients de dilatation à volume constant*, et par suite, en supposant la loi de Mariotte rigoureusement exacte, l'*identité des coefficients de dilatation à pression constante*[1].

147. **Températures absolues.** — On sait que la température est définie par la pression même d'un gaz permanent, de telle sorte qu'en appelant t la température d'un pareil gaz, et α le coefficient de dilatation, la pression de ce gaz varie proportionnellement à

$$\frac{1}{\alpha}+t,$$

c'est-à-dire à

$$273+t,$$

tant que le volume reste invariable. La force vive moléculaire est donc proportionnelle à la température qui serait comptée sur un thermomètre à air à partir de 273 degrés au-dessous de la température de la glace fondante; à $-273°$, la force vive moléculaire serait nulle, et le gaz, formé de molécules inertes et immobiles, deviendrait incapable d'exercer aucune pression ou de modifier la température d'aucun corps. — On peut donc considérer la température de $-273°$ comme le *zéro absolu* de chaleur, et désigner sous le nom de

[1] On a raisonné dans ce passage comme si la vitesse de toutes les molécules du gaz était la même, ce qui n'a pas lieu en réalité; mais on conçoit aisément que les conclusions devront subsister pourvu que, dans les deux gaz considérés, la valeur moyenne des forces vives moléculaires soit la même. L'état particulier des diverses molécules de l'un des gaz pourra être modifié par la rencontre des molécules de l'autre gaz; mais les états moyens ne seront pas altérés, et cette constance de l'état moyen importe seule à l'égalité des températures.

températures absolues les températures comptées à partir de cette origine [1].

La considération des températures absolues est d'une grande importance pour la théorie des machines qui reçoivent leur puissance motrice de l'action de la chaleur, c'est-à-dire d'une conversion de la chaleur en travail mécanique. — Dans toutes ces machines, en même temps qu'une quantité q de chaleur se transforme en travail mécanique, une autre quantité Q passe du foyer de chaleur sur un corps plus froid, d'où il n'est pas possible de la retirer pour la faire servir à l'entretien du mouvement de la machine. Le rapport $\frac{q}{Q}$, c'est-à-dire le rapport de la dépense calorifique utile à la dépense inutile, est au plus égal à la limite déterminée par la règle suivante, qu'on énoncera ici sans la démontrer :

Si T et t sont les valeurs *absolues* de la plus haute et de la plus basse température qui soient réalisées dans la machine, le rapport de la dépense utile à la dépense inutile est au plus égal à

$$\frac{T-t}{t}\text{ [2]}.$$

148. **Origine mécanique de la chaleur chimique.** — Les principes qu'on vient de développer conduisent à envisager sous un nouveau point de vue les phénomènes thermiques dont les réactions chimiques sont accompagnées.

La chaleur qui apparaît ou qui disparaît dans une réaction n'est autre chose que l'équivalent du travail des affinités chimiques qui

[1] On peut remarquer encore que si, comme l'admettent tous les chimistes, les divers gaz simples contiennent, à volume égal et sous la même pression, le même nombre de molécules, des quantités égales de chaleur sont nécessaires pour élever d'un même nombre de degrés la température de volumes égaux de tous ces gaz. La conclusion est évidente lorsque l'élévation de température a lieu sans changement de volume; elle n'est pas moins certaine s'il y a changement de volume, puisque le travail extérieur qui accompagne ce changement de volume, et qui est le seul dont on doive se préoccuper (141), est indépendant de la nature du gaz.

[2] On a admis cette règle comme une généralisation d'un certain nombre de cas particuliers où il est facile de démontrer qu'elle se vérifie; on a fait voir ensuite que si elle n'était pas absolument générale, il serait possible, dans certains cas, d'échauffer un corps au moyen et aux dépens de corps à une température plus basse. L'échelle des températures n'aurait pas ainsi le caractère absolu que paraît lui assigner l'expérience.

s'exercent entre les molécules des divers corps mis en présence. — Lorsque ces corps se combinent entre eux, le travail est généralement positif, puisque, en définitive, les molécules qui se combinent abandonnent leurs positions actuelles pour obéir aux affinités, c'est-à-dire pour se déplacer dans le sens où ces forces les sollicitent à se mouvoir; il y a donc, en général, dégagement de chaleur. — Pour une raison inverse, dans la plupart des décompositions, il y a absorption de chaleur.

Dans certains cas exceptionnels, la formation d'une combinaison est accompagnée d'une absorption de chaleur, et la destruction d'un composé chimique est accompagnée d'un dégagement de chaleur. — On en doit conclure qu'il y a alors quelque anomalie dans le travail des affinités, et cette anomalie est accusée le plus souvent par l'ensemble des propriétés chimiques. Les éléments réunis dans une pareille combinaison paraissent presque toujours s'y trouver dans un état d'équilibre forcé et très-peu stable, état qu'ils tendent à abandonner dès qu'ils reçoivent d'une action extérieure le moindre dérangement : c'est ce qu'on observe pour l'eau oxygénée, le polysulfure d'hydrogène, etc.

Si un phénomène chimique, en s'accomplissant, déplace le point d'application d'une force extérieure en sens contraire de la direction de la force, ou met en mouvement des corps étrangers à la réaction, le travail ou la force vive que produit ce phénomène représente l'équivalent d'une partie du travail des affinités. La chaleur dégagée n'est plus alors que l'équivalent de l'autre partie : elle doit donc être moindre que dans les conditions d'où ce développement de travail ou de force vive a été écarté. — Ainsi, la poudre qui lance un projectile et fait reculer l'arme où elle fait explosion dégage certainement moins de chaleur que la poudre qu'on enflammerait dans un vase clos, capable de résister à son expansion subite. — L'hydrogène qui brûle dans la machine Lenoir[1], et qui entretient le mouvement continu de cette machine, dégage moins de chaleur que l'hydrogène

[1] Dans cette machine, que la petite industrie commence à adopter pour de nombreux usages, un mélange d'air et de gaz à éclairage, c'est-à-dire un mélange d'oxygène, d'hydrogène, de quelques carbures d'hydrogène et d'azote, est enflammé, sous le piston d'un corps de pompe, par une étincelle d'induction. L'explosion fait mouvoir le piston dans un

qui s'unit à l'oxygène dans le calorimètre à eau de MM. Favre et Silbermann.

149. **Chaleur animale.** — La chaleur animale a été considérée par Lavoisier comme ayant une origine chimique. Aucune objection sérieuse n'a été faite à cette théorie; mais on doit convenir que, dans l'état actuel de la physiologie, on ne peut démontrer rigoureusement que la chaleur dégagée par un animal soit numériquement la somme des quantités de chaleur dégagées par les diverses réactions chimiques qui ont lieu entre le corps de l'animal et l'atmosphère extérieure, et dont l'ensemble constitue la respiration. Il n'est pas permis d'évaluer cette chaleur, comme on l'a fait souvent, au moyen des quantités d'acide carbonique ou d'eau produites par la respiration, en supposant que tout se soit passé comme si l'oxygène de l'air avait brûlé du carbone et de l'hydrogène libres, au lieu de brûler ces deux éléments engagés dans des combinaisons organiques plus ou moins complexes.

On a admis que la puissance motrice des animaux a son origine dans les phénomènes chimiques de la respiration, et par conséquent que ces phénomènes doivent dégager moins de chaleur lorsque l'animal emploie ses forces à la production d'un travail extérieur que lorsqu'il demeure en repos. — Ce principe, introduit dans la science par M. Joule et par M. Mayer[1], a été vérifié sur l'homme de deux manières différentes.

D'après les expériences de M. Béclard, un thermomètre sensible, appliqué sur les muscles du bras, accuse une élévation de température toutes les fois qu'on vient à contracter ces muscles. — Si, en se contractant, les muscles du bras soulèvent un poids, l'élévation de température est moindre que si la contraction a lieu à vide.

Dans les expériences dues à M. Hirn, un homme s'introduit dans un espace clos où l'air est sans cesse renouvelé par des dispositions qu'il est inutile de décrire. On mesure d'une part l'acide carbonique

sens déterminé; une seconde explosion, produite de l'autre côté, le fait revenir en sens inverse, tandis que la vapeur d'eau et l'acide carbonique qui résultent de la première explosion s'échappent dans l'atmosphère.

[1] Jules-Robert Mayer, médecin allemand, qui a le premier énoncé le principe de l'équivalence du travail mécanique et de la chaleur.

expiré, et d'autre part la chaleur que cet acide carbonique abandonne en traversant le serpentin d'un calorimètre, soit pendant que le sujet de l'expérience est en repos, soit pendant qu'il fait mouvoir une sorte de *treadmill*. — La quantité d'acide carbonique expiré et la quantité de chaleur produite sont plus grandes dans le deuxième cas que dans le premier, mais le rapport de la quantité de chaleur produite à la quantité d'acide carbonique expiré est, au contraire, notablement moindre. — Ainsi le travail chimique de la respiration est accéléré par l'exercice musculaire, mais en même temps l'effet calorifique d'une quantité donnée d'actions respiratoires est diminué.

150. **Effets thermiques de la végétation.** — La végétation doit être considérée, au moins dans les végétaux supérieurs, comme une source de froid qui absorbe continuellement une partie de la chaleur apportée par les rayons solaires au globe terrestre.

On sait, en effet, que le résultat définitif de la vie d'un végétal est de fixer dans ses tissus le carbone qu'il emprunte à l'acide carbonique de l'air. Or la formation de l'acide carbonique dégage de la chaleur; la destruction de l'acide carbonique doit donc en absorber. — C'est pourquoi l'influence des rayons solaires, directs ou diffusés, est indispensable à la végétation.

151. **Hypothèse mécanique sur l'origine de la chaleur solaire.** — Il résulte des évaluations pyrhéliométriques rapportées plus haut (125) que, si la chaleur spécifique du soleil était égale à l'unité, la température de cet astre aurait dû s'abaisser de plus de 6000 degrés depuis quatre mille ans, c'est-à-dire depuis l'origine des temps historiques. D'autre part, ce qu'on sait de la distribution géographique de certains végétaux (palmiers, céréales, arbres à fruit, etc.) aux époques les plus anciennes ne permet pas de supposer que les climats aient éprouvé de grands changements depuis les temps historiques. Il faut donc admettre, ou bien qu'un abaissement de température de 6000 degrés est insignifiant par rapport à l'excès actuel de la température du soleil sur la température de la terre[1],

[1] MM. Foucault et Fizeau, en comparant l'action chimique des rayons solaires avec celle des rayons émis par les charbons incandescents de la pile voltaïque, ont démontré

ou bien qu'il existe, dans l'économie actuelle de la nature, une source de chaleur qui restitue incessamment au soleil ce que son rayonnement lui fait perdre.

Or, si la masse du soleil allait sans cesse en s'accroissant par une précipitation continuelle de matière cosmique (comètes, aérolithes, etc.), la chaleur dégagée par le choc de cette matière contre le globe solaire pourrait rendre compte de l'invariabilité de la température solaire. Il n'y a certainement rien d'improbable dans cette hypothèse; il semble même que la vaste nébulosité circumsolaire, connue sous le nom de *lumière zodiacale,* doive tendre sans cesse à se condenser par l'effet de l'attraction du soleil. — M. William Thomson a d'ailleurs montré qu'il suffirait d'un accroissement très-lent du soleil pour tout expliquer. Suivant ses calculs, la matière déposée en quatre mille ans sur la surface du soleil n'y formerait pas une couche assez épaisse pour augmenter d'un dixième de seconde son diamètre apparent.

que, si la surface du soleil était dans le même état que ces charbons, l'intensité de son rayonnement chimique serait réduite aux $\frac{2}{5}$ de son intensité actuelle. — Bien que cette expérience ne soit relative qu'à une espèce particulière de radiations, on en peut conclure que la température du soleil n'est pas hors de toute proportion avec les températures que nous pouvons produire artificiellement. On ne peut donc regarder une variation de 6000 degrés comme négligeable.

DU MAGNÉTISME.

CONSTITUTION DES AIMANTS.

152. **Éléments magnétiques. — Hypothèse de Coulomb et hypothèse d'Ampère.** — De toutes les expériences par lesquelles on commence ordinairement l'étude du magnétisme, on rappellera seulement ici celle qui consiste à briser un fil d'acier aimanté en un nombre quelconque de petits fragments, et à constater que chaque fragment est un aimant complet, manifestant à ses deux extrémités des propriétés opposées. — On en conclut que les phénomènes résultant de l'aimantation, ainsi que les propriétés par lesquelles un morceau de fer doux à l'état naturel diffère du même morceau de fer aimanté, ne peuvent être expliqués par l'hypothèse de deux fluides de natures opposées, qui seraient répartis en égales proportions dans tous les points des corps magnétiques à l'état naturel, et qui, sous l'influence de certaines forces extérieures, se sépareraient pour s'accumuler en des points déterminés de ces corps. Un aimant de dimensions sensibles ne peut être considéré que comme un assemblage d'un nombre immense d'aimants incomparablement plus petits. En d'autres termes, les phénomènes qui constituent l'aimantation et la désaimantation se passent dans des systèmes moléculaires de dimensions insensibles, qui peuvent recevoir le nom d'*éléments magnétiques*.

La notion des éléments magnétiques, réduite aux termes dans lesquels on vient de la présenter, ne contient rien d'hypothétique; mais, pour en tirer quelque parti, on est obligé d'introduire une hypothèse sur l'état de ces éléments et sur la nature des modifications dont ils peuvent être le siége. — Deux hypothèses principales ont été faites sur ce sujet et ont eu cours dans la science.

1° *Hypothèse de Coulomb.* — Dans l'hypothèsé de Coulomb, tous les éléments magnétiques renferment, à l'état naturel. des quantités égales et très-considérables de fluide austral et de fluide boréal, réparties uniformément. — Sous l'influence d'une force extérieure qui attire l'un des fluides de chaque élément et repousse l'autre, la distribution de ces fluides cesse d'être uniforme : l'élément se divise alors en deux régions opposées, dans chacune desquelles l'un des fluides magnétiques est prédominant.

Dans les éléments magnétiques du fer *parfaitement doux* et aimanté par influence. la distribution des fluides séparés doit être telle qu'une molécule de fluide austral ou boréal, située d'une manière quelconque à l'intérieur de chaque élément, soit en équilibre sous l'influence des forces qui agissent sur elle : en d'autres termes, la résultante de l'action extérieure qui détermine l'aimantation, et des attractions et répulsions exercées par les quantités de fluides magnétiques libres de tous les éléments, doit être nulle sur une molécule de fluide magnétique occupant une position quelconque, dans l'intérieur d'un élément quelconque. Il est évident en effet que, s'il en est ainsi, aucune molécule australe ou boréale n'étant sollicitée à se mouvoir, la distribution des fluides ne pourra s'altérer et persistera indéfiniment; tandis que, s'il en est autrement, les molécules magnétiques obéiront aux forces qui les sollicitent et l'état du système sera modifié.

Dans les éléments magnétiques de l'*acier* (et de la plupart des échantillons de fer, qui ne sont jamais entièrement doux), il suffit que la résultante dont on vient de parler soit inférieure à la résistance qui s'oppose à la séparation des fluides magnétiques combinés, ou à la réunion des fluides déjà séparés. — Lorsque ces deux forces opposées sont exactement égales, on dit que le corps est *aimanté à saturation*, parce que la séparation de quantités nouvelles des fluides opposés augmenterait l'intensité de leurs attractions réciproques, et leur permettrait de vaincre la résistance qui s'oppose à leurs mouvements. — On a désigné cette résistance sous le nom de *force coercitive*, sans rien spécifier sur sa nature.

2° *Hypothèse d'Ampère.* — Dans l'hypothèse d'Ampère, chaque élément magnétique présente deux pôles, c'est-à-dire deux extrémités constituées de telle manière que chacune d'elles attire l'une des extrémités d'un autre élément magnétique et repousse l'autre. La puissance et la situation des pôles dans chaque élément magnétique sont invariables; mais les éléments eux-mêmes sont mobiles et peuvent tourner autour de leur centre de gravité sans éprouver de résistance, s'ils font partie d'un fragment de fer parfaitement doux.

Dans l'état naturel, les éléments sont orientés de toutes les manières possibles, et la résultante de leurs actions sur un point extérieur est nulle. — Sous l'influence d'une force extérieure qui attire un système de pôles et repousse l'autre, chaque élément, s'il était isolé, tendrait à prendre une situation telle, que le moment du couple formé par ces deux actions égales et opposées fût nul. En réalité, dans un système d'éléments constituant un morceau de fer parfaitement doux, chaque élément s'oriente de manière que la somme du moment de cette action extérieure et des moments des actions exercées par tous les autres éléments soit nulle par rapport à un axe quelconque passant par son centre de gravité.

Dans l'acier et dans les autres corps doués d'une force coercitive, il suffit que cette somme de moments n'excède, relativement à aucun axe, une valeur déterminée. Si le maximun de cette somme, relativement aux divers axes que l'on peut considérer, est justement égal à cette valeur, qu'on peut prendre pour mesure de la force coercitive, il y a aimantation *à saturation* [1].

153. **Examen des hypothèses précédentes.** — En admettant que les attractions et les répulsions réciproques des fluides magnétiques sont proportionnelles aux masses et en raison inverse des

[1] Ce moment maximum est simplement, comme on le démontre en mécanique, le moment du couple résultant de la composition de tous les couples de forces égales et opposées qui agissent sur l'élément magnétique. Il y a donc saturation lorsque ce couple a une intensité telle, que, si on l'augmentait infiniment peu, il devînt capable de vaincre la résistance qui s'oppose à la rotation de l'élément.

carrés des distances, Poisson a appliqué le calcul à la première hypothèse, et a montré qu'elle rend compte de toutes les particularités de l'action réciproque des aimants ou de l'action des aimants sur le fer doux. Mais Ampère a fait voir que la deuxième hypothèse conduit aux mêmes équations fondamentales, et par suite aux mêmes explications, de sorte qu'il a paru longtemps impossible de trouver, dans les faits observés, des raisons pour préférer l'une des hypothèses à l'autre. — Des expériences récentes, relatives aux modifications que la torsion, la flexion et en général les phénomènes mécaniques peuvent apporter à l'aimantation, ont cependant fourni des arguments sérieux, sinon absolument démonstratifs, en faveur de la seconde hypothèse. Parmi toutes ces expériences, on se contentera de citer la suivante, qui est due à Wertheim.

On sait depuis longtemps que des ébranlements mécaniques peuvent d'une part diminuer l'aimantation d'un aimant d'acier trempé, et d'autre part communiquer au fer doux la faculté de conserver une faible aimantation permanente : on exprime ce double fait, dans le langage de la première hypothèse, en disant que les ébranlements mécaniques peuvent modifier la valeur de la force coercitive d'un corps magnétique. Pour montrer tout ce que cette interprétation a d'incomplet, Wertheim a placé une tige de fer imparfaitement doux dans l'axe d'une hélice traversée par un courant électrique : conformément à des lois qui seront exposées plus loin, la tige de fer s'est aimantée, et, lorsque le passage du courant électrique a été interrompu, elle a conservé une certaine aimantation, qu'on a évaluée en mesurant son action sur une aiguille aimantée un peu éloignée. On a alors tordu le fer doux : l'aimantation a diminué, mais cette diminution n'a pu être prise pour le signe d'une diminution de la force coercitive, car l'aimantation primitive a reparu tout entière lorsqu'on a supprimé la torsion et que la tige a repris sa figure initiale. — Dans une autre expérience, on a fait agir le courant électrique sur une tige tordue : on a obtenu un certain degré d'aimantation permanente, qui a diminué toutes les fois qu'on a augmenté ou diminué la torsion primitive, et qui a reparu toutes les fois qu'on est revenu à cette première torsion.

Il est difficile d'interpréter ces faits d'une manière naturelle dans l'hypothèse de Coulomb. Dans l'hypothèse d'Ampère, au contraire, on conçoit aisément que la torsion, en modifiant la situation des éléments magnétiques, modifie l'action qu'ils exercent sur un aimant extérieur.

154. **Distribution idéale des fluides magnétiques, équivalente à l'état réel d'un aimant.** — Le théorème suivant a été démontré par Poisson :

L'action d'un barreau aimanté de fer doux ou d'acier sur un point extérieur, dont la distance est très-grande par rapport aux dimensions d'un élément magnétique ou à la distance qui sépare deux éléments voisins, *est identique à l'action qu'exerceraient sur ce même point deux quantités égales de fluide boréal et de fluide austral, formant sur deux régions opposées du barreau deux couches superficielles de très-petite épaisseur, distribuées à la manière de l'électricité libre* (de manière, par conséquent, que l'épaisseur soit maximum vers les extrémités d'un barreau allongé et sur ses arêtes vives).

Ces couches idéales de fluide magnétique représentent ce qu'on appelle le *magnétisme libre* d'un barreau, et les expériences dans lesquelles on dit qu'on étudie la distribution du magnétisme dans un aimant ne font que déterminer les épaisseurs relatives de ces couches idéales en divers points.

155. **Étude expérimentale de la distribution du magnétisme libre dans un barreau.** — On peut effectuer cette détermination suivant deux méthodes différentes, appliquées toutes les deux pour la première fois par Coulomb.

1° *Méthode de la torsion.* — Le barreau à étudier AB, qu'on suppose de très-petit diamètre, est introduit dans la balance magnétique (fig. 102) de façon que son axe soit vertical, et qu'il soit en même temps très-voisin du méridien magnétique où le barreau mobile *ab* doit être placé sans que le fil suspenseur soit tordu[1]. Si les

[1] On satisfait à cette dernière condition en cherchant, par tâtonnements, une position de la pièce mobile qui soutient le fil de suspension, telle, que l'aiguille aimantée mobile et une aiguille de cuivre de même poids substituées l'une à l'autre se dirigent vers le même point de la graduation inscrite sur la cage. Il est commode de diriger ces tâtonnements de la manière suivante : 1° on suspend au fil l'aiguille de cuivre, et on note la division vers laquelle elle se dirige; 2° on remplace l'aiguille de cuivre par l'aiguille aimantée

extrémités de même nom du barreau fixe et du barreau mobile sont ainsi mises en regard, il y a répulsion : on ramène, par la torsion du fil, le barreau mobile dans sa position initiale, et, l'action de la terre étant nulle dans cette position, l'angle de torsion peut être

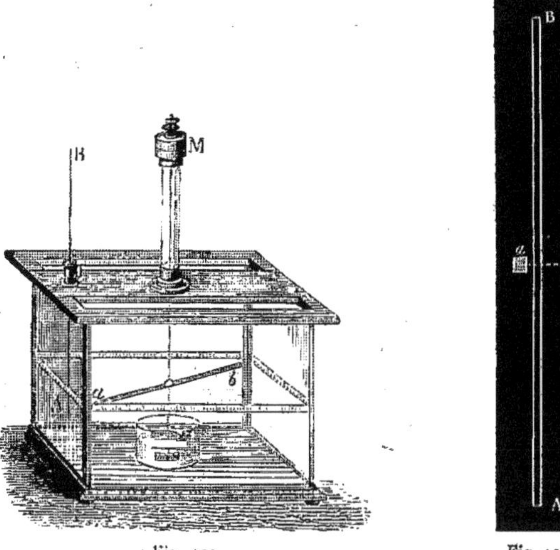

Fig. 102. Fig. 103.

pris pour la mesure de la composante efficace de la résultante des actions de tous les points du barreau fixe, c'est-à-dire de la composante horizontale perpendiculaire à l'axe du barreau mobile. D'ailleurs, si la distance des deux barreaux est très-petite, il est visible, à l'inspection de la figure 103, qu'il n'y a d'action sensible que de la part d'une très-petite longueur du barreau fixe, s'étendant à peu près à la même distance au-dessus et au-dessous du plan horizontal *a*M mené par l'axe du barreau mobile [1].

En faisant descendre plus ou moins le barreau fixe dans la cage

et on note la déviation qui en résulte; 3° on tourne le support du fil d'un angle égal à cette déviation et dans le sens où elle s'est produite; 4° on remplace l'aiguille aimantée par l'aiguille de cuivre, et on recommence la série précédente d'opérations. Il est avantageux, en outre, de faire coïncider le zéro de la graduation avec la position d'équilibre de l'aiguille, si la cage est rectangulaire, afin d'apprécier plus sûrement dans chaque expérience la division vers laquelle l'aiguille se dirige.

[1] Les actions des points du barreau fixe qui sont situés en dehors de ce plan hori-

de la balance, on peut obtenir une série de torsions proportionnelles aux quantités de magnétisme libre contenues sur de petites longueurs égales et consécutives.

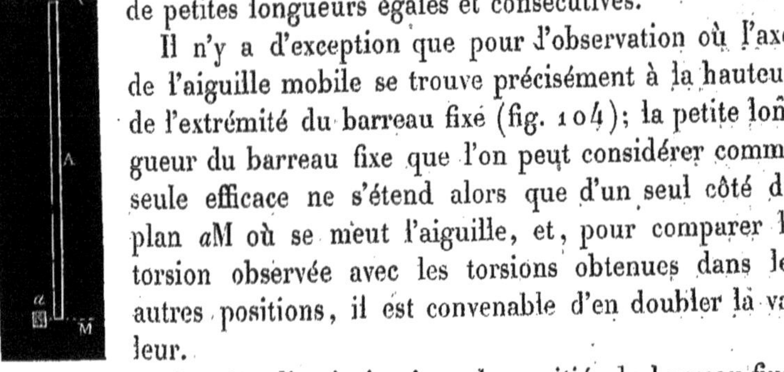

Fig. 104.

Il n'y a d'exception que pour l'observation où l'axe de l'aiguille mobile se trouve précisément à la hauteur de l'extrémité du barreau fixe (fig. 104); la petite longueur du barreau fixe que l'on peut considérer comme seule efficace ne s'étend alors que d'un seul côté du plan *a*M où se meut l'aiguille, et, pour comparer la torsion observée avec les torsions obtenues dans les autres positions, il est convenable d'en doubler la valeur.

On n'étudie ainsi qu'une des moitiés du barreau fixe; mais, en le retournant et le transportant de l'autre côté de la balance, on étudiera l'autre moitié de la même manière.

Il importe que, dans toutes ces expériences, les deux barreaux soient très-fortement trempés, afin qu'on puisse considérer la quantité de magnétisme libre développée en chaque point comme absolument invariable, et qu'il soit permis de négliger l'influence que chaque barreau exerce sur l'aimantation de l'autre.

2° *Méthode des oscillations.* — Une aiguille aimantée très-courte *ab* (fig. 105), suspendue à l'extrémité d'un fil de soie sans torsion MO, oscille au devant d'un barreau fixe AB, dressé verticalement dans le plan du méridien magnétique passant par MO. — On a déterminé, dans une expérience préliminaire, le nombre *n* des oscillations exécutées en un temps déterminé T par l'aiguille oscillant sous l'action de la terre seule. On installe ensuite le barreau fixe comme il vient d'être dit, et l'on met successivement ses diverses régions en présence de l'aiguille, à une distance constante. On détermine, chaque fois, les nombres N, N′, N″,... d'oscillations effectuées dans le même temps T, sous l'influence simultanée de l'action de la terre

zontal deviennent, quand ces points s'en éloignent d'une quantité sensible, très-rapidement négligeables par rapport à celles des points voisins. C'est ce qu'on voit aisément en remarquant que, d'une part, ces actions s'exercent à des distances rapidement croissantes, en sorte qu'elles deviennent rapidement très-petites; et que, d'autre part, elles font un angle très-grand avec le plan horizontal, et par suite donnent lieu à des composantes horizontales qui sont très-petites par rapport à ces actions elles-mêmes. E. F.

et de l'action des diverses régions du barreau. Il est aisé de voir que les quantités $N^2 - n^2$, $N'^2 - n^2$, $N''^2 - n^2$.... sont des mesures des actions de ces diverses régions, et on peut admettre encore qu'il n'y a d'action sensible que de la part d'une petite longueur du barreau, s'étendant à peu près à égale distance de part et d'autre du plan horizontal qui contient l'aiguille mobile.

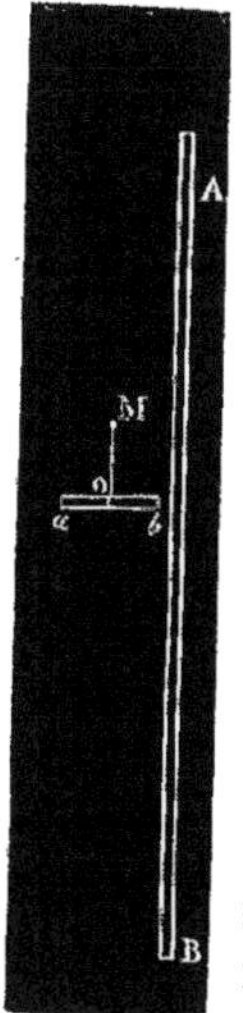

Fig. 105.

Cependant cette dernière hypothèse est moins exacte qu'elle ne l'était dans la méthode précédente, celle de la torsion : l'application de la formule du pendule suppose, en effet, que la force qui agit sur l'aiguille oscillante ne change pas sensiblement de grandeur ni de direction pendant les oscillations ; la distance de l'aiguille au barreau fixe doit donc toujours être assez grande par rapport à l'amplitude d'une oscillation, et ne peut devenir aussi petite que dans le cas de la torsion.

156. **Résultats obtenus par Coulomb.** — On est conduit, pour représenter l'épaisseur de la couche de magnétisme libre aux

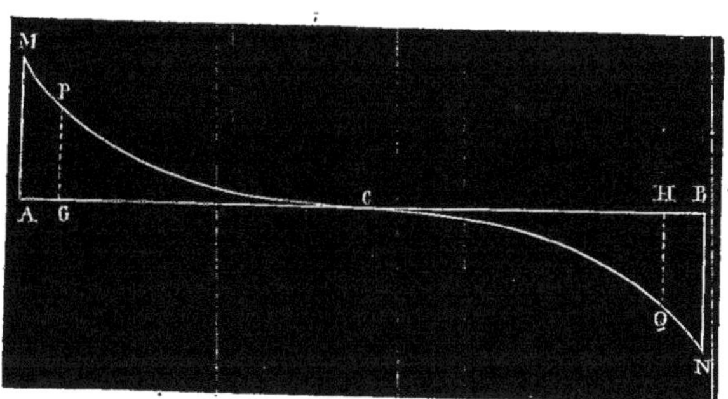

Fig. 106.

différents points d'un barreau cylindrique, à la formule empirique

$$y = A(\mu^x - \mu^{2l-x}),$$

dans laquelle y représente l'épaisseur du magnétisme libre en un point situé à une distance x de l'extrémité du barreau, $2l$ est la longueur du barreau, μ représente une constante plus petite que l'unité, enfin A est une constante de grandeur quelconque.

Si le barreau n'est pas cylindrique, mais prismatique, l'expression précédente représente l'épaisseur moyenne du magnétisme libre sur la périphérie du barreau, à la distance x de l'extrémité.

En construisant la courbe que représente cette formule. ou *courbe des épaisseurs,* et prenant la droite AB (fig. 106) égale à la longueur du barreau aimanté, on obtient deux branches CPM et CQN, symétriques par rapport au milieu C du barreau AB.

On appelle *pôles* d'un aimant les points d'application des résultantes des actions de centres très-éloignés sur les deux couches idéales de magnétisme libre auxquelles un aimant est équivalent (154), c'est-à-dire les centres de gravité de ces deux couches. Leurs distances X_1 et X_2 à l'extrémité A d'un barreau prismatique sont déterminées par les formules

$$X_1 \int_0^l y\,dx = \int_0^l xy\,dx,$$

$$X_2 \int_l^{2l} y\,dx = \int_l^{2l} xy\,dx.$$

Ces distances sont donc égales aux abscisses des centres de gravité des deux aires AMPC et BNQC.

L'action réciproque de deux aimants se réduit, d'après ce qui précède, à celle de quatre couches de magnétisme libre. Or, on démontre en mécanique que l'action réciproque de deux corps, dont les éléments s'attirent ou se repoussent en raison directe des masses et en raison inverse du carré des distances, se compose : 1° d'une force qui est la même que si les masses des deux corps étaient concentrées en leurs centres de gravité; 2° d'un système de forces exprimables par des séries dont les premiers termes sont inversement proportionnels aux cubes des distances réciproques des éléments réagissants, et que l'on peut négliger lorsque les distances sont suffisamment grandes. Il en résulte que l'action réciproque de deux aimants très-éloignés l'un de l'autre est sensiblement la même que si les deux couches de magnétisme libre qu'on peut supposer exister à la surface de chaque aimant étaient concentrées en ses pôles.

MAGNÉTISME TERRESTRE.

157. **Action de la terre sur un aimant.** — Un barreau ne change pas de poids par l'aimantation ; une aiguille aimantée flottant à la surface d'un liquide immobile prend une direction déterminée, mais n'est entraînée par aucun mouvement de translation. — On conclut de ces deux expériences que *l'action de la terre sur un aimant se réduit à un couple.*

On arrive à la même conclusion en remarquant que : dans un espace très-grand par rapport aux dimensions ordinaires d'une aiguille, la direction de cette aiguille suspendue par son centre de gravité demeure invariable, ainsi que le nombre des oscillations qu'elle effectue en un temps donné. Ces expériences prouvent, en effet, que l'action de la terre ne change ni de grandeur ni de direction, dans un espace très-grand par rapport aux dimensions ordinaires d'un barreau aimanté. On peut donc regarder les actions exercées par la terre, sur les divers éléments d'une des couches de magnétisme libre, comme proportionnelles à la masse de ces éléments et partout parallèles entre elles. De là il résulte que les actions exercées sur les deux couches de magnétisme libre par lesquelles on peut représenter l'aimant se réduisent à un couple.

158. **Couple terrestre.** — On désignera, pour abréger, sous le nom de *couple terrestre,* le couple auquel se réduit l'action de la terre sur un aimant placé dans une position déterminée, et à un instant déterminé. Il est clair que le moment de ce couple dépend à la fois de la constitution magnétique de l'aimant, de sa position et de l'action magnétique de la terre au lieu et à l'instant considérés.

Représentons par $2l$ la distance des pôles d'un aimant ; par m la quantité de magnétisme libre sur chacune des deux régions opposées qui le composent ; par f l'action exercée par la terre, au lieu où l'aimant est placé, sur la quantité de magnétisme libre qui a été prise arbitrairement pour unité, et par α l'angle que forme la direction de cette action avec la ligne des pôles de l'aimant que l'on considère. Le moment du couple terrestre, dans ce cas, aura pour expression générale

$$2mlf \sin \alpha.$$

Dans cette expression, le produit $2ml$ ne dépend que de la constitution magnétique de l'aimant considéré : c'est ce qu'on nomme le *moment magnétique* de cet aimant.

Les deux autres facteurs, f et $\sin \alpha$, sont au contraire indépendants de la constitution magnétique de l'aimant, et dépendent de l'action magnétique de la terre, quant à sa direction et quant à son intensité. — L'action magnétique de la terre varie, à une époque donnée, d'un lieu à un autre; elle varie, en un même lieu, d'une époque à une autre. Elle est, en un lieu et à un instant donnés, complétement définie si l'on connaît :

1° La *déclinaison*, ou l'angle que forme le méridien astronomique avec le *méridien magnétique*, c'est-à-dire avec le plan vertical mené par la direction de l'action terrestre;

2° L'*inclinaison*, c'est-à-dire l'angle que l'action exercée par la terre sur le pôle austral d'une aiguille forme avec l'horizontale menée du sud vers le nord dans le méridien magnétique : on peut la regarder comme positive ou négative, suivant que le pôle austral est au-dessous ou au-dessus de l'horizon;

3° L'*intensité* de l'action exercée sur une aiguille donnée.

Il reste à indiquer rapidement comment peuvent être effectuées les déterminations de ces trois éléments.

159. **Mesure de la déclinaison.** — La mesure de la déclinaison s'effectue, d'une manière générale, à l'aide des deux opérations suivantes.

On mesure d'abord l'angle que forme le plan vertical mené par l'axe magnétique d'une aiguille mobile dans un plan horizontal autour de son milieu avec un plan vertical arbitraire, défini soit par une mire fixe, soit par la position qu'occupe à un instant donné une étoile ou le centre du soleil. — On détermine ensuite, à l'aide des méthodes exposées dans les cours de géodésie, l'azimut de ce plan vertical arbitraire par rapport au méridien astronomique.

Les instruments les plus précis qu'on emploie à cet effet sont la boussole de Gambey ou le magnétomètre de Gauss.

160. **Boussole de Gambey.**— L'aiguille de cette boussole est un barreau prismatique AB (fig. 107), supporté par un étrier de cuivre qui

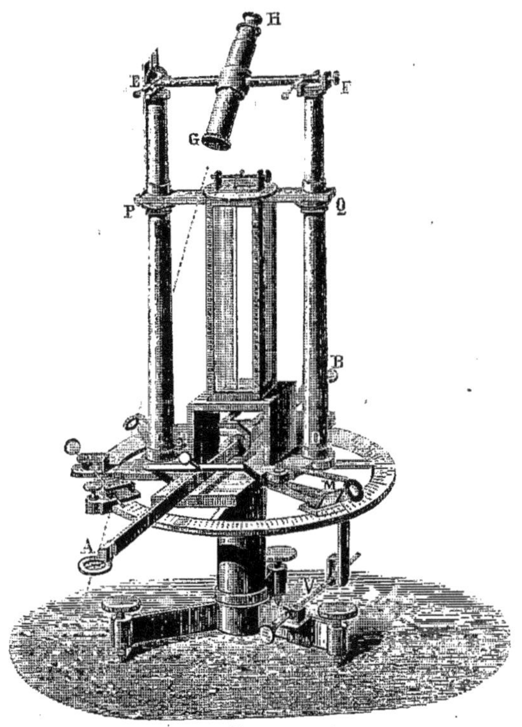

Fig. 107.

est suspendu lui-même à un faisceau de fils de soie sans torsion; le barreau est terminé par deux anneaux de cuivre A, B, qui portent des croisées de fils inclinés de 45 degrés sur l'axe de figure du barreau (fig. 108). Le treuil sur lequel s'enroule la partie supérieure du faisceau de fils de soie repose sur une traverse horizontale de cuivre PQ, fixée elle-même à deux colonnes verticales CE, DF de même métal; le système entier peut tourner autour d'un axe vertical, en entraînant

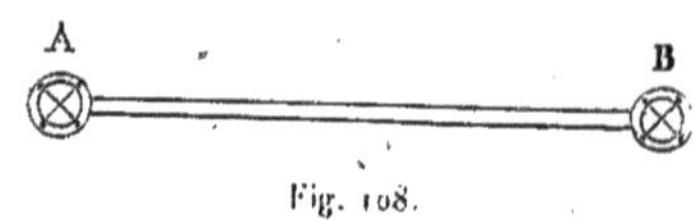

Fig. 108.

avec lui une alidade munie de deux verniers M, M' qui se meuvent sur un cercle horizontal divisé. Sur les extrémités supérieures des colonnes verticales reposent les tourillons d'un axe horizontal EF, auquel doit être constamment perpendiculaire l'axe optique d'une lunette GH disposée, comme on le verra plus loin, de façon à pouvoir viser également les objets éloignés et les objets rapprochés. — Des boîtes, qu'on n'a pas représentées sur la figure ci-contre, se fixent sur l'appareil de manière à environner le barreau AB, pour écarter l'influence perturbatrice des courants d'air; des trous pratiqués dans ces boîtes et fermés par des glaces permettent d'apercevoir toujours les extrémités du barreau.

Pour déterminer la déclinaison d'un lieu, on aura à effectuer successivement la série des opérations suivantes :

1° Rendre vertical l'axe de rotation, à l'aide des trois vis calantes, et en suivant la méthode qu'on a développée à l'occasion du cathétomètre;

2° Rendre horizontal l'axe EF, en se servant d'un niveau à bulle d'air et en opérant par retournement;

3° Rendre l'axe optique de la lunette perpendiculaire à EF : pour que cette condition soit remplie, il faut qu'après avoir retourné bout pour bout l'axe EF on constate que la lunette continue de viser un point qu'elle visait précédemment; s'il n'en était pas ainsi, on déplacerait le point de croisement des fils du réticule, dont la position détermine la direction de l'axe optique, jusqu'à ce que cette condition fût réalisée;

4° Viser avec la lunette un astre ou une mire éloignée, et lire la position des deux verniers de l'alidade sur le cercle horizontal;

5° Faire tourner l'appareil autour de son axe vertical jusqu'à ce que la lunette, convenablement inclinée par sa rotation autour de EF, vienne viser exactement l'une des extrémités du barreau; lire les positions des deux verniers;

6° Viser de même l'autre extrémité du barreau; lire les positions des deux verniers, qui ne peuvent différer que très-peu des deux précédentes, le plan vertical que décrit l'axe de la lunette dans son mouvement étant très-voisin de l'axe vertical de suspension du barreau;

7° Répéter ces deux observations (savoir la 5e et la 6e) après avoir retourné le barreau de 180 degrés autour de son axe de figure, dans l'étrier qui le supporte, afin de corriger l'erreur qui peut provenir du défaut de coïncidence entre son axe magnétique et la droite qui joint les deux croisées de fils.

L'angle compris entre la position de l'alidade correspondante à la 4e opération et la moyenne des positions correspondantes aux 5e, 6e et 7e opérations fait connaître la situation du méridien magnétique, par rapport au plan vertical arbitrairement choisi qui est défini par l'astre ou la mire éloignée dont on a fait usage. — Quant à l'azimut de ce plan vertical lui-même par rapport au méridien astronomique du lieu, il se détermine par une observation astronomique dans le détail de laquelle on n'a point à entrer ici.

Voici maintenant la disposition particulière qui permet de viser avec la lunette GH, soit les objets éloignés, soit les objets rapprochés. — L'oculaire H (fig. 109) est un oculaire ordinaire à deux verres, sans aucune disposition spéciale: l'objectif G se compose

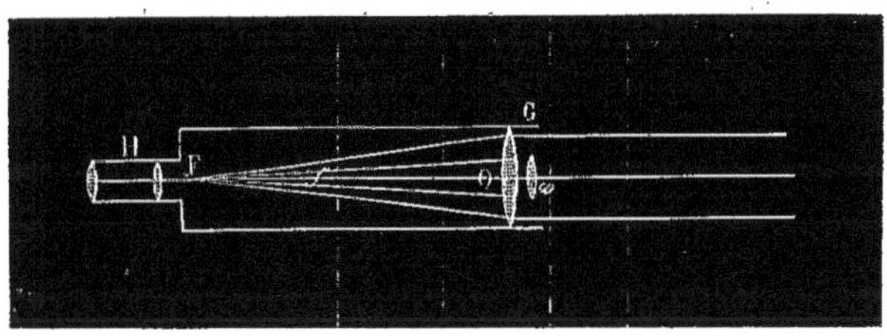

Fig. 109.

d'un objectif principal O, dont le diamètre est assez grand, et d'un objectif supplémentaire ω, dont le diamètre est beaucoup moindre:

ce dernier est placé devant le centre de l'objectif principal. — Si la lunette est dirigée vers un objet éloigné, on couvre d'un écran l'objectif supplémentaire ω; les rayons incidents parallèles à l'axe ne sont alors réfractés que par la partie marginale de l'objectif principal O : ils viennent former une image au voisinage du point F, foyer principal de cette portion de l'objectif; c'est en ce point que se trouve le réticule, et l'oculaire est disposé de façon que la perception de l'image soit nette. — Au contraire, si l'on veut viser des objets rapprochés, comme les croisées de fils du barreau, on couvre la partie de l'objectif principal qui déborde l'objectif supplémentaire : le système des deux lentilles O et ω ayant une distance focale assez courte, son foyer principal est en f par exemple, mais l'image de l'objet visé se forme alors beaucoup plus loin : l'objectif supplémentaire est précisément réglé de façon que cette image se forme encore au voisinage du point F et soit dès lors visible dans l'oculaire. — Il est essentiel d'ailleurs que, dans ces deux dispositions, l'axe optique de la lunette ait exactement la même position.

161. **Magnétomètre de Gauss.** — Un barreau prismatique AB (fig. 110) est suspendu horizontalement à un faisceau de fils de soie sans torsion, et porte un miroir ECD perpendiculaire à son axe de figure. Une règle divisée horizontale FG est disposée en face du miroir, à peu près perpendiculairement au méridien magnétique. Enfin la lunette IH d'un théodolite est placée au delà de la règle divisée, et un peu au-dessus d'elle : un fil à plomb, installé devant le centre de l'objectif de cette lunette, indique sur la règle FG la division L qui est comprise dans le plan vertical passant par son axe optique.

Supposons que le miroir prenne une position E'D' (fig. 111) telle, qu'on aperçoive dans la lunette l'image de la division M de la règle, réfléchie par le miroir : soit CN la direction de la normale au miroir. L'angle formé par le prolongement LC de l'axe de la lunette et la normale CN au miroir est, en vertu des lois de la réflexion, moitié de l'angle MCL; il a donc sensiblement pour mesure $\frac{1}{2}\frac{LM}{CL}$, quantité dans laquelle on connaît la longueur LM au moyen des divisions de la règle, et la distance CL qui a été mesurée une fois pour toutes. — On voit donc que, si la normale au miroir coïncidait exactement avec l'axe du barreau, il suffirait de déterminer l'azimut du plan vertical mené par LC pour obtenir la déclinaison : pour

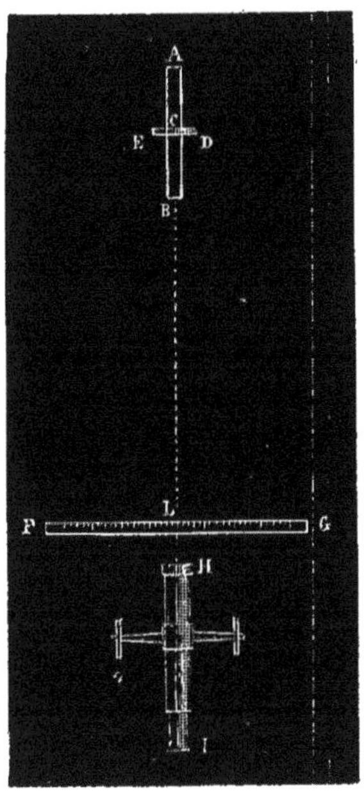

Fig. 110.

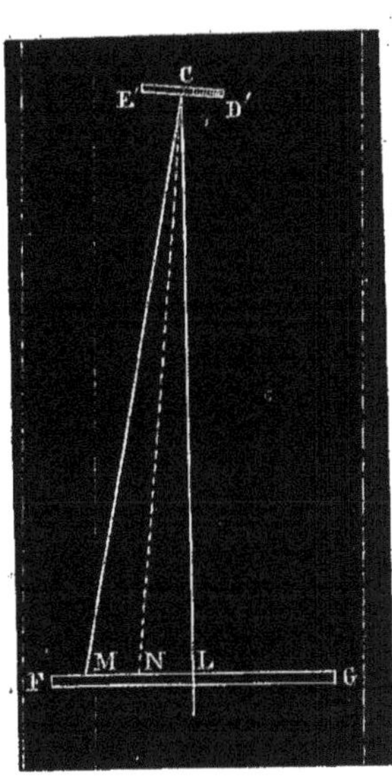

Fig. 111.

corriger l'erreur résultant de ce que cette coïncidence n'a jamais lieu rigoureusement, on retourne le barreau sur lui-même, autour de son axe de figure, dans l'étrier qui le supporte. — Le retournement n'est même pas nécessaire lorsqu'on veut seulement mesurer les variations horaires de la déclinaison.

Enfin on peut, en modifiant légèrement le magnétomètre tel qu'il vient d'être décrit, obtenir un enregistrement photographique continu des variations de la déclinaison ; il suffit pour cela de supprimer la lunette, et de placer devant le miroir une lentille convergente O (fig. 112), qui recevra les rayons émanés d'une source lumineuse P et les fera converger vers un point P', situé au delà du miroir. Le point de convergence Q des rayons réfléchis par le miroir peut laisser sa trace sur une bande de papier photographique, animée d'un mouvement vertical de translation perpendiculairement à la direction moyenne du faisceau réfléchi : la succession de ces traces formera, au bout d'un certain temps, de vingt-quatre heures par exemple, une courbe continue. Pour un point quelconque de cette courbe, celle des deux coordonnées qui est parallèle à la direction du mouvement représente les temps : quant à l'autre coordonnée, elle dépend de l'angle compris entre l'axe PP′ du faisceau lumineux et la normale CN au miroir ; il n'est donc pas difficile de déduire, de la forme de la courbe obtenue par ce procédé, les variations éprouvées par la déclinaison pendant les vingt-quatre heures.

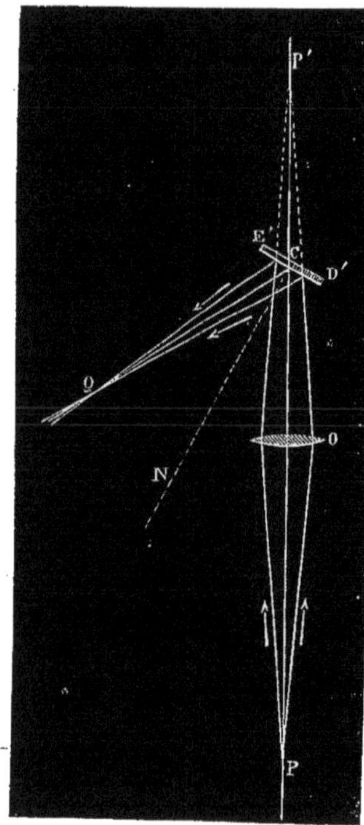

Fig. 112.

162. **Mesure de l'inclinaison.** — Soient OX, OY, OZ (fig. 113) trois axes rectangulaires, dont l'un OZ sera vertical ; soit OM la trace du méridien magnétique sur le plan XOY. Désignons par α l'angle MOX qui mesure l'angle dièdre formé par le méridien magnétique avec le plan ZOX, et par i l'inclinaison, c'est-à-dire l'angle que fait avec OM une parallèle OF à l'action de la terre, située d'ailleurs dans le plan ZOM. — On pourra décomposer l'action terrestre F en trois forces parallèles aux axes ; ces trois composantes seront représentées respectivement par

$$X = F \cos i \cos\alpha,$$
$$Y = F \cos i \sin\alpha,$$
$$Z = F \sin i.$$

Or, si l'on considère une aiguille mobile dans le plan ZOX, autour de l'axe OY, elle pourra être considérée comme n'étant soumise qu'à l'action des deux composantes X et Z. Dans ce cas, l'aiguille sera en équilibre quand elle fera avec l'horizontale OX un angle i' tel, qu'on ait

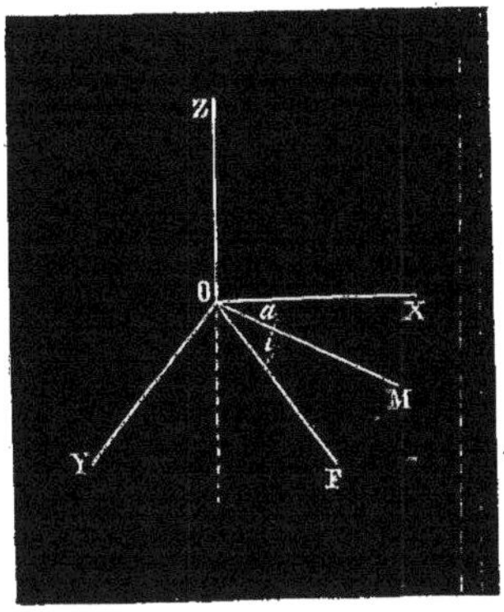

$$\operatorname{tang} i' = \frac{Z}{X} = \operatorname{tang} i \frac{1}{\cos \alpha};$$

de même, une aiguille mobile dans le plan ZOY, autour de l'axe OX, sera en équilibre quand elle fera avec l'horizontale OY un angle i'' tel, qu'on ait

$$\operatorname{tang} i'' = \frac{Z}{Y} = \operatorname{tang} i \frac{1}{\sin \alpha}.$$

Fig. 118.

Ces deux formules peuvent s'écrire

$$\cot i' = \cot i \cos \alpha,$$
$$\cot i'' = \cot i \sin \alpha.$$

On en déduit

$$\cot^2 i' + \cot^2 i'' = \cot^2 i.$$

Cette dernière formule montre que, pour obtenir la vraie valeur de l'inclinaison, il suffit d'observer les angles formés avec l'horizontale par une aiguille mobile dans un plan vertical, en donnant successivement à ce plan vertical deux positions rectangulaires entre elles, mais d'ailleurs quelconques.

On peut, en particulier, chercher par tâtonnements quelle position il faut donner au plan dans lequel l'aiguille est mobile pour que l'angle i' soit de 90 degrés : alors $\cot i'$ étant nul, $\cot i''$ devient égal à $\cot i$. — Il suffit donc de faire une observation dans un plan perpendiculaire à celui dans lequel l'aiguille se place verticalement [1].

[1] On pourrait aussi chercher le plan où l'inclinaison est minima; ce plan est évidemment le méridien magnétique, mais, à cause des propriétés connues des maxima et des minima, la méthode n'offrirait aucune sensibilité. — Il semble que le même reproche

163. **Boussole d'inclinaison.** — La boussole d'inclinaison, représentée par la figure 114, permet d'effectuer les opérations précédentes avec une certaine exactitude. Une aiguille aimantée AB,

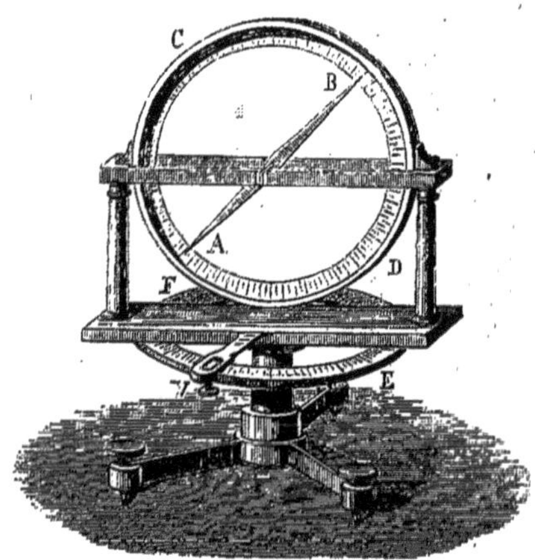

Fig. 114.

supportée par deux cylindres d'acier poli qui reposent sur des plans d'agate, peut se mouvoir dans un plan parallèle au limbe CD. Ce limbe est lui-même mobile autour d'un axe passant par son centre et par le centre du limbe EF, qui est perpendiculaire au premier : des vis calantes servent à rendre le limbe EF horizontal et par suite le limbe CD vertical. — Une alidade munie d'un vernier V permet de mesurer les angles de rotation du limbe vertical autour de son axe.

puisse s'appliquer au cas où l'on rend l'aiguille verticale, la plus grande valeur que puisse avoir l'angle en question étant de 90 degrés. Mais il est aisé de voir que cette valeur n'est pas, à proprement parler, un maximum; en effet, de la formule

$$\cot i' = \cot i \cos \alpha,$$

on déduit

$$\frac{di'}{d\alpha} = \cot i \sin \alpha \sin^2 i',$$

et cette expression, bien loin de se réduire à zéro, est maximum lorsque α et i' deviennent simultanément égaux à 90 degrés. C'est donc au voisinage de la position où l'aiguille est verticale qu'une petite variation donnée de l'angle α entraîne la plus grande variation possible de l'inclinaison apparente i'. On opère ainsi dans les conditions d'exactitude les plus avantageuses.

Les observations faites avec cet instrument doivent subir une double correction :

1° On retourne l'aiguille sur elle-même, autour de son axe de figure, pour corriger l'erreur qui pourrait résulter d'un défaut de coïncidence entre l'axe de figure et l'axe magnétique ;

2° On renverse l'aimantation de l'aiguille, de façon que, si le centre de gravité n'est pas exactement sur l'axe de rotation, le poids de l'aiguille produise sur la valeur apparente de l'inclinaison une modification inverse de celle qu'il produisait d'abord. Si l'aiguille successivement aimantée dans les deux sens exécute le même nombre d'oscillations en un temps donné, et si les deux inclinaisons observées sont très-voisines l'une de l'autre, on peut admettre que la moyenne ne diffère pas sensiblement de l'inclinaison vraie[1].

[1] Soient M et M' les moments magnétiques de l'aiguille correspondant aux deux aimantations de sens inverse, p son poids, d la distance du centre de gravité à l'axe de rotation, θ l'angle que fait l'axe magnétique avec la droite joignant le centre de gravité à l'axe de rotation, f l'action de la terre. On observera, en appliquant la méthode précédente, deux inclinaisons apparentes $i-\alpha$ et $i+\alpha'$, déterminées par les équations

$$M f \sin\alpha = pd\cos(i-\alpha-\theta),$$
$$M' f \sin\alpha' = pd\cos(i+\alpha'-\theta).$$

Si le produit pd est très-petit, α et α' étant également très-petits, on déduit de ces équations, par approximation,

$$\alpha = \frac{pd\cos(i-\theta)}{Mf - pd\sin(i-\theta)},$$
$$\alpha' = \frac{pd\cos(i-\theta)}{M'f + pd\sin(i-\theta)}.$$

D'autre part, si l'on écarte l'aiguille d'un petit angle ω par rapport à l'une ou à l'autre de ces positions d'équilibre, la force qui tendra à l'y ramener sera, dans un cas,

$$Mf\sin(\alpha+\omega) - pd\cos(i-\alpha-\omega-\theta),$$

et dans l'autre

$$-M'f\sin(\alpha'-\omega) + pd\cos(i+\alpha'-\omega-\theta),$$

c'est-à-dire, au même degré d'approximation, dans un cas,

$$\omega[Mf - pd\sin(i-\theta)],$$

et dans l'autre

$$\omega[M'f + pd\sin(i-\theta)].$$

Il en résulte que les carrés des nombres d'oscillations qu'exécute en un temps donné l'ai-

Cette deuxième correction est beaucoup plus difficile que la première et laisse toujours de l'incertitude, l'égalité des aimantations inversées étant presque impossible à obtenir.

164. **Mesure de l'intensité.** — Le carré N^2 du nombre d'oscillations qu'exécute, en un temps donné, une aiguille suspendue de manière à rester toujours horizontale, est proportionnel à

$$Mf \cos i.$$

S'il était possible d'assurer l'invariabilité du moment magnétique M, il suffirait de faire osciller une même aiguille en divers lieux et à diverses époques, pour comparer les diverses valeurs de la composante horizontale de l'intensité magnétique; la connaissance de l'inclinaison permettrait ensuite de calculer l'intensité elle-même. — Mais l'état magnétique d'une aiguille est variable, par l'action des causes les plus diverses : par les changements de température, les ébranlements mécaniques, les coups de tonnerre, etc.: aussi, rien ne garantit que les nombres ainsi obtenus soient comparables entre eux.

Si l'on fait simultanément toutes les observations avec plusieurs aiguilles différentes, et que toutes ces observations conduisent aux mêmes valeurs pour les rapports des intensités magnétiques du globe, il y aura de grandes chances pour que les résultats puissent être acceptés; mais lorsque cette garantie se trouve en défaut, la méthode des oscillations devient tout à fait insuffisante.

165. **Méthode de Gauss.** — Voici comment Gauss a complété la méthode précédente. Après avoir fait osciller une aiguille AB et avoir déterminé le nombre N^2, proportionnel à $Mf \cos i$, on la fait agir sur une autre aiguille A'B' (fig. 115) suspendue horizontalement

guille, lorsqu'elle est successivement aimantée en des sens différents, sont proportionnels à

$$Mf - pd \sin(i - \theta) \quad \text{et} \quad M'f + pd \sin(i - \theta).$$

Si ces nombres sont égaux, les équations ci-dessus montrent que les valeurs de α et α' sont égales entre elles, et que la vraie inclinaison est réellement la moyenne des inclinaisons observées.

par un faisceau de fils de soie sans torsion; A'B' étant la position primitive de cette seconde aiguille, sous l'action de la terre seule, on fixe l'aiguille AB de manière que la direction A'B' lui soit per-

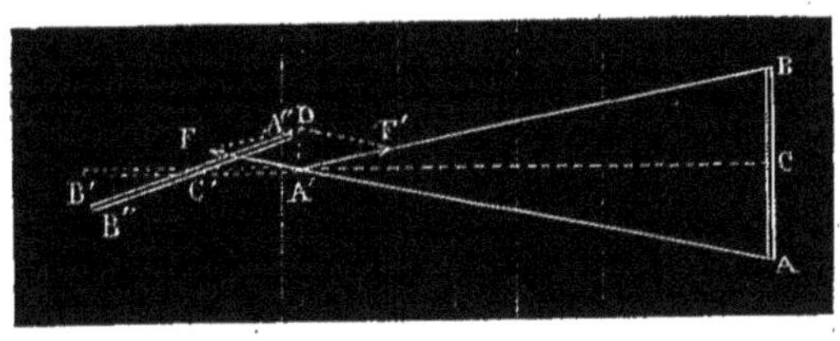

Fig. 115.

pendiculaire et passe par son milieu C. Sous l'influence de AB, l'aiguille A'B' s'écarte du méridien magnétique d'un angle $A'C'A'' = v$, et si la distance CC' des milieux des deux aiguilles est considérable, le calcul démontre qu'on doit avoir sensiblement, en désignant par R cette distance,

$$\operatorname{tang} v = \frac{A}{R^3} + \frac{B}{R^5};$$

A et B sont deux coefficients dont le premier est proportionnel à $\frac{M}{f \cos i}$ (1).

(1) Considérons d'abord l'aiguille A'B' dans sa position initiale, avant qu'elle ait commencé à dévier. La résultante des actions de l'aiguille AB sur le pôle A' sera une force A'D appliquée au point A', perpendiculaire sur A'B', et exprimée par

$$\frac{2mm'}{\overline{AA'}^2} \cos A'AC,$$

m et m' étant les quantités de magnétisme qu'on peut supposer concentrées aux pôles des deux aimants, lorsque la distance qui sépare ces aimants est considérable. Mais en faisant $CC' = R$, $AB = 2l$, $A'B' = 2l'$, on a

$$\overline{AA'}^2 = (R - l')^2 + l^2,$$

$$\cos A'AC = \frac{l}{\sqrt{(R - l')^2 + l^2}}.$$

L'action de l'aiguille AB sur le pôle A' sera donc exprimée par

$$\frac{2mm'l}{\left[(R - l')^2 + l^2\right]^{\frac{3}{2}}};$$

Il suffira donc d'effectuer la mesure de l'angle v pour diverses valeurs de la distance R. On pourra calculer la valeur numérique du coefficient A, et il est clair qu'en divisant le carré du nombre d'oscillations N^2 par A on obtiendra une expression proportionnelle à $f^2\cos^2 i$, et indépendante du moment magnétique M. Les axes magnétiques des aiguilles ne coïncidant jamais avec leurs axes de figure, on devra retourner chaque aiguille sur elle-même : par conséquent, à chaque valeur de la distance R correspondront quatre observations dont on prendra la moyenne.

de même, l'action de l'aiguille AB sur le pôle B' sera exprimée par

$$\frac{2mm'l}{\left[(R+l')^2+l^2\right]^{\frac{3}{2}}}.$$

Ces actions ne changeront pas sensiblement de grandeur ni de direction, si les pôles A' et B' sont un peu déplacés par suite d'une petite déviation de l'aiguille. Donc, en appelant f l'action de la terre, et en exprimant que la somme algébrique des moments des forces par rapport au point C' est nulle, on aura pour déterminer la position d'équilibre l'équation

$$2\,m'l'f\cos i\sin v = 2mm'll'\cos v\left\{\frac{1}{\left[(R-l')^2+l^2\right]^{\frac{3}{2}}}+\frac{1}{\left[(R+l')^2+l^2\right]^{\frac{3}{2}}}\right\}.$$

Si R est très-grand par rapport à l et à l', on obtient, en développant en série la quantité entre parenthèses par rapport aux puissances ascendantes de $\frac{1}{R}$, et s'arrêtant aux termes en $\frac{1}{R^5}$,

$$\frac{1}{\left[(R-l')^2+l^2\right]^{\frac{3}{2}}}+\frac{1}{\left[(R+l')^2+l^2\right]^{\frac{3}{2}}}=\frac{2}{R^3}+\frac{12l'^2-3l^2}{R^5}.$$

L'équation d'équilibre est donc

$$2\,m'l'f\cos i\sin v = 4\,m'l'ml\cos v\left(\frac{1}{R^3}+\frac{12l'^2-3l^2}{2R^5}\right),$$

et, puisque $2ml=M$, on obtient immédiatement

$$\operatorname{tang} v = \frac{M}{f\cos i}\left(\frac{1}{R^3}+\frac{12l'^2-3l^2}{2R^5}\right).$$

DES COURANTS ÉLECTRIQUES

OU

DE L'ÉLECTRICITÉ DYNAMIQUE.

NOTIONS GÉNÉRALES.

166. **Électricité en mouvement.** — Si l'on fait communiquer ensemble, par un arc conducteur, deux corps chargés d'électricités contraires, ou un corps électrisé avec un corps à l'état naturel, ou même deux corps chargés d'électricité de même nom, l'état électrique des deux corps est en général modifié [1]. Cette modification s'accomplit très-rapidement et est accompagnée d'une série de phénomènes remarquables : il peut y avoir, par exemple, production d'une étincelle lumineuse, capable de déterminer la combinaison de certains gaz simples et la décomposition de certains gaz composés; échauffement des fils métalliques de petit diamètre qui auront été placés dans l'arc conducteur; commotion plus ou moins violente, si le corps d'un animal est interposé dans ce même arc conducteur, etc. — Ainsi, tant que l'état électrique des corps est stationnaire, il ne se manifeste que par les attractions ou les répulsions dont Coulomb a fait connaître les lois précises; lorsque cet état est variable, ces variations elles-mêmes donnent naissance à des phénomènes nouveaux, qu'il paraît difficile de ramener aux mêmes lois et qu'il convient d'étudier à part.

[1] Dans le dernier cas, il peut arriver que l'état électrique des deux corps ne change pas : il en est ainsi, par exemple, si l'on fait communiquer l'une avec l'autre deux sphères égales, chargées de quantités égales d'électricité.

Si l'on considère l'état électrique stationnaire comme étant l'état d'équilibre d'un ou de deux *fluides* de nature spéciale, on devra considérer l'état électrique variable comme un mouvement de ces fluides, et on dira que l'étude de l'électricité se divise en deux grandes sections, savoir : l'étude de l'électricité en repos ou *électricité statique*, et l'étude de l'électricité en mouvement ou *électricité dynamique*. — On peut d'ailleurs conserver ces dénominations indépendamment de toute idée théorique; car si, comme cela est assez naturel, on caractérise l'état stationnaire de l'électricité par l'expression d'*équilibre*, on devra caractériser l'état variable par l'expression corrélative de *mouvement*.

Dans l'hypothèse ordinaire des fluides électriques, la modification réciproque qu'apportent dans leurs états électriques deux conducteurs qu'on fait communiquer est envisagée comme un transport des fluides électriques, s'accomplissant en général de manière qu'une partie de chaque fluide se rende des points qui en sont le plus fortement chargés aux points dont la charge est la plus faible. De là l'expression de *décharge électrique*, par laquelle on désigne ces phénomènes. — Comme on se sert, le plus souvent, de la bouteille de Leyde pour étudier les propriétés de la décharge électrique, et que, dans l'usage ordinaire de cet appareil, l'électricité sensible sur l'armature interne est de l'électricité positive, l'attention s'est principalement fixée sur cette électricité, et on a appelé *direction de la décharge* la direction du mouvement par lequel on suppose que le fluide positif se rend de l'armature interne sur l'armature externe. Il est nécessaire de conserver cette expression; car l'expérience montre qu'un certain nombre de phénomènes sont renversés lorsqu'on change le sens de la décharge, c'est-à-dire lorsqu'on donne au corps où ces phénomènes se produisent des situations inverses par rapport à l'armature positive et à l'armature négative; c'est ce qu'on observe, par exemple, dans les apparences offertes par l'étincelle produite dans l'air raréfié, dans la position du trou sur le perce-carte, etc.

La longue durée nécessaire à la charge d'une batterie électrique de quelque puissance, et l'extrême rapidité des décharges, se sont longtemps opposées à toute étude sérieuse et approfondie des phénomènes de l'électricité en mouvement. — La découverte de l'électricité galvanique ou voltaïque[1] a fait disparaître ces difficultés, et le développement des études expérimentales a été tel, que ces études ont bientôt constitué une des sections les plus étendues et les plus importantes de la physique.

167. **Faits fondamentaux de l'électricité voltaïque. — Élément voltaïque.** — Deux métaux étant plongés dans un liquide conducteur, capable d'agir chimiquement sur l'un au moins d'entre eux, il y a développement d'électricité, et, si les deux métaux ont même forme et mêmes dimensions, ce développement est tel, que les charges électriques de surfaces égales et semblablement situées sur les deux métaux, ou les *densités électriques*, présentent une différence constante en grandeur et en signe. — C'est ce que démontrent les expériences suivantes :

1° Dans un vase de verre, verni extérieurement à la gomme laque et rempli d'eau acidulée, on plonge une lame de zinc Z et une lame de cuivre C de mêmes dimensions (fig. 116); on fait communiquer ces deux lames avec les plateaux inférieurs de deux électroscopes condensateurs égaux, dont les plateaux supérieurs communiquent avec le sol. On supprime ensuite, en se servant d'une pince isolée, la communication des deux métaux avec les électroscopes; on enlève les plateaux supérieurs, et on constate sur les plateaux inférieurs la présence de charges égales et contraires d'électricité. L'électricité positive se trouve du côté du cuivre, l'électricité négative du côté du zinc. — On conclut de là que, en des points semblablement situés sur la lame de cuivre et sur la lame de zinc, les densités électriques sont respectivement $+a$ et $-a$, et par suite que leur différence algébrique est $+2a$.

2° On supprime l'électroscope qui communiquait avec le zinc, et l'on fait communiquer le zinc avec le sol par l'intermédiaire d'un fil mé-

[1] 1780. Galvani observe fortuitement les effets du choc en retour. En 1786, il découvre la commotion des grenouilles, résultant du contact de deux métaux différents avec le nerf et le muscle. Il ne publie cette découverte qu'en 1791.

1792-1797. Expériences de Volta sur le développement de l'électricité par le contact.

1800. Première construction de la pile à colonne et de la pile à couronne de tasses.

tallique, en faisant en sorte que l'humidité des mains ou du sol n'exerce pas sur ce fil d'action chimique sensible. L'électroscope communiquant avec le cuivre accuse une charge double de la précédente. —

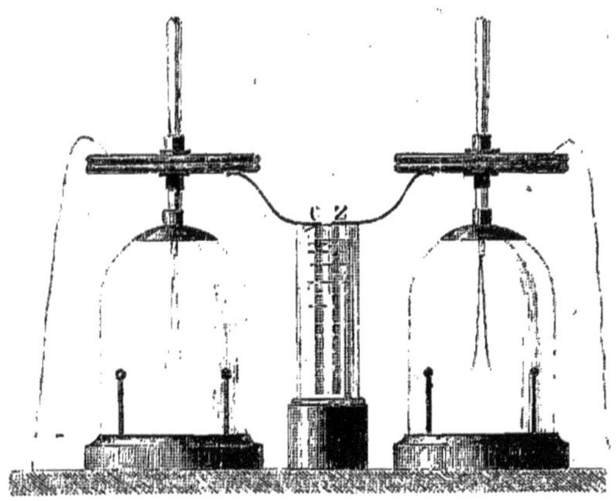

Fig. 116.

On en conclut que la densité électrique a été doublée sur le cuivre, tandis qu'elle a été réduite à zéro sur le zinc, et par conséquent que la différence algébrique des densités électriques de points semblablement situés est encore $2a$.

3° On arrive à la même conclusion en donnant à l'expérience précédente une disposition inverse. Le cuivre communiquant avec le sol, et le zinc communiquant avec un électroscope, on obtient une charge négative double de celle qui a été observée dans la première expérience.

Un *élément voltaïque* (c'est le nom qu'on donne au système précédent) a donc la propriété de se charger lui-même d'électricité, conformément à la loi générale qu'on vient d'énoncer. La charge électrique ainsi obtenue est extrêmement faible, mais elle se renouvelle en apparence indéfiniment, toutes les fois qu'on cherche à la faire disparaître en faisant communiquer successivement les deux métaux avec le sol. — L'élément peut donc être assimilé à une bouteille de Leyde très-faiblement chargée, qui aurait la propriété de se charger elle-même de nouveau, toutes les fois qu'on enlèverait l'électricité de ses armatures.

168. **Courant électrique.** — D'après ces résultats, on peut présumer qu'en réunissant par un arc conducteur les deux extrémités d'un élément voltaïque on obtiendra les phénomènes qui résulteraient du passage continu d'une décharge électrique très-faible, mais sans cesse renouvelée. — L'expérience confirme cette conclusion.

C'est ainsi qu'on peut constater l'échauffement d'un fil de platine très-fin, par l'intermédiaire duquel on aura réuni les deux extrémités d'un élément voltaïque dont les métaux présenteront une grande surface : on peut, par exemple, rendre cet échauffement sensible par l'inflammation du coton-poudre. — L'action sur l'organisation animale peut être constatée par la contraction des membres inférieurs d'une grenouille, en faisant communiquer les muscles de la jambe avec l'une des extrémités de l'élément, et les nerfs lombaires avec l'autre. — La faiblesse de la charge électrique ne permet pas d'observer d'étincelle, au moment où l'on met les deux extrémités d'un élément en communication, mais l'existence de cette étincelle ne saurait être douteuse.

On a donné le nom de *courant* à cette succession de décharges infiniment rapprochées, dont on admet la production dans l'arc conducteur qui réunit les deux extrémités de l'élément. On a appelé *pôles* ces extrémités elles-mêmes, et on a considéré comme *direction du courant* la direction du flux d'électricité positive qu'on suppose sans cesse dirigé, dans l'arc conducteur, du pôle positif vers le pôle négatif. — On peut conserver ces expressions sans les faire dépendre des hypothèses qui les ont suggérées, et convenir que l'expression *courant* définira simplement l'état du conducteur qui réunit les deux pôles d'un élément voltaïque, et que l'expression *direction du courant* définira simplement la situation de ce conducteur par rapport au pôle positif et au pôle négatif.

169. **Pile.** — On donne le nom de *pile* à la réunion de plusieurs éléments voltaïques en une série continue, où chaque pôle d'un

élément communique avec le pôle de nom contraire de l'élément suivant (fig. 117).

Il paraît assez évident *a priori* que tous les éléments concorderont dans leurs actions, et, par suite, que tous les effets produits par un

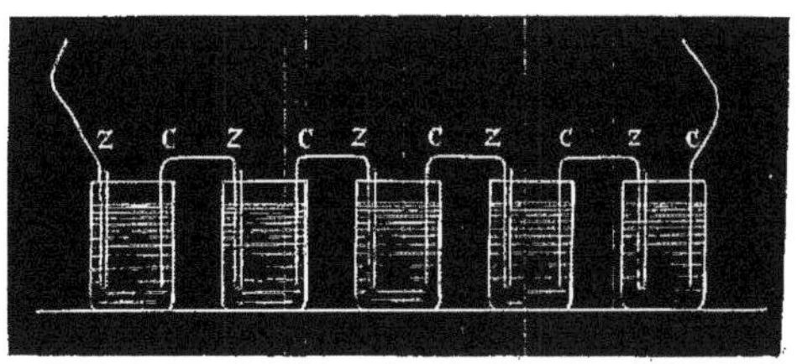

Fig. 117.

seul élément seront produits avec plus d'énergie par une pile d'un certain nombre d'éléments. — Cette prévision, que l'on présente ici à dessein sous une forme un peu vague [1], est confirmée par un grand nombre d'expériences.

La densité de l'électricité aux extrémités ou aux *pôles* de la pile croît avec le nombre des éléments. — Elle peut même augmenter jusqu'au point de donner naissance à des étincelles au moment où l'on établit entre ces extrémités une communication conductrice. Avec une pile de 4000 éléments soigneusement isolés, dont les extrémités étaient jointes par des fils métalliques à deux sphères séparées par un intervalle d'un demi-millimètre, un physicien anglais, M. Gassiot, a obtenu une succession d'étincelles qui s'est prolongée durant plusieurs mois.

Une pile d'un nombre d'éléments suffisant, et convenablement installée, peut produire sur l'organisme animal des commotions comparables à celles que causerait une bouteille de Leyde.

Enfin, l'un des effets principaux de la pile consiste dans l'action chimique qu'elle exerce sur les corps composés conducteurs. — Une

[1] Pour rendre le raisonnement rigoureux, il faudrait tenir compte des effets qui peuvent résulter des contacts établis entre les lames successives de cuivre et de zinc; l'examen de cette question et des difficultés analogues qui peuvent se présenter dans l'étude de la pile sera fait plus loin.

solution de sulfate de soude étant placée dans un tube en U (fig. 118), et deux fils de platine P et N étant plongés chacun dans l'une des branches du tube et mis en communication avec l'une des extrémités d'une pile, il y a décomposition du sel. Si l'on a eu le soin d'ajouter préalablement dans le tube une solution de fleur de mauve, on constate dans l'une des branches une coloration verte indiquant la présence de la soude libre, et dans l'autre branche une coloration violette indiquant la présence de l'acide libre. En même temps, la décomposition de l'eau est accusée par un dégagement d'hydrogène d'un côté, et par un dégagement d'oxygène de l'autre.

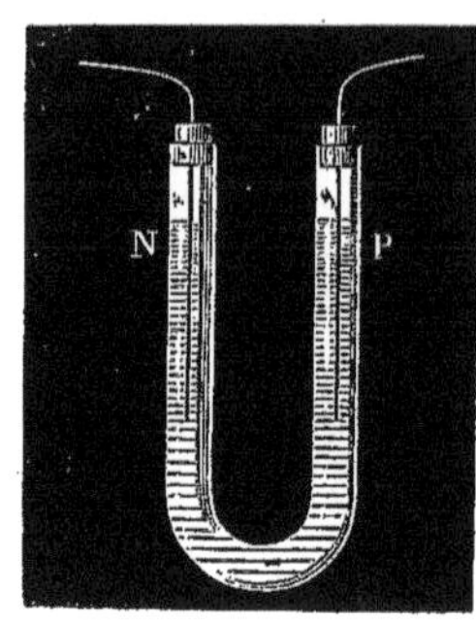

Fig. 118.

170. **Actions extérieures des courants.** — On laissera de côté, pour le moment, l'étude des propriétés des courants dont on vient de constater sommairement l'existence, et celle des appareils producteurs de l'électricité voltaïque, pour s'attacher à un autre ordre de propriétés qu'on peut appeler les *actions mécaniques* ou *extérieures* des courants, et qui se prêtent plus directement que les actions *intérieures* à des mesures précises. — On trouvera dans ces mesures des caractères propres à définir exactement les courants : ces caractères seront ensuite d'une grande utilité dans une étude plus complète des actions intérieures.

Il existe deux espèces différentes d'actions extérieures des courants : les actions des courants sur les aimants, ou *actions électro-magnétiques*, et les actions des courants sur les courants, ou *actions électro-dynamiques*. — Ce sont les actions électro-magnétiques qui ont été les premières signalées : c'est par elles qu'il convient de commencer cette étude.

ACTION DES COURANTS SUR LES AIMANTS.

(ÉLECTRO-MAGNÉTISME.)

---

171. **Action des courants sur les aimants. — Expérience d'Œrsted et loi d'Ampère.** — Œrsted publia, en 1820, les résultats fournis par l'expérience suivante :

Le fil conjonctif d'une pile étant dirigé dans le méridien magnétique, au-dessus d'une aiguille aimantée (fig. 119), et traversé par

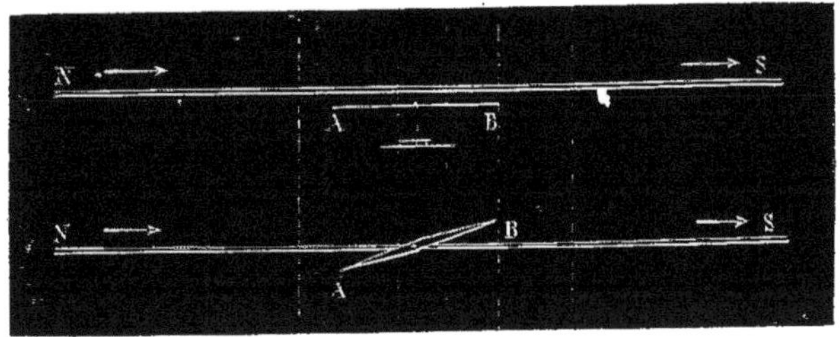

Fig. 119.

un courant qui allait du nord au sud, le pôle austral de l'aiguille était dévié vers l'ouest. — La déviation changeait de sens lorsqu'on faisait passer le courant du sud au nord. — Enfin les déviations changeaient encore de sens, si l'on venait à placer le fil au-dessous de l'aiguille.

Les quatre cas particuliers observés dans cette expérience d'Œrsted ont été réduits par Ampère à un seul énoncé, connu sous le nom de *loi d'Ampère :*

Le pôle austral est, dans tous les cas, dévié vers la gauche de l'observateur que l'on peut concevoir étendu sur le fil conjonctif et ayant la face tournée vers l'aiguille, les pieds du côté du pôle positif et la tête du côté opposé.

Ampère a démontré également, par l'expérience, que si les deux pôles d'une pile sont réunis par un fil conducteur, la pile elle-même dévie l'aiguille aimantée comme le faisait le fil conducteur, mais en apparence dans le sens opposé. Il suffit, pour le constater, de placer une aiguille aimantée AB au-dessus d'un point de la pile, comme l'indique la figure 120. On fera rentrer ce résultat dans la loi

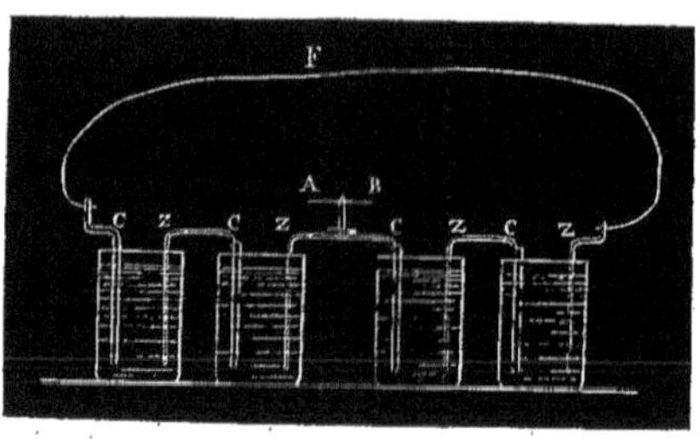

Fig. 120.

précédente, si l'on admet que la pile elle-même soit traversée par un courant dirigé du pôle négatif au pôle positif. — Cette généralisation s'accorde tout à fait avec l'hypothèse naturelle d'un mouvement continu de l'électricité dans le circuit fermé que constituent la pile et le fil conjonctif. Aucune expérience électro-magnétique ou électro-dynamique n'établit d'ailleurs la moindre différence entre une pile dont les pôles sont en communication conductrice et un fil métallique traversé par un courant [1].

172. **Actions réciproques exercées par les aimants sur les courants.** — Les actions réciproques exercées par les aimants sur les courants sont faciles à manifester par l'expérience : il suffit de faire agir le pôle d'un aimant sur un fil conducteur parcouru par un courant et mobile. On peut d'ailleurs réaliser ces conditions en employant un *courant flotteur* (fig. 121), formé d'une lame de zinc Z et d'une lame de cuivre C, assujetties dans une rondelle de liége MN et plongeant dans l'eau acidulée; le fil métallique CD qui réunit ces deux lames en dehors du liquide est parcouru par

[1] Il en est autrement si les pôles de la pile ne sont pas réunis par un conducteur; la pile n'a alors d'autres propriétés que celles d'un corps électrisé ordinaire.

un courant et peut se transporter horizontalement sous l'action du pôle A placé au-dessus de lui. — L'action est évidemment égale

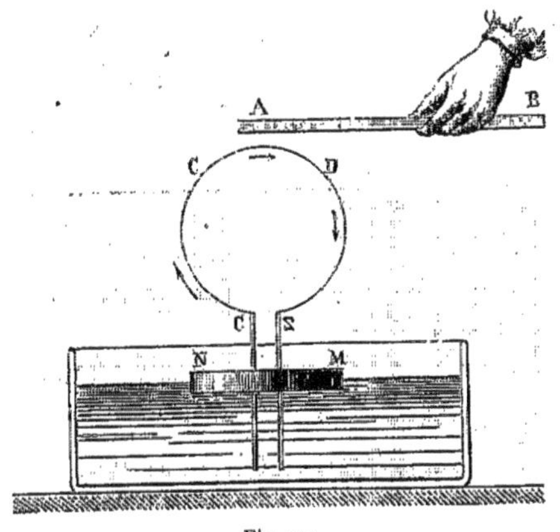

Fig. 121.

et contraire à la réaction; sous l'influence d'un pôle austral, un courant doit donc se déplacer en marchant vers sa propre droite.

173. **Loi d'Ampère, relative à l'action exercée sur un élément de courant par le pôle d'un aimant.** — Ampère a cherché à ramener les différents phénomènes que l'on observe, dans les dispositions diverses que l'on donne aux expériences où se manifestent ces actions, à une loi élémentaire qui représente l'action exercée sur un élément infiniment petit de courant par le pôle d'un élément magnétique (ou d'un aimant très-éloigné).

La loi à laquelle il est parvenu peut s'énoncer comme il suit: *L'action d'un pôle austral* A (fig. 122) *sur un élément de courant mm' est perpendiculaire au plan Amm' mené par le pôle et par l'élément, appliquée au milieu de l'élément et dirigée vers sa droite; elle varie en raison inverse du carré de la distance Ap du pôle au milieu de l'élément, et proportionnellement au sinus de l'angle ω que fait la direction de l'élément avec la droite qui joint son milieu au pôle.* — L'action d'un pôle boréal est d'ailleurs égale et contraire à celle d'un pôle austral placé au même point.

Si l'on désigne par r la distance Ap du pôle magnétique au milieu de l'élément de courant, par ds la longueur de l'élément lui-même et par μ une constante qui dépendra à la fois de l'énergie

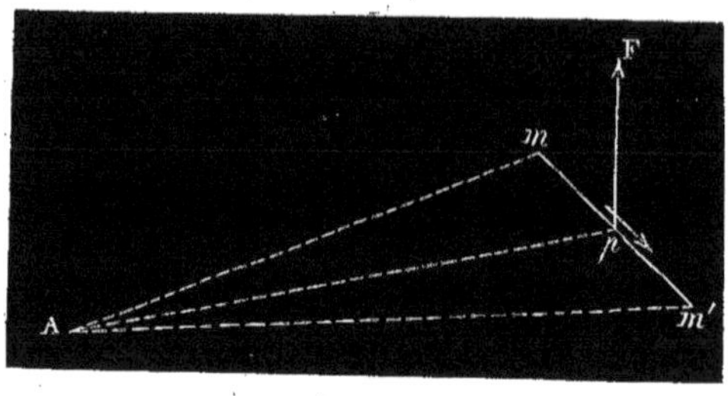

Fig. 122.

du courant et de l'intensité magnétique du pôle A, on a ainsi pour représenter la grandeur de l'action la formule

$$\frac{\mu \sin \omega \, ds}{r^2}.$$

Le signe de μ est d'ailleurs défini dans chaque cas particulier de manière que, en tenant compte du signe de ds, et en déterminant les projections de cette expression sur les trois axes coordonnés, on obtienne les directions des trois composantes de la force définie par la loi d'Ampère.

Dans les calculs relatifs à des courants de dimensions finies, on pourra, en vertu des principes généraux de la méthode infinitésimale, substituer à cette expression toute autre expression qui n'en diffère que d'une quantité infiniment petite du second ordre. Ainsi, on pourra prendre pour r la distance du pôle A à un point quelconque de l'élément; pour ω, l'angle de la direction de l'élément avec une droite infiniment voisine de Ap, par exemple avec Am; on pourra aussi prendre pour point d'application de la force un point quelconque de l'élément, par exemple l'une de ses extrémités.

174. **Rotation d'un courant horizontal, mobile autour d'un axe vertical, sous l'influence d'un aimant vertical situé dans l'axe.** — Soit un courant OM, dirigé de O vers M (fig. 123) et pouvant tourner autour d'un axe OA, perpendiculaire à

sa direction et passant par le point O: soit A le pôle austral d'un aimant placé dans l'axe. L'action de ce pôle sur un élément quelconque *mn* du courant sera, d'après la loi d'Ampère, perpendiculaire au plan MOA qui passe par le courant et l'axe de rotation, et dirigée en avant du plan de la figure. Les actions exercées sur tous les éléments étant concordantes, et la situation relative du courant et de l'aimant ne pouvant changer, il y aura *rotation continue* du courant, dans le sens du mouvement des aiguilles d'une montre. — Le sens de la rotation devra changer si l'on remplace le pôle austral par un pôle boréal, ou si l'on renverse le sens du courant.

On vérifie ces conséquences de la loi élémentaire, à l'aide de l'appareil représenté par la figure 124. — Si l'on fait passer le courant

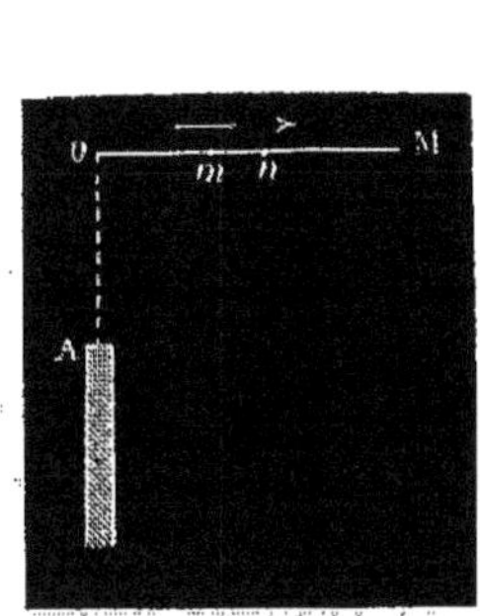

Fig. 123.

Fig. 124.

d'une pile dans cet appareil, en établissant les communications comme l'indique la figure, on voit que le fil conducteur MM' peut être considéré comme formé de deux parties OM et OM', mobiles simultanément autour de l'axe passant par O, et parcourues chacune par un courant marchant de l'extrémité libre vers le point O. Si l'on vient à placer, dans la verticale du point O, le pôle d'un aimant, on voit que les actions de ce pôle sur les deux parties OM et OM' sont à chaque instant concordantes. — Enfin on doit remarquer que, dans l'expérience ainsi réalisée, on n'observe que la différence des actions de deux pôles de noms contraires, qui sont inégalement éloignés du courant.

175. **Rotation d'un courant vertical, mobile autour d'un axe vertical, sous l'influence d'un aimant placé dans l'axe.** — Soit un courant MN (fig. 125), dirigé de M vers N et mobile autour d'un axe parallèle OO'; soit A le pôle austral d'un aimant placé dans l'axe. L'action du pôle A sur un élément quelconque *mn* est dirigée perpendiculairement au plan de la figure et en avant. — Il doit donc se produire encore une *rotation continue*, de même sens que celle des aiguilles d'une montre, et changeant de sens dans les mêmes conditions que la rotation précédente.

Ces effets sont réalisés dans l'appareil de la figure 126, où les deux conducteurs verticaux CD, C'D', parcourus par le courant,

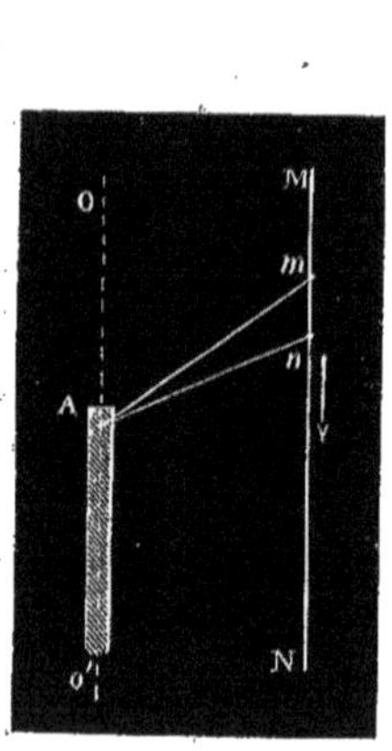

Fig. 125.

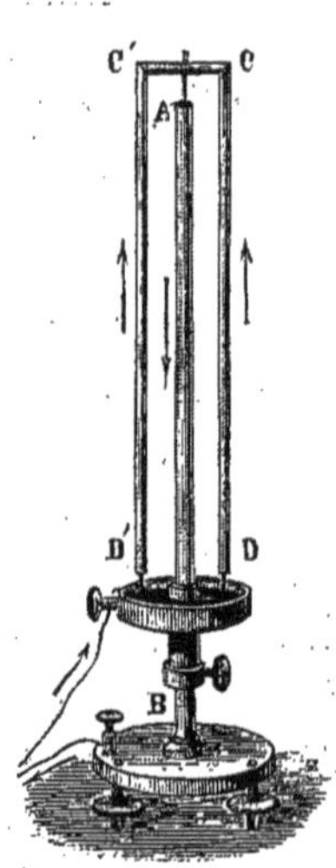

Fig. 126.

peuvent se mouvoir autour d'un axe vertical qui n'est autre que l'axe de l'aimant AB. — On voit sans peine que les actions du pôle supérieur A sur les deux conducteurs concordent, et l'expérience montre que la rotation a lieu dans le sens prévu par la théorie.

176. **Roue de Barlow.** — La *roue de Barlow* (fig. 127) fournit encore un exemple de la rotation continue d'un courant sous l'action d'un pôle magnétique, dans des conditions un peu différentes de celles qui précèdent.

Un aimant en fer à cheval AB est placé horizontalement sur une planche, dans laquelle est creusée une rigole DF pleine de mercure. Une roue métallique, mobile autour d'un axe horizontal C, a ses dents disposées de façon que l'une d'elles plonge

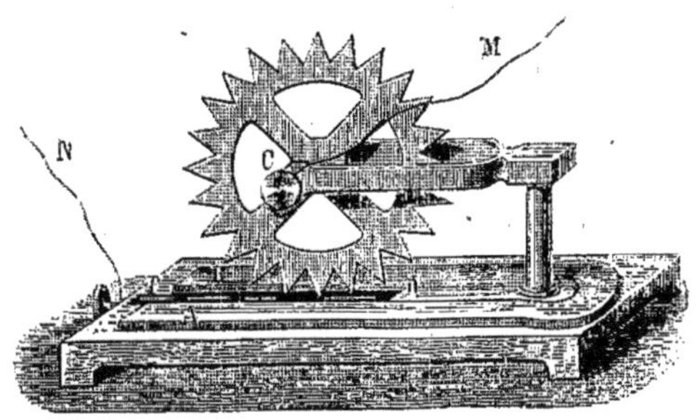

Fig. 127.

toujours dans la rigole. — Soit un courant arrivant, par exemple, à l'axe de rotation C; il passe par la dent de la roue qui plonge dans la rigole DF, et retourne ainsi à la pile. Les actions concordantes des pôles A et B de l'aimant font alors tourner cette dent, et par suite la roue tout entière, dans un sens tel que la dent qui est située du côté de F vienne à son tour plonger dans le mercure, et donne lieu à une nouvelle action de même sens.

177. **Vérifications expérimentales de l'expression numérique représentée par la formule d'Ampère.** — Les expériences qu'on vient de décrire vérifient spécialement la partie de la loi d'Ampère qui définit le point d'application et la direction de l'action d'un pôle magnétique sur un élément de courant. — En vertu des principes généraux de la mécanique, la réaction de l'élément de courant sur le pôle magnétique doit être égale et contraire à cette action; elle est donc appliquée sur l'élément, et non sur le pôle. Cette conséquence paradoxale des faits observés indique que l'action élémentaire dont Ampère a donné la loi n'est pas une véritable force élémentaire, mais la résultante d'un système plus ou moins complexe de forces, qu'on ne pourra déterminer que lorsque la vraie constitution des éléments magnétiques et celle des courants

électriques seront connues. Les forces véritablement élémentaires devront d'ailleurs être dirigées suivant les droites qui joignent les points matériels réagissants et n'être fonctions que des distances.

Les expériences suivantes vérifient plus particulièrement l'expression numérique de l'action électro-magnétique élémentaire.

Soit à déterminer, au moyen de la formule d'Ampère, l'action exercée par un courant qui parcourt les côtés indéfinis d'un angle, sur un pôle magnétique placé sur la direction de la bissectrice de cet angle. — Soit MCN le courant dirigé de M vers N (fig. 128), et soit A un pôle austral, situé sur la direction de la bissectrice DC

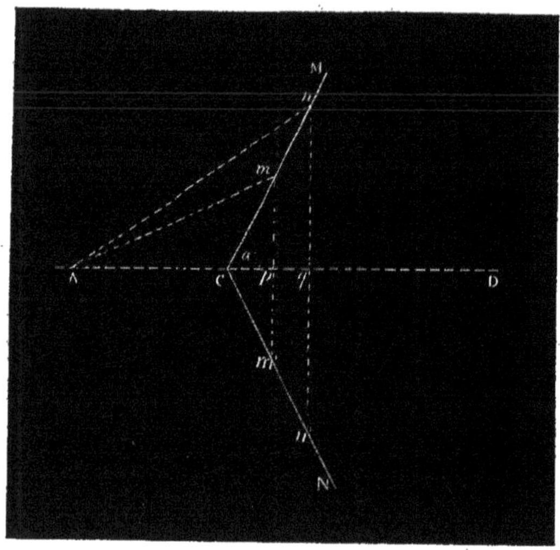

Fig. 128.

de l'angle; l'action d'un élément mn sur ce pôle sera une force appliquée au milieu de mn, perpendiculaire au plan de la figure, dirigée en avant, et exprimée par

$$\frac{\mu \sin \omega \, ds}{r^2}.$$

L'action de l'élément symétrique $m'n'$ aura la même valeur, et, comme les actions de tous les éléments sont parallèles, la résultante (dont le point d'application est situé sur le prolongement de AC, en un point qu'il est inutile de déterminer) sera représentée par l'intégrale

$$\int \frac{2\mu \sin \omega \, ds}{r^2},$$

cette intégrale étant étendue à tous les éléments du côté CM. Si l'on suppose la longueur s comptée à partir de C, ds sera positif; on aura alors, en appelant θ l'angle mAC, et en considérant le triangle infiniment petit mAn, et remarquant que Am ou An peuvent être pris pour r et que $d\theta$ peut être pris pour $\sin d\theta$,

$$\sin \omega \, ds = r \, d\theta.$$

Le triangle ACm donne de même, en posant MCD $= \alpha$, AC $= a$,

$$\frac{a}{r} = \frac{\sin(\alpha - \theta)}{\sin \alpha}.$$

En combinant ces deux derniers résultats, on trouve

$$\frac{\sin \omega \, ds}{r^2} = \frac{\sin(\alpha - \theta) \, d\theta}{a \sin \alpha},$$

et l'intégrale précédente devient

$$2\mu \int_0^{\alpha} \frac{\sin(\alpha - \theta) \, d\theta}{a \sin \alpha},$$

ou, en effectuant l'intégration,

$$\frac{2\mu}{a \sin \alpha}(1 - \cos \alpha),$$

ou enfin

$$\frac{2\mu}{a} \tang \frac{\alpha}{2}.$$

Si, comme cas particulier, on considère un courant rectiligne, on a $\alpha = 90°$, $\tang \frac{\alpha}{2} = 1$, et l'expression de l'action exercée par ce courant sur un pôle magnétique, situé à une distance a, se réduit à

$$\frac{2\mu}{a}.$$

Les expériences qui suivent peuvent être considérées comme des vérifications de ces résultats.

1° Une aiguille aimantée, soustraite à l'action de la terre et soumise à l'action d'un courant rectiligne indéfini, se place perpendi-

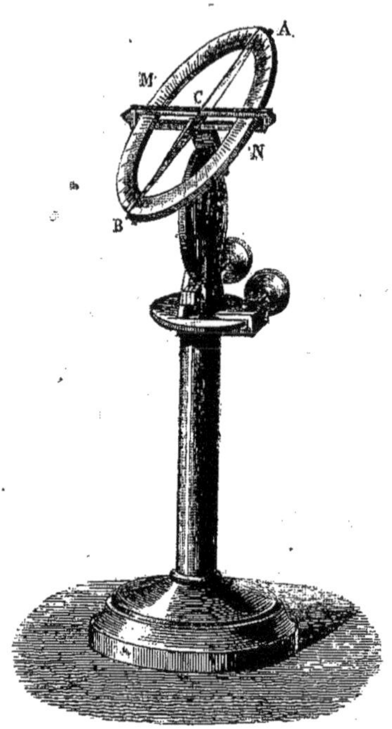

Fig. 129.

culairement au courant. La stabilité de l'équilibre exige que le pôle austral soit placé à gauche. — Pour faire l'expérience on se sert d'une aiguille aimantée AB (fig. 129), mobile autour d'un axe C qui passe par son milieu et qui est perpendiculaire au plan du limbe MN. On dispose le plan du limbe de façon qu'il soit perpendiculaire à l'aiguille d'inclinaison, et on place le courant parallèlement à l'un des diamètres du cercle. On constate que l'aiguille se dirige toujours perpendiculairement à ce diamètre, et l'équilibre n'est stable que si le pôle austral est à gauche du courant.

2° On doit à Biot et Savart la disposition suivante. Une petite aiguille aimantée A (fig. 130) est suspendue, par un fil de soie sans torsion, dans l'intérieur d'un tube de verre B qui la préserve de l'influence perturbatrice des courants d'air; dans le plan perpendi-

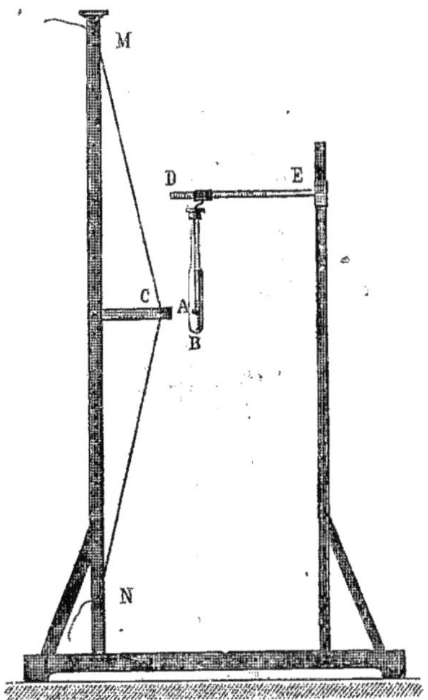

Fig. 130.

culaire au méridien magnétique qui passe par le fil de suspension, est tendu un fil métallique MCN dont les deux moitiés sont également inclinées sur l'horizon; enfin, le point de suspension de l'aiguille est placé sur l'horizontale qui passe par le sommet C de l'angle MCN. Si l'on fait passer dans ce fil un courant dirigé de manière que le pôle austral soit à sa gauche, l'aiguille conserve sa position primitive, et, si on l'en écarte, elle y est ramenée par les actions concordantes de la terre et du courant.

On compte les nombres n et N d'oscillations qu'elle effectue en un temps donné, d'abord sous l'influence de la terre seule, ensuite sous l'influence simultanée de la terre et du courant : la différence des carrés de ces deux nombres,

$$N^2 - n^2,$$

est proportionnelle à l'action exercée par le courant sur le pôle de l'aiguille. Si le pôle était constamment dans le plan MCN, cette action devrait être exprimée par

$$\frac{2\mu}{a}\operatorname{tang}\frac{\alpha}{2}.$$

En réalité chaque pôle est un peu en dehors de ce plan; mais si l'aiguille est très-courte, on peut négliger cette circonstance. — Or, si l'on fait varier α en inclinant plus ou moins les deux parties du fil sur l'horizontale; si l'on donne à a diverses valeurs, en déplaçant le support de l'aiguille le long de la règle divisée DE, on constate toujours que les nombres fournis par le calcul de N^2-n^2 varient proportionnellement aux valeurs de $\operatorname{tang}\frac{\alpha}{2}$ et en raison inverse des valeurs de a.

On corrige l'effet des variations d'intensité du courant au moyen d'observations alternées. — Enfin, il est avantageux de placer dans le méridien magnétique, et à une certaine distance de l'aiguille, un barreau fixe, qui exerce sur elle une action contraire à celle de la terre et qui la détruit même presque entièrement. L'action du courant devient ainsi la partie principale de la force motrice, et peut être mesurée avec beaucoup plus d'exactitude.

3° On citera encore l'expérience de Boisgiraud, dans laquelle on constate l'attraction ou la répulsion apparente d'un courant sur une aiguille aimantée qui ne peut se déplacer que parallèlement à elle-même, et qui est placée perpendiculairement à la direction du courant. — Le résultat de cette expérience, et quelques autres effets produits sur des aiguilles gênées dans leur mouvement, sont de simples conséquences des propriétés d'un courant rectiligne indéfini [1].

178. **Application du calcul à la théorie des rotations électro-magnétiques.** — Théorème fondamental. — Toutes les dispositions expérimentales à l'aide desquelles on peut produire la rotation continue d'un courant sous l'action d'un aimant, ou celle

[1] Voici la théorie de l'expérience de Boisgiraud. Soit AB (fig. 131) une aiguille aimantée qui ne peut recevoir qu'un mouvement de translation perpendiculaire à son axe; soit O la projection, sur le plan de la figure, d'un courant rectiligne indéfini, perpendi-

d'un aimant sous l'action d'un courant, peuvent être considérées comme des conséquences du théorème suivant :

culaire au plan AOB et dirigé de manière que le pôle austral A soit à sa gauche; soit OD l'action du courant sur le pôle A, égale en grandeur à $\frac{\mu}{OA}$; soit OE l'action sur le pôle B, égale en grandeur à $\frac{\mu}{OB}$; les composantes efficaces de ces deux actions sont

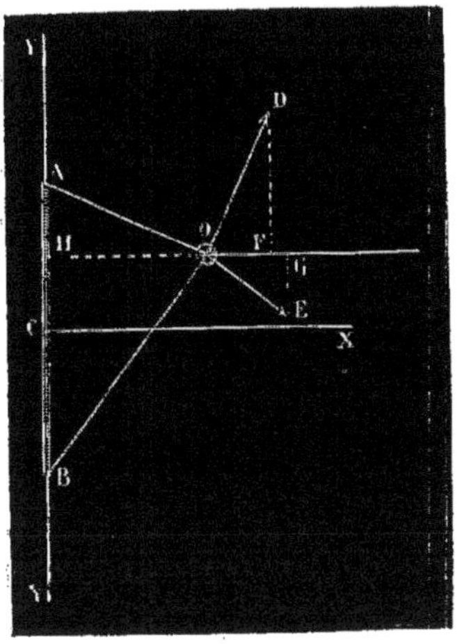

$$OF = \frac{\mu}{OA} \cos DOF$$

et

$$OG = \frac{\mu}{OB} \cos EOG.$$

Fig. 131.

Il y aura attraction apparente, équilibre, ou répulsion apparente, suivant que l'on aura

$$OF + OG > 0,$$
$$OF + OG = 0,$$
$$OF + OG < 0.$$

Soient x et y les coordonnées du point O par rapport à deux axes rectangulaires menés par le milieu de l'aiguille de façon que l'axe des y coïncide avec l'axe de l'aiguille; soit $2l$ la distance des pôles A et B : on voit aisément que

$$OA = \sqrt{x^2 + (l - y)^2},$$
$$OB = \sqrt{x^2 + (l + y)^2},$$
$$\cos DOF = \cos OAH = \frac{l - y}{\sqrt{x^2 + (l - y)^2}},$$
$$\cos EOG = \cos OBH = \frac{l + y}{\sqrt{x^2 + (l + y)^2}};$$

en introduisant ces valeurs, il vient

$$OF + OG = \frac{\mu(l - y)}{x^2 + (l - y)^2} + \frac{\mu(l + y)}{x^2 + (l + y)^2}$$
$$= \frac{2\mu l (x^2 - y^2 + l^2)}{[x^2 + (l - y)^2][x^2 + (l + y)^2]}.$$

Il résulte de là que, si le point O est sur l'hyperbole équilatère $y^2 - x^2 = l^2$ qui a pour sommets les points A et B, il y a équilibre; s'il est dans l'espace intermédiaire aux branches

L'action du pôle d'un aimant, sur un courant mobile autour d'un axe passant par ce pôle, se réduit à un système de forces qui ren-

de l'hyperbole, il y a attraction apparente; s'il est à l'intérieur d'une des branches, il y a répulsion apparente.

On peut vérifier ces conséquences avec une aiguille suspendue par l'un de ses bouts à l'extrémité d'un long fil vertical, ou avec une aiguille fixée verticalement dans un bouchon de liége que l'on fait flotter à la surface de l'eau.

Voici une autre expérience analogue, qui est due à Ampère. Une aiguille AB (fig. 132), qui ne peut se déplacer que parallèlement à la direction de son axe, est soumise à l'action d'un courant rectiligne indéfini perpendiculaire à cet axe. Soient O la projection de

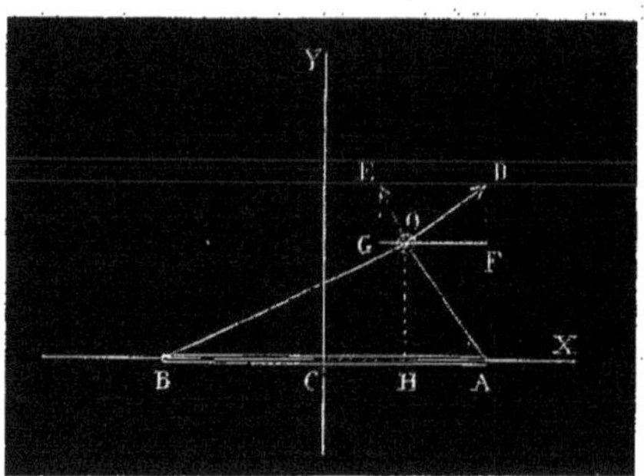

Fig. 132.

ce courant sur le plan qui lui est perpendiculaire et qui passe par l'axe de l'aiguille, CX et CY deux axes rectangulaires menés par le milieu de l'aiguille, et de manière que l'axe des x coïncide avec l'axe de l'aiguille; admettons que le pôle austral soit à la gauche du courant : on verra facilement qu'il y aura mouvement dans le sens des abscisses positives, équilibre ou mouvement dans le sens des abscisses négatives, suivant qu'on aura

$$\mathrm{OF}-\mathrm{OG}>0,$$
$$\mathrm{OF}-\mathrm{OG}=0,$$
$$\mathrm{OF}-\mathrm{OG}<0.$$

D'ailleurs, l'angle DOF étant égal à AOH, et l'angle EOG étant égal à BOH, on a

$$\mathrm{OF}=\frac{\mu}{\mathrm{OA}}\cos \mathrm{AOH},$$

$$\mathrm{OG}=\frac{\mu}{\mathrm{OB}}\cos \mathrm{BOH},$$

ou bien

$$\mathrm{OF}=\frac{\mu y}{y^2+(l-x)^2},$$

$$\mathrm{OG}=\frac{\mu y}{y^2+(l+x)^2},$$

contrent l'axe et à un couple perpendiculaire à l'axe dont le moment est exprimé par

$$\mu(\cos\theta_1 - \cos\theta_2),$$

θ_1 et θ_2 représentant les angles formés par l'axe de rotation avec les droites qui joignent le pôle aux deux extrémités du courant.

Soient A (fig. 133) le pôle de l'aimant, AS l'axe de rotation

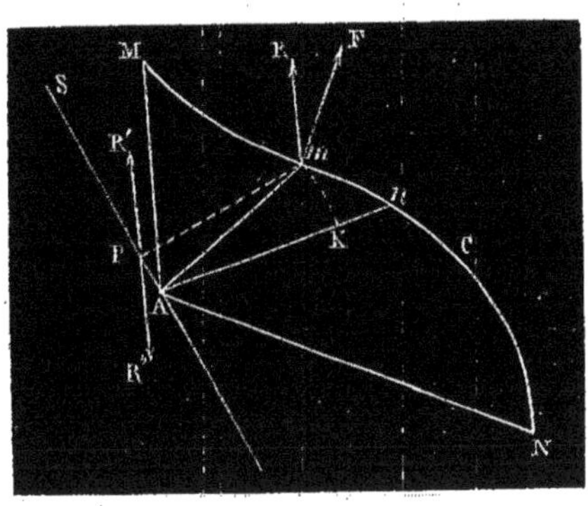

Fig. 133.

autour duquel un courant limité MCN peut se mouvoir, et *mn* un élément de ce courant. Désignons l'élément *mn* par *ds*, la distance A*m* par *r*, l'angle A*mn* par ω, l'angle *m*AS par θ, et l'angle *n*AS par $\theta + d\theta$; l'action F du pôle A sur l'élément *mn* sera perpendi-

d'où l'on tire

$$\mathrm{OF} - \mathrm{OG} = \frac{4\mu\, l\, x y}{[y^2 + (l-x)^2][y^2 + (l+x)^2]}.$$

Il y aura donc équilibre : 1° si le point O est sur l'axe des x, c'est-à-dire si le courant rencontre l'aiguille ou son prolongement; 2° si le point O est sur l'axe des y, c'est-à-dire si le courant est dans un plan perpendiculaire à l'aiguille et mené par son milieu. — Si x et y ne sont nuls ni l'un ni l'autre, il y a mouvement dans le sens des abscisses positives ou dans le sens des abscisses négatives, selon que ces deux coordonnées sont de même signe ou de signes contraires.

On peut vérifier ces conséquences de la théorie, au moyen d'une aiguille aimantée placée horizontalement sur un bouchon de liége qu'on fera flotter sur l'eau.

Si, dans l'une ou l'autre de ces expériences, on suppose le pôle austral à droite du courant, l'attraction apparente se change en répulsion, et *vice versa*.

culaire au plan mAn et aura pour expression

$$F = \frac{\mu \sin \omega \, ds}{r^2}.$$

Décomposons cette force en deux autres : l'une contenue dans le plan mAS, et par conséquent rencontrant l'axe AS ou parallèle à cet axe (cette force n'est pas représentée dans la figure ci-contre), l'autre R perpendiculaire à ce plan; cette composante aura pour expression, en désignant par ε l'angle FmR supplémentaire de l'angle des deux plans mAn et mAS,

$$R = \frac{\mu \sin \omega \, ds \cos \varepsilon}{r^2}.$$

Au point P, pied de la perpendiculaire abaissée de m sur l'axe de rotation AS, on peut maintenant concevoir qu'on ajoute, sans rien changer à l'équilibre ou au mouvement du système, deux forces contraires PR′ et PR″, toutes les deux égales à R en valeur absolue. On substituera ainsi à la force R le système formé d'une force R′ égale, parallèle et de même sens, appliquée sur l'axe de rotation, et d'un couple (R, R″) perpendiculaire à l'axe de rotation et ayant pour moment

$$\frac{\mu \sin \omega \, ds \cos \varepsilon}{r^2} \times r \sin \theta,$$

ou bien

$$\mu \sin \theta \frac{\sin \omega \, ds}{r} \cos \varepsilon.$$

En traitant de même l'action exercée sur chacun des éléments du courant, on obtiendra une série de forces passant par l'axe de rotation, et une série de couples perpendiculaires à l'axe; ces couples se combineront en un seul ayant pour moment l'intégrale

$$\int \frac{\mu \sin \theta \sin \omega \cos \varepsilon \, ds}{r},$$

cette intégrale étant étendue au courant MN tout entier. Pour effectuer l'intégration, il suffit de remarquer que, dans le triangle sphérique correspondant à l'angle trièdre ASmn, on a

$$\cos(\theta + d\theta) = \cos \theta \cos mAn + \sin \theta \sin mAn \cos(\pi - \varepsilon):$$

il est aisé de voir d'ailleurs que sin mAn, sensiblement égal à l'angle mAn, a pour valeur

$$\frac{\sin\omega\, ds}{r}\text{ (1)};$$

quant à cos mAn, on peut le remplacer par l'unité; il vient alors, en développant $\cos(\theta + d\theta)$, et remplaçant de même $\cos d\theta$ par l'unité et $\sin d\theta$ par $d\theta$,

$$\sin\theta\, d\theta = \sin\theta \frac{\sin\omega\, ds}{r}\cos\varepsilon.$$

L'intégrale précédente se réduit ainsi à

$$\int \mu \sin\theta\, d\theta.$$

Donc, en appelant θ_1 et θ_2 les angles MAS et NAS, le moment du couple résultant sera

$$\mu(\cos\theta_1 - \cos\theta_2).$$

D'ailleurs, les forces qui passent par l'axe étant détruites par la résistance de l'axe, le mouvement ou l'équilibre du courant MN ne dépendront que du couple dont on vient de trouver l'expression.

179. **Action d'un pôle magnétique sur un courant fermé.** — Il résulte immédiatement du théorème qui précède que l'ac-

(1) En décrivant du point A comme centre, et avec un rayon égal à Am, l'arc de cercle mK, on voit immédiatement que l'on a

$$\text{angle } mAn = \frac{mK}{Am};$$

or, mn étant infiniment petit, la figure mnK diffère infiniment peu d'un triangle rectangle en K, dans lequel on aurait

$$mK = mn \cos nmK,$$

ou bien

$$mK = ds \sin\omega,$$

ce qui donne, en remplaçant dans l'expression précédente mK par cette valeur et Am par r,

$$\text{angle } mAn = \frac{\sin\omega\, ds}{r}.$$

tion du pôle d'un aimant sur un courant *fermé* se réduit à une force unique, passant par le pôle de l'aimant.

En effet, si le courant MN de la figure 133 est un courant fermé, on a $\theta_1 = \theta_2$, et le moment du couple qu'on vient de considérer est nul : dès lors, l'action du pôle sur le courant se réduit à celle d'un système de forces qui rencontrent toutes l'axe AS. Or on serait conduit à la même conclusion pour tout autre axe passant par le point A, c'est-à-dire que cette action peut se réduire à celle de forces qui rencontrent toutes une infinité d'axes passant par ce point. Donc elle se réduit, en réalité, à une force unique menée par le pôle de l'aimant.

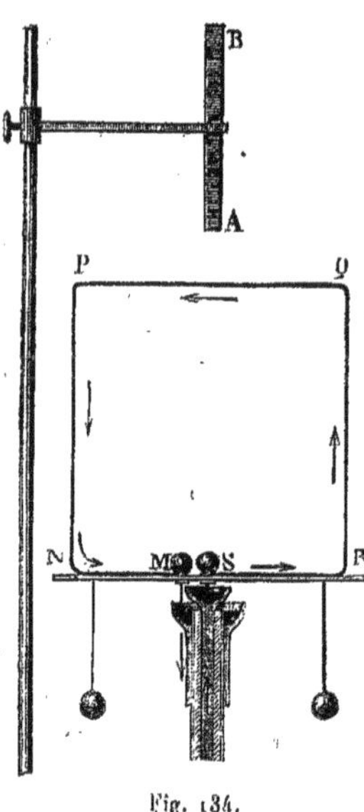

Fig. 134.

Si maintenant on considère un aimant complet, on voit que l'action des deux pôles de cet aimant sur un courant fermé se réduit à deux forces passant par les deux pôles, et par suite que si le courant fermé ne peut se mouvoir qu'autour d'un axe passant par ces deux pôles, il demeurera toujours en repos. — On vérifie cette conclusion par l'expérience en laissant agir, sur le courant MNPQRS (fig. 134), qui peut être considéré comme sensiblement fermé en MS et qui est d'ailleurs mobile autour de la verticale passant par la pointe S, un aimant AB fixé dans le prolongement de cet axe de rotation.

180. **Retour sur les expériences relatives à l'action exercée sur les aimants par les courants rectilignes indéfinis.** — Dans les raisonnements qui ont été faits plus haut, concernant les expériences relatives aux actions exercées sur les aimants par les courants rectilignes indéfinis, on a considéré l'action d'un courant sur un pôle magnétique comme appliquée ailleurs qu'à ce pôle lui-même. Dans les expériences, le courant rectiligne qu'on fait agir sur une aiguille fait toujours partie d'un circuit fermé, et par conséquent

la résultante des actions de tout le circuit est appliquée au pôle de l'aimant. Cependant, comme elle ne diffère pas sensiblement, en grandeur et en direction, de l'action de la partie rectiligne qui est toujours la plus voisine de l'aiguille, on n'a rien à changer ici à ces raisonnements, ni aux conclusions qui en ont été déduites [1].

[1] Il peut sembler singulier que, dans les expériences réelles sur les effets des courants rectilignes, le point d'application de la résultante totale diffère quelquefois beaucoup du point d'application de la résultante des parties rectilignes, tandis que la valeur des deux résultantes est sensiblement la même. — L'exemple suivant suffit pour écarter cette difficulté.

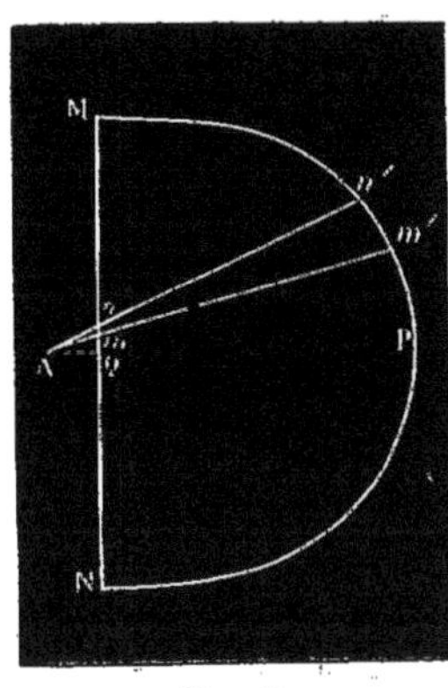

Fig. 135.

Soit un circuit plan MPNQ (fig. 135), formé d'une partie rectiligne très-longue MQN, et d'une partie curviligne MPN, telle que la distance de tous les éléments de cette partie au pôle A soit très-grande relativement à la plus courte distance AQ du point A à la partie rectiligne. Soient mn un élément de la partie rectiligne, $m'n'$ l'élément de la partie curviligne compris entre les mêmes droites Am et An passant par le pôle; soient ds et ds' les longueurs de ces éléments, r et r' leurs distances au point A, ω et ω' les angles de leurs directions avec la droite Amm'; on aura, pour exprimer leurs actions sur le pôle A,

$$\frac{\mu \sin \omega \, ds}{r^2}$$

et

$$\frac{\mu \sin \omega' \, ds'}{r'^2};$$

ces actions seront d'ailleurs des forces parallèles et de sens contraires, qui se combineront en une résultante égale à la différence

$$\frac{\mu \sin \omega \, ds}{r^2} - \frac{\mu \sin \omega' \, ds'}{r'^2},$$

et si r' est très-grand par rapport à r, cette résultante différera très-peu du premier terme. — Il est facile de voir, au contraire, que le point d'application sera le point A lui-même; en effet, la somme des moments des deux forces par rapport au point A, ou

$$\mu \left(\frac{\sin \omega \, ds}{r} - \frac{\sin \omega' \, ds'}{r'} \right),$$

est égale à zéro, car $\frac{\sin \omega \, ds}{r}$ et $\frac{\sin \omega' \, ds'}{r'}$ ne sont que des expressions différentes de l'angle infiniment petit mAn.

181. **Mouvement d'un courant non fermé, mobile autour de l'axe d'un aimant.** — Si un courant non fermé MN (fig. 136) est assujetti de façon à être mobile autour d'un axe passant par la ligne des pôles d'un aimant AB, l'action des forces qui passent par l'axe de rotation est détruite; le mouvement est donc le même que si le courant MN était uniquement soumis à l'action de deux couples ayant pour moments

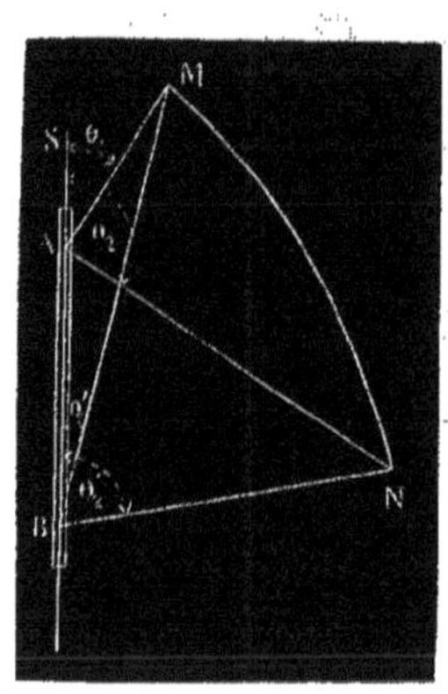

Fig. 136.

$$\mu(\cos\theta_1 - \cos\theta_2)$$

et

$$-\mu(\cos\theta_1' - \cos\theta_2'),$$

c'est-à-dire à l'action d'un couple unique ayant pour moment

$$R = \mu(\cos\theta_1 - \cos\theta_2 - \cos\theta_1' + \cos\theta_2').$$

Toutes les fois que cette expression sera positive, il y aura mouvement dans le sens de la rotation des aiguilles d'une montre; le mouvement se produira en sens inverse lorsque cette expression sera négative. Comme d'ailleurs elle ne dépend que d'angles qui demeurent invariables pendant la rotation, le mouvement devra continuer indéfiniment dans le même sens.

Si l'on considère, en particulier, le cas où les deux extrémités du courant se terminent à l'axe de rotation, on voit qu'elles peuvent présenter par rapport aux pôles A et B quatre systèmes de positions différentes :

1° Les deux extrémités M et N sont en dehors de la ligne des pôles AB et du même côté (fig. 137). On a alors

$$\theta_1 = \theta_2 = 0,$$
$$\theta_1' = \theta_2' = 0,$$

et par suite

$$R = 0,$$

c'est-à-dire qu'il y a équilibre.

2° Les deux extrémités M et N sont en dehors de la ligne des pôles

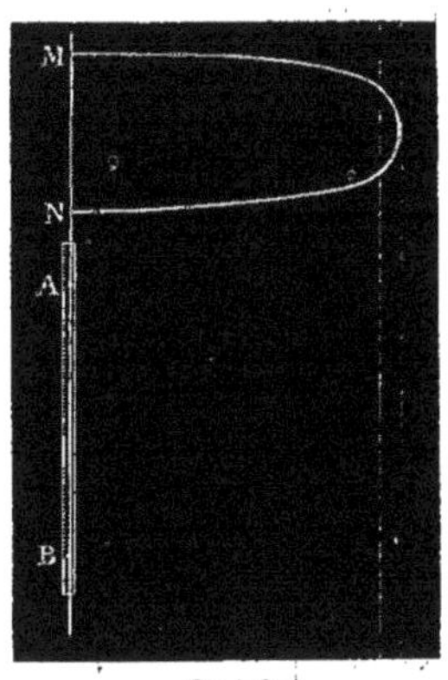

Fig. 137.

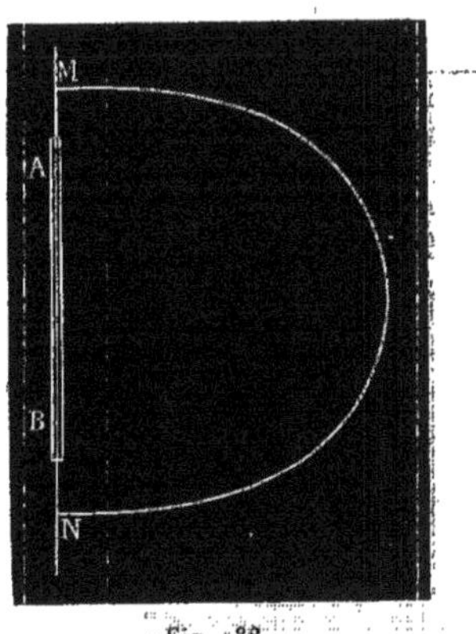

Fig. 138.

et de côtés différents (fig. 138). On a alors

$$\theta_1 = \theta'_1 = 0,$$
$$\theta_2 = \theta'_2 = \pi,$$

et par suite

$$R = 0,$$

c'est-à-dire qu'il y a encore équilibre.

3° Les extrémités du courant sont toutes deux à l'intérieur de la ligne des pôles (fig. 139). On a alors

$$\theta_1 = \theta_2 = \pi,$$
$$\theta'_1 = \theta'_2 = 0,$$

et par suite

$$R = 0.$$

c'est-à-dire qu'il y a encore équilibre.

4° Une extrémité du courant est en dehors, l'autre en dedans de la ligne des pôles (fig. 140). Avec cette disposition, on a

$$\theta_1 = \theta'_1 = 0,$$
$$\theta_2 = \pi,$$
$$\theta'_2 = 0,$$

d'où l'on tire

$$R = 2\mu,$$

c'est-à-dire qu'il y a mouvement, et c'est la seule des quatre dispositions qui conduise à cette conclusion.

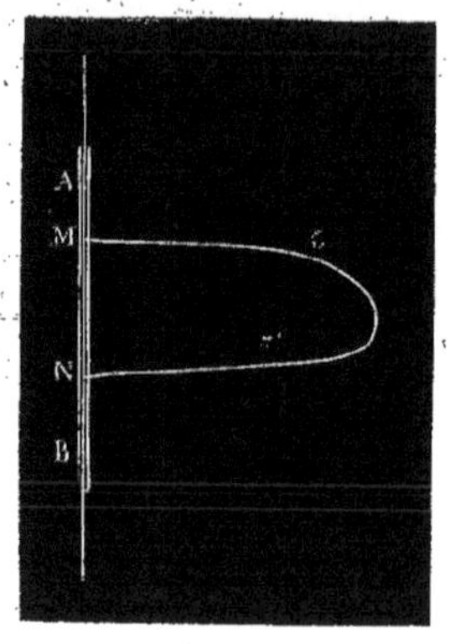

Fig. 139.

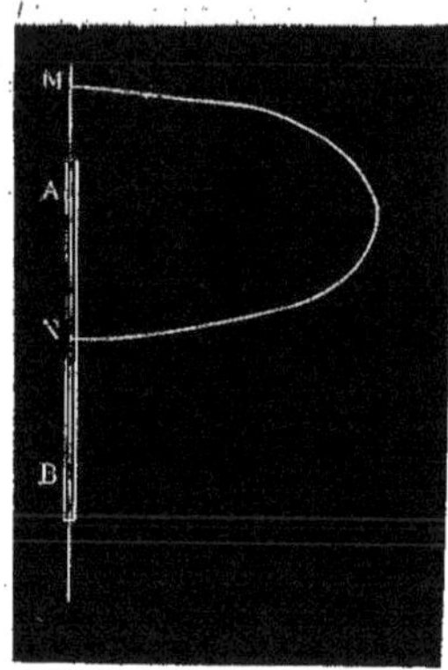

Fig. 140.

On vérifie par l'expérience ces divers résultats, au moyen de l'ap-

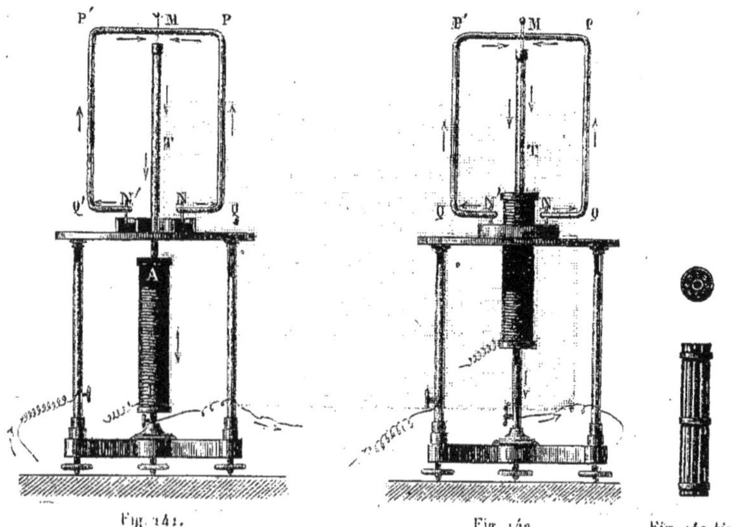

Fig. 141. Fig. 142. Fig. 142 *bis*.

pareil représenté par les figures 141 et 142. L'aimant vertical AB, qui est formé d'un faisceau de petits barreaux parallèles comme le montre la figure 142 *bis*, est mobile le long de la tige T, autour de laquelle peut se mouvoir le double conducteur rectangulaire MPQN, MP'Q'N' : chacune des moitiés, MPQN par exemple, peut être considérée comme un conducteur qui est mobile autour de l'axe T et dont les extrémités M et N viennent sensiblement aboutir à cet axe. En fixant l'aimant AB successivement à diverses hauteurs, on réalise les quatre dispositions étudiées plus haut : la figure 141 montre, par exemple, comment on réalise les dispositions de la figure théorique 137; la figure 142 indique la réalisation des conditions théoriques de la figure 140. C'est seulement lorsque l'aimant offre cette dernière position qu'il se produit un mouvement de rotation du conducteur mobile.

182. **Actions réciproques du courant sur l'aimant.** — Sous l'influence d'un courant non fermé, disposé de manière que le moment R ne soit pas nul, un aimant mobile autour de son axe doit prendre un mouvement de rotation contraire à celui que prendrait le courant non fermé s'il était mobile et que l'aimant fût fixe.

La vérification de cette proposition paraît d'abord impossible, tout courant voltaïque devant parcourir un circuit fermé: mais une

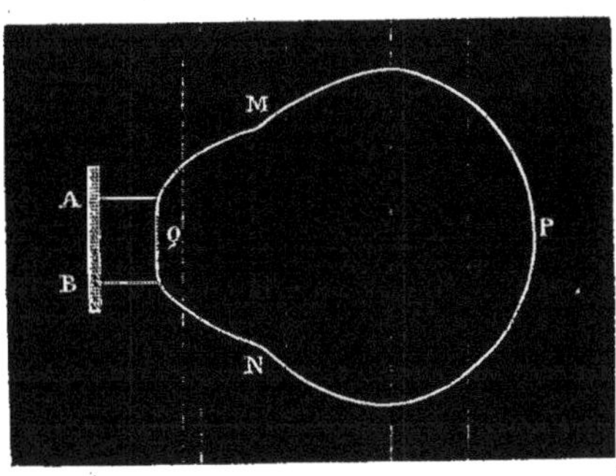

Fig. 143.

remarque importante d'Ampère permet de lever la difficulté. — Soit un circuit fermé (fig. 143), composé d'une partie fixe MPN, et d'une partie MQN mobile autour des points M et N. Si on lie invariablement la partie mobile MQN avec un aimant AB, les mouvements que pourra prendre le système solide composé de AB et de MQN seront dus uniquement à l'action du courant non fermé et fixe MPN sur l'aimant. En effet, le courant mobile MQN exercera sur l'aimant AB une certaine action; mais AB exercera à son tour sur MQN une action exactement égale et contraire, et, comme AB et MQN sont invariablement liés l'un à l'autre, ces actions se feront réciproquement équilibre. Tout se passera donc comme si la partie MPN agissait seule sur l'aimant et que la partie MQN n'existât pas.

Ce sont là les conditions réalisées dans l'expérience suivante qui est due à Ampère. — Un aimant d'acier AB (fig. 144), lesté à sa partie inférieure par un cylindre de platine, flotte au centre d'une éprouvette à pied pleine de mercure, de manière que l'un des pôles s'élève au dessus de la surface P du liquide; il présente, à sa partie supérieure, une excavation pleine de mercure, dans laquelle plonge une pointe métallique M. Si l'on fait communiquer la pointe M avec l'un des pôles d'une pile, par l'intermédiaire de la tige E qui la supporte, et le mercure de l'éprouvette avec l'autre pôle, au moyen de l'anneau métallique DD′ qui plonge dans le liquide et auquel on adapte en C un fil conducteur, il se produit un courant qui est transmis dans l'intervalle MP par la matière de l'aimant. Le même corps solide est ainsi à la fois le support des éléments magnétiques et le conducteur d'une partie du courant : les actions réciproques des éléments magnétiques et de cette partie du courant se détruisent donc, comme dans l'hypothèse représentée par la figure 143, et l'aimant se trouve, en définitive, soumis à l'action du courant fixe qui circule de P en M en passant par la pile, c'est-à-dire à l'action d'un courant ayant ses extrémités très-voisines de l'axe de l'aimant, l'une en dedans, l'autre en dehors de la ligne des pôles. Cette action se réduit à des forces passant par l'axe de l'aimant, et à un couple perpen-

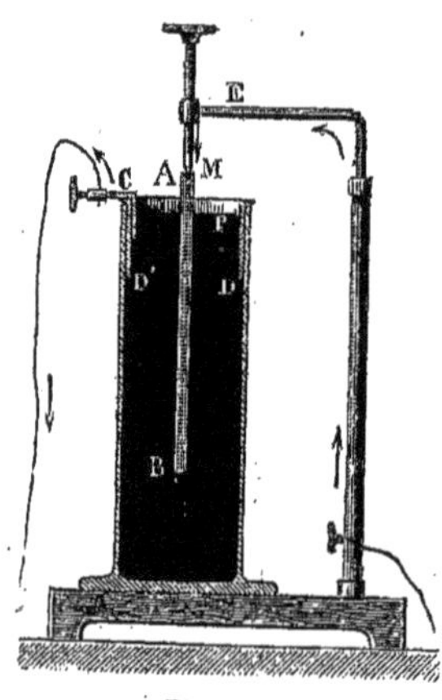

Fig. 144.

diculaire à cet axe, dont le moment est 2μ. Il doit donc y avoir rotation continue, dans le sens défini par le signe du moment 2μ: la rotation doit donc changer de sens, soit avec la position des pôles, soit avec la direction du courant : c'est ce que l'expérience vérifie.

La théorie précédente est nécessaire pour expliquer le mouvement de rotation qui s'observe dans l'expérience d'Ampère; mais, l'existence de ce mouvement une fois établie, on en peut prévoir le *sens* d'une manière élémentaire, en considérant seulement l'action des portions du courant les plus voisines de l'aimant. — On voit aisément, sur la figure 145 qui représente la projection horizontale de l'appareil, que si le pôle austral A est placé à la partie supérieure, et si les courants qui se propagent à la surface du mercure sont dirigés du centre vers la circonférence, le pôle A tendrait à faire tourner ces courants dans le sens indiqué par les flèches NM, PQ. Donc, par réaction, ces courants tendent à faire tourner l'aimant en sens contraire, et un appendice horizontal fixé à l'aimant doit se déplacer dans le sens du mouvement des aiguilles d'une montre.

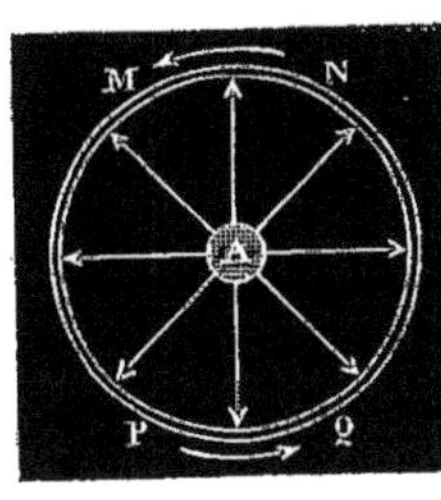

Fig. 145.

183. **Conséquences résultant de la nature du mouvement, dans les actions réciproques des courants non fermés sur les aimants.** — Le mouvement de rotation que l'on vient d'indiquer, et en général toutes les rotations produites par les actions réciproques des courants non fermés et des aimants, présentent un caractère qu'il importe de signaler. La force motrice étant constante en direction (et dans le cas particulier de l'expérience d'Ampère elle est également constante en grandeur), le mouvement s'accélère à chaque rotation : la partie mobile, en revenant occuper à des époques successives la même situation relativement aux parties fixes, est animée de vitesses différentes. — Il résulte de là que les phénomènes électro-magnétiques ne peuvent être expliqués par des forces qui seraient dirigées suivant les droites qui joignent les pôles ma-

gnétiques aux éléments du courant et qui ne seraient fonctions que des distances; on sait en effet qu'en général, dans les mouvements produits par de telles forces, la somme des forces vives reprend la même valeur toutes les fois que la situation relative des diverses parties du système est la même[1].

S'il était possible de supprimer entièrement les résistances au mouvement, qui croissent avec la vitesse, l'accélération de la rotation devrait être indéfinie. Dans la réalité, elle tend vers une certaine limite, par l'effet de la résistance de l'air ou des liquides dans lesquels plongent les pièces mobiles; mais il est clair qu'un mouvement de rotation qui s'accomplit avec une vitesse constante, malgré des résistances croissant avec la vitesse, est l'équivalent d'un mouvement de rotation qui, en l'absence de toute résistance, s'accélérerait indéfiniment.

184. **Théorème d'Ampère, relatif à l'action réciproque d'un courant fermé et d'un aimant.** — La proposition connue sous le nom de *théorème d'Ampère* peut s'énoncer comme il suit :

L'action d'un courant fermé sur un pôle magnétique est identique à l'action qu'exerceraient deux surfaces de forme quelconque, infiniment voisines l'une de l'autre, limitées toutes deux par le courant lui-même, et chargées de fluides magnétiques contraires, de façon que : 1° la surface chargée de fluide austral soit à la gauche d'un

[1] Cette remarque, qu'Ampère a développée bien des fois, prouve simplement que les phénomènes électro-magnétiques ne seront jamais expliqués par des théories où l'on se bornera à concevoir accumulés, dans les éléments de courant ou autour des pôles magnétiques, des fluides (en repos ou en mouvement) exerçant les uns sur les autres des actions attractives ou répulsives qui ne soient fonctions que des distances. — Mais, si l'on va au fond des choses, on reconnaît qu'il n'est pas vrai de dire qu'au commencement et à la fin d'une révolution de l'aimant d'Ampère, par exemple, les situations relatives de *tous les points matériels* réagissants soient les mêmes. Au nombre de ces points, on doit compter les molécules de zinc et les molécules d'acide sulfurique étendu, qui donnent sans cesse naissance, dans les éléments voltaïques, à du sulfate de zinc dissous et à de l'hydrogène libre. Ces molécules changent de situation, pendant que la substitution du zinc à l'hydrogène s'accomplit : le travail des affinités chimiques est l'équivalent de tous les phénomènes dont la production est liée à l'existence du courant, et en particulier de l'accélération continue de la rotation de l'aimant mobile. Le mécanisme par lequel se réalise cette équivalence est actuellement inconnu; mais si l'on vient quelque jour à le pénétrer, il n'est pas douteux qu'on ne le réduise au jeu de forces attractives et répulsives ne dépendant que des distances.

observateur traversé par le courant des pieds à la tête, et tourné vers l'intérieur de l'espace limité par le courant; 2° la charge d'un élément superficiel de grandeur constante, pris sur chaque surface, soit en raison inverse de sa distance à l'autre surface, comptée suivant la normale.

Il résulte de ce théorème que l'action réciproque d'un courant fermé et d'un aimant ne peut produire un mouvement de rotation qui s'accélère de révolution en révolution, puisque les forces motrices réelles équivalent à un système de forces attractives et répulsives qui ne dépendent que des distances.

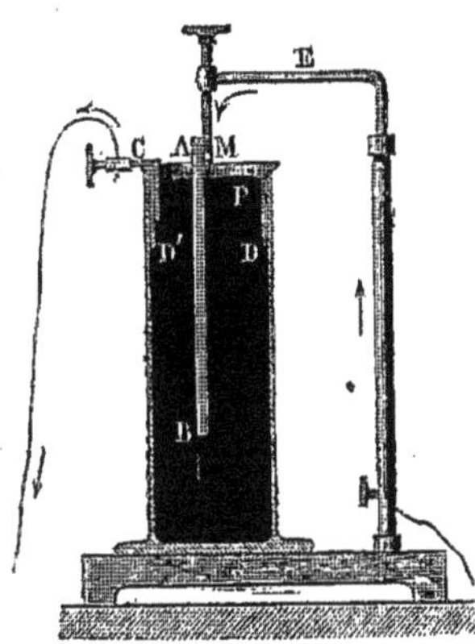

Fig. 146.

Une expérience de Faraday conduit à un résultat qui paraît d'abord contraire à cette conclusion. — On reprend l'appareil de la figure 144, et l'on fait plonger directement dans le mercure, au centre de l'éprouvette (fig. 146), la pointe métallique M qui amène le courant; on donne ainsi à l'aimant AB une position excentrique. Aussitôt que le circuit est fermé, l'aimant se met à tourner autour de l'axe de l'appareil et son mouvement de rotation s'accélère rapidement, bien que le courant paraisse fermé.

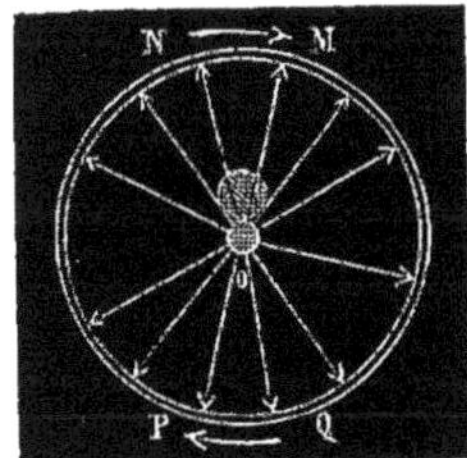

Fig. 147.

Pour résoudre cette difficulté, il suffit de remarquer :

1° Que le courant n'est pas entièrement fermé; une partie des courants qui rayonnent du point O sur la surface du mercure (fig. 147) traversent l'aimant lui-même, et, en vertu de ce qui a été expliqué plus haut (182), on doit considérer comme supprimés les éléments du courant qui font corps avec l'aimant lui-même;

2° Que la figure du reste du circuit est variable à mesure que l'aimant se déplace dans le mercure, et que la conséquence générale déduite du théorème d'Ampère n'est applicable qu'à un circuit de figure invariable.

La possibilité du mouvement de rotation étant ainsi rendue évidente, on en peut toujours déterminer le *sens* d'une manière très-simple, par la considération des parties du courant les plus voisines de l'aimant. — Si l'on suppose, par exemple, que les courants qui se propagent dans le mercure soient dirigés du centre vers la circonférence et que le pôle austral de l'aimant soit au-dessus de la surface du mercure, on verra, de la même manière que dans l'expérience d'Ampère, que la rotation doit avoir lieu dans le sens indiqué par les flèches NM et QP (fig. 147).

MESURE DE L'INTENSITÉ DES COURANTS.

185. **Intensité électro-magnétique d'un courant.** — Si l'on reprend l'expression par laquelle on a représenté l'action exercée par un pôle magnétique sur un élément de courant,

$$\mu \frac{\sin \omega \, ds}{r^2},$$

et si l'on conçoit m centres magnétiques égaux, infiniment voisins les uns des autres et agissant sur le même élément de courant, il est clair que la résultante de leurs actions sur cet élément diffère infiniment peu de leur somme, c'est-à-dire que l'expression de cette résultante s'obtiendra en donnant à la constante μ une valeur m fois plus grande. — En d'autres termes, si l'on augmente dans un rapport déterminé la quantité de magnétisme concentrée en un point, l'action de ce point sur un élément de courant varie dans le même rapport, et il y a proportionnalité entre l'intensité magnétique d'un pôle et son action électro-magnétique. La constante μ peut donc être décomposée en deux facteurs : le premier m représentera la quantité de magnétisme qu'on peut concevoir concentrée au pôle que l'on considère ; le second i ne dépendra que de la puissance du courant.

Cette conclusion est d'ailleurs vérifiée expérimentalement par ce fait, que la position d'équilibre où se fixe une aiguille aimantée, sous l'influence simultanée de la terre et d'un courant, dépend de la forme, de la situation et du mode de suspension de l'aiguille, mais ne dépend pas de son degré d'aimantation. L'action de la terre sur chaque pôle étant proportionnelle à la quantité de magnétisme qu'on y peut concevoir concentrée, si l'action du courant lui est également proportionnelle, le nombre qui représente cette quantité de magnétisme doit en effet disparaître dans les équations d'équilibre.

Le nombre i, qui définit la puissance électro-magnétique du courant, peut s'appeler son *intensité électro-magnétique* ou simplement son *intensité*. Si l'on conçoit une portion rectiligne du courant, de longueur égale à l'unité, agissant sur une quantité de magnétisme égale à l'unité, cette quantité de magnétisme étant concentrée en un pôle très-éloigné et situé sur la perpendiculaire au courant menée par son milieu, le produit de cette action par le carré de la distance sera la valeur de cette intensité[1].

186. **Principe du multiplicateur de Schweiger ou galvanomètre.** — Les divers éléments d'un courant fermé plan, de figure quelconque MNQP (fig. 148), ont évidemment leur gauche du même côté, relativement à une aiguille AB placée dans l'intérieur

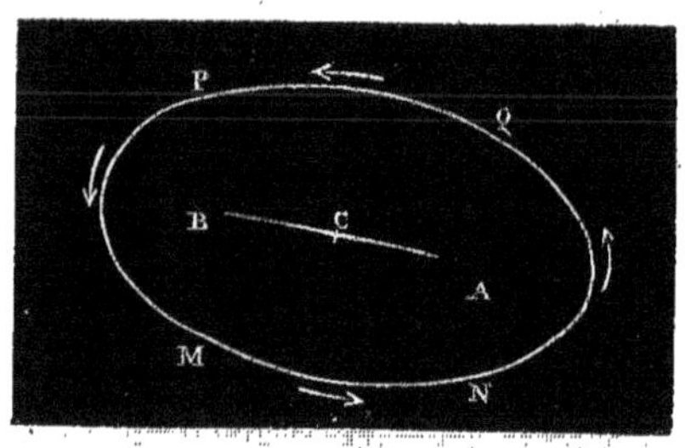

Fig. 148.

du courant; dès lors, les actions de tous ces éléments sur l'aiguille sont concordantes. — Si maintenant on enroule plusieurs fois, autour d'un cadre placé dans un azimut voisin du méridien magnétique, un fil métallique isolé, et que dans ce cadre on suspende une aiguille aimantée, soit sur un pivot, soit, mieux encore, par un fil de soie sans torsion, la déviation de l'aiguille produite par le passage d'un courant dans le fil métallique sera plus grande que si le fil était simplement tendu parallèlement à l'aiguille.

Tel est le principe du *multiplicateur* ou *galvanomètre* construit par Schweiger; cet instrument se composait d'un cadre rectangulaire, placé verticalement dans le plan du méridien magnétique, et sur lequel s'enroulait un fil métallique dont les tours étaient isolés par

[1] Il est tout à fait inexact de dire, comme on le fait souvent, que l'intensité d'un courant est l'action exercée par l'unité de longueur du courant sur l'unité de fluide magnétique placée à l'unité de distance.

de la soie : au milieu du cadre était une aiguille aimantée, mobile dans un plan horizontal autour de son milieu. — La déviation de l'aiguille produite par le passage d'un courant dans le fil était mesurée sur un cadran divisé.

187. **Galvanomètre à deux aiguilles, de Nobili.** — Dans le galvanomètre modifié par Nobili, deux aiguilles aimantées AB, A'B' (fig. 149), solidaires l'une de l'autre, sont suspendues, les pôles contraires en regard, l'une à l'intérieur, l'autre à l'extérieur d'un cadre rectangulaire MNQP traversé par un courant. Les actions concordantes des quatre côtés du rectangle tendent à porter le pôle aus-

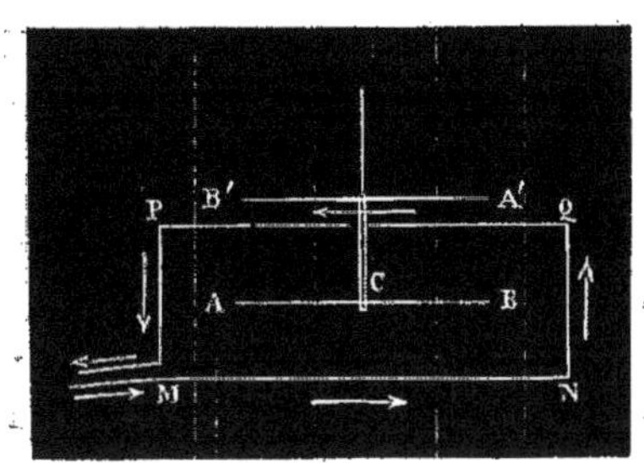

Fig. 149.

tral A de l'aiguille intérieure AB en avant du plan de la figure. L'action du côté PQ sur l'aiguille supérieure A'B' tend également à porter son pôle boréal B' en avant du plan de la figure; les actions exercées par les côtés verticaux MP, NQ et par le côté horizontal inférieur MN sur l'aiguille A'B' tendent à produire un effet contraire, mais l'action de PQ est prédominante, à cause de l'influence de la distance. Le courant exerce donc, en définitive, sur les deux aiguilles des actions concordantes; au contraire, les actions que la terre exerce sur l'une sont opposées à celles qu'elle exerce sur l'autre. — Il en résulte évidemment, pour ces deux raisons, un accroissement de sensibilité de l'appareil.

La figure 150 indique les détails de construction du galvanomètre, tel qu'on le construit aujourd'hui. — Un cadran de cuivre rouge CC', placé très-près de l'aiguille supérieure, sert à mesurer les déviations. Une pince P, mobile à l'aide d'un pas de vis, permet de relever ou d'abaisser à volonté le système des deux aiguilles : on peut ainsi, quand l'instrument n'est pas en expérience, ou lorsqu'il doit être transporté, laisser reposer l'aiguille A'B' sur le cadran et détendre le fil. — Les vis calantes qui supportent l'appareil servent à rendre le cadran CC' horizontal, en sorte que le fil de cuivre qui réunit les

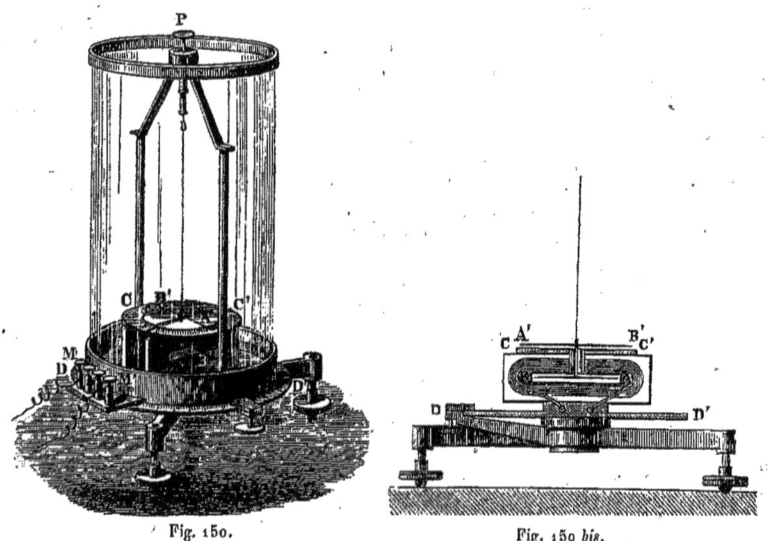

Fig. 150. Fig. 150 *bis*.

aiguilles passe librement dans l'ouverture pratiquée au centre du cercle. Le système des deux aiguilles prend alors une position d'équilibre stable, et on oriente le cadre en le faisant tourner autour de l'axe vertical de l'appareil, de manière que le zéro de la graduation du cadran CC' vienne se placer sous la pointe de l'aiguille supérieure.

188. **Graduation du galvanomètre.** — Il est évident que, dans le galvanomètre, il n'y a pas proportionnalité entre les déviations des aiguilles et les intensités des courants qui les produisent : chaque instrument doit donc être soumis à une graduation empirique. — Cette graduation peut s'obtenir en comparant les indications du galvanomètre à celles de l'un des instruments de mesure qui seront décrits plus loin (189 et 191).

On peut aussi, lorsque le cadre du galvanomètre porte deux fils indépendants, identiques entre eux et enroulés exactement de la même manière[1], faire usage d'une méthode de graduation directe, qui est due à M. Becquerel. Cette méthode consiste dans la série des opérations suivantes :

1° On observe la déviation α que produit un courant en traversant l'un des fils.

2° On observe la déviation β que produit un autre courant en traversant l'autre fil.

3° On observe la déviation γ que produisent les deux courants en traversant simultanément les deux fils.

Si le galvanomètre a été bien construit, on peut admettre que la déviation γ est celle qui s'observerait si l'on faisait passer *dans un seul fil* un courant unique, d'intensité égale à la somme des intensités des deux courants.

Or l'expérience, faite comme on vient de l'indiquer, montre que, jusqu'à une certaine limite, variable d'un galvanomètre à un autre, on a toujours $\gamma = \alpha + \beta$; en conséquence, jusqu'à cette limite, la déviation est proportionnelle à l'intensité. — Pour étendre la graduation au delà, on continue la série des observations précédentes, en employant des courants qui produisent individuellement des déviations inférieures à la limite des déviations proportionnelles, et qui, agissant simultanément, produisent une déviation supérieure à cette limite. On détermine ainsi les déviations qui correspondent à des intensités égales à la somme des deux intensités connues. Si la limite des déviations proportionnelles est par exemple à 25 degrés, cette seconde série d'observations fera connaître les déviations correspondantes aux intensités comprises entre 25 et 50. — En se servant, dans une troisième série, de courants dont les intensités individuelles soient inférieures à 50, mais dont la somme excède 50, on prolongera encore la graduation, et ainsi de suite.

Dans la pratique, on n'étend pas la graduation au delà de l'inten-

(1) Les galvanomètres à deux fils, qui peuvent être employés à reconnaître l'égalité ou l'inégalité de deux courants traversant les deux fils en sens contraires, reçoivent souvent le nom de *galvanomètres différentiels*. — Lorsqu'on traitera de l'application des phénomènes thermo-électriques à l'étude des lois de la chaleur rayonnante, on aura occasion d'indiquer une méthode de graduation qui convient aux galvanomètres à un seul fil.

sité qui répond à une déviation d'environ 60 degrés : l'effet d'un courant d'intensité infinie ne pouvant être que d'amener l'aiguille à 90 degrés du méridien magnétique, il est clair que la sensibilité de l'instrument est beaucoup diminuée lorsqu'on approche de ce maximum de déviation, et, dans la plupart des cas, il n'y a plus à compter sur des mesures précises dès que les déviations dépassent une soixantaine de degrés.

189. **Boussole des sinus.** — Le principe de la *boussole des sinus* est dû à M. Pouillet. D'ailleurs tout galvanomètre dont le cadre peut tourner autour d'un axe vertical, et qui porte une graduation au moyen de laquelle cette rotation peut être mesurée, est une boussole des sinus.

On donne d'abord au cadre mobile une position telle, que son plan de symétrie coïncide à peu près avec le méridien magnétique[1], et on s'arrange de manière que, dans cette position, l'extrémité de l'aiguille, ou celle d'une tige métallique invariablement liée à l'aiguille, se dirige vers un repère fixé au cadre sur lequel est enroulé le fil conducteur. Le passage d'un courant écarte l'aiguille du méridien magnétique. On fait alors tourner le cadre dans le sens où s'est produite la déviation; si, par une rotation égale à α, on peut ramener l'aiguille à être de nouveau dirigée vers le repère fixé au cadre[2], on peut prendre le sinus de l'angle α pour mesure de l'intensité du courant. — En effet, dans toute position d'équilibre de l'aiguille, le moment du couple terrestre doit être égal et contraire à la somme des moments des actions électro-magnétiques, par rapport à l'axe de suspension de l'aiguille. Or le moment du couple terrestre est proportionnel au sinus de l'angle formé par la position actuelle de l'aiguille avec le méridien magnétique, et il est évident que cet

(1) Cette condition est avantageuse à la sensibilité de l'instrument, mais elle n'est en aucune façon nécessaire. On peut se contenter d'y satisfaire approximativement.

(2) Ce repère peut être une division déterminée d'une graduation invariablement liée au cadre des fils conducteurs, distincte par conséquent de la graduation fixe sur laquelle on mesure la rotation α. — Ainsi, lorsqu'on emploie comme boussole de sinus un galvanomètre de Nobili, auquel on a joint pour cet objet une graduation DD' (fig. 150) permettant de mesurer les rotations du cadre, on peut prendre comme repère fixe l'une des divisions du cercle gradué CC' qui est invariablement lié au cadre d'ivoire, et qui est entraîné avec lui dans son mouvement de rotation. E. F.

angle ne diffère pas de la rotation α, puisque la situation de l'aiguille par rapport au cadre mobile est la même dans la position initiale et dans la position finale du cadre. La somme des moments des actions électro-magnétiques est proportionnelle à l'intensité du courant; elle dépend de la situation relative où se trouve l'aiguille par rapport au cadre, lorsqu'elle est dirigée vers le repère, situation qui est indépendante de l'angle α. Donc, en désignant par i l'intensité électro-magnétique du courant, par F la composante horizontale de l'action terrestre, et par K une constante caractéristique de la boussole que l'on emploie, on peut écrire

$$Ki = F \sin\alpha.$$

Les actions de la terre et du courant étant toutes deux proportionnelles aux quantités de magnétisme libre qu'on peut supposer concen-

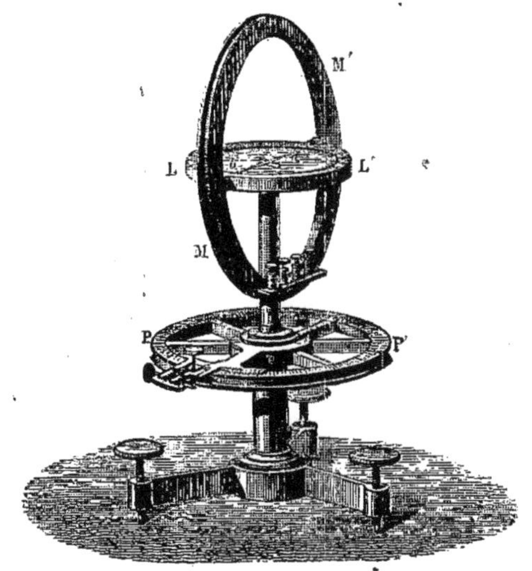

Fig. 151.

trées aux pôles de l'aiguille, l'intensité magnétique de l'aiguille disparaît dans les deux membres de l'équation.

190. **Boussole des tangentes.** — La boussole des tangentes

est également due à M. Pouillet. Elle se compose d'un grand cadre de cuivre rouge MM' (fig. 151) de forme circulaire ou rectangulaire, sur lequel est enroulé un fil conducteur isolé, et dans l'intérieur duquel est suspendu un barreau aimanté *de très-petites dimensions;* à ce barreau est fixée perpendiculairement une tige de cuivre rouge horizontale *ab*. Lorsque le barreau est dévié, la tige *ab* parcourt un cercle divisé LL', fixé au cadre MM'.

Pour mettre l'appareil en expérience, on oriente d'abord le cadre MM', de manière que son plan de symétrie coïncide *exactement* avec le méridien magnétique. — Le centre de rotation du barreau se trouvant au centre de figure du cadre, si l'on fait passer un courant dans le fil conducteur, l'action initiale de ce courant sur le barreau AB est un couple de forces égales et contraires XX' (fig. 152), appliquées aux deux pôles du barreau et perpendiculaires au méridien magnétique MM'. Sous l'influence de ce couple, le barreau s'écarte du plan du méridien magnétique; mais si ses dimensions sont très-petites par rapport à la distance de chacun de ses pôles aux divers éléments du fil conducteur, ce déplacement n'altère pas sensiblement la grandeur ni la direction des actions XX' exercées sur les pôles. Le barreau est donc soumis à un couple dont les forces sont constantes, et dont le bras de levier CD est proportionnel au cosinus de la déviation. Il y a équilibre lorsque le moment de ce couple est égal à celui du couple TT' dû à l'action de la terre, c'est-à-dire lorsqu'on a

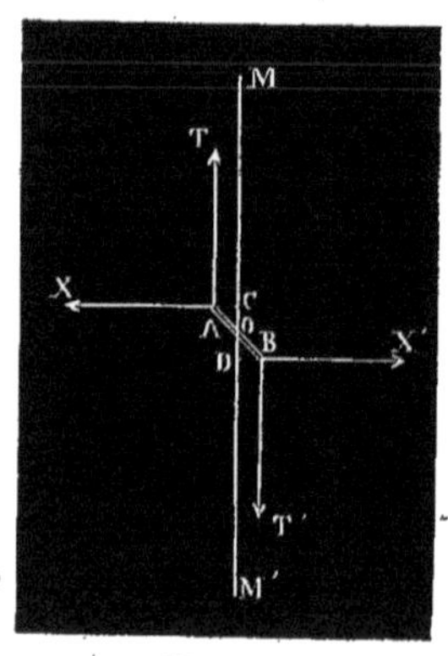

Fig. 152.

$$K i \cos\alpha = F \sin\alpha,$$

d'où l'on tire

$$i = \frac{F}{K} \operatorname{tang} \alpha.$$

Ici encore, le moment magnétique de l'aiguille disparaît comme facteur commun dans les deux membres de l'équation.

Le principal inconvénient de la boussole des tangentes réside dans la nécessité de donner au cadre d'énormes dimensions ; presque toujours, les cadres des boussoles des tangentes qu'on trouve dans les cabinets de physique sont beaucoup trop petits. — En outre, il est très-difficile d'orienter *exactement* le cadre de l'appareil ; pour corriger les effets d'une orientation défectueuse, il convient de faire toujours

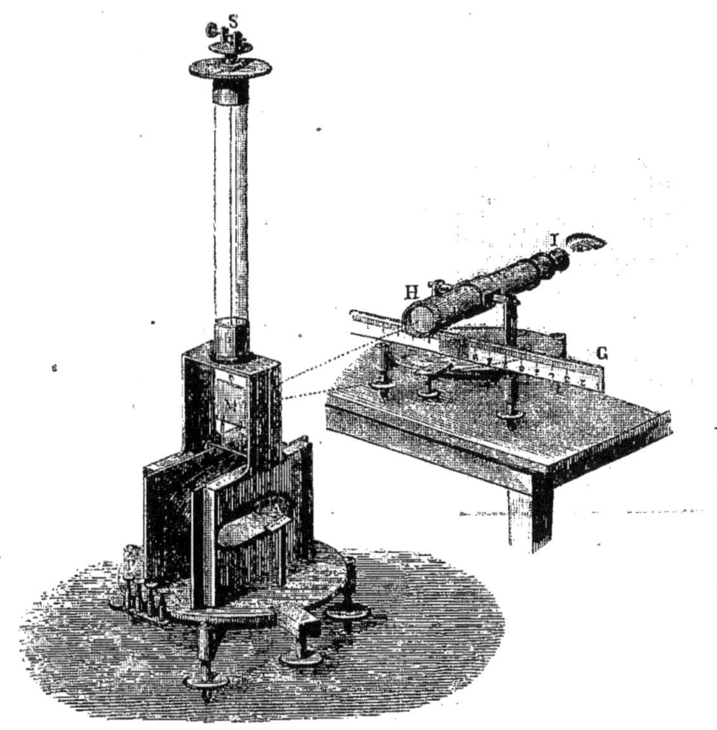

Fig. 153.

deux observations, dans lesquelles l'aiguille est alternativement déviée à droite et à gauche du méridien, et de prendre la moyenne des deux résultats : ces déviations de sens contraires s'obtiennent en faisant tourner le cadre de 180 degrés.

La boussole des sinus, qui n'exige aucun ajustement préalable, doit être généralement préférée, bien qu'elle soit d'un usage moins commode[1].

191. **Galvanomètre à réflexion, de Weber.** — Les figures 153 et 154 expliquent suffisamment comment le principe du magnétomètre précédemment décrit (161) a pu être appliqué à la me-

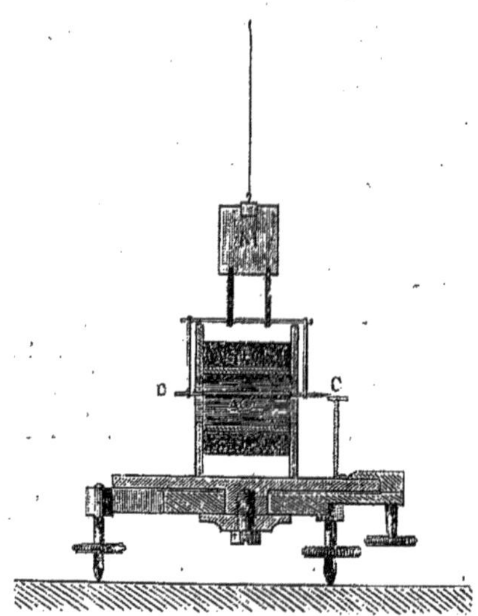

Fig. 154.

sure des déviations galvanométriques. Le cadre de l'instrument porte en général plusieurs fils métalliques indépendants, enroulés d'une manière identique et ayant leurs extrémités assujetties dans des bornes métalliques P, N, etc.; il est donc possible de le graduer empiriquement suivant la méthode indiquée plus haut (188).

Mais il est facile de le convertir en boussole des tangentes. A cet effet, sur le prolongement de l'axe de l'aiguille AB, à une distance

[1] Une boussole des sinus déterminée ne peut évidemment mesurer que les courants dont l'intensité ne dépasse pas une certaine limite. — La boussole des tangentes n'est pas sujette à une pareille restriction, mais ce n'est là qu'un avantage illusoire : dans les grandes déviations, les variations de l'arc deviennent si lentes par rapport aux variations de la tangente, que l'instrument n'a plus aucune sensibilité.

de plusieurs mètres (fig. 155), on place un cadre MN environné d'un fil conducteur, de manière que son plan de symétrie coïncide

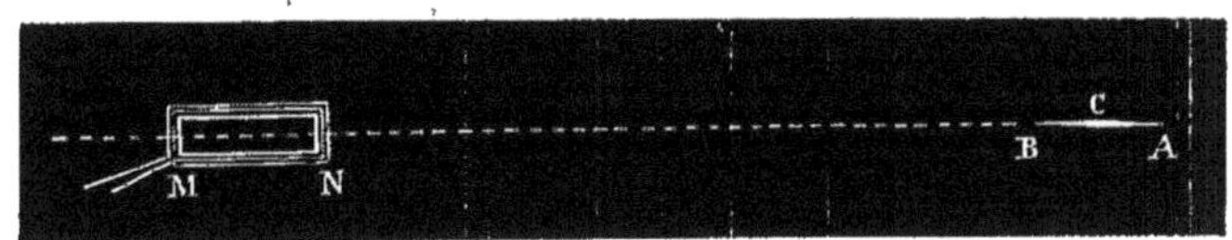

Fig. 155.

avec le méridien magnétique. L'action de ce cadre sur l'aiguille, tant qu'elle est encore dans le méridien magnétique, se réduit à un couple de forces égales et contraires, appliquées aux pôles et perpendiculaires au méridien magnétique. Une petite déviation n'altère d'une manière appréciable ni la grandeur ni la direction de ces forces. On peut donc appliquer au cas des petites déviations le principe de la boussole des tangentes, et, comme la mesure des déviations se fait aisément à quelques secondes près par la méthode de la réflexion, l'instrument ne laisse rien à désirer sous le rapport de la sensibilité ni de l'exactitude[1].

On a construit également des galvanomètres à réflexion présentant un système de deux aiguilles disposées comme dans les galvanomètres ordinaires.

[1] Si, comme il est ordinaire, le cadre d'un galvanomètre à réflexion est très-large, l'intensité d'un courant qui traverse le fil enroulé sur ce cadre lui-même est sensiblement proportionnelle à la tangente de la déviation, tant que la déviation est *très-petite*. En effet, soit AB (fig. 156) l'aiguille placée dans le plan de symétrie du cadre MNPQ, qui est représenté en projection horizontale : une petite déviation de l'aiguille amènera chacun des pôles A' et B' en dehors du plan de symétrie; mais si la longueur MP est très-grande par rapport à la distance AA', il n'en résultera pas de changement sensible dans la grandeur ni la direction de l'action exercée sur chaque pôle. Le principe des tangentes sera donc applicable, mais seulement entre des limites très-restreintes.

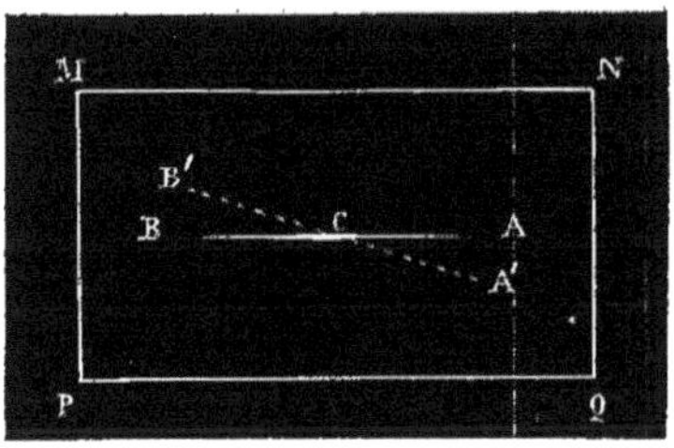

Fig. 156.

ACTION DE LA TERRE SUR LES COURANTS.

192. **L'action exercée par la terre sur les courants peut se représenter par celle d'un pôle boréal.** — En un lieu donné, l'action de la terre sur les corps magnétiques peut se représenter par celle d'un pôle boréal placé à une très-grande distance, sur le prolongement de l'aiguille d'inclinaison et du côté du nord. Dès lors, il est à présumer que les causes desquelles dépend l'action de la terre sur l'aiguille aimantée lui donnent la faculté d'agir sur les courants et que leur influence peut également se représenter par celle du pôle boréal imaginaire dont on vient de définir la position [1]. — C'est ce que plusieurs expériences permettent de vérifier.

[1] Soit GH (fig. 157) un élément de courant, soumis à l'action d'un nombre quelconque de pôles magnétiques A, A',.... (on n'en a représenté que deux sur la figure ci-dessus,

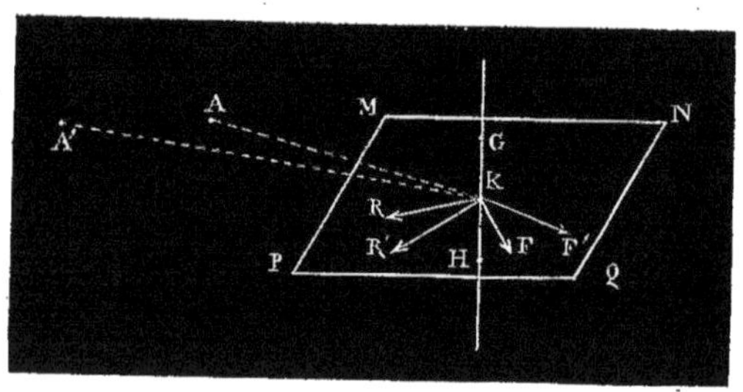

Fig. 157.

afin d'éviter une complication trop grande). Ces actions seront des forces KF, KF',... appliquées au milieu K de l'élément de courant, respectivement perpendiculaires aux plans AKG, A'KG,... et égales à

$$\frac{mi \sin\omega\, ds}{r^2},$$

$$\frac{m'i \sin\omega'\, ds}{r'^2},$$

$$\ldots\ldots\ldots\ldots\ldots$$

Si l'on imagine concentrée au point K une quantité de fluide magnétique boréal égale à

193. **Action de la terre sur un courant horizontal mobile autour d'un axe vertical passant par une de ses extrémités.** — Si l'on fait passer un courant dans le conducteur mobile représenté par la figure 124, et qu'on l'abandonne à l'action de la terre seule, on constate que ce conducteur prend un mouvement de rotation continu. La rotation s'effectue dans le sens du mouvement des aiguilles d'une montre, si le courant est dirigé de l'extrémité libre du conducteur mobile vers l'axe.

l'unité, les actions des divers pôles magnétiques sur cette quantité de fluide seront

$$\frac{m}{r^2}, \quad \frac{m'}{r'^2}, \ldots;$$

leurs composantes KR, KR′,..., dans le plan MNPQ perpendiculaire sur l'élément GH auront pour valeurs

$$\frac{m \sin \omega}{r^2}, \quad \frac{m' \sin \omega'}{r'^2},$$

et il est facile de voir que si l'on fait tourner ces composantes de 90 degrés dans le plan MNPQ, et qu'on les multiplie par ids, on retrouvera les actions électro-magnétiques KF, KF′,.... On en conclut immédiatement que la résultante des actions électro-magnétiques peut s'obtenir en cherchant d'abord la résultante des composantes KR, KR′,..., en multipliant cette résultante par ids et en la faisant tourner de 90 degrés dans le plan MNPQ. Enfin la résultante des composantes KR, KR′,... est elle-même la composante, dans le plan MNPQ, de la résultante des actions magnétiques dirigées suivant AK, A′K,...

De là la règle suivante : Pour avoir l'action d'un système quelconque de centres magnétiques sur un élément de courant, on cherchera la résultante des actions de ces centres sur l'unité de fluide magnétique placée au milieu de l'élément de courant; on la projettera sur le plan perpendiculaire à l'élément, mené par son milieu, et, après l'avoir multipliée par ids, on la fera tourner de 90 degrés.

Il en résulte que l'action d'un système quelconque de centres magnétiques sur un élément de courant est :

1° Proportionnelle à la résultante des actions que ces centres exerceraient sur l'unité de fluide magnétique placée au milieu de l'élément;

2° Proportionnelle à ids et au sinus de l'angle formé par l'élément de courant et par la résultante qu'on vient de définir;

3° Perpendiculaire à la fois sur cette résultante et sur l'élément de courant.

L'action de la terre sur un élément de courant est donc perpendiculaire au plan mené par la direction de l'élément et par celle de l'action magnétique terrestre, et égale à

$$iF \sin \Omega \, ds,$$

en désignant par F l'intensité de l'action magnétique terrestre et par Ω l'angle qu'elle forme avec l'élément de courant. Elle est enfin dirigée vers la gauche de l'observateur qu'on suppose placé dans le courant, si cet observateur est tourné vers le pôle boréal de la terre.

Il est aisé de voir que ce résultat peut se déduire de l'assimilation de l'action de la terre à celle d'un pôle boréal. — Soit ON (fig. 158) le courant mobile, dirigé dans le plan du méridien magnétique

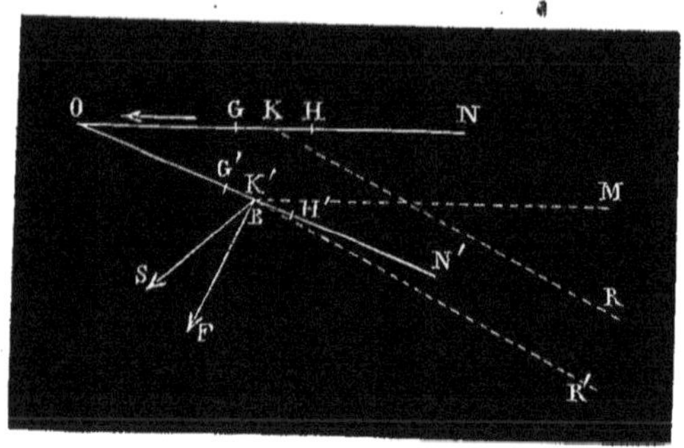

Fig. 158.

et de N vers O; soient GH un élément de courant, et KR une droite menée par son milieu parallèlement à l'aiguille d'inclinaison : l'action que cet élément éprouve, de la part du pôle boréal par lequel on représente l'action terrestre, est une force horizontale, perpendiculaire à l'élément, et dirigée en avant du plan de la figure; si l'on désigne par F l'action magnétique terrestre, et par I l'inclinaison, cette force aura pour expression

$$i\,ds\,F\sin I.$$

Le courant ayant tourné d'un angle NON', l'action de la terre sur le même élément dans sa nouvelle position G'H' sera la force K'F, perpendiculaire au plan mené par l'élément et par la droite K'R' parallèle à l'aiguille d'inclinaison; elle sera exprimée par $i\,ds\,F\sin\omega$, ω désignant l'angle N'K'R'. La composante verticale de cette force sera détruite par la résistance de l'axe, et la composante efficace sera la force K'S, à la fois horizontale et perpendiculaire sur ON'; si l'on désigne par α l'angle SK'F, l'intensité de cette composante sera

$$i\,ds\,F\sin\omega\cos\alpha.$$

Or, en menant par le point K' une droite K'M parallèle à ON, on forme un angle trièdre K'MN'R', rectangle suivant l'arête K'N', qui donne la proportion

$$\frac{\sin \omega}{\sin \mathrm{I}} = \frac{1}{\cos \alpha},$$

d'où l'on tire

$$\sin \omega \cos \alpha = \sin \mathrm{I}.$$

Donc, dans cette position, la force efficace a encore pour expression

$$i\,ds\,\mathrm{F} \sin \mathrm{I},$$

c'est-à-dire qu'elle reste constante pendant toute la rotation. Dès lors, le mouvement doit s'accélérer jusqu'à une limite qui dépend de la valeur des résistances fonctions de la vitesse.

194. **Action de la terre sur un courant vertical mobile autour d'un axe vertical.** — En assimilant l'action de la terre à celle d'un pôle boréal, on voit qu'un courant assujetti comme l'in-

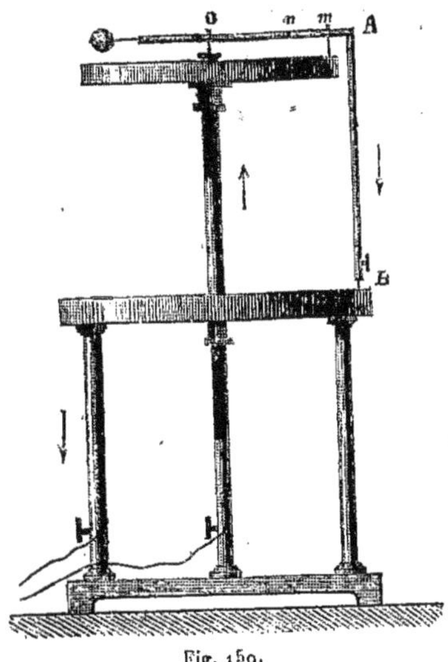

Fig. 159.

dique l'énoncé sera en équilibre lorsque le plan mené par ce courant et par l'axe sera perpendiculaire au méridien magnétique. Si le courant est ascendant, l'équilibre sera stable ou instable, selon que ce courant sera placé à l'ouest ou à l'est de l'axe de rotation. Ce sera l'inverse pour un courant descendant.

On peut vérifier ces résultats à l'aide de l'appareil représenté par la figure 159, dans lequel la partie mobile du courant peut être considérée comme se réduisant sensiblement à la portion verticale AB du conducteur[1].

195. **Action de la terre sur un courant fermé.** — On aura démontré que cette action se réduit à un couple directeur et ne peut déplacer le centre de gravité du courant, si l'on prouve que la somme des projections des actions élémentaires sur trois axes

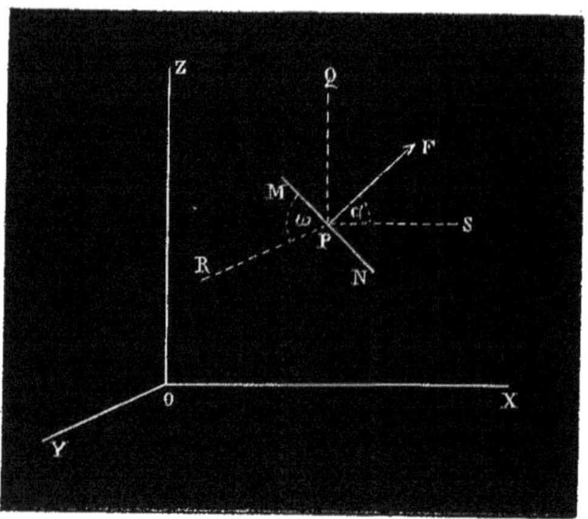

Fig. 160.

rectangulaires est nulle. — La proposition étant d'ailleurs évidente pour un axe parallèle à l'aiguille d'inclinaison, il suffit d'en établir l'exactitude pour deux axes rectangulaires, menés dans un plan perpendiculaire à l'aiguille d'inclinaison.

Soient trois axes rectangulaires OX, OY, OZ (fig. 160), dont

[1] Le courant qui arrive, dans la figure 159, de la pile à la cuvette supérieure, passe dans la pointe métallique *m*, et de là dans le conducteur métallique AB, dans la cuvette inférieure, et revient à la pile. La pointe O sert donc uniquement ici comme un pivot autour duquel tourne la partie mobile; elle est isolée du conducteur AB par une pièce d'ivoire *mn*. É. F.

l'un OY est parallèle à l'aiguille d'inclinaison, et soit MN un élément du courant. Menons par le milieu P de l'élément une droite PR parallèle à la direction de l'action magnétique terrestre, c'est-à-dire parallèle à OY; menons également par le point P les droites PS et PQ respectivement parallèles à OX et à OZ. L'action électro-magnétique de la terre sur l'élément est une force PF, égale à $Fi \sin \omega \, ds$, perpendiculaire à la fois sur PR et sur MN. Si l'on appelle α l'angle de PF avec l'axe OX, la somme des projections sur cet axe des actions électro-magnétiques exercées par la terre sur le courant tout entier sera

$$Fi \int \sin \omega \cos \alpha \, ds.$$

Si maintenant on considère l'angle trièdre PMQF, dont l'angle plan MPF est droit, et qu'on applique à la détermination de l'angle plan MPQ la formule fondamentale de la trigonométrie sphérique, on obtient aisément

$$\cos \text{MPQ} = \sin \text{FPQ} \cos (\text{angle dièdre PF}) = \cos \alpha \sin \omega \text{ [1]}.$$

L'expression à intégrer se réduit ainsi à

$$\int ds \cos \text{MPQ},$$

et l'on voit que la quantité comprise sous le signe $\int$ n'est autre chose que la projection de l'élément de courant sur l'axe OZ. Le courant étant fermé, cette intégrale prise pour le courant tout entier est nulle, c'est-à-dire que la somme des projections des actions élémentaires sur l'axe OX est nulle. — On verra exactement de même que la somme des projections des actions élémentaires sur l'axe OZ est nulle. — Enfin, on a déjà fait remarquer que la somme des projections sur l'axe OY, qui est parallèle à l'aiguille d'inclinaison, est évidemment nulle.

(1) Il suffit de remarquer que l'angle dièdre dont l'arête est PF est complémentaire de l'angle que formerait le plan PQF avec un plan perpendiculaire au plan MPF mené par PF; mais ce plan serait perpendiculaire à MN : le plan PQF est perpendiculaire sur PR; l'angle cherché est donc complémentaire de l'angle de deux plans tels, que leurs normales font ensemble un angle égal à $\text{MPR} = \omega$; il est par conséquent égal à $90° - \omega$.

Dès lors, l'action exercée par la terre sur un courant fermé se réduit à un couple directeur. — On va chercher quelles sont les positions que prend un pareil courant, sous cette influence, dans quelques cas simples.

196. **Positions d'équilibre de courants fermés, soumis à l'action de la terre, dans quelques cas particuliers.** — 1° *Courant rectangulaire, mobile autour d'un axe vertical passant par les milieux des côtés horizontaux.* — Soit le courant rectangulaire MNPQ (fig. 161), mobile autour de l'axe vertical RS qui passe par les milieux de ses côtés horizontaux. Les actions égales et contraires exercées sur les portions horizontales MR et NS, ou QR et PS, se détruisent deux à deux. Le courant vertical ascendant MN tend à se placer à l'ouest du méridien magnétique; le courant descendant PQ tend à se placer à l'est. Ces deux actions tendent évidemment à faire tourner le système dans le même sens, pour toute position dans laquelle son plan n'est pas perpendiculaire au méridien magnétique. Il y a donc équilibre stable lorsque le plan du courant est perpendiculaire au méridien magnétique et que, dans la partie inférieure du rectangle, le courant est dirigé de l'est à l'ouest, — Il y a équilibre instable lorsque le courant occupe, dans le même plan, la position inverse.

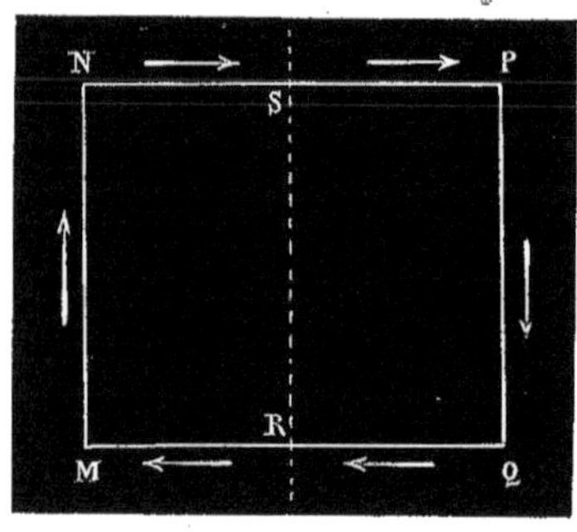

Fig. 161.

2° *Courant rectangulaire, mobile autour d'un axe horizontal dirigé perpendiculairement au méridien magnétique et passant par les milieux des côtés parallèles à ce méridien.* — Soit le courant rectangulaire MNQP (fig. 162), mobile autour de l'axe RS mené par les milieux de ses côtés MP, NQ, et supposons cet axe orienté perpendiculairement au méridien magnétique. Les actions égales et contraires que la terre exerce sur les côtés MR et NS, ou PR et QS, se font équilibre. Les actions sur MN et PQ constituent un couple, qui fait tourner le courant jusqu'à ce que son plan soit perpendiculaire à l'aiguille d'inclinaison. L'équilibre est stable si le rectangle se place de telle sorte que, dans son côté le plus bas, le courant soit dirigé de l'est à l'ouest. — L'équilibre est instable dans la position inverse.

L'expérience est difficile à réaliser, parce qu'il est à peu près impossible de construire un conducteur mobile de façon que son centre de gravité soit exactement sur l'axe de rotation. — On se sert de l'appareil représenté par la fig. 163. Sur l'axe de rotation RS

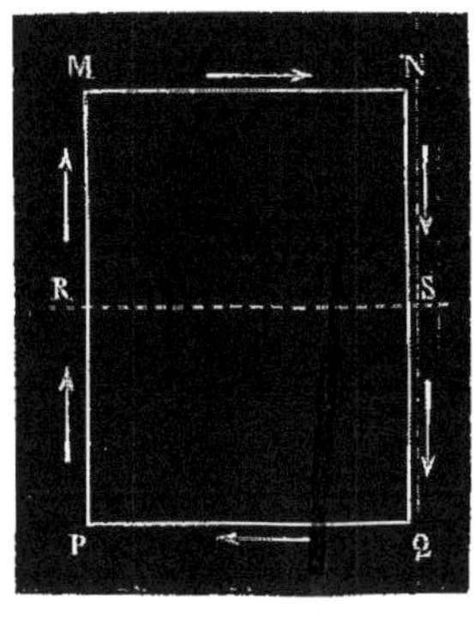

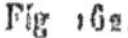
Fig 162.

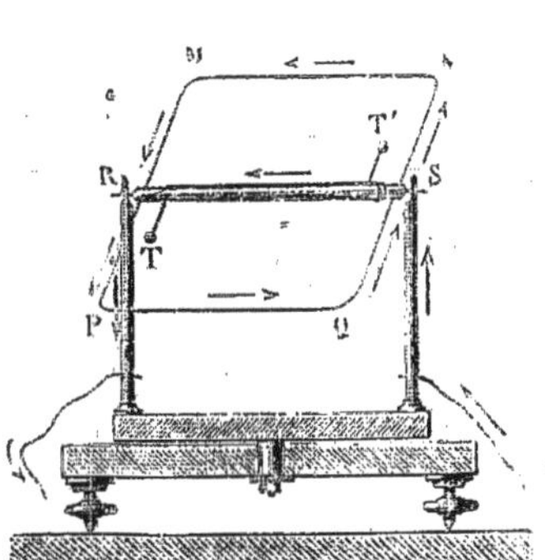

Fig. 163.

sont fixées des tiges métalliques flexibles, T, T', garnies de petites masses pesantes à leurs extrémités : elles permettent de régler la position du centre de gravité du système mobile de manière que, avant le passage du courant dans le fil, il soit en équilibre indifférent autour de son axe horizontal.

3° *Courant plan fermé, de forme quelconque, entièrement libre.* — Si l'on imagine un courant plan fermé, de forme quelconque, entièrement libre dans l'espace, il est facile de voir que le couple auquel se réduit l'action terrestre doit faire tourner ce courant autour de son centre de gravité jusqu'à ce que son plan soit devenu perpendiculaire à l'aiguille d'inclinaison, sans l'orienter d'ailleurs en aucune manière dans ce plan. — Quelle que soit en effet dans ce plan la situation du courant, on peut aisément démontrer qu'il sera en équilibre.

Si l'on considère deux éléments MM' et NN' (fig. 164) ayant leurs extrémités sur deux droites infiniment peu distantes et parallèles à l'axe OX, les actions de la terre sur ces deux éléments seront dirigées suivant les droites PR et QS, perpendiculaires sur les éléments et menées toutes les deux vers l'extérieur ou vers l'intérieur du courant; elles seront en outre respectivement égales à

$$iF \times MM' \quad \text{et} \quad iF \times NN'.$$

Si l'on désigne par β et β' les angles que font les éléments MM' et NN' avec l'axe OY, et que l'on considère les composantes de ces

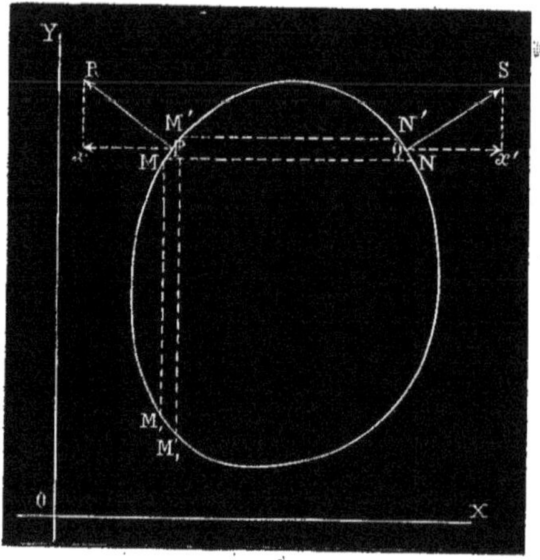

Fig. 164.

deux actions Px et Qx' dirigées parallèlement à OX, ces composantes auront pour valeurs

$$iF \times MM' \cos \beta$$

et

$$iF \times NN' \cos \beta',$$

et ces deux forces seront dirigées en sens contraire. Mais on a évidemment

$$MM' \cos \beta = NN' \cos \beta'.$$

Ces deux composantes sont donc égales entre elles, et comme elles sont opposées l'une à l'autre, elles se font équilibre. On prouverait de même que les composantes parallèles à OY des actions exercées sur deux éléments MM' et $M_1M'_1$ ayant leurs extrémités sur deux droites infiniment voisines parallèles à l'axe OY se font équilibre. — Le courant fermé est donc en équilibre indifférent dans son plan.

197. **Conducteurs astatiques.** — Il est souvent utile, pour observer simplement les effets exercés par les aimants fixes sur les courants mobiles, de construire des conducteurs sur lesquels l'action de la terre soit nulle : ces conducteurs sont dits *astatiques*. — Il suffit, pour obtenir de pareils conducteurs, de donner au fil qui les constitue une forme telle, que, à un élément donné du courant, réponde toujours un élément égal, dirigé dans le même sens, placé à la même distance de l'axe de rotation et du côté opposé ; ou un

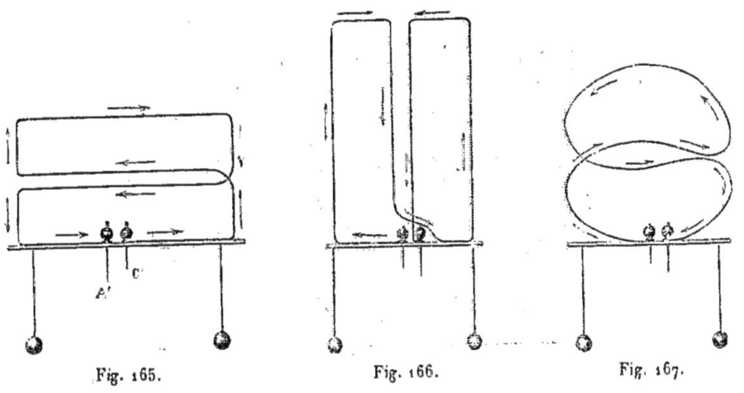

Fig. 165. Fig. 166. Fig. 167.

élément égal, de direction contraire, placé à la même distance de l'axe et du même côté. — Les figures 165, 166 et 167 fournissent des exemples de conducteurs qui réalisent ces conditions.

Lorsque, dans certaines expériences électro-magnétiques, on ne fait pas usage de conducteurs astatiques, il est nécessaire, pour pouvoir interpréter avec certitude l'effet produit, de s'assurer que le mouvement observé change de sens quand on renverse la situation de l'aimant.

ACTION DES COURANTS SUR LES COURANTS.

(ÉLECTRO-DYNAMIQUE.)

198. **Idées émises par Ampère.** — Ampère a été conduit, par les considérations que l'on va indiquer brièvement, à la découverte des attractions et des répulsions que peuvent exercer les courants les uns sur les autres, c'est-à-dire des *actions électro-dynamiques*.

L'expérience d'Œrsted (171) permet de représenter l'action que la terre exerce en un lieu donné sur l'aiguille aimantée par celle d'un courant voltaïque perpendiculaire au méridien magnétique, et dirigé de l'est à l'ouest dans la partie du circuit la plus voisine du lieu de l'observation. D'autre part, on sait que cette action est également représentée par l'hypothèse d'un aimant très-éloigné, contenu dans le méridien magnétique. On est donc conduit à penser qu'un aimant a des propriétés équivalentes à celles d'un courant qui serait perpendiculaire à son axe. — Mais, s'il en est ainsi, deux aimants peuvent être envisagés comme deux systèmes de courants fermés. Or, on sait que les pôles semblables de deux aimants se repoussent et que les pôles contraires s'attirent; deux courants doivent donc aussi se repousser et s'attirer réciproquement : or il suffit de jeter les yeux sur la figure 168 pour reconnaître que, lorsque deux aimants sont juxtaposés de façon que les pôles semblables soient en regard, c'est-à-dire de façon qu'ils se repoussent, les directions des courants sont contraires dans les parties voisines de deux aimants. L'action réciproque de deux courants paraît donc devoir être attractive ou ré-

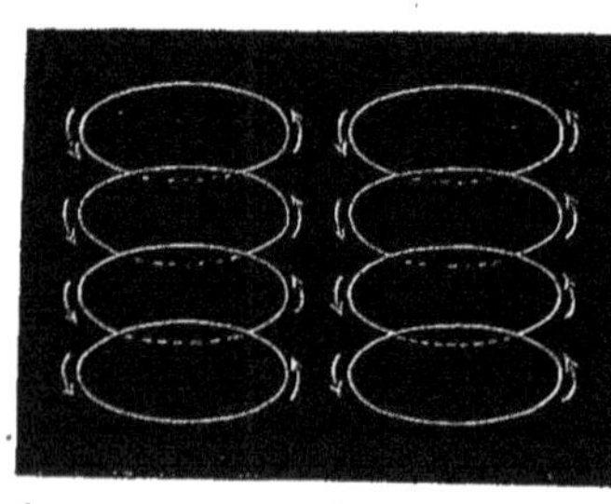

Fig. 168.

pulsive, suivant que ces courants sont dirigés dans le même sens ou en sens contraire.

Cette conjecture a été vérifiée en employant comme conducteurs mobiles des systèmes semblables à ceux qui ont été décrits à propos des expériences électro-dynamiques, et comme conducteur fixe un fil ou un ruban métallique replié sur lui-même un grand nombre de fois, afin d'accroître l'énergie de l'action. Le cadre rectangulaire ABCD de la figure 169 représente un conducteur fixe de cette espèce.

199. **Principes élémentaires établis par l'expérience.** — 1° Deux courants parallèles, dont chacun est perpendiculaire ou peu incliné sur la droite qui joint leurs milieux, s'attirent ou se repoussent suivant qu'ils sont dirigés dans le même sens ou en sens contraire.

L'expérience montre que le côté AB du cadre fixe ABCD (fig. 169), parcouru par un courant ascendant, attire le côté MN de l'équipage

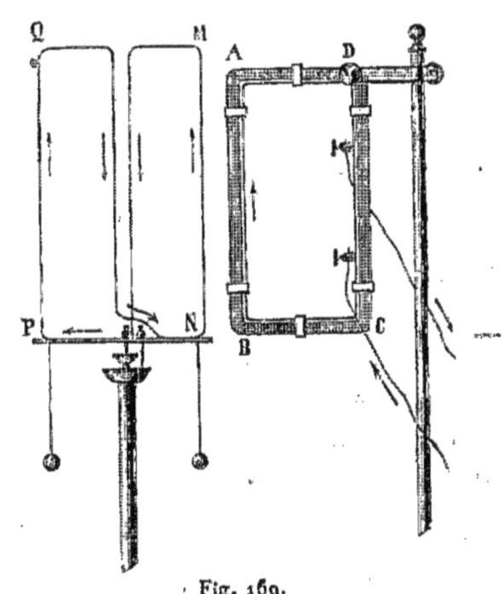

Fig. 169.

mobile MNPQ, qui est parcouru également par un courant ascendant. — Si l'on renverse le sens du courant dans AB, il repousse au contraire le courant mobile MN.

2° Deux courants qui forment un angle s'attirent, s'ils s'approchent ou s'éloignent tous les deux à la fois du sommet de l'angle (fig. 170 et 171), ou plus généralement s'ils s'approchent ou s'éloignent à la

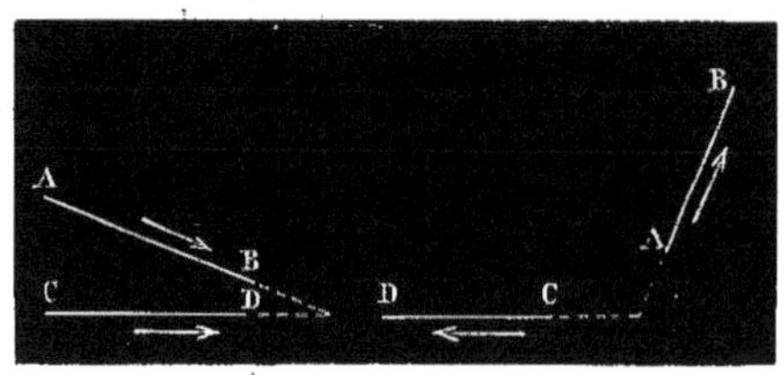

Fig. 170. Fig. 171.

fois du pied de la perpendiculaire commune; ils se repoussent, si l'un s'approche de ce point tandis que l'autre s'en éloigne.

L'expérience montre que le côté DC (fig. 172) du cadre fixe ABCD, parcouru par un courant ayant le sens indiqué par la flèche, attire

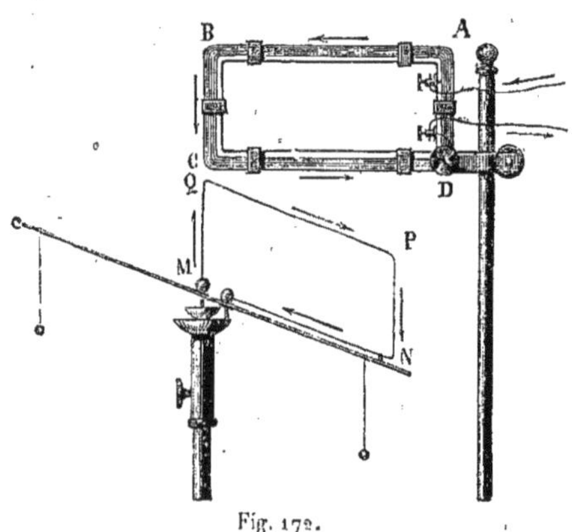

Fig. 172.

le côté PQ de l'équipage mobile MNPQ, et l'amène à se placer au-dessous de lui de manière que les deux courants marchent dans le même sens. — Il y a, au contraire, répulsion entre ces deux portions de courants, si l'on renverse le sens dans lequel le courant parcourt le cadre fixe.

3° Deux éléments consécutifs d'un même courant se repoussent.

Ce principe peut être vérifié à l'aide de l'appareil représenté par la figure 173. — Les deux pôles d'une pile sont mis chacun en communication avec l'une des deux auges rectangulaires P, N, qui sont séparées par une cloison isolante et remplies de mercure : le

Fig. 173.

fil métallique ABC, dont la figure indique suffisamment la forme, est couvert d'une enveloppe isolante, excepté à ses deux extrémités qui plongent dans le mercure, en sorte que le courant passe d'une auge dans l'autre en parcourant le fil. Dès que la communication est établie, on voit le fil glisser sur la surface du mercure, en s'éloignant successivement des points du liquide par lesquels ses extrémités étaient d'abord en communication avec la pile.

On peut regarder ce principe comme un cas particulier du précédent, deux éléments consécutifs faisant l'un avec l'autre un angle de 180 degrés.

4° L'attraction et la répulsion éprouvées par deux portions de courants égales et de sens contraires, placées dans des conditions semblables, sont égales entre elles.

Il suffit, pour le vérifier, d'employer un conducteur mobile formé de deux parties parallèles très-voisines l'une de l'autre, AB, DC, traversées en sens contraire par un même courant, comme l'indique la figure 174. Cet équipage étant soumis à l'action d'un conducteur fixe quelconque, l'action observée approche d'autant plus d'être nulle que l'intervalle des deux parties du conducteur mobile est plus petit par rapport à la distance du conducteur fixe; l'action ne deviendrait rigoureusement nulle que si les deux parties du conducteur mobile coïncidaient.

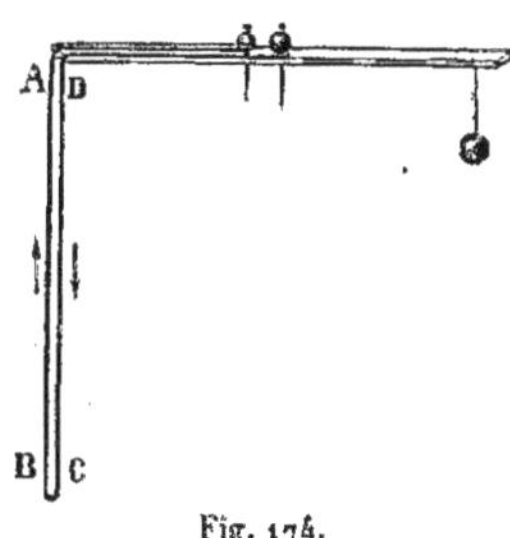

Fig. 174.

5° L'action d'un courant rectiligne est égale à celle d'un conducteur sinueux qui s'en écarte infiniment peu et qui est terminé aux mêmes extrémités.

Ce principe peut se démontrer au moyen du conducteur mobile représenté par la figure 175 : ce conducteur, formé d'une partie rectiligne et d'une partie sinueuse qui est voisine de la première et qui est parcourue en sens inverse par le courant, n'éprouve aucune action de la part d'un courant fixe placé d'une manière quelconque.

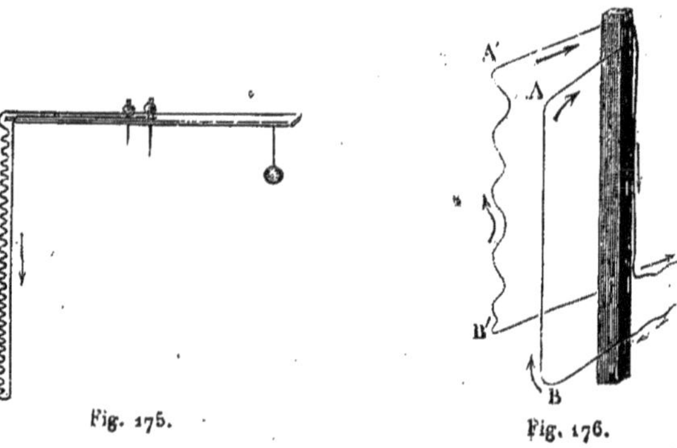

Fig. 175. Fig. 176.

— On peut également faire agir, sur un conducteur mobile rectiligne et vertical quelconque, le conducteur fixe rectiligne AB (fig. 176) et le conducteur fixe sinueux A'B', qui a même hauteur verticale que AB et qui est traversé par un courant de même sens. Si la direction de ces deux courants fixes est contraire à celle du courant mobile, et que le courant mobile soit placé entre eux, on constate qu'il y a équilibre stable lorsque le courant mobile est à égale distance des deux courants fixes.

200. **Décomposition d'un élément de courant en trois éléments rectangulaires.** — Du cinquième principe qui vient d'être énoncé, on déduit immédiatement qu'il est permis de substituer à un élément AB le contour polygonal gauche ACDB (fig. 177), qui est formé de trois côtés parallèles à trois axes rectangulaires. Les principes de la méthode infinitésimale permettent en outre de déplacer infiniment peu les trois côtés AC, CD, DB du polygone

gauche, et par conséquent de les faire coïncider avec trois arêtes contiguës AC, AE, AF du parallélipipède rectangle dont AB est la diagonale. On peut donc remplacer un élément de courant par ses projections sur trois axes rectangulaires menés par un de ses points ou par un point infiniment voisin.

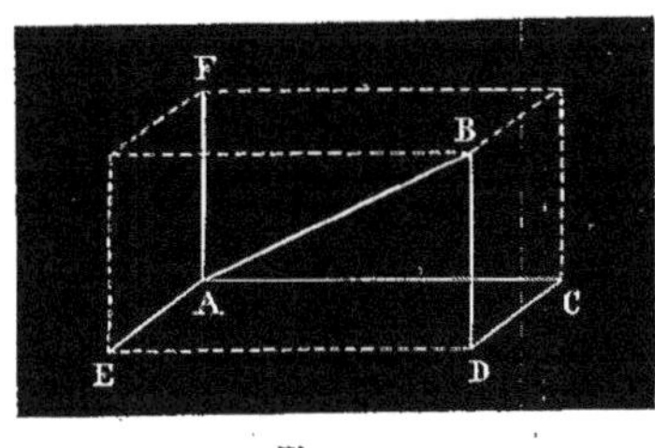

Fig. 177.

201. **Explication élémentaire de quelques phénomènes, déduite des principes précédents.** — 1° *Rotation d'un courant horizontal, mobile autour d'un axe vertical mené par son extrémité, sous l'influence d'un courant circulaire horizontal ayant son centre sur l'axe.* — Si le courant mobile OM est dirigé du centre vers la circonférence, et que le sens du courant fixe soit celui des aiguilles d'une montre (fig. 178), on voit aisément que tous les éléments du courant fixe situés à la gauche du diamètre MM' attirent le courant mobile et que tous les éléments situés à la droite le repoussent; le mouvement a donc lieu dans un sens contraire à celui des aiguilles d'une montre, et, comme la force motrice est constante, il tend à s'accélérer indéfiniment.

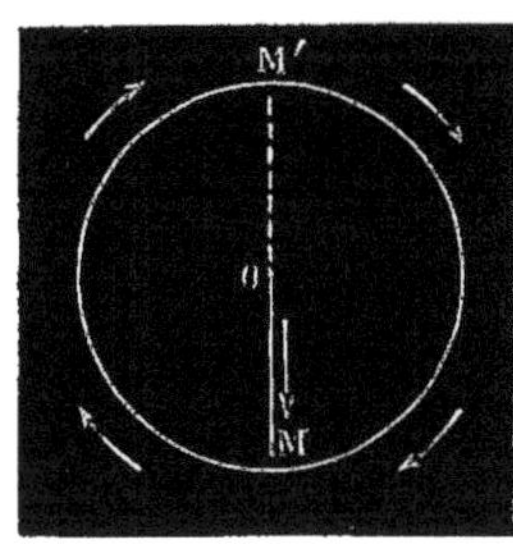

Fig. 178.

C'est ce qu'on peut vérifier au moyen de l'appareil représenté par la figure 124, auquel on ajoute un conducteur fixe, formé d'un fil enroulé plusieurs fois autour de la cuvette circulaire où plongent les extrémités du conducteur mobile.

2° *Rotation d'un courant vertical, mobile autour d'un axe vertical, sous l'influence d'un courant circulaire situé comme dans l'expérience précédente.* — Soit A (fig. 179) la projection du courant vertical sur le plan du courant circulaire; si le courant vertical est dirigé vers le plan du courant circulaire, il devra, en vertu du second principe, être attiré par tous les éléments de la moitié MPN du courant circulaire.

et repoussé par tous les éléments de la moitié opposée. C'est ce que l'on reconnaît immédiatement, pour un élément quelconque SS', en menant la droite AT, perpendiculaire commune au courant vertical et à la direction de l'élément. — Il y aura donc rotation, dans un sens contraire à celui du mouvement des aiguilles d'une montre.

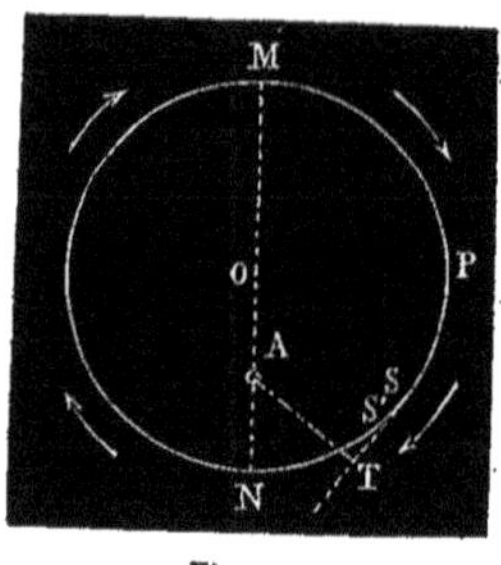

Fig. 179.

C'est ce qu'on vérifie encore par l'expérience, en employant, avec l'appareil de la figure 124, une colonne beaucoup plus élevée, et un équipage mobile dont les branches verticales auront alors une longueur suffisante pour descendre dans la cuvette : le courant fixe formé par le fil enroulé autour de la cuvette pourra être considéré comme n'exerçant d'action sensible que sur ces parties verticales elles-mêmes.

Les mouvements de rotation que l'on vient d'indiquer s'accélèrent évidemment à chaque révolution. — Ce résultat semble d'abord contraire aux principes de la mécanique, puisque les forces qui paraissent agir entre deux éléments de courant sont dirigées suivant la droite qui joint leurs milieux. Mais, si les phénomènes semblent en effet indiquer que ce soit là la direction de l'action mutuelle de deux éléments, ils indiquent aussi que cette action n'est pas uniquement fonction de la distance, puisqu'elle change de sens lorsqu'on renverse la direction de l'un des éléments du courant, ou, ce qui revient au même, lorsqu'on le fait tourner sur lui-même de 180 degrés. L'accélération continue des mouvements de rotation n'a donc rien dont on doive être surpris.

202. **Recherche de l'action mutuelle de deux éléments de courant.** — Le point de départ de cette recherche est dans les deux propositions suivantes :

1° L'action réciproque de deux éléments de courant dont l'un est perpendiculaire sur le milieu de l'autre est nulle. — En effet, en vertu du second principe qui a été établi plus haut (199, 2°), l'élément MN (fig. 180) attire la moitié PR de l'élément PQ et repousse la moitié

RQ; les deux forces ainsi produites sont égales, à cause de l'égalité des distances, et font l'une avec l'autre un angle infiniment petit;

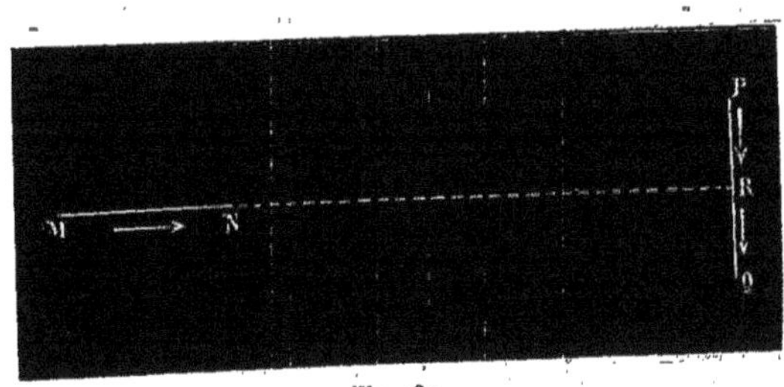

Fig. 180

leur résultante, qui est perpendiculaire à MN et appliquée en son milieu, est donc un infiniment petit d'ordre supérieur, qui doit être considéré comme égal à zéro dans tous les calculs[1].

2° L'action réciproque de deux éléments de courant perpendiculaires l'un à l'autre et perpendiculaires sur la droite qui joint leurs

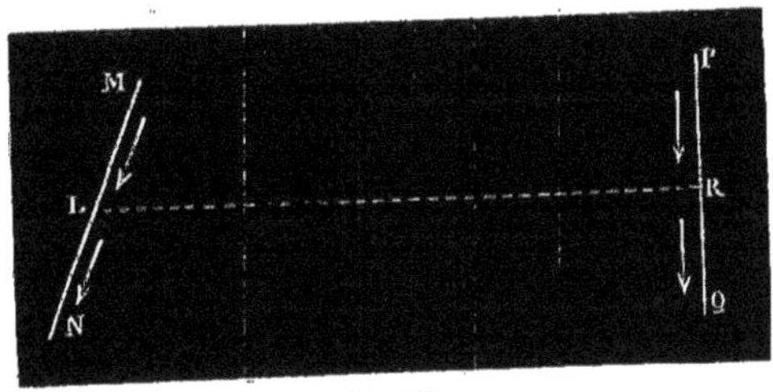

Fig. 181.

milieux est nulle. Il résulte en effet du second principe que l'action de chacune des moitiés ML ou LN de l'élément MN sur l'élément PQ (fig. 181) est un infiniment petit d'ordre supérieur; la propo-

(1) On arrive à la même conclusion en remarquant que, si l'on fait tourner le système des deux éléments de 180 degrés autour de la droite MR prise pour axe, leur action réciproque, qui est dirigée suivant cette droite, ne peut changer de position ni de direction. Mais, par cette rotation, on change le sens du courant de l'élément PQ, celui de l'élément MN demeurant invariable : l'action réciproque doit donc changer de direction. Ainsi on trouve à la fois que cette action doit garder sa direction primitive et qu'elle doit changer de direction; ces deux conclusions contradictoires ne peuvent se concilier qu'en admettant que l'action est nulle.

sition est donc vraie pour chacune des moitiés de l'élément MN, et par suite pour l'élément tout entier.

Ces deux propositions préliminaires étant établies, soient maintenant deux éléments quelconques AB, A'B' (fig. 182). En vertu du principe des courants sinueux, on pourra substituer au premier le système composé de sa projection GH sur la droite OO' qui joint les mi-

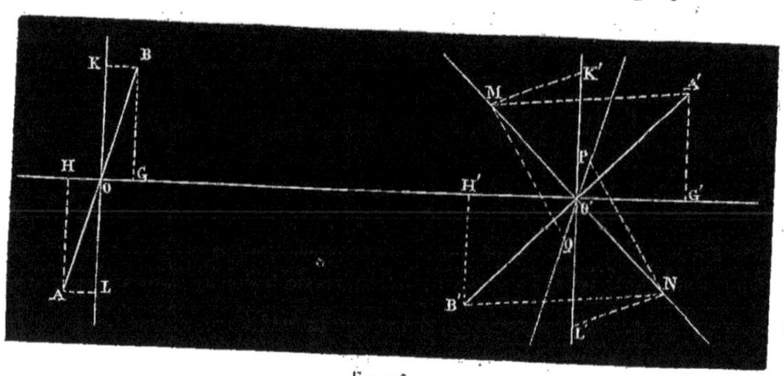

Fig. 182.

lieux des éléments et de sa projection LK sur la droite perpendiculaire menée dans le plan de l'élément et de OO'. — De même, on pourra substituer au deuxième élément sa projection G'H' sur OO' et sa projection MN sur une perpendiculaire à OO' menée dans le plan de l'élément et de OO'; on remplacera enfin cette projection MN par ses projections K'L' et PQ sur deux axes rectangulaires menés perpendiculairement à OO', l'un dans le plan de OO' et du premier élément, l'autre perpendiculairement à ce plan. Dès lors, l'action de AB sur A'B' est la résultante des six forces suivantes :

Action de GH........ { sur G'H'.
sur K'L'.
sur PQ.

Action de KL........ { sur G'H'.
sur K'L'.
sur PQ.

Or, en vertu de la première proposition qu'on vient d'établir, les actions de GH sur K'L' et PQ sont nulles : il en est de même de l'action de KL sur G'H'. L'action de KL sur PQ est également nulle. en vertu de la seconde proposition. — Il ne reste donc à considérer que l'action de GH sur G'H' et l'action de KL sur K'L'. Chacune de ces actions doit être regardée comme proportionnelle au produit des longueurs des éléments réagissants et de deux coefficients qui dépendent de la puissance des courants[1]; elles dépendent en outre de la distance, et il est clair que, *a priori*, rien n'oblige à admettre que la loi de cette dépendance soit la même pour les deux actions. On voit donc que, en désignant par r la distance OO', en représentant par $f(r)$ et $F(r)$ deux fonctions inconnues de cette distance et par i et i' les deux intensités électro-dynamiques des courants, on pourra représenter l'action de GH sur G'H' par

$$ii' \times GH \times G'H' \times f(r),$$

et l'action de KL sur K'L' par

$$ii' \times KL \times K'L' \times F(r).$$

D'ailleurs, en appelant θ l'angle de AB avec OO', θ' l'angle de l'élément A'B' avec le prolongement de OO', ω l'angle que forment entre eux les deux plans menés par OO' et par chacun des deux éléments, et désignant par ds et ds' les grandeurs des deux éléments eux-mêmes, on a

$$GH = ds \cos\theta, \qquad G'H' = ds' \cos\theta',$$
$$KL = ds \sin\theta, \qquad K'L' = ds' \sin\theta' \cos\omega.$$

L'action cherchée a donc pour expression

$$ii'\,ds\,ds'\,[f(r)\cos\theta\cos\theta' + F(r)\sin\theta\sin\theta'\cos\omega].$$

Pour déterminer maintenant les fonctions $f(r)$ et $F(r)$, il suffit de comparer la formule avec deux expériences dans lesquelles on pourra constater d'une manière sûre qu'un courant mobile est en équilibre indifférent sous l'influence d'un courant fixe.

[1] Ces coefficients peuvent s'appeler les *intensités électro-dynamiques* des courants; on verra plus loin qu'ils ne diffèrent pas des intensités électro-magnétiques.

La première expérience consiste à constater qu'un conducteur rectangulaire ABCD, qui ne peut que tourner autour de l'un de ses côtés AB (fig. 183), demeure en repos sous l'influence d'un courant circulaire fixe MN, perpendiculaire à l'axe de rotation et ayant son

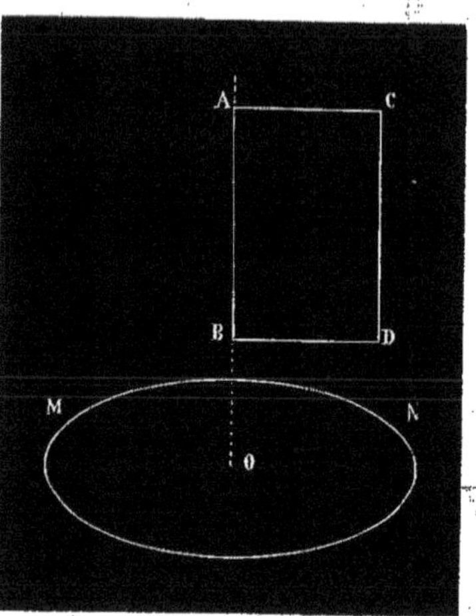

Fig. 183.

centre sur cet axe. L'expérience se fait en employant comme conducteur fixe un fil enroulé sur un cadre circulaire horizontal, et comme conducteur mobile un équipage semblable au système astatique représenté par la figure 166. — Or, pour qu'il y ait équilibre indifférent dans ces conditions, le calcul montre qu'il faut qu'on ait, entre les fonctions $f(r)$ et $F(r)$, la relation

$$\frac{f(r)-F(r)}{r^2}=\frac{1}{2}\frac{d\frac{F(r)}{r}}{dr}.$$

Dans la seconde expérience, on constate qu'un système de courants fermés infiniment petits et infiniment rapprochés, égaux et équidistants, ayant leurs centres de gravité aux divers points d'une courbe fermée et leurs plans normaux à cette courbe, n'exerce aucune action sur un élément de courant placé à une distance et dans une situation quelconque. Pour faire l'expérience, on se sert d'un fil contourné en hélice et replié ensuite le long d'une des arêtes du cylindre autour duquel l'hélice peut être censée enroulée. En vertu du principe des courants sinueux, on peut substituer à chaque spire de l'hélice ABC (fig. 184) le système d'un courant circulaire AD perpendiculaire à l'axe du cylindre et d'un petit courant rectiligne AC dirigé suivant une arête de longueur égale au pas de l'hélice. L'hélice entière est donc l'équivalent d'un système de courants circulaires et d'un courant rectiligne dirigé suivant l'une des arêtes. Dès lors, l'action de ce courant étant détruite par celle de la portion du fil qu'on a repliée en sens inverse, il ne reste que l'action des courants circulaires. Si le conducteur ainsi construit a conservé une certaine

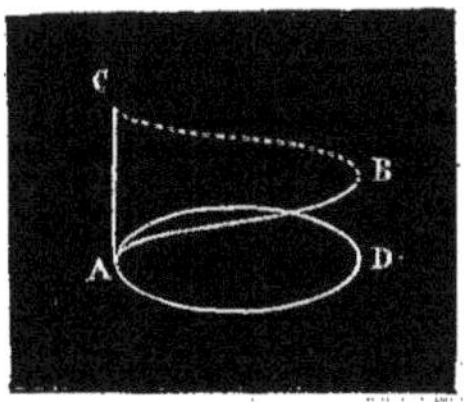

Fig. 184.

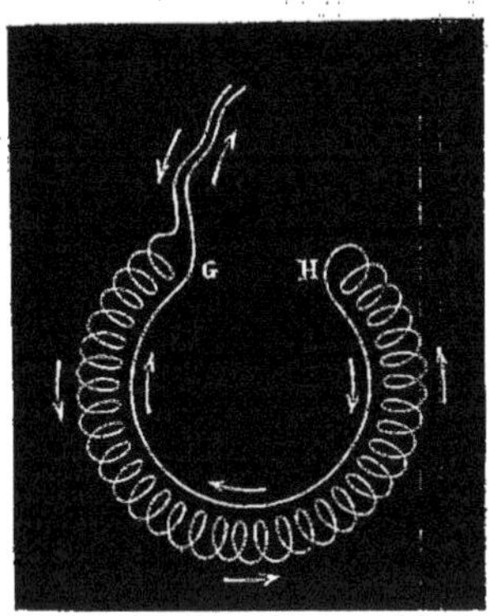

Fig. 185.

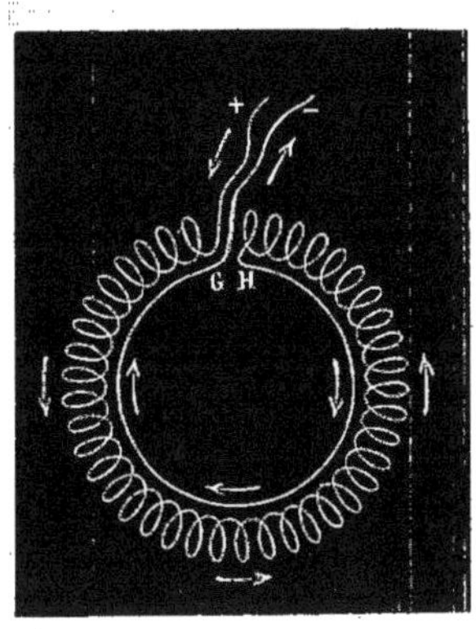

Fig. 186.

flexibilité, on peut voir qu'aussi longtemps que ses deux bouts G, H sont séparés l'un de l'autre (fig. 185) il exerce une action énergique sur un conducteur mobile quelconque, et que cette action devient insensible lorsqu'on rapproche les extrémités G et H jusqu'au contact (fig. 186). En appliquant le calcul à cette expérience, on en déduit la relation

$$r\frac{d\frac{F(r)}{r}}{dr}+\frac{3F(r)}{r}=3h,$$

h désignant une constante indéterminée. Or, si l'on pose

$$\frac{F(r)}{r} - h = y,$$

cette équation devient

$$r\frac{dy}{dr} + 3y = 0,$$

et l'on en conclut, par une intégration évidente,

$$y = \frac{k}{r^3},$$

k désignant une nouvelle constante. — En revenant maintenant à la fonction $F(r)$, on trouve

$$F(r) = hr + \frac{k}{r^2};$$

mais comme il n'est pas possible que l'intensité des actions électro-dynamiques devienne infinie lorsque la distance est infinie, on doit admettre que la constante h est nulle, ce qui réduit l'expression précédente à

$$F(r) = \frac{k}{r^2}.$$

La relation déduite de la première expérience donne alors, en y remplaçant $F(r)$ par cette valeur,

$$f(r) = -\frac{1}{2}\frac{k}{r^2}.$$

Donc, en définitive, l'action électro-dynamique élémentaire est proportionnelle à l'expression

$$\frac{ii'\,ds\,ds'}{r^2}\left(-\frac{1}{2}\cos\theta\cos\theta' + \sin\theta\sin\theta'\cos\omega\right).$$

203. **Application de la formule précédente au calcul de l'action d'un courant rectiligne indéfini sur un courant rectiligne fini parallèle à sa direction.** — Soient un courant rectiligne indéfini PQ (fig. 187) et un courant rectiligne

fini AB, situé dans une direction parallèle à PQ; soit MN l'un des éléments du premier courant, et représentons sa longueur par ds; soit de même mn un élément du second courant et représentons sa

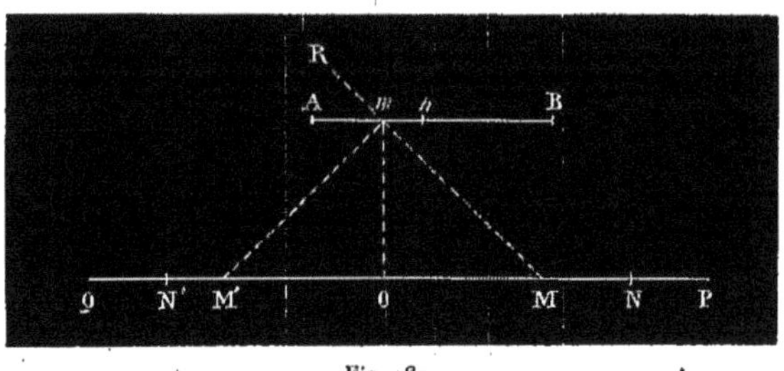

Fig. 187

longueur par ds': si l'on remarque que les angles mMP et RmB, représentés dans la formule générale par θ et θ', sont égaux entre eux, et que l'angle représenté par ω est nul, on voit que l'action de MN sur mn est exprimée par

$$\frac{ii'\,ds\,ds'}{r^2}\left(-\frac{1}{2}\cos^2\theta+\sin^2\theta\right).$$

L'élément M'N', symétrique de MN par rapport à la perpendiculaire mO abaissée de m sur le courant indéfini PQ, est représentée par la même expression. La résultante de ces deux actions, dirigée suivant mO, a donc pour valeur

$$\frac{2ii'\,ds\,ds'}{r^2}\left(-\frac{1}{2}\cos^2\theta+\sin^2\theta\right)\sin\theta.$$

Or, si l'on désigne mO par a, OM par s, et mM par r, le triangle mOM donne

$$r=\frac{a}{\sin\theta},\qquad s=-a\cot\theta,$$

d'où l'on tire

$$ds=\frac{a\,d\theta}{\sin^2\theta}.$$

L'action totale du courant indéfini PQ sur l'élément ds' est donc exprimée par l'intégrale

$$\frac{2ii'ds'}{a}\int_{\frac{\pi}{2}}^{\pi}\left(-\frac{1}{2}\cos^2\theta+\sin^2\theta\right)\sin\theta\,d\theta=\frac{ii'ds'}{a}.$$

Les actions du courant PQ sur les divers éléments du courant fini AB sont évidemment égales et parallèles; donc, si l'on désigne par l la longueur totale de AB, on obtient pour résultante définitive

$$\frac{ii'l}{a}.$$

On voit que cette résultante est proportionnelle à la longueur du courant fini et en raison inverse de sa distance au courant indéfini.

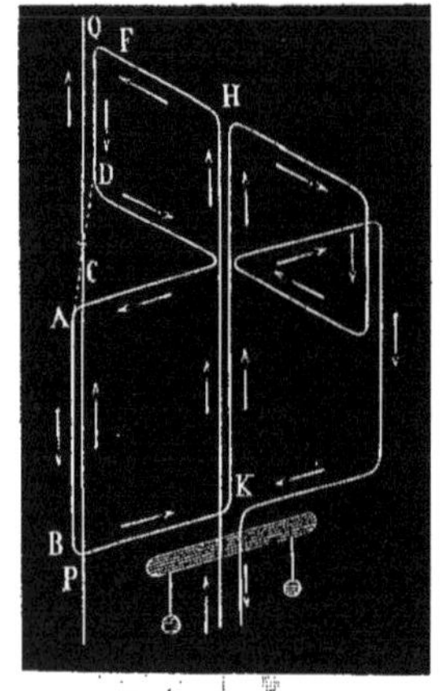

Fig. 188.

Ces conclusions peuvent être vérifiées au moyen du conducteur astatique représenté par la figure 188 : les deux courants verticaux AB, DF, liés invariablement l'un à l'autre, ont des longueurs inégales et sont situés à la même distance de l'axe de rotation HK, dans deux plans verticaux différents passant par cet axe. Si l'on place entre eux le fil indéfini PQ, parcouru par un courant de sens inverse à celui de ces deux courants, de manière qu'il agisse sur eux par répulsion, et si l'on désigne par CA et CD les plus courtes distances de ce fil à AB et à DF, on constate que le conducteur mobile est en équilibre stable pour une position telle qu'on ait

$$\frac{AB}{CA}=\frac{DF}{CD},$$

résultat conforme aux conclusions énoncées. — Si l'on change le sens du courant dans le fil PQ, il agit par attraction sur AB et DF; il y a encore équilibre pour la même position du système mobile, mais cet équilibre est instable.

204. **Expériences de M. Wilhelm Weber sur l'action réciproque de deux systèmes de courants circulaires.** — Un fil métallique, recouvert d'une enveloppe isolante, est enroulé autour d'une bobine de bois ou d'ivoire B (fig. 189); le nombre des couches de fil est pair, de manière qu'on puisse regarder le système comme équivalent à un système de conducteurs circulaires [1]. Les deux extrémités du fil, libres sur une longueur de quelques dé-

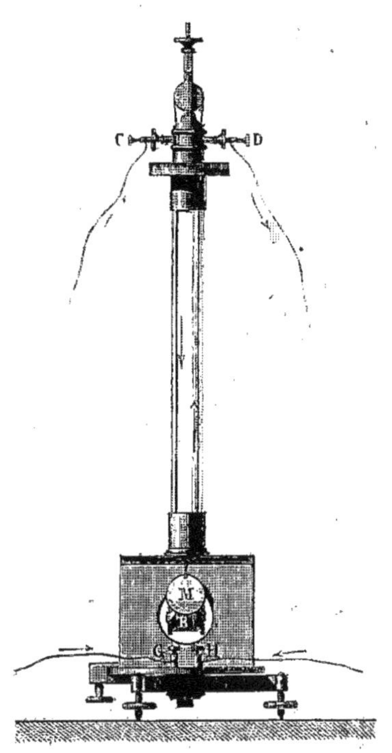

Fig 189.

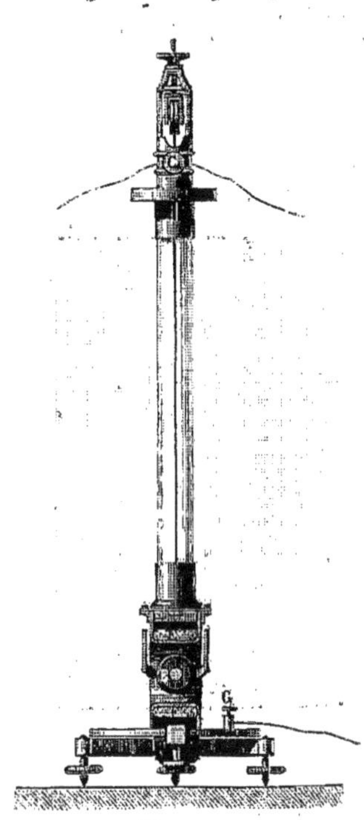

Fig. 190.

cimètres, se fixent à deux pièces métalliques C, D; ces pièces servent ainsi à la fois à soutenir le système et à le mettre en rapport avec une pile voltaïque, comme l'indique la figure. La disposition de l'ap-

[1] Chaque couche de fil équivaut en effet à un système de courants circulaires et à un courant rectiligne de longueur égale à celle de la bobine. Ce courant rectiligne ayant des directions opposées dans deux couches consécutives, si le nombre des couches est pair, il n'y a à considérer que le système des courants circulaires.

pareil est telle, que, dans l'état d'équilibre, les fils suspenseurs se placent tous deux verticalement, très-près l'un de l'autre, et symétriquement par rapport au centre de gravité de la bobine. Si l'on fait agir sur cette bobine mobile un système analogue de courants circulaires enroulés sur une bobine fix , et dont on voit la section en E et F (fig. 190), l'action n'est pas en général assez forte pour déplacer d'une manière sensible le centre de gravité de la bobine, et l'effet produit n'est qu'une rotation autour de la verticale. Les deux fils suspenseurs devenant ainsi obliques, leur résistance ne détruit plus entièrement l'action de la pesanteur sur la bobine, et, lorsque la rotation est suffisante, les composantes non détruites du poids de la bobine font équilibre à l'action des courants fixes. La grandeur de la rotation s'évalue très-exactement, comme dans le galvanomètre à réflexion, en observant l'image d'une règle graduée dans un miroir M, qui est fixé sur l'un des côtés de la bobine mobile parallèlement à son axe (fig. 189) : cette mesure permet de vérifier si les lois de l'action réciproque de deux systèmes de courants circulaires sont conformes aux formules déduites de la théorie d'Ampère. — M. Weber a reconnu, dans des circonstances très-variées, que l'accord de l'expérience et du calcul était complet.

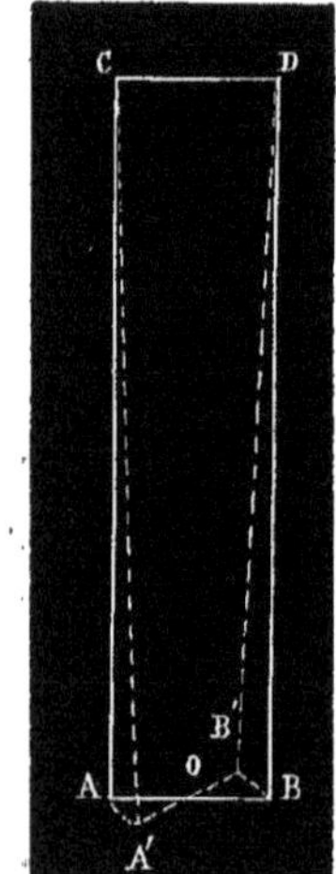

Fig. 191.

Il est facile de voir comment le mode de suspension *bifilaire* employé pour soutenir la bobine mobile permet d'évaluer la grandeur du couple qui la fait tourner. — Soient A et B (fig. 191) les deux points auxquels les fils CA et DB s'attachent à cette bobine : dans l'état naturel d'équilibre, les deux fils se trouvent tendus parallèlement l'un à l'autre, et l'on peut regarder la tension de chacun d'eux comme égale à la moitié du poids de la bobine [1]. Sous l'influence d'un système de forces extérieures incapables de déplacer sensiblement le centre de gravité, la bobine entière, et par suite la droite AB qui joint les points d'attache des deux fils, tourne d'un angle α; les fils prennent

[1] La longueur des fils doit toujours être beaucoup plus grande, par rapport à leur distance que ne l'indique la figure 191.

les positions obliques CA′, DB′; chacune des deux forces égales à la moitié du poids de la bobine, qu'on peut toujours concevoir appliquées en A′ et B′, peut alors être décomposée en une force dirigée suivant le fil et en une force horizontale; et les deux forces horizontales ainsi obtenues sont égales, parallèles et opposées : elles constituent un couple. Pour qu'il y ait équilibre, il faut que le moment de ce couple soit égal et contraire à la somme des moments des forces extérieures par rapport à un axe vertical mené par le point O, milieu de AB. La force horizontale appliquée en A′, par exemple, est contenue dans le plan vertical mené par CA′, c'est-à-dire dans le plan CAA′, et si l'on prend ce plan pour plan de la figure 192, qu'on abaisse du point A′ une perpendiculaire A′P sur la verticale CA, il est facile de voir qu'en appelant p le poids de la bobine, f la composante de la force $\frac{p}{2}$ dirigée suivant l'horizontale A′P, on a la proportion

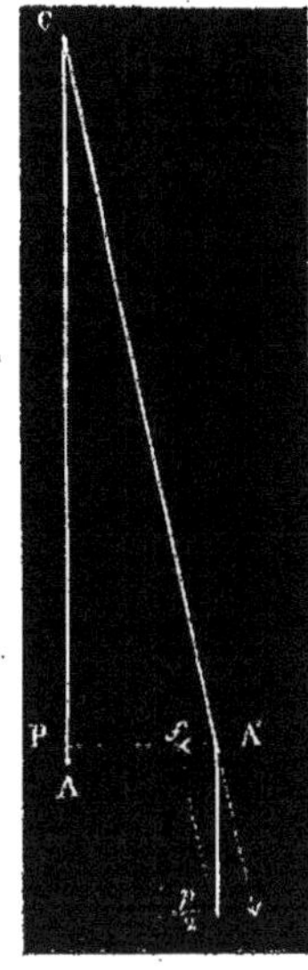

Fig. 192.

$$\frac{f}{\left(\frac{p}{2}\right)} = \frac{A'P}{CP}.$$

Mais si l'on désigne par α la rotation de la bobine, et si l'on considère le cercle horizontal (fig. 193) qui a son centre en O et qui passe par les points A′, B′, P, on a

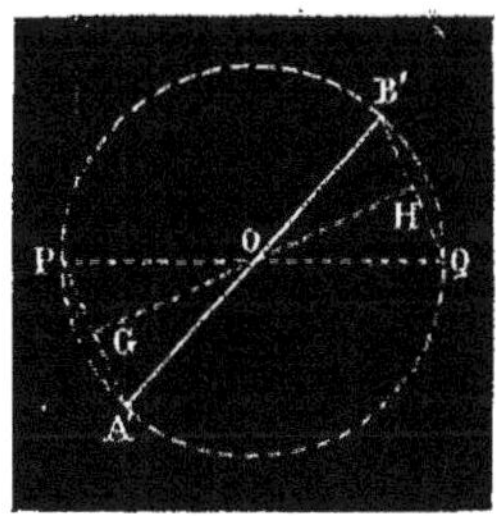

Fig. 193.

$$A'P = 2OA' \sin\frac{\alpha}{2}.$$

Donc, en faisant $OA' = d$, $CP = h$, il vient

$$f = p\frac{d \sin\frac{\alpha}{2}}{h}.$$

D'ailleurs, le moment du couple composé de deux forces égales à f, dirigées suivant A'P et B'Q, est

$$fGH = p\frac{d\sin\frac{\alpha}{2}}{h}\cdot 2d\cos\frac{\alpha}{2} = p\frac{d^2}{h}\sin\alpha.$$

L'équation d'équilibre est donc, en appelant M la somme des moments des forces extérieures,

$$M + p\frac{d^2}{h}\sin\alpha = 0.$$

La distance des deux fils étant supposée très-petite par rapport à leur longueur, on peut, surtout si α est peu considérable, regarder h comme sensiblement constant et égal à cette longueur même l[1]. — On voit donc que le moment d'un système de forces capables de dévier d'un angle donné la bobine de M. Weber est proportionnel au sinus de la déviation[2].

[1] On a en effet, dans le triangle CA'P (fig. 192),

$$\overline{CP}^2 = \overline{CA'}^2 - \overline{PA'}^2,$$

c'est-à-dire

$$h^2 = l^2 - 4d^2\sin^2\frac{\alpha}{2},$$

$$h = l\sqrt{1 - \frac{4d^2\sin^2\frac{\alpha}{2}}{l^2}},$$

ou, en développant le radical en série et ne conservant que les deux premiers termes,

$$h = l - \frac{2d^2\sin^2\frac{\alpha}{2}}{l}.$$

[2] M. Weber a emprunté le principe de son appareil au *magnétomètre bifilaire* de Gauss. On donne ce nom à un barreau aimanté suspendu à deux fils métalliques très-rapprochés, fixés eux-mêmes en deux points d'une droite perpendiculaire au méridien magnétique. L'action de la terre tend à écarter l'axe de l'aiguille de cette direction perpendiculaire au méridien magnétique, et le sinus de l'angle d'écart est à chaque instant proportionnel à la valeur actuelle de la composante horizontale de l'action terrestre. — Un instrument de ce genre se prête avec facilité à l'étude continue des variations d'intensité de cette composante.

La somme des moments M des forces extérieures est, en général, une fonction de la déviation. Si ces forces extérieures peuvent se réduire à un couple de forces, invariables en grandeur et en direction, perpendiculaires à la direction initiale de l'axe de la bobine, et appliquées toujours au même point, le bras de levier de ce couple varie proportionnellement au cosinus de la déviation, et il en est de même du moment du couple. On a donc, en appelant F la valeur initiale du moment du couple, c'est-à-dire celle qui correspond à $\alpha = 0$,

$$F \cos \alpha + \frac{pd^2}{h} \sin \alpha = 0,$$

d'où l'on tire

$$F = -\frac{pd^2}{h} \operatorname{tang} \alpha.$$

En particulier, si l'on fait agir sur la bobine mobile un courant qui traverse le fil enroulé sur le cadre circulaire dont cette bobine est environnée, de manière que le plan de symétrie du système de courants circulaires ainsi constitué passe par l'axe de la bobine considérée dans sa position initiale d'équilibre, et qu'en outre les centres des deux systèmes soient à la même hauteur, il résulte de la symétrie de l'appareil que l'action des courants fixes sur les courants mobiles est, avant qu'aucune déviation soit produite, réductible à deux forces égales et de sens contraires, perpendiculaires à l'axe de la bobine mobile. Si la déviation demeure très-petite, on peut admettre que ces forces n'ont changé ni de grandeur ni de point d'application, et qu'en conséquence l'action initiale est mesurée par la tangente de la déviation.

Ainsi complété, l'appareil de M. Weber reçoit le nom d'*électro-dynamomètre;* c'est l'appareil que représentent les figures 189 et 190, l'une en élévation, l'autre en coupe suivant un plan perpendiculaire au plan de la première figure.

205. **L'intensité électro-dynamique d'un courant est proportionnelle à son intensité électro-magnétique.** — Cette importante proposition se démontre immédiatement à l'aide de l'électro-dynamomètre de M. Weber. En faisant passer dans la

bobine fixe et dans la bobine mobile deux courants dont les intensités électro-magnétiques sont mesurées par des boussoles de sinus ou de tangentes, on observe que les tangentes des déviations, et par conséquent les actions réciproques des deux systèmes de courants, varient proportionnellement aux produits des intensités électro-magnétiques. D'ailleurs, ces actions sont évidemment proportionnelles au produit ii' des intensités électro-dynamiques, qui est facteur commun de toutes les expressions élémentaires. Il est donc démontré que l'intensité électro-dynamique d'un courant est proportionnelle à son intensité électro-magnétique.

Si l'on fait passer le même courant dans les deux bobines de l'instrument à la fois, la tangente de la déviation est proportionnelle au carré de l'intensité. — L'instrument peut donc être employé aux mêmes usages que les galvanomètres[1].

THÉORIE ÉLECTRO-DYNAMIQUE DU MAGNÉTISME.

AIMANTATION PAR LES COURANTS.

206. **Théorème relatif à l'action réciproque de deux courants fermés.** — L'action que deux courants fermés exercent l'un sur l'autre donne lieu à un théorème semblable au *théorème d'Ampère*, qui a été énoncé plus haut (184). Cette action est identique à celle de deux systèmes de surfaces magnétiques, définies comme l'a été le système de surfaces par lequel on peut représenter l'action d'un courant fermé sur un pôle d'aimant.

Le rapprochement que ce théorème établit entre les aimants et les courants fermés va être confirmé par l'étude théorique et expérimentale des *solénoïdes*, ou systèmes de courants fermés infiniment petits et infiniment voisins, égaux et équidistants, normaux à la courbe qui passe par leurs centres de gravité.

207. **Principe fondamental de la théorie des solénoïdes.** — La théorie des solénoïdes repose sur le principe suivant : Les propriétés d'un solénoïde *indéfini*, c'est-à-dire dont la courbe direc-

[1] Si les déviations de la bobine mobile devenaient considérables, il serait nécessaire d'avoir recours à une graduation empirique.

trice commence en un point déterminé A et s'étend jusqu'à l'infini, sont identiques à celles d'un pôle d'aimant qui occuperait la même position que l'extrémité A du solénoïde. Si cette extrémité est à la gauche de l'observateur qu'on peut supposer placé dans l'un des courants, regardant l'axe du solénoïde, et orienté de manière que le courant le traverse des pieds à la tête, ces propriétés sont celles d'un pôle austral; dans le cas contraire, ce sont celles d'un pôle boréal.

Un solénoïde de longueur finie AB (fig. 194) peut évidemment être regardé comme résultant de la superposition de deux solé-

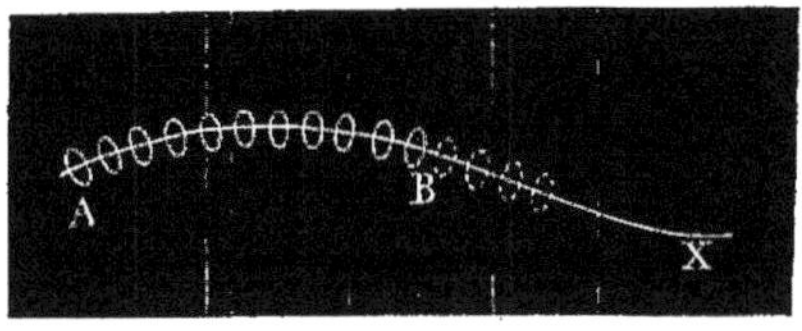

Fig. 194.

noïdes indéfinis, constitués par des courants égaux et de sens contraires, commençant l'un en A, l'autre en B, et coïncidant depuis le point B jusqu'à l'infini. Ses propriétés sont donc pareilles à celles de deux pôles magnétiques d'espèces contraires, placés en A et B.

208. **Conséquences du théorème précédent.** — Du théorème qui précède on déduit immédiatement les conséquences suivantes :

1° L'action d'un solénoïde AB sur un élément de courant MN

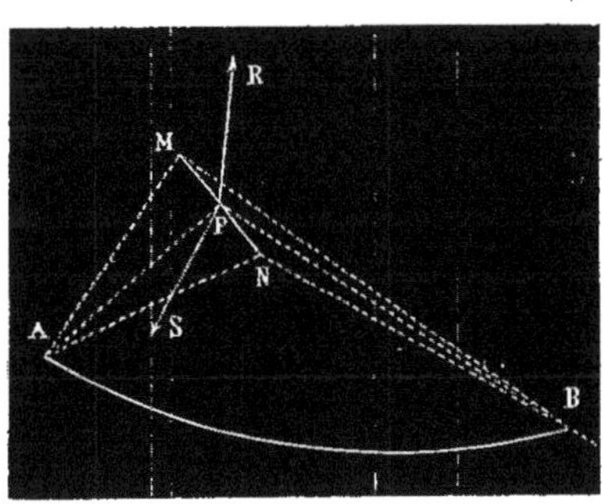

Fig. 195.

(fig. 195) se compose de deux forces PR, PS, appliquées au milieu P de l'élément, respectivement perpendiculaires sur les plans MAN et MBN, proportionnelles à $\frac{\sin APM}{\overline{AP}^2}$ et à $\frac{\sin BPM}{\overline{BP}^2}$, et dirigées l'une vers la droite, l'autre vers la gauche de l'élément; l'action dirigée vers la droite est celle qui dépend de la situation de l'extrémité analogue à un pôle austral et qu'on peut appeler le *pôle austral* du solénoïde (1);

2° L'action exercée par un solénoïde AB sur un aimant A'B' (fig. 196), dans des conditions telles que l'aimant puisse être supposé réduit à ses deux pôles, se compose de deux forces répulsives P, Q, et de deux forces attractives R, S, dirigées suivant les droites qui joignent deux à deux les pôles de l'aimant avec ceux du solénoïde, et inversement proportionnelles aux carrés des distances. Il y a d'ailleurs répulsion entre les pôles de même nom de l'aimant et du solénoïde, attraction entre les pôles de noms contraires.

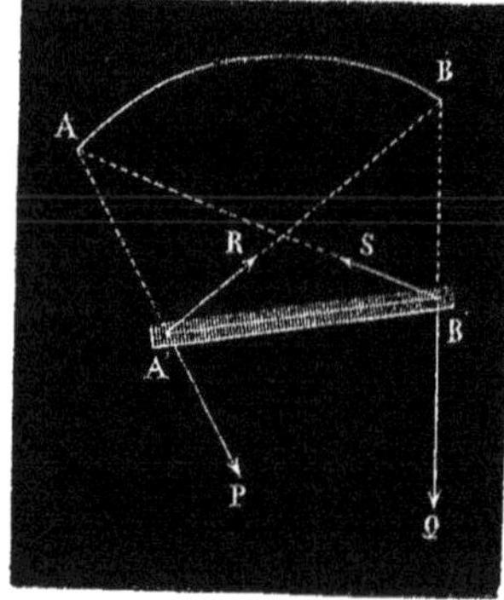

Fig. 196.

3° L'action de la terre sur un solénoïde est la même que sur une aiguille aimantée.

4° L'action réciproque de deux solénoïdes se compose de deux forces répulsives et de deux forces attractives, définies comme les actions réciproques d'un solénoïde et d'un aimant (2).

Pour vérifier ces diverses propositions, on fait ordinairement

(1) Chacune des actions est en outre proportionnelle à l'intensité de l'élément de courant, à l'intensité des courants du solénoïde, à l'aire de ces courants, et en raison inverse de la distance de deux courants consécutifs. L'aire des courants du solénoïde et la distance de deux courants consécutifs sont, par hypothèse, des grandeurs infiniment petites; il est nécessaire qu'elles soient infiniment petites du même ordre, si les actions du solénoïde doivent être des forces finies.

(2) Si l'on désigne par i l'intensité des courants de l'un des solénoïdes, par σ leur aire, par h la distance de deux courants consécutifs, et par i', σ', h' les quantités analogues relatives au second solénoïde, les actions réciproques des deux solénoïdes sont en outre proportionnelles à

$$\frac{ii'\sigma\sigma'}{hh'}.$$

usage de solénoïdes formés d'un fil métallique enroulé en une hélice dont la courbe génératrice est droite (fig. 197) : le fil est replié aux deux extrémités de l'hélice, le long d'une des arêtes du cylindre. On peut alors substituer à chaque spire de l'hélice le système formé par un courant circulaire, perpendiculaire à l'axe du cylindre, et par un petit courant rectiligne, parallèle à ce même axe et de longueur égale au pas de l'hélice : la somme des actions de ces petits courants rectilignes est détruite par celle de la portion rectiligne du fil, et le système se comporte comme un système de courants circulaires. — Ces solénoïdes sont ensuite assujettis de façon que la ligne des pôles puisse se mouvoir, soit autour d'un axe horizontal, soit autour d'un axe ver-

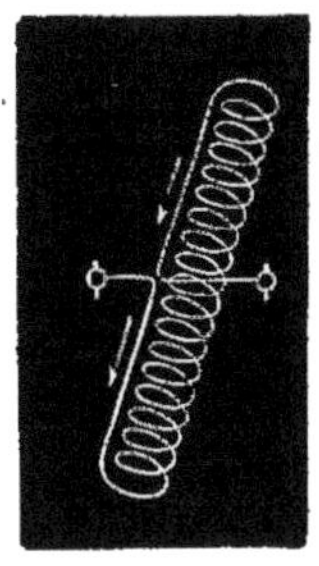

Fig. 197.

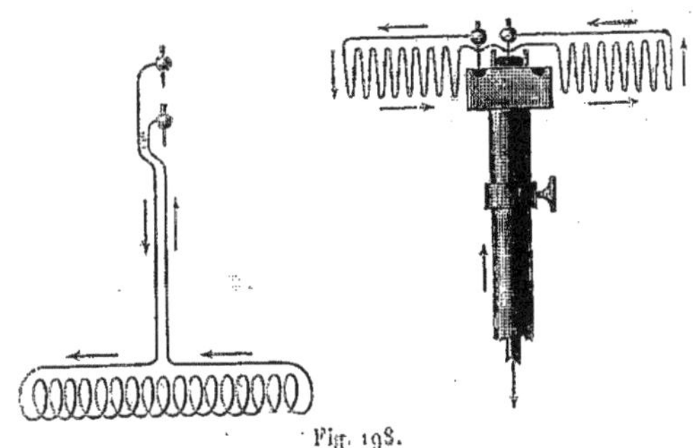

Fig. 198.

tical passant par son milieu. Les figures 197 et 198 représentent les dispositions employées à cet effet.

209. **Théorie électro-dynamique du magnétisme, ou théorie d'Ampère.** — L'identité qui vient d'être constatée, entre les propriétés d'un solénoïde et celles d'un élément magnétique, a conduit Ampère à considérer chaque élément magnétique comme un solénoïde infiniment petit; l'action exercée par cet élément sur un autre élément magnétique ou sur un courant électrique est alors réductible aux seules forces électro-dynamiques.

Cette hypothèse, qui laisse évidemment subsister tous les développements relatifs à la théorie du magnétisme qu'on a présentée plus haut, a l'avantage de ramener à une origine commune trois ordres d'actions en apparence distinctes, les actions magnétiques, les actions électro-magnétiques et les actions électro-dynamiques. Elle trouve en outre une confirmation puissante dans la proportionnalité de l'intensité électro-magnétique et de l'intensité électro-dynamique (205).

Elle est surtout confirmée par la loi suivante, démontrée par M. Weber au moyen de l'électro-dynamomètre. Si un aimant et un système de courants fermés exercent des actions égales sur un courant placé à une grande distance, ils exercent aussi des actions égales sur un aimant quelconque placé à une grande distance [1].

De cette identité de propriétés, il résulte une conséquence singulière : c'est que s'il arrive que l'on puisse constater seulement les effets produits par l'action d'un système déterminé sur l'aiguille aimantée et sur les courants électriques, et que ce système soit inaccessible, en sorte que nous ne puissions en reconnaître directement la nature, il sera impossible de dire s'il est formé d'aimants ou de courants. Toutes les expériences qu'on pourra imaginer conduisent au même résultat dans l'une et dans l'autre hypothèse. Ainsi on a vu que l'action exercée par la terre, en un lieu déterminé, sur l'aiguille aimantée et sur les courants, peut se représenter en concevant sur le prolongement de l'aiguille d'inclinaison, et à une grande distance, un pôle magnétique boréal; mais on peut aussi expliquer cette action par l'hypothèse d'un courant électrique très-éloigné, et cela est même possible d'une infinité de manières.

210. **Aimantation de l'acier par les courants.** — Puisqu'un courant exerce sur une aiguille aimantée ou sur un solénoïde une action qui tend à rendre la ligne des pôles perpendiculaire au courant en amenant le pôle austral vers la gauche, il doit aussi faire tourner autour de leur centre de gravité les éléments magnétiques d'un barreau de fer ou d'acier, et les rapprocher ainsi d'une orien-

[1] La condition d'une grande distance n'est introduite dans cet énoncé que pour dispenser d'avoir égard à la diversité des distances des différents points de l'aimant ou du système de courants par rapport au courant ou à l'aimant sur lequel ils agissent.

tation commune. En d'autres termes, il doit être capable d'aimanter les corps magnétiques.

L'expérience montre, en effet, qu'une aiguille d'acier perpendiculaire à un courant rectiligne s'aimante, et que le pôle austral se développe à la gauche du courant. — Avec une même aiguille et un même courant, l'effet est augmenté si l'on vient à contourner le fil

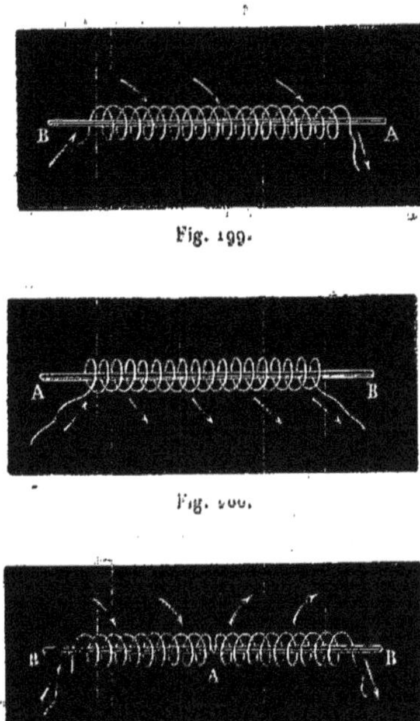

Fig. 199.

Fig. 200.

Fig. 201.

en hélice, de manière à rapprocher de l'aiguille un plus grand nombre d'éléments du courant. On constate d'ailleurs que, dans une hélice *dextrorsum* (fig. 199), le pôle austral A est à la sortie du courant; que, dans une hélice *sinistrorsum* (fig. 200), il est à l'entrée; enfin qu'une hélice formée de deux parties enroulées en sens opposé (fig. 201) produit dans l'aiguille un *point conséquent*, au point A où l'enroulement change de sens.

Ces divers résultats sont d'accord, comme on le voit immédiatement, avec les considérations théoriques qui précèdent.

211. **Aimantation du fer doux par les courants. — Électro-aimants.** — D'après les mêmes considérations, si l'on place un barreau de fer doux dans l'axe d'une bobine sur laquelle on aura enroulé un fil métallique couvert de soie, un courant qui parcourra ce fil doit avoir pour effet d'aimanter le barreau. Si le fer dont celui-ci est formé n'a aucune force coercitive, l'aimantation s'y développe instantanément dès que le courant passe; elle cesse instantanément, dès que le courant est interrompu.

Ces appareils, qui ont reçu le nom d'*électro-aimants*, peuvent dépasser beaucoup en puissance les aimants permanents les plus énergiques. — Lorsqu'on veut les employer à exercer une attraction sur une pièce de fer doux, on donne à la barre qui doit acquérir l'aimantation la forme de fer à cheval (fig. 202), et l'on place les deux

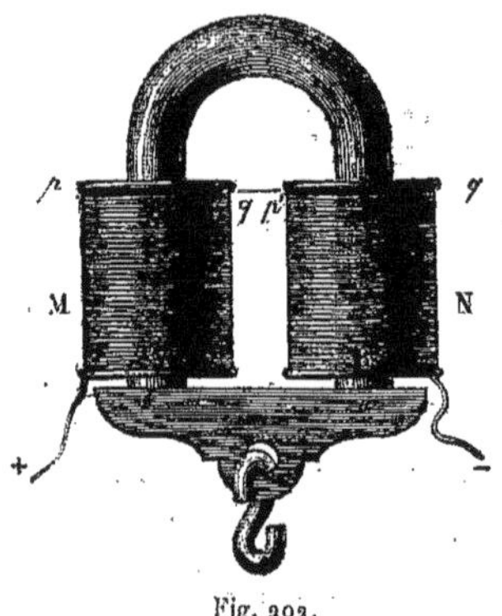

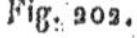
Fig. 202.

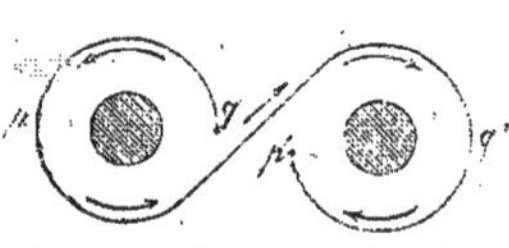

Fig. 203.

branches dans deux bobines M, N, sur lesquelles s'enroule un même fil couvert de soie. Si le fil est disposé de façon que les actions des deux bobines soient concordantes [1], une pièce de fer doux *ba* sera attirée à la fois par les deux pôles A et B. On voit d'ailleurs immédiatement que les réactions exercées par chacune des extrémités de

[1] Il suffit évidemment pour cela que l'enroulement du fil sur les deux bobines soit tel que, en supposant la barre redressée et les deux bobines juxtaposées par leurs bases supérieures *pq*, *p'q'*, on voie l'hélice de l'une former la continuation de l'hélice de l'autre. — Si l'on suppose que la barre ait repris ensuite sa courbure, et que les bobines soient revenues à leur position véritable, il est clair que le fil doit passer de l'une à l'autre comme l'indique le figure 203. E. F.

la pièce *ba* elle-même auront pour effet d'augmenter le magnétisme dans l'extrémité opposée de l'électro-aimant. — Cette disposition présentera donc de grands avantages.

212. **Relation entre l'intensité d'un courant et l'intensité du magnétisme qu'il développe dans un barreau de fer doux.** — Pour déterminer par l'expérience la relation qui existe entre l'intensité d'un courant et l'intensité du magnétisme que ce courant développe dans un barreau de fer doux soumis à son action, on peut procéder comme il suit.

Une hélice parcourue par un courant étant placée à une grande distance d'une aiguille aimantée mobile, et perpendiculairement à son axe, on observe les déviations de l'aiguille correspondantes à diverses intensités du courant transmis par l'hélice. On recommence ensuite la même série d'observations après avoir introduit dans l'axe de l'hélice un barreau de fer doux, et par différence on obtient la valeur des déviations dues à l'action du barreau. En procédant comme il a été expliqué à l'occasion de la mesure de l'intensité magnétique terrestre, on peut ainsi déterminer le moment magnétique du barreau pour diverses intensités du courant qui produit l'aimantation. — M. Weber a reconnu de cette manière que, pour de faibles intensités, il y a à peu près proportionnalité entre l'intensité du courant et la grandeur du moment magnétique, mais que l'accroissement du moment magnétique ne tarde pas à devenir moins rapide que l'accroissement de l'intensité du courant, et que le moment magnétique paraît tendre vers une limite déterminée.

L'existence d'une limite à l'aimantation est d'ailleurs une conséquence évidente de la théorie d'Ampère : lorsque tous les éléments magnétiques d'un barreau sont orientés parallèlement à son axe, leurs actions sont concordantes, et l'aimantation ne peut plus s'accroître.

213. **Applications des électro-aimants.** — Soit un électro-aimant dont l'attraction détermine le mouvement d'une pièce de fer doux ou d'un autre électro-aimant, et imaginons que le mouvement de cette partie mobile détermine celui d'un commutateur, en sorte

que, au moment où la partie mobile atteint sa position d'équilibre et la dépasse un peu en vertu de sa vitesse acquise, le courant voltaïque soit interverti et détermine ainsi un changement de sens dans la force motrice : il est aisé de concevoir qu'on pourra utiliser un pareil système pour produire un mouvement de rotation continue. — Des moyens analogues permettent d'obtenir un mouvement alternatif, semblable à celui du piston d'une machine à vapeur.

Tel est le principe des *moteurs électro-magnétiques* que l'industrie commence à utiliser depuis quelques années, pour les travaux où il importe moins d'obtenir une grande force motrice et de la produire économiquement que d'avoir un mouvement régulier, facile à transmettre aux organes les plus divers. Ces moteurs ont reçu, par exemple, de remarquables applications dans les ateliers de précision de M. Froment.

Les télégraphes électriques, les sonneries électriques sont encore des applications des mêmes principes.

DIAMAGNÉTISME.

214. **Actions exercées par les aimants sur les divers corps.** — L'action magnétique ne s'exerce pas seulement sur certains métaux, comme on l'a cru longtemps; cette action paraît être générale et s'exercer sur la plupart des corps connus. Mais, parmi ces corps, les uns sont attirés par les aimants et ont conservé le nom de *corps magnétiques*[1], les autres sont repoussés par les aimants et ont été nommés *corps diamagnétiques.*

Les actions des aimants sur la généralité des corps sont trop faibles pour être facilement observables avec les aimants ordinaires[2] : mais on les constate de la manière la plus manifeste en ayant recours à des électro-aimants puissants.

215. **Actions sur les corps solides.** — Si un cylindre solide MN est suspendu par son centre de gravité O entre deux pôles

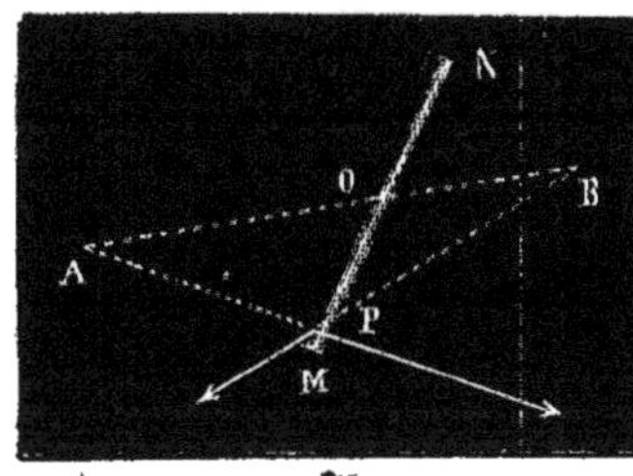

Fig. 204.

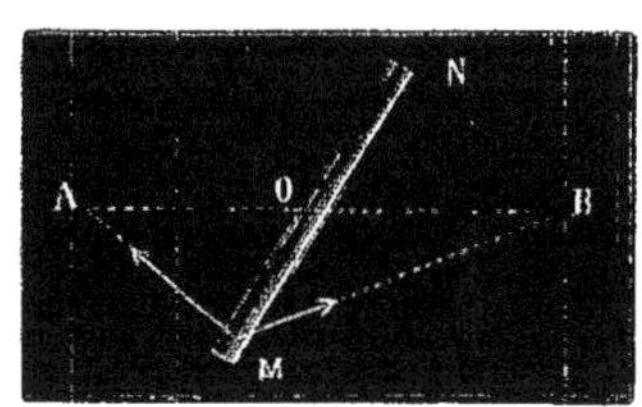

Fig. 205.

A et B qui le repoussent tous les deux (fig. 204), les actions répulsives exercées sur les divers points de sa masse ne se font équilibre les unes aux autres que si l'axe du cylindre est parallèle ou per-

(1) On dit quelquefois *paramagnétiques.*

(2) Dès 1778, cependant, le physicien hollandais Brugmans avait constaté d'une manière certaine qu'un gros fragment de bismuth ou d'antimoine repousse les deux pôles d'une aiguille aimantée suspendue par un fil de soie sans torsion.

pendiculaire à la ligne des pôles. — Dans le premier cas, l'équilibre est instable; il est stable dans le second.

Si les actions des pôles A et B sont toutes les deux attractives (fig. 205), l'inverse a lieu.

Ainsi, lorsqu'on suspend entre les pôles d'un électro-aimant un corps solide de forme allongée, sa plus grande dimension arrive, après un certain nombre d'oscillations, à se placer parallèlement ou perpendiculairement à la ligne des pôles, suivant que ce corps est magnétique ou diamagnétique. — Ce sont ces deux positions que Faraday a proposé de distinguer par les noms de position *axiale* et position *équatoriale*.

L'expérience peut être aisément réalisée avec l'électro-aimant que représente la figure 206; les armatures *a*, *b*, en forme de cône

Fig. 206.

émoussé, ont l'avantage de concentrer à leurs extrémités la puissance magnétique.

D'après ces expériences les corps magnétiques paraissent se réduire aux suivants :

Fer.	Uranium.
Nickel.	Lanthane.
Cobalt.	Molybdène.
Manganèse.	Titane.
Chrome.	Oxygène [1].

(1) On expliquera plus loin comment a pu être observé le magnétisme de l'oxygène.

La plupart des autres corps simples sont diamagnétiques; le bismuth, l'antimoine et le phosphore paraissent être les plus diamagnétiques de tous les corps.

Tous les composés d'éléments magnétiques, par exemple les oxydes des métaux magnétiques, sont eux-mêmes magnétiques.

Les composés formés d'éléments magnétiques unis à des éléments diamagnétiques sont ordinairement magnétiques, si l'élément magnétique est un métal. Ils sont au contraire diamagnétiques si l'élément magnétique est l'oxygène; tels sont, par exemple, les oxydes des métaux diamagnétiques.

216. **Actions sur les corps liquides.** — Pour étudier l'action exercée par les aimants sur les corps liquides, on doit à M. Plücker le procédé expérimental suivant.

Aux extrémités des branches de l'électro-aimant représenté par la figure 206, on fixe deux armatures de fer doux d'une forme par-

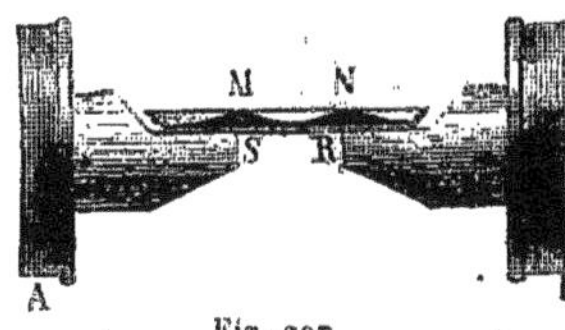

Fig. 207

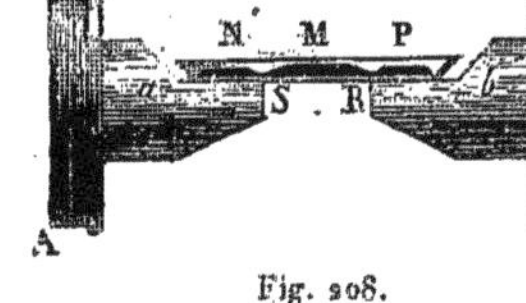

Fig. 208.

ticulière (fig. 207 et fig. 208), et on pose sur ces armatures un verre de montre ou une carte, où l'on verse une couche très-mince du liquide à essayer. La puissance magnétique se trouvant principalement concentrée aux arêtes vives R et S, l'attraction et la répulsion produisent les effets représentés sur les figures.

L'expérience se fait commodément en employant comme liquide magnétique une solution concentrée de perchlorure de fer (fig. 207), et comme liquide diamagnétique de l'essence de térébenthine parfaitement pure et non oxydée (fig. 208). Toutefois, dans ce dernier cas, l'action est peu sensible tant que les deux armatures sont un peu éloignées l'une de l'autre. Lorsqu'on les rapproche presque jusqu'au contact, l'intensité de la répulsion augmente, mais le bourrelet intermédiaire M disparaît, tandis que les deux bourrelets latéraux N et P deviennent plus marqués. — Dans les mêmes conditions les deux bourrelets M et N que forme en général un liquide magnétique (fig. 207) se confondent en un seul.

217. **Actions sur les corps gazeux.** — L'action exercée par les aimants sur les gaz n'est pas moins manifeste que l'action exercée par les aimants sur les autres corps.

C'est ainsi qu'on peut constater, comme l'a montré Bancalari, que la flamme d'une bougie est repoussée par les pôles d'un électro-aimant puissant.

C'est ainsi encore qu'on peut rendre visible la répulsion éprouvée par le gaz chlorhydrique, en répandant un peu de gaz ammoniac dans l'air au voisinage des pôles : les fumées blanches qui se forment par la combinaison des deux gaz éprouvent une répulsion manifeste.

218. **Difficulté résultant de l'action du magnétisme sur les gaz et en particulier sur l'air.** — Les raisonnements par lesquels on établit le principe d'Archimède, en Hydrostatique, peuvent servir à démontrer que l'action apparente d'un aimant sur un corps est la différence algébrique entre l'action réelle et l'action exercée sur le volume d'air dont le corps tient la place. On vérifie cette conclusion en constatant qu'un corps faiblement magnétique suspendu dans un liquide fortement magnétique, comme du verre légèrement ferrugineux placé dans une solution de perchlorure de fer, paraît repoussé par l'aimant, et qu'un corps faiblement diamagnétique, suspendu dans un liquide fortement diamagnétique, paraît attiré. — Il est donc naturel de se demander si la répulsion des corps diamagnétiques n'est pas une simple apparence, résultant seulement de ce que ces corps sont moins fortement attirés que l'air qu'ils déplacent.

M. Edmond Becquerel, en opérant dans le vide, a fait voir que cette conjecture ne serait pas fondée, et que la distinction des corps magnétiques et des corps diamagnétiques est bien réelle. En outre, en suspendant les corps étudiés à un fil métallique et mesurant les torsions nécessaires pour les maintenir en équilibre à une distance donnée des armatures, il a pu déterminer les valeurs relatives des attractions et des répulsions apparentes ou réelles. Toutes les attractions se sont trouvées beaucoup plus fortes dans le vide que dans une atmosphère d'oxygène; toutes les répulsions au contraire ont été fortement augmentées lorsqu'on a substitué l'oxygène au vide. Le magnétisme de l'oxygène s'est ainsi très-nettement accusé, et la démonstration a été confirmée par des expériences directes, où l'on a observé l'action exercée par un aimant dans le vide sur un tube de verre mince rempli d'oxygène, ou sur un charbon poreux imprégné de ce gaz.

ACTIONS CHIMIQUES DES COURANTS.

(ÉLECTRO-CHIMIE.)

219. **Caractères généraux des actions chimiques produites par les courants.** — On a nommé *électrolyse* la séparation d'un corps composé en deux éléments différents, sous l'action d'un courant électrique. — Le corps composé lui-même prend alors le nom d'*électrolyte*.

Les éléments que le passage de l'électricité a mis en liberté apparaissent aux deux surfaces polaires, ou *électrodes :* les éléments analogues à l'oxygène ou aux acides se rendent à l'électrode positive; les éléments analogues à l'hydrogène, aux métaux ou aux alcalis se rendent à l'électrode négative.

Si, comme on l'a fait dans l'origine, on assimile ce phénomène à une attraction des électricités de natures contraires qu'on suppose accumulées aux pôles, on dira naturellement que les éléments du premier groupe sont *électro-négatifs* et ceux du deuxième *électro-positifs*. Quoi qu'il en soit de ces idées théoriques, il sera commode de conserver ces deux expressions, indépendamment de l'hypothèse qui les a autrefois suggérées [1].

Un corps composé, pour être décomposé en ses éléments par le passage d'un courant, doit satisfaire aux conditions suivantes :

1° Il doit être à l'état liquide;

2° Il doit être conducteur;

3° Il doit appartenir à cette catégorie de composés chimiques qu'on désigne sous le nom de *sels,* et qu'on ne peut guère caracté-

[1] Pour l'intelligence de quelques auteurs, il est utile de savoir qu'on a appelé *anode* l'électrode positive, *cathode* l'électrode négative, *ions* les éléments séparés par l'électrolyse, *anions* ceux qui se rendent à l'électrode positive, *cathions* ceux qui se rendent à l'électrode négative. L'usage de ces expressions tend à disparaître et n'a jamais été bien général.

riser qu'en disant que leurs actions réciproques sont réglées par les *lois de Berthollet*. — Cette définition implique l'extension de la notion de sel aux sels *haloïdes*, c'est-à-dire aux chlorures, bromures, etc. : aux acides hydratés, qui sont alors les sels de protoxyde d'hydrogène; aux oxydes métalliques basiques, et en particulier à l'eau. — Au contraire, les amalgames liquides, qui ne satisfont pas à la définition précédente, ne sont pas électrolysables.

220. **Électrolyse des sels binaires.** — D'après ce qui précède, on peut comprendre sous le nom de *sels binaires* les composés tels que les chlorures, sulfures, oxydes métalliques, etc.

Un petit nombre de ces corps sont liquides à la température ordinaire; le principal d'entre eux, l'eau, est si peu conducteur à l'état de pureté, qu'il est douteux qu'on l'ait jamais réellement soumis à l'électrolyse. Les autres sont d'un maniement difficile, à cause de leur volatilité et de l'action qu'ils exercent sur l'humidité atmosphérique; tels sont le bichlorure d'étain, le perchlorure d'antimoine, le chlorure d'arsenic, le chlorure de titane. — Mais il en est un grand nombre qui entrent en fusion à une température médiocrement élevée, et qui, amenés ainsi à l'état liquide, se prêtent commodément aux expériences.

On peut, par exemple, avec une lampe ordinaire à gaz, fondre du chlorure de plomb ou du protochlorure d'étain contenu dans un tube en U; en plongeant dans le liquide deux fils de platine communiquant avec les deux pôles d'une pile, on obtient immédiatement une décomposition électro-chimique. Le chlore se dégage sur le fil positif et le métal se dépose sur le fil négatif, où sa présence peut être constatée tant par l'augmentation de poids que par les réactions caractéristiques. — Si l'on prend pour électrodes des fils de cuivre, la teinte blanche communiquée à l'électrode négative est un indice visible du dépôt de plomb ou d'étain; quant au chlore, il se combine alors, pour la plus grande partie, avec le cuivre de l'électrode positive, et en dépolit bientôt la surface.

La dissolution d'un sel binaire dans l'eau, en liquéfiant ce sel, le rend conducteur, comme la liquéfaction qui résulte de l'élévation de température. De là un procédé beaucoup plus commode et d'une application beaucoup plus étendue que le précédent. — On place dans un tube en U la solution aqueuse du composé qu'on veut étudier, et on y plonge deux conducteurs métalliques communiquant avec les pôles d'une pile. Il est généralement avantageux que la solution soit concentrée. — Les résultats de l'expérience sont d'ailleurs identiques à ceux du premier procédé, sauf quelques perturbations qui seront indiquées plus loin et qui tiennent à la présence de l'eau. Ces perturbations sont d'ailleurs surtout sensibles avec les solutions étendues.

221. **Lois de Faraday.** — Les lois numériques des phénomènes électrolytiques que l'on vient d'indiquer ont été énoncées par Faraday. Ces lois sont les suivantes :

1° *Identité de l'action chimique dans tous les points d'un même circuit.* — Lorsqu'on place à la suite les uns des autres, en divers points d'un même circuit, des appareils de décomposition de formes et de dimensions différentes, mais contenant le même électrolyte, on constate que les quantités d'électrolyte décomposées en un même temps dans les divers appareils sont les mêmes.

2° *Proportionnalité de la quantité d'électrolyte décomposée en un temps donné et de l'intensité du courant.* — Les intensités des courants étant mesurées, soit par des actions électro-magnétiques, soit par des actions électro-dynamiques, ce résultat peut s'énoncer en disant que l'*intensité chimique* est proportionnelle à l'intensité électro-magnétique ou électro-dynamique.

3° *Loi des équivalents électro-chimiques.* — Si dans un même circuit on place à la suite les uns des autres divers appareils de décomposition contenant des électrolytes différents, les quantités de ces divers électrolytes décomposées en un même temps sont proportionnelles à leurs équivalents chimiques.

Cet énoncé se vérifie le plus souvent en pesant le métal déposé sur l'électrode négative. On peut aussi doser la solution avant et après l'expérience, ou, dans certains cas, mesurer le volume du gaz qui se dégage autour de l'électrode positive; mais lorsque ce gaz est du chlore qui se dégage au sein de l'eau, cette méthode devient inexacte, à cause de la solubilité du chlore et de sa tendance à décomposer l'eau pour former de l'acide chlorhydrique, en sorte qu'on ne peut alors doser que le poids de métal éliminé.

Or, si l'on prend pour terme constant de comparaison un électrolyte formé d'un équivalent de métal et d'un équivalent de l'élément négatif, comme le protochlorure d'étain $SnCl$, la loi de Faraday se manifeste de deux manières distinctes, suivant la composition chimique des électrolytes que l'on place dans le même circuit que ce protochlorure. — Avec des électrolytes ayant une composition chimique analogue, comme le chlorure de plomb, on obtient un dépôt d'un équivalent de métal pour chaque équivalent d'étain déposé dans l'appareil de comparaison. — Avec du protochlorure d'antimoine, que l'on regarde en général comme formé de deux équivalents d'antimoine unis à trois équivalents de chlore, et qu'on écrit alors Sb^2Cl^3, on obtient seulement les deux tiers d'un équivalent d'antimoine, pour un équivalent d'étain déposé dans l'appareil de comparaison. — Mais il est facile de voir que la quantité de protochlorure d'antimoine qui, dans une réaction chimique quelconque, est l'équivalent de la quantité de protochlorure d'étain représentée par la formule $SnCl$, est elle-même représentée par la formule $Sb^{\frac{2}{3}}Cl$, c'est-à-dire par les deux tiers de la formule à exposants entiers Sb^2Cl^3. Les prétendues anomalies de ce genre, qui ont été, à une certaine époque, l'objet de nombreuses discussions, sont donc des conséquences nécessaires de la loi générale des phénomènes.

222. **Les éléments séparés de l'électrolyte n'apparaissent que sur les électrodes.** — Dans diverses décompositions électro-chimiques on observe ce fait remarquable, que les deux éléments de l'électrolyte qui sont séparés par le passage du courant apparaissent sur les surfaces des deux électrodes, en des points éloignés l'un de l'autre d'une distance quelconque, sans qu'on puisse constater dans l'intervalle aucune trace de l'existence de ces éléments à l'état de liberté. Or, il est difficile de ne pas admettre que, dans l'électrolyse du protochlorure d'étain par exemple, la molécule de chlore qui se dégage à un instant donné sur un point de l'électrode positive provient de la molécule de chlorure qui était immédiatement en contact avec ce point, et que la molécule d'étain qui se dépose

en même temps sur un point de l'électrode négative provient de la molécule de chlorure avec laquelle ce point était en contact. Sur la ligne qui joint ces deux points, les deux molécules extrêmes de l'électrolyte sont donc simultanément décomposées, et la question est d'expliquer comment on ne voit apparaître à l'état de liberté ni le chlore qui faisait partie de la molécule de chlorure voisine de l'électrode négative, ni l'étain de la molécule de chlorure voisine de l'électrode positive. Mais, puisque tout semble démontrer que les actions d'un courant sont semblables en tous les points de son circuit, l'action électrolytique doit s'exercer sur toutes les molécules intermédiaires aussi bien que sur les molécules extrêmes, en sorte que dans toutes les molécules d'une série complète (fig. 209) le chlore est à chaque instant sollicité à se porter du côté de l'électrode posi-

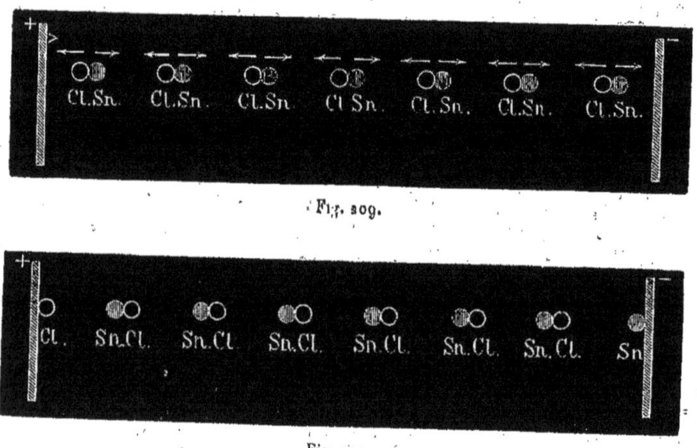

Fig. 209.

Fig. 210.

tive et l'étain du côté de l'électrode négative. En obéissant à cette action, la molécule extrême de chlore et la molécule extrême d'étain sont mises en liberté, chacune sur l'électrode correspondante, tandis que dans l'espace intermédiaire chaque molécule de chlore rencontre une molécule d'étain qui chemine en quelque sorte à sa rencontre, et à laquelle elle s'unit. La série de molécules représentée par la figure 209 passe ainsi au nouveau mode de groupement représenté par la figure 210. Cette série nouvelle subit à son tour une action semblable, mettant en liberté d'une part une nouvelle molécule de chlore, d'autre part une nouvelle molécule d'étain, et reproduisant du chlorure d'étain dans l'espace intermédiaire. — Cette succession de décompositions et de recompositions se reproduit aussi longtemps que dure le passage du courant.

L'idée première de cette interprétation des phénomènes est due au physicien suédois Grotthuss.

223. **Actions secondaires des produits de l'électrolyse sur la matière des électrodes, sur l'électrolyte lui-même, ou sur le dissolvant.** — Les produits de l'électrolyse exercent, sur les corps en présence desquels ils se trouvent, des *actions secondaires* variables dans les divers cas, actions qui modifient plus ou moins profondément les résultats de l'électrolyse elle-même.

C'est ainsi que le chlore mis en liberté, si l'on emploie une électrode positive de cuivre, se combine avec la matière de l'électrode; ou que, dans la décomposition du bichlorure de mercure, le mercure éliminé peut former un amalgame avec le métal employé comme électrode négative. — C'est ainsi que, dans l'électrolyse du protochlorure d'étain, le chlore, au lieu de se dégager, forme du bichlorure d'étain autour de l'électrode positive, avec les portions de l'électrolyte qui n'ont pas encore subi de décomposition. — Enfin, dans l'électrolyse du chlorure de sodium ou du chlorure de potassium, le métal alcalin éliminé à l'électrode négative décompose l'eau qui sert de dissolvant au sel, en sorte qu'on observe à cette électrode un dégagement d'hydrogène.

Il est indispensable d'avoir égard à ces perturbations, dans la vérification des lois numériques des décompositions électro-chimiques, ou dans l'interprétation des expériences. — Ainsi, dans la décomposition d'un chlorure alcalin dissous, c'est en dosant l'hydrogène dégagé par la réaction secondaire du métal alcalin sur l'eau qu'on peut apprécier le plus exactement la quantité de chlorure décomposée. — Dans la décomposition du sel ammoniac, on obtient à l'électrode positive du chlore, de l'acide chlorhydrique et de l'azote; à l'électrode négative, de l'hydrogène et de l'ammoniaque libre. Les quantités de chlore et d'azote ne sont pas entre elles dans un rapport constant; au contraire, l'hydrogène et l'ammoniaque sont toujours dans le rapport de leurs équivalents. Ces faits complexes s'expliquent sans difficulté, si l'on admet que l'effet primitif de l'électrolyse est de décomposer le sel ammoniac AzH^4Cl en chlore et en ammonium AzH^4; l'ammonium, qui ne peut exister dans les conditions de l'expérience, se décompose spontanément en ammoniaque qui se dissout et en hydrogène qui se dégage; l'azote et l'acide chlorhydrique sont des produits secondaires de la réaction du chlore sur le sel ammoniac. Une expérience qui se fait dans tous les cours de chimie vient justifier cette explication : si l'on emploie du mercure comme électrode négative, l'ammonium se combine avec ce métal, et il se forme un amalgame d'ammonium très-peu stable, qui se détruit bientôt lorsque le courant cesse de passer.

224. **Électrolyse des sels ternaires.** — On donnera le nom de *sels ternaires*, soit aux sels qui résultent de l'union des oxacides avec les bases, soit aux acides monohydratés ou aux hydrates alcalins.

L'expérience montre que, dans l'électrolyse de ces sels, il y a, d'une part, dépôt de métal sur l'électrode négative; d'autre part, apparition d'oxygène et d'acide libre à l'électrode positive. — La théorie de Grotthuss s'applique très-simplement à ces phénomènes : il suffit de considérer l'action primitive du courant comme décomposant une molécule saline de manière à donner naissance à une molécule de métal et à une molécule du groupe formé par les éléments de l'acide anhydre et de l'oxygène de la base, groupe que l'on désignera par SO^4 pour les sels formés par l'acide sulfurique, par CrO^4 pour les sels formés par l'acide chromique, par AzO^6 pour les sels formés par l'acide azotique, par ClO^6 pour les sels formés par l'acide chlorique. Ce groupe, réel ou idéal, ne pouvant subsister dans les conditions de l'expérience, l'oxygène se dégage et l'acide anhydre se dissout, s'il est soluble. Lorsque l'acide est insoluble, il forme à la surface de l'électrode une couche non conductrice, qui arrête bientôt le courant. Ce dernier phénomène s'observe dans la décomposition des stéarates, margarates et oléates alcalins, qu'on désigne sous le nom général de *savons alcalins*.

225. **Extension des lois de Faraday à l'électrolyse des sels ternaires.** — Si, dans un même circuit, on place à la suite les uns des autres quatre appareils de décomposition contenant du sulfate d'argent, du métaphosphate de soude, du pyrophosphate de soude et du phosphate ordinaire de soude, on constate que, pour un équivalent de sulfate d'argent décomposé, il y a un équivalent d'oxygène dégagé dans chacun des appareils. On en conclut que les équivalents électro-chimiques des trois phosphates sont les proportions représentées, pour le métaphosphate de soude, par la formule

$$NaO, PO^5;$$

pour le pyrophosphate de soude, par la formule

$$\frac{1}{2}(2NaO, PO^5);$$

et pour le phosphate ordinaire de soude, par la formule

$$\frac{1}{3}(3NaO, PO^5).$$

Si l'on examine d'ailleurs les diverses réactions chimiques auxquelles ces trois sels peuvent être soumis, on reconnaît que ce sont précisément ces quantités qui sont réellement équivalentes entre elles au point de vue chimique.

226. **Influence des actions secondaires dans l'électrolyse de certains sels ternaires.** — L'électrolyse des sels alcalins montre comment les actions secondaires apportent parfois dans les phénomènes qui précèdent une complication apparente qui pourrait en faire méconnaître la véritable nature.

Dans la décomposition d'un sel de soude, par exemple, on observe qu'il se dégage de l'oxygène au pôle positif, de l'hydrogène au pôle négatif; en même temps, le pôle positif est entouré d'acide libre; le pôle négatif, de soude libre. L'appareil représenté par la figure 211 peut servir à la fois à recueillir les gaz et à constater la présence de l'acide et de l'alcali libres au contact des électrodes, par les changements de couleur d'une solution de fleur de mauve qu'on aura mélangée au sel soumis à l'expérience; dans le siphon intermédiaire aux deux vases, il ne se produit aucun changement de couleur. — On a longtemps interprété ces résultats en admettant la décomposition *simultanée* de l'eau en oxygène et hydrogène, et du

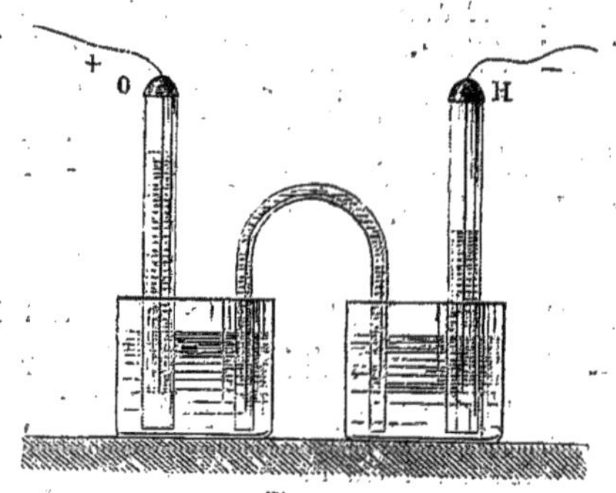

Fig. 211.

sel en acide et en alcali; mais il est difficile de concevoir que le même courant, décomposant par exemple un équivalent de sulfate d'argent dans l'un des points du circuit, décompose, en un autre point et dans le même temps, un équivalent d'eau et un équivalent de sel de soude[1]. En réalité, l'apparition de la soude est due à une action secondaire du sodium sur l'eau, dégageant une quantité d'hydrogène équivalente à la quantité d'oxygène que l'électrolyse dégage au pôle positif. On observe d'ailleurs tous les intermédiaires entre les résultats fournis par les sels d'argent, de platine ou d'or, dont le métal se dépose tout entier à l'électrode négative sans éprouver la moindre oxydation, et les résultats fournis par les sels alcalins, dont le métal passe tout entier à l'état d'oxyde.

Enfin, dans certaines circonstances, le phénomène peut se compliquer encore par l'action des produits que l'on vient d'indiquer sur la matière des électrodes elles-mêmes. — Ainsi, si l'électrode négative, employée pour la décomposition d'un sel alcalin, est couverte d'une couche d'oxyde, il peut y avoir réduction de cet oxyde

[1] L'expérience montre en effet que, tandis qu'il se dépose un équivalent d'argent dans l'appareil à sulfate d'argent, il se dégage un équivalent d'hydrogène, et il y a un équivalent de soude mis en liberté dans l'appareil à sulfate de soude.

par l'hydrogène naissant, et apparition du métal qui le formait. — Si l'électrode positive est formée d'un métal facilement oxydable, ce métal se combine avec l'oxygène et les éléments de l'acide anhydre que le courant amène à sa surface, et il se produit ainsi un nouveau sel. Si le métal de l'électrode attaquée est celui même qui entre dans la composition de l'électrolyte, il peut y avoir régénération successive de l'électrolyte lui-même. C'est ce qu'on réalisera, par exemple, en employant, dans l'électrolyse du sulfate de zinc, une lame de zinc comme électrode positive.

227. **Préparation des métaux alcalins ou terreux par l'électrolyse.** — Tout ce qui a été dit précédemment, sur les décompositions des sels binaires ou ternaires, fait aisément comprendre quel genre de difficultés on a dû rencontrer quand on s'est proposé de préparer par l'électrolyse les métaux alcalins ou terreux.

Pour la préparation du potassium, par exemple, le procédé employé par Seebeck consiste à décomposer, à l'aide d'un courant énergique, de la potasse solide, contenant assez d'eau pour qu'elle soit conductrice, et à soustraire autant que possible le métal au contact de l'eau, afin de diminuer l'influence des actions secondaires. — Dans une plaque d'hydrate de potasse humectée d'eau, on pratique une cavité qu'on remplit de mercure; on fait communiquer le mercure avec le pôle négatif et l'hydrate avec le pôle positif d'une pile; le potassium s'unit au mercure pour former un amalgame dont l'action sur l'eau est moins vive que celle du métal pur. L'eau est d'ailleurs réduite ici à la moindre quantité possible, puisqu'elle ne fait que remplir les pores du fragment d'hydrate de potasse.

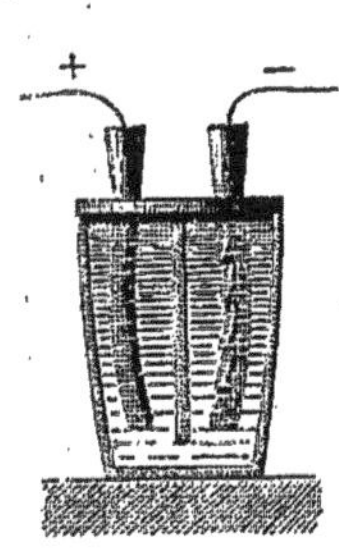

Fig. 212.

Pour préparer le magnésium par l'électrolyse, M. Bunsen introduit le chlorure fondu dans un creuset de porcelaine porté au rouge. La moitié supérieure de ce creuset est partagée en deux compartiments par un diaphragme de porcelaine (fig. 212), en sorte que le chlore dégagé dans l'un de ces compartiments est maintenu à distance du magnésium. Le creuset est muni d'un couvercle percé de deux ouvertures qui livrent passage à des électrodes façonnées avec du charbon de cornue. Ces électrodes sont fixées dans le couvercle à l'aide de petits coins de charbon entre lesquels on insinue deux lames de platine qui servent à faire passer le courant. Le charbon qui forme le pôle négatif est muni d'incisions dentées et dirigées obliquement de bas en haut, en sorte que le magnésium, plus léger que le liquide dans lequel il se forme, est retenu dans les saillies de cette électrode et ne peut venir brûler à la surface [1].

228. **Électrolyse de l'eau.** — La décomposition de l'eau acidulée par la pile est un phénomène du même genre que la décomposition des sels formés par les oxacides : l'acide hydraté dissous dans l'eau se comporte comme un sel de protoxyde d'hydrogène et se décompose de manière à donner de l'hydrogène à l'électrode négative, de l'oxygène et de l'acide anhydre à l'électrode positive; l'acide anhydre reforme de l'acide hydraté, et la même série de phénomènes recommence; à l'aide de quelques gouttes d'acide, on peut ainsi obtenir la décomposition d'une quantité d'eau indéfinie.

229. **Mesure de l'intensité des courants par les actions électrolytiques. — Voltamètres.** — Les appareils que l'on emploie d'ordinaire pour la décomposition électrolytique de l'eau (fig. 213 et 214), et qui sont disposés pour permettre de recueillir et de mesurer l'hydrogène et l'oxygène, ont reçu le nom de *voltamètres*. Ils peuvent servir à mesurer l'intensité des courants, et particulièrement l'intensité moyenne des courants variables; ils peuvent également servir de termes constants de comparaison dans la vérification des lois de Faraday.

Il convient d'ailleurs de mesurer l'hydrogène de préférence à l'oxygène, en raison de son plus grand volume et de sa moindre solubilité. — En outre, il est indispensable de maintenir la température de l'appareil au moins égale à 20 degrés. A des températures

[1] *Annalen der Chemie und Pharmacie*, t. LXXXII. Ce mémoire a été analysé par M. Wurtz dans les *Annales de Chimie et de Physique*, 1854, 3e série, t. XXXVI, p. 107.

plus basses, une partie de l'oxygène naissant s'unit à l'eau qui environne l'électrode positive, et forme du bioxyde d'hydrogène; ce corps se répand peu à peu dans tout l'appareil, arrive jusqu'à l'électrode négative, et absorbe, en reformant de l'eau, une partie de l'hydrogène que l'électrolyse y avait dégagé.

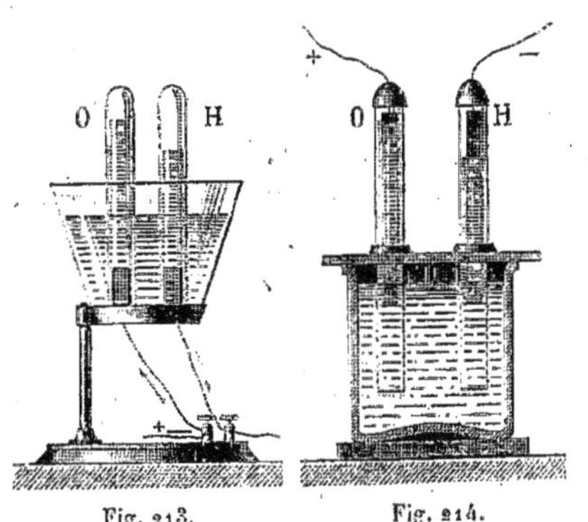

Fig. 213. Fig. 214.

On peut encore employer, pour mesurer l'intensité des courants, la décomposition d'un sel métallique. — Il convient alors de faire choix d'un sel dont le métal ait peu d'affinité pour l'oxygène, afin d'éviter les actions secondaires; il est bon que ce sel présente, en outre, un équivalent élevé, afin que le poids de métal déposé par un courant d'intensité donnée soit le plus grand possible. Parmi les sels d'argent, ceux qui sont solubles satisfont à ces conditions.

230. **Remarque générale sur l'électrolyse des divers sels.** — Il est essentiel de remarquer qu'il n'y a aucun rapport entre l'énergie des affinités qui tiennent unis les éléments d'un sel et l'aptitude plus ou moins grande de ce sel à être décomposé par le courant. La loi des équivalents électro-chimiques montre, en effet, que tous les sels dissous ou fondus sont décomposés avec la même facilité par le courant électrique : le plus faible courant suffit à les décomposer, et l'intensité du courant n'influe que sur la vitesse plus ou moins grande de la décomposition.

Cette remarque n'offre rien d'ailleurs qui ne soit conforme aux propriétés caractéristiques des sels. Les lois de Berthollet ont depuis longtemps amené les chimistes à se représenter les éléments d'un sel dissous comme étant, en quelque sorte, indifférents à la décomposition, et disposés à passer d'une combinaison dans une autre sous la plus légère influence.

COURANTS THERMO-ÉLECTRIQUES.

231. **Découverte de Seebeck.** — La découverte des courants thermo-électriques date de 1828 : elle est due à Seebeck.

Si, avec deux lames métalliques de natures différentes, on forme un circuit fermé, et qu'on porte l'une des deux soudures à une température différente de l'autre, il se produit un courant dans le circuit. — C'est ce qu'on démontre au moyen de l'un des deux cadres métalliques représentés par les figures 215 et 216. Dans le premier, BB' est une lame de bismuth, AA' est une lame d'antimoine, *ab* est une aiguille aimantée placée sur un pivot. Si l'on vient à chauffer la soudure S, sans chauffer la soudure T, il se manifeste un courant dont la direction, accusée par l'aiguille, est celle qu'indiquent les flèches placées sur la figure. Dans le second cadre (fig. 216), B est un barreau de bismuth, CC' est une lame de cuivre qui vient se souder aux deux extrémités de ce barreau ; l'échauffement de la soudure S produit un courant qui va du bismuth au cuivre, au travers de la soudure chaude : c'est ce que constate encore la déviation de l'aiguille aimantée *ab*.

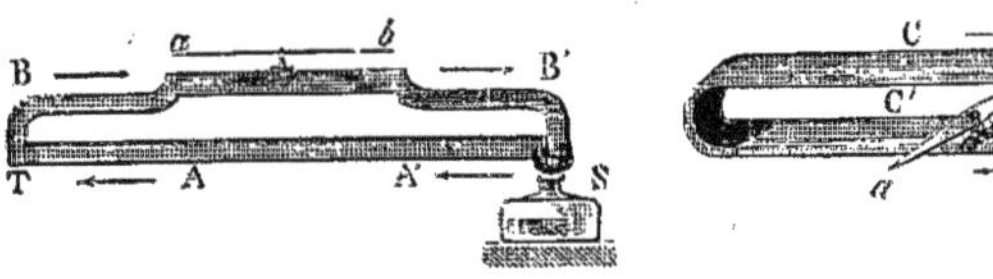

Fig. 215. Fig. 216.

Dans un pareil système, on appelle métal *positif* celui dans lequel le courant est dirigé de la soudure froide vers la soudure chaude, et métal *négatif* celui dans lequel le courant a la direction opposée. Il résulte de ces conventions que le courant traverse la soudure chaude en allant du métal positif vers le métal négatif ; la soudure est ainsi assimilée à un élément voltaïque dans lequel l'électricité suivrait une marche semblable.

La liste suivante comprend les principaux métaux, rangés dans un ordre tel que chacun d'eux soit positif par rapport à ceux qui le suivent, négatif par rapport à ceux qui le précèdent, la soudure chaude étant supposée à 50 degrés environ, et la soudure froide à zéro :

Bismuth.	Plomb.
Mercure.	Zinc.
Platine.	Argent.
Or.	Fer.
Cuivre.	Antimoine.
Étain.	Tellure.

232. **Production des courants thermo-électriques dans les circuits métalliques complexes.** — Les courants thermo-électriques se produisent également dans un circuit métallique complexe, dont on porte les diverses soudures à des températures différentes. Cette production de courants a lieu conformément aux lois suivantes :

1° Si, dans un circuit formé d'un nombre quelconque de métaux soudés bout à bout, on chauffe une seule soudure, il se développe un courant thermo-électrique dirigé comme celui qu'on obtiendrait dans un circuit formé uniquement des deux métaux dont on chauffe la soudure.

2° Si l'on chauffe simultanément plusieurs soudures, il se développe un courant qui est la somme algébrique des divers courants qu'on obtiendrait en chauffant séparément chacune de ces soudures.

3° Si l'on porte à une même température toutes les soudures intermédiaires à deux métaux donnés, le courant produit est le même que si ces deux métaux étaient directement en contact. — Ainsi, dans le circuit complexe représenté par la figure 217, où plusieurs métaux sont placés les uns à la suite des autres comme l'indique la figure, on obtient le même effet, soit en chauffant la soudure A où le fer AK et le cuivre AB sont directement en contact, soit en chauffant à la même température le système des soudures D, E, F, G, H, qui séparent le fer CD du cuivre HK.

Cette troisième loi ne diffère pas, au fond, d'une loi plus facile encore à vérifier, et qu'on peut énoncer de la manière suivante :

Il ne se produit aucun courant lorsque toutes les soudures ont même température. — Si l'on chauffe, par exemple, toutes les soudures

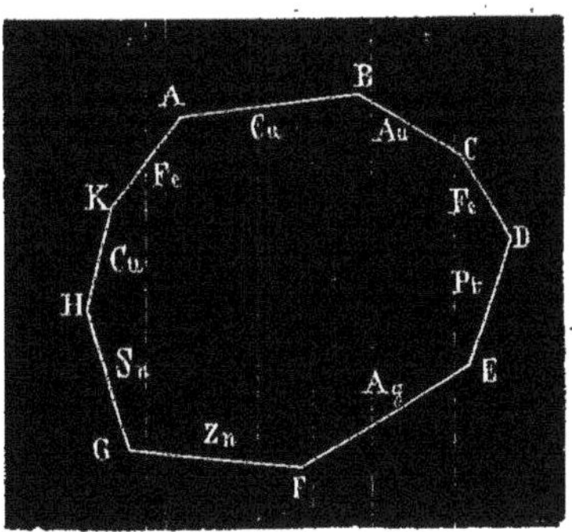

Fig. 217.

du circuit représenté par la figure 217, on peut considérer le courant résultant comme la somme algébrique de deux courants, dont l'un serait produit par l'échauffement de la soudure A seule, et dont l'autre serait produit par l'échauffement de toutes les autres soudures. Mais, d'après l'énoncé primitif de la troisième loi, ce deuxième courant a même intensité et même direction que celui qui serait produit par l'échauffement de la soudure K, où le fer et le cuivre sont en contact dans un ordre autre qu'en A; il est donc égal et contraire au courant de la soudure A, et par suite le courant produit par l'échauffement simultané de toutes les soudures du circuit est nul[1].

233. **Influence de la température sur l'intensité des courants thermo-électriques.** — L'intensité d'un courant thermo-électrique varie avec l'excès de la température de la soudure

[1] Les expressions *superposition* des courants, *somme algébrique* des divers courants, ne sont que des manières diverses d'énoncer une loi expérimentale. Mais il faut se garder de croire que ces courants qu'on superpose existent réellement et puissent produire des effets spéciaux. Admettre une pareille hypothèse serait tomber dans une erreur pareille à celle qu'on commettrait si, après avoir considéré le repos d'un fluide comme un résultat de l'existence de deux mouvements égaux et contraires, on attribuait au fluide réellement immobile une force vive égale à la somme des forces vives de ces deux mouvements imaginaires.

échauffée sur la température du reste du circuit, et avec la valeur absolue de cette température elle-même.

Cette variation n'est soumise à aucune loi générale et régulière. On peut dire seulement que, pour chaque couple déterminé, entre des limites plus ou moins étendues et variables d'un couple à l'autre, l'intensité du courant est sensiblement proportionnelle à l'excès de la température de la soudure chaude sur la température du reste du circuit.

Cette proportionnalité est d'ailleurs si éloignée d'être la loi vraie des phénomènes, que la direction même du courant thermo-électrique n'est pas constante. Dans un grand nombre de cas on a observé que, la température de la soudure chauffée s'élevant d'une manière continue, l'intensité du courant n'augmente que jusqu'à une température déterminée; au delà de cette limite, l'intensité du courant décroît, devient nulle, et finalement change de signe. — Ce phénomène curieux s'observe facilement avec un couple *fer-cuivre* FFCC, dis-

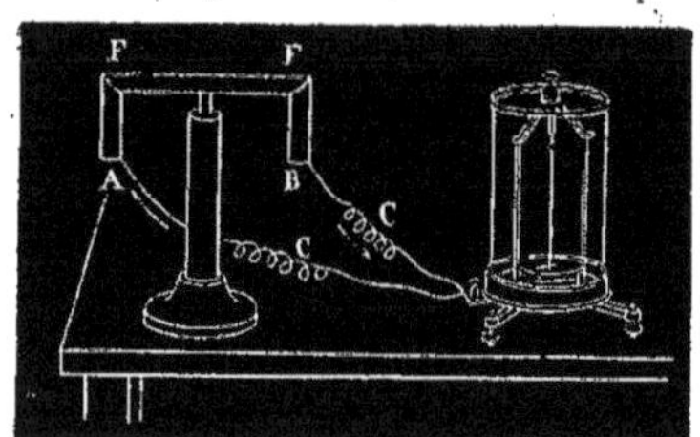

Fig. 218.

posé comme l'indique la figure 218; si l'on chauffe la soudure A avec un bec de gaz que l'on rapproche progressivement, et si la soudure B demeure à la température ordinaire, on constate que le courant a d'abord la direction indiquée par les flèches marquées sur la figure, mais qu'il change de direction à la température rouge.

Il suit de là qu'une classification des métaux en *série thermo-électrique,* comme celle qui a été donnée plus haut (231), ne peut être exacte qu'entre des limites déterminées de température.

234. **Influence de l'état physique sur la direction et l'intensité des courants thermo-électriques.** — Les diffé-

rences d'état physique qui peuvent se présenter, soit dans un même fragment de métal, soit dans divers fragments ayant subi des actions diverses, exercent sur les phénomènes thermo-électriques une influence qui n'est encore connue que d'une manière assez incomplète, et dont on se contentera de citer ici quelques exemples.

Un barreau de bismuth ou d'antimoine, taillé parallèlement au plan de clivage principal [1], est positif par rapport à un barreau taillé perpendiculairement à ce même plan. — Un fil de cuivre écroui par le passage à la filière est négatif par rapport à un fil identique qu'on a recuit en le soumettant à une température élevée et le laissant refroidir lentement. — Enfin, rien n'étant plus commun que les inégalités de structure physique de divers échantillons d'un même métal, ou même de diverses parties d'un même échantillon, il arrive souvent qu'on obtient un courant en chauffant un point d'un circuit en apparence homogène.

235. **Applications thermométriques.** — On a employé comme instrument thermométrique, dansles observations de météorologie, un couple *fer-cuivre* qu'on descendait à diverses profondeurs dans la mer ou dans un puits artésien, ou qu'on élevait à diverses hauteurs dans l'atmosphère. — Pour les observations physiologiques, on a fait usage de couples formés d'une aiguille de platine et d'une aiguille d'argent soudées à une de leurs extrémités et séparées par une matière isolante. Un pareil couple peut être facilement introduit dans l'intérieur des muscles; il accuse avec une grande sensibilité l'élévation de température qui résulte de la contraction ou d'un état pathologique.

Enfin la pile de Nobili, dont on étudiera l'emploi dans une autre partie du cours, est un système de barreaux de bismuth et d'antimoine soudés en zigzag (fig. 219) et repliés en un prisme rectangulaire MN (fig. 220). D'après cette disposition, il est visible que les

[1] Lorsqu'on laisse se solidifier lentement de grandes masses de bismuth ou d'antimoine fondu, la masse présente dans une grande étendue la même structure cristalline, et, lorsqu'on la frappe avec un marteau, elle se divise généralement en gros fragments limités par des faces planes d'un éclat remarquable, parallèles entre elles. La direction de ces faces constitue le clivage principal; elle est perpendiculaire à l'axe du rhomboèdre qui est la forme fondamentale de ces deux métaux.

soudures impaires seront toutes situées sur l'une des bases M du prisme, toutes les soudures paires étant situées sur l'autre base N.

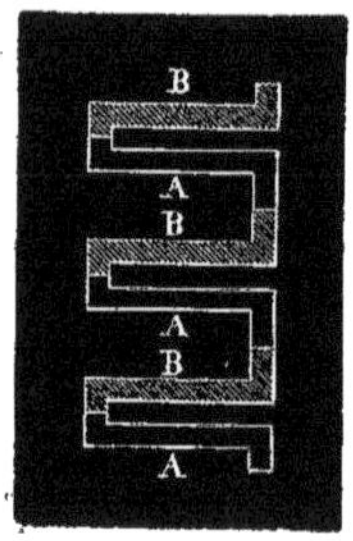

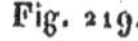
Fig. 219.

Fig. 220.

Dès lors, quand on échauffera l'une des bases du prisme, après avoir réuni les deux extrémités de la série des barreaux par un fil conducteur, il se produira un courant dans un sens déterminé; si l'on vient au contraire à porter l'autre base à une température plus élevée que la première, il se produira un courant de direction opposée. Si les deux faces du prisme ont été préalablement couvertes de noir de fumée, l'appareil offre, comme on le verra, une sensibilité précieuse pour l'étude des phénomènes de la chaleur rayonnante.

Tous ces divers appareils doivent être gradués empiriquement, soit par comparaison avec un thermomètre, soit par des méthodes spéciales qui seront expliquées lorsqu'on traitera de la chaleur rayonnante.

LOIS DE L'INTENSITÉ
DES COURANTS THERMO-ÉLECTRIQUES
OU LOIS DE OHM.

---

236. **Des conditions qui influent sur l'intensité des courants en général.** — L'intensité d'un courant dépend de deux conditions différentes : 1° de la nature des appareils producteurs du courant; 2° de la constitution du circuit conducteur par lequel le courant est transmis.

L'influence de la première condition apparaît pour ainsi dire d'elle-même, sans qu'il soit nécessaire de la démontrer par une expérience directe. — L'influence de la seconde n'est guère moins manifeste, si l'on veut bien considérer les expériences les plus ordinaires avec un peu d'attention. Si, par exemple, un circuit fermé est composé d'un élément de pile (thermo-électrique ou autre), d'un galvanomètre et d'un fil conducteur de longueur variable, tout accroissement de longueur de la partie du fil introduite dans le circuit a pour conséquence une diminution dans l'intensité du courant.

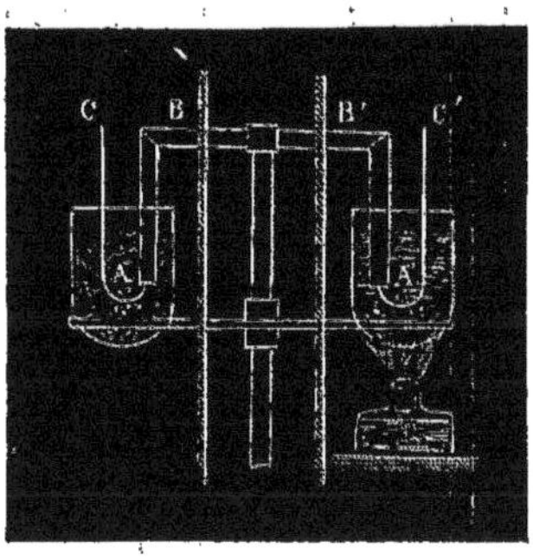

Fig. 221.

Les lois précises par lesquelles s'exprime cette double influence ont été découvertes par le physicien allemand Georges-Samuel Ohm, et méritent de conserver son nom. — Les méthodes expérimentales les plus simples pour démontrer ces lois sont dues pour la plupart à M. Pouillet.

On traitera d'abord exclusivement le cas des courants thermo-électriques; ce cas particulier a l'avantage de ne pas offrir certaines complications qui se présenteront dans l'étude des courants produits par les actions chimiques. — On supposera, en outre, que ces courants sont développés par des couples thermo-électriques composés de cylindres métalliques d'une petite longueur et d'un gros diamètre, comme l'élément *bismuth-cuivre* représenté par la figure 221, dont l'une des soudures A plonge dans la glace fondante ou dans l'eau froide, et dont l'autre soudure A' est maintenue dans l'eau bouillante.

237. **Cas d'un circuit homogène.** — Lorsque la source d'électricité est un couple comme celui qui vient d'être défini, et que le circuit est fermé par un fil homogène, l'intensité du courant est soumise aux lois très-simples qui suivent :

1° L'intensité du courant est *en raison inverse de la longueur* du fil homogène qui constitue le circuit. — Pour le démontrer, on peut se servir de deux éléments égaux, pareils à celui de la figure 221, et montés sur un même support de manière que leurs soudures plongent dans les mêmes bains liquides et se trouvent ainsi aux mêmes températures. On réunira les extrémités de ces éléments par des fils de même nature, de même diamètre et de longueurs différentes; on fera en sorte que ces longueurs soient entre elles dans un rapport simple, par exemple dans le rapport de 1 à 10. En enroulant ces deux fils sur le cadre d'un même galvanomètre, et en faisant faire un tour seulement au fil le plus court, tandis qu'on aura enroulé le fil le plus long dix fois en sens contraire, on constatera que l'aiguille reste en équilibre sous les actions simultanées des deux courants.

2° L'intensité du courant est *proportionnelle à la section*. — Cette loi ne se vérifie qu'exceptionnellement sur des fils de même nature et de diamètres différents : en effet, le travail de la filière produit toujours, dans l'état physique des métaux, des modifications qui varient beaucoup d'un échantillon de métal à l'autre; de là résulte que les fils les plus fins sont en général les plus *écrouis*, c'est-à-dire les plus denses et les plus durs, et que deux fils de diamètres différents sont en réalité des fils de natures différentes. Mais en fermant le circuit d'un élément thermo-électrique E (fig. 222) par un fil déterminé A et celui d'un deuxième élément identique par deux fils A', A'', identiques au premier, on peut constater que l'action de deux tours du fil A sur l'aiguille aimantée d'un galvanomètre est égale à l'action

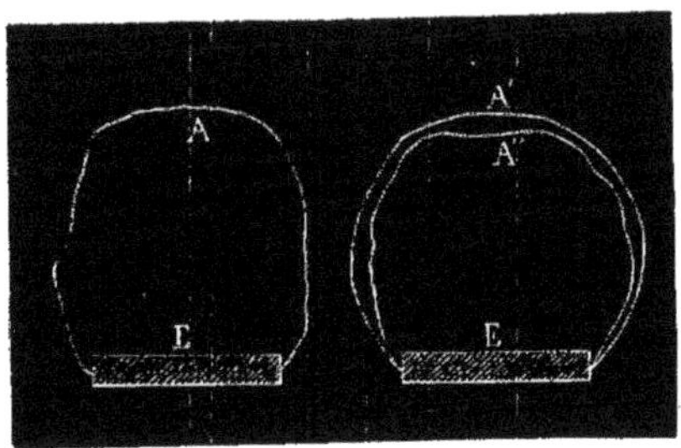

Fig. 222.

d'un seul tour du système des deux fils A', A''. Le courant transmis par le système des deux fils a donc une intensité double du courant transmis par le fil unique. — La généralisation de ce résultat est évidente d'elle-même.

3° L'intensité du courant est *proportionnelle à un coefficient spécifique*, qui est variable avec la nature et l'état physique du fil et qui peut recevoir le nom de *coefficient de conductibilité*. — Pour le constater, il suffit d'observer: 1° que deux couples thermo-électriques identiques donnent des courants différents dans des fils de même longueur, de même section et de natures différentes; 2° que le rapport de ces intensités ne dépend que de la nature des fils, et est indépendant de leurs dimensions absolues[1].

En combinant ces trois lois et en désignant par l et l' les longueurs de deux fils quelconques, par s et s' leurs sections, par c et c' leurs conductibilités; enfin, en appelant i et i' les intensités des courants produits dans chacun de ces fils par un même élément ou par des éléments égaux, on a la proportion

$$\frac{i}{i'} = \frac{\left(\frac{cs}{l}\right)}{\left(\frac{c's'}{l'}\right)}.$$

[1] Les valeurs absolues des coefficients de conductibilité sont évidemment indéterminées, mais leurs rapports sont déterminés et caractéristiques de la nature des corps.

238. **Longueur réduite ou résistance d'un fil déterminé.** — On désigne par *longueur réduite* ou *résistance* d'un fil la quantité λ définie par la relation

$$\lambda = \frac{l}{cs};$$

la relation précédente peut alors s'écrire

$$\frac{i}{i'} = \frac{\lambda'}{\lambda},$$

en sorte que les trois lois précédentes peuvent être réunies dans un seul énoncé, savoir, que l'intensité du courant qui est produit par un couple thermo-électrique déterminé dans un circuit homogène est *inversement proportionnelle à la résistance de ce circuit.*

239. **Force électromotrice d'un élément déterminé.** — De l'énoncé qui précède il résulte que le produit de l'intensité du courant par la résistance du circuit est, *pour un élément thermo-électrique déterminé,* un nombre constant. La valeur de ce nombre change avec le choix de l'unité d'intensité et de l'unité de résistance; mais une fois que ce système d'unités est défini, la valeur du produit de l'intensité par la résistance est caractéristique de l'élément : elle définit entièrement l'influence que la nature de cet élément et la température de ses soudures exercent sur l'intensité du courant. On donne à ce produit le nom de *force électromotrice* de l'élément, sans attacher aucune signification théorique à cette expression, et on réunit tous les résultats de l'expérience dans l'énoncé suivant :

L'intensité du courant produit par un élément thermo-électrique dans un circuit homogène est en raison directe de la force électromotrice, et en raison inverse de la longueur réduite.

240. **Principes généraux, applicables aux courants thermo-électriques transmis par des circuits quelconques.** — Dans les cas plus complexes qu'il reste à traiter, l'intensité des courants thermo-électriques est soumise à des lois qu'on peut regarder comme des conséquences ou des cas particuliers des deux principes généraux suivants, principes qui sont démontrés par l'expérience :

1° Deux conducteurs de même résistance peuvent toujours être substitués l'un à l'autre, sans que l'intensité du courant soit changée, quelque différence de nature ou de dimensions qu'il y ait entre ces deux conducteurs.

2° Dans un circuit où il existe plusieurs éléments thermo-électriques, le courant produit est la *somme algébrique* des divers courants qu'on obtiendrait en conservant successivement l'inégalité de températures pour les soudures de chacun des éléments, et en maintenant les soudures de tous les autres à une même température.

241. **Cas d'un élément unique et d'un circuit hétérogène formé de fils différents par leurs natures et par leurs dimensions, disposés à la suite les uns des autres en série.** — Soient λ, λ', λ'',... les résistances des fils dont la succession forme le circuit dans lequel est compris l'élément thermo-électrique AB (fig. 223); on peut, en vertu du premier des principes qu'on vient de poser, remplacer chaque fil par un fil de conductibilité et de section égales à l'unité, et de longueur égale à la résistance de ce fil lui-même; le système entier se trouve ainsi remplacé par un fil unique, ayant partout même section et même conductibilité. L'intensité doit donc être en raison inverse de la résistance de ce fil unique, c'est-à-dire de sa longueur, puisque sa section et sa conductibilité sont égales à l'unité; par suite, si l'on désigne par A la force électromotrice, on a

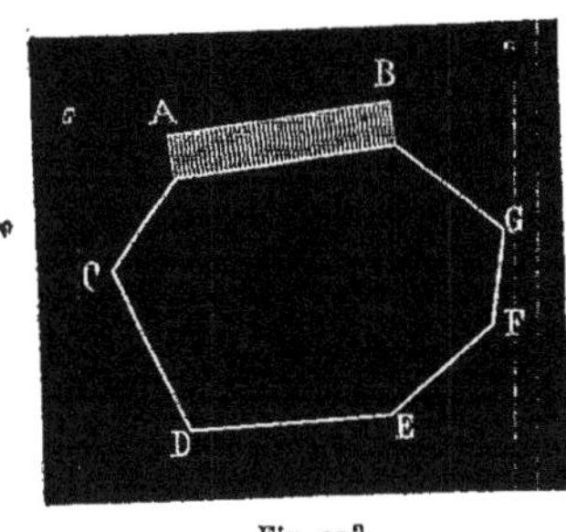

Fig. 223.

$$i = \frac{A}{\lambda + \lambda' + \lambda'' + \ldots}.$$

Le résultat fourni par l'expérience est entièrement conforme à ces conclusions.

242. **Influence de la résistance de l'élément thermo-électrique lui-même sur l'intensité du courant.** — On doit remarquer que, dans les conditions où l'on s'est placé d'abord, lorsqu'un fil unique réunit les deux extrémités d'un élément thermo-électrique, le circuit que le courant traverse est réellement hétérogène. Il contient en effet, outre le fil conjonctif, les conducteurs métalliques de natures différentes qui sont nécessaires pour constituer un élément thermo-électrique. Il est impossible d'admettre que les dimensions et la nature de ces conducteurs n'exercent pas d'influence sur l'intensité du courant, et si l'on désigne par L la somme de leurs résistances, la loi véritable de l'intensité du courant, dans le cas d'un fil conjonctif homogène, doit s'exprimer par la formule

$$i = \frac{A}{L + \lambda}.$$

Les lois plus simples qui ont été énoncées plus haut, et que l'expérience paraît confirmer, résultent de ce que les conducteurs de l'élément thermo-électrique et le fil conjonctif sont choisis de façon que la résistance L soit négligeable devant λ; mais si l'on construit un élément avec des fils de petit diamètre et d'une longueur un peu grande, la formule complète qu'on vient de donner est seule propre à représenter les phénomènes.

243. **Cas d'un circuit renfermant plusieurs éléments thermo-électriques.** — Soient A, A', A'',... les forces électromotrices de plusieurs éléments consécutifs; L, L', L'',... leurs résistances; λ la somme des résistances des fils par lesquels le circuit est complété. Si l'on n'établissait une différence de température qu'aux soudures de l'élément dont la force électromotrice est A, on obtiendrait un courant d'une intensité représentée par i,

$$i = \frac{A}{L + L' + L'' + \ldots + \lambda},$$

ce qu'on peut écrire

$$i = \frac{A}{\Sigma L + \lambda}.$$

Si l'élément dont la force électromotrice est A' était seul mis en activité, on obtiendrait un courant dont l'intensité serait

$$i'' = \frac{A'}{\Sigma L + \lambda},$$

et ainsi de suite.

Donc, lorsqu'on mettra simultanément en activité tous les éléments, on obtiendra un courant dont l'intensité sera

$$I = \frac{A + A' + \ldots}{\Sigma L + \lambda},$$

ou enfin

$$I = \frac{\Sigma A}{\Sigma L + \lambda}.$$

Pour que cette formule convienne à tous les cas possibles, il est évidemment nécessaire d'attribuer un signe aux forces électromotrices, et de convenir qu'elles seront positives ou négatives suivant que le courant correspondant aura l'une ou l'autre des deux directions qu'un courant peut avoir dans un même circuit. — Ces conclusions sont confirmées par l'expérience.

244. **Cas d'un courant partagé entre deux fils, ou problème des courants dérivés.** — Soient A la force électromotrice de l'élément AB (fig. 224), L la résistance de la portion non divisée CBAD du circuit, cette quantité L comprenant la résistance de l'élément; λ et λ' les résistances des deux fils CFD, CGD, entre lesquels se partage le courant. — On peut remplacer les fils CFD et CGD par des fils de longueur et de conductibilité égales à l'unité, ayant respectivement pour section $\frac{1}{\lambda}$ et $\frac{1}{\lambda'}$. Le système de ces deux fils est donc l'équivalent d'un fil unique, de longueur et de conductibilité égales à l'unité, et de section égale à $\frac{1}{\lambda} + \frac{1}{\lambda'}$. Dès lors l'intensité I du courant, dans

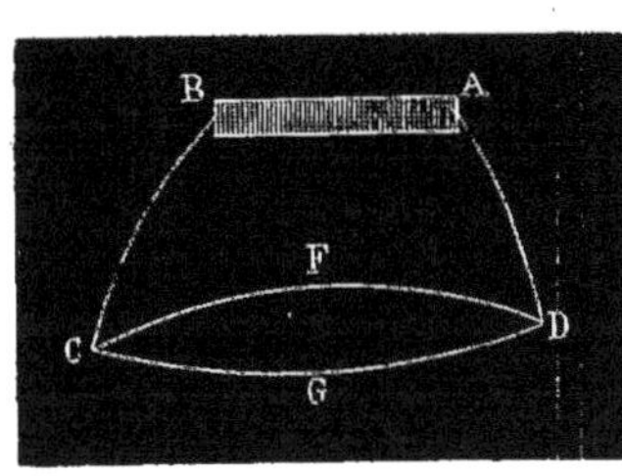

Fig. 224.

la partie non divisée CBAD, est donnée par la formule

$$I = \frac{A}{L + \frac{1}{\frac{1}{\lambda} + \frac{1}{\lambda'}}} = \frac{A(\lambda + \lambda')}{L\lambda + L\lambda' + \lambda\lambda'}.$$

Pour avoir l'intensité des courants partiels qui circulent dans CFD et CGD, on peut remarquer que, si λ et λ' sont commensurables, on peut regarder le fil CFD comme formé de m fils égaux entre eux et parallèles, et le fil CGD comme formé de m' fils égaux aux précédents et parallèles, pourvu que m et m' soient tels que l'on ait

$$\frac{m}{m'} = \frac{\left(\frac{1}{\lambda}\right)}{\left(\frac{1}{\lambda'}\right)}.$$

Or, chacun de ces fils hypothétiques doit être traversé par le même courant, et par conséquent les deux courants partiels dont on cherche les intensités i et i' peuvent être considérés, le premier comme équivalent à m courants égaux entre eux, le second comme équivalent à m' courants égaux aux précédents, le courant total étant d'ailleurs la somme de ces $m+m'$ courants égaux. De là les relations

$$\frac{i}{i'} = \frac{m}{m'}, \qquad \frac{i}{I} = \frac{m}{m+m'}, \qquad \frac{i'}{I} = \frac{m'}{m+m'},$$

c'est-à-dire

$$i\lambda = i'\lambda', \qquad i + i' = I.$$

De là on déduit évidemment

$$i = \frac{A\lambda'}{L\lambda + L\lambda' + \lambda\lambda'},$$

$$i' = \frac{A\lambda}{L\lambda + L\lambda' + \lambda\lambda'}.$$

On voit enfin que, si l'on supprimait le fil CGD, on aurait pour l'intensité du courant, dans toute l'étendue du circuit unique CBADF,

$$I_1 = \frac{A}{L + \lambda}.$$

Or il n'est pas difficile de voir que I_1 est plus petit que I et plus grand que i. L'établissement d'une *dérivation* telle que CGD, en diminuant la résistance totale, augmente donc l'intensité du courant entre l'élément et les points de dérivation, et diminue au contraire l'intensité dans la partie du circuit primitif qui reste comprise entre les points de dérivation.

245. **Mesure des coefficients de conductibilité : méthode de M. Pouillet.** — La méthode employée par M. Pouillet pour mesurer les coefficients de conductibilité des *fils métalliques* est la suivante.

On choisit deux éléments thermo-électriques aussi identiques que possible, AB, A'B' (fig. 225); on plonge l'une des soudures de l'un d'eux dans la glace fondante, l'autre soudure dans un bain à 100 degrés, par exemple; on introduit ensuite les soudures du se-

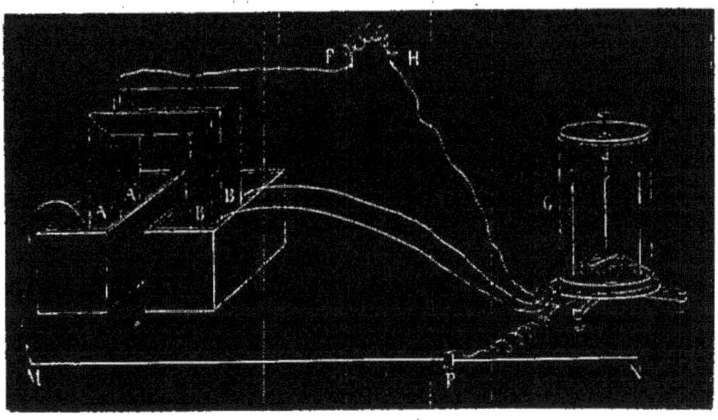

Fig. 225.

cond dans les mêmes bains. Cela fait, on met en communication le premier élément AB avec les extrémités de l'un des fils d'un galvanomètre différentiel G, et l'autre élément A'B' avec les extrémités de l'autre fil, de façon que les deux courants passent en sens contraire sur le cadre. Dans le premier circuit on introduit un fil de platine MN, qui communique avec l'élément par son extrémité M, et avec le galvanomètre par l'intermédiaire d'une pince P dont la position sur le fil sera réglée comme on va l'indiquer [1]. Le fil métallique soumis à l'expérience est introduit dans l'autre circuit, en FH, de façon que le courant de A'B' le parcoure toujours dans toute sa longueur. — L'appareil étant ainsi disposé, on donne d'abord à la pièce mobile P une position telle, que l'aiguille du galvanomètre soit en équilibre, et on note la longueur l comprise entre la pince et l'extrémité M. On remplace alors le fil soumis à l'expérience FH par un fil de cuivre gros et court, dont la résistance soit négligeable : l'équilibre est détruit, et on le rétablit en diminuant la longueur du fil de platine introduit dans le circuit de AB. Soit l' la longueur qui est alors comprise entre la pince et l'extrémité M : il est clair que le fil FH a la même résistance qu'une longueur $l-l'$ du fil de platine qui sert de terme de comparaison. Si les dimensions des deux fils sont connues, il est facile de tirer de là le rapport du coefficient de conductibilité du fil FH au coefficient de conductibilité du fil de platine dont on fait usage.

Le coefficient du fil de platine lui-même étant sujet à varier beaucoup suivant la manière dont le platine a été travaillé, on ne le conserve pas comme unité définitive dans les tableaux où l'on réunira les valeurs numériques des coefficients de conductibilité. On est dans l'usage de prendre pour unité, tantôt le coefficient de conductibilité de l'argent pur, qui est le coefficient maximum, tantôt celui du mercure qui, en raison de son état liquide, est le seul métal dont on puisse considérer les propriétés physiques comme constantes.

246. **Rhéostat de M. Wheatstone.** — On peut remplacer le fil rectiligne qui servait à M. Pouillet de terme de comparaison,

[1] Pour assurer entre le fil et la pince une communication électrique parfaite, on appuie un peu sur la pince, de manière à la faire plonger dans une rigole pleine de mercure, placée au-dessous du fil dans toute sa longueur : cette rigole n'est pas indiquée sur la figure 225.

comme on vient de l'indiquer, par l'appareil connu sous le nom de *rhéostat*, appareil qui est dû à M. Wheatstone.

Il se compose d'un gros cylindre de cuivre B, et d'un cylindre de bois A portant un pas de vis sur toute sa longueur (fig. 226); sur ces deux cylindres s'enroule un même fil métallique, dont les

Fig. 226.

deux extrémités communiquent aux bornes métalliques V et V'. — L'appareil étant introduit dans un circuit fermé, le courant parcourt la partie du fil qui est enroulée sur le cylindre de bois; mais, à partir du point de contact de ce fil avec le cylindre de cuivre B, le courant traverse ce cylindre métallique lui-même, et par suite il peut être considéré comme transmis par un conducteur de résistance négligeable. On peut donc, en faisant tourner la manivelle M, faire varier à volonté la longueur du fil qui est réellement introduite dans le circuit.

On voit que, si cet appareil est introduit à la place du fil MN dans le circuit de l'élément AB (fig. 225), il permet de faire varier, entre des limites très-étendues, la grandeur de la résistance qu'il présente au courant. — Un cercle divisé, placé sur la base du cylindre A (fig. 226), sert à mesurer les nombres de tours ou de fractions de tour qu'on lui fait décrire.

247. **Résultats relatifs aux coefficients de conductibilité.** — On a réuni dans le tableau suivant les valeurs relatives des coefficients de conductibilité de quelques métaux. On ne doit d'ailleurs regarder ces nombres que comme exprimant des valeurs moyennes, autour desquelles oscillent les valeurs réelles des coefficients de conductibilité qui conviennent aux divers échantillons d'un même métal.

Argent	100
Cuivre	80
Or	55
Zinc	27
Étain	17
Fer	14
Palladium	12,5
Platine	10,5
Plomb	7,8
Antimoine	4,3
Mercure	1,6
Bismuth	1,2

Cette liste ne contient aucun liquide électrolysable. La résistance de ces corps est en effet tellement grande, par rapport à celle des métaux, que si l'on vient à les introduire dans le circuit d'un élément thermo-électrique, ils réduisent l'intensité du courant au point de rendre toute observation impossible.

248. **Loi relative à la force électromotrice d'une série de couples thermo-électriques différents.** — La notion des forces électromotrices permet d'énoncer d'une manière très-simple l'une des lois générales de la production des courants thermo-électriques qui ont été établies plus haut.

On a vu (232) que, dans un circuit de plusieurs métaux (fig. 217), on obtient le même courant, soit en chauffant la soudure A qui réunit deux métaux consécutifs, fer et cuivre, soit en chauffant toutes les soudures D', E, F, G, H d'une série de métaux quelconques commençant par le fer et finissant par le cuivre. — Ce résultat étant général, et la résistance du circuit tout entier restant toujours la même dans les deux cas, on en déduit la loi suivante :

La somme algébrique des forces électromotrices des couples formés par une série de métaux quelconques, commençant par le métal M et finissant par le métal M′, est égale à la force électromotrice d'un couple formé des deux métaux M et M′.

COURANTS PRODUITS PAR LES ACTIONS CHIMIQUES

OU

COURANTS HYDRO-ÉLECTRIQUES.

ACTIONS CHIMIQUES DONNANT NAISSANCE A DES COURANTS.

249. **Ordre à suivre dans l'étude des lois des courants produits par les actions chimiques.** — La simplicité des lois des courants thermo-électriques conduit à penser que ces lois doivent s'appliquer également aux courants produits par les actions chimiques. Pour soumettre cette présomption au contrôle de l'expérience, il y aura lieu de distinguer, dans l'étude de ces courants : 1° l'influence de la force électromotrice de l'élément; 2° l'influence de la résistance propre de l'élément; 3° l'influence de la résistance du reste du circuit.

On examinera d'abord les conditions desquelles dépend l'existence de la force électromotrice : en d'autres termes, on commencera par étudier successivement les divers genres d'action chimique qui donnent naissance *d'une manière certaine et évidente* à des courants voltaïques, en laissant de côté tous les cas douteux.

250. **Caractère commun de toutes les actions chimiques qui donnent naissance à des courants.** — Dans toutes les actions chimiques où l'on peut constater sans incertitude la production d'un courant, on observe qu'il y a déplacement de l'élément électro-positif d'un sel, et substitution d'un élément électro-positif de nature différente. La direction du courant produit est la même que celle du courant qui, en traversant le sel et en le décomposant, transporterait son élément électro-négatif sur le corps avec lequel il forme une combinaison nouvelle [1].

[1] Le mot *sel* doit être pris ici dans l'acception générale qui a été définie (219). Par suite, l'*élément électro-positif* déplacé peut être, soit l'hydrogène, soit un métal propre-

On examinera successivement les divers cas qui peuvent se présenter, selon la nature et les propriétés des corps qui sont mis en présence et dont les actions mutuelles donnent naissance au courant.

251. **Premier cas : électrolyte liquide, dans lequel plongent deux métaux dont un seul peut se substituer à son élément électro-positif.** — Soit un vase contenant de l'eau acidulée, dans laquelle on aura plongé une lame de zinc et une lame de platine. Si le zinc est parfaitement pur, il n'y a pas d'action chimique sensible tant que le circuit n'est pas fermé; mais, dès qu'on établit une communication métallique entre le zinc et le platine, l'action commence, le zinc se dissout en dégageant de l'hydrogène, et il y a production d'un courant qui traverse le liquide et qui marche du zinc au platine.

C'est à la surface du platine que l'hydrogène se dégage : cette circonstance indique que ce gaz n'est pas fourni par les molécules

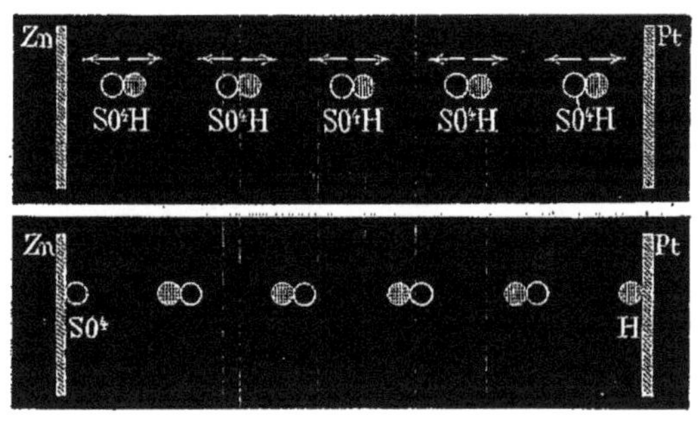

Fig. 227.

d'acide sulfurique monohydraté qui abandonnent au zinc les éléments nécessaires à la formation du sulfate de zinc. — On est ainsi conduit à supposer, comme dans le cas de l'électrolyse (222), que dans toute la série des molécules comprises entre le zinc et le platine il

ment dit; l'*élément électro-négatif* qui abandonne le sel pour entrer dans une combinaison nouvelle sera, tantôt un corps simple, tantôt l'un de ces groupes complexes, tels que SO^4, AzO^6, etc., que l'on a été conduit à supposer dans les sels ternaires (224).

y a échange réciproque et simultané des éléments, ainsi que l'indique la figure 227 : cet échange réciproque ne peut en effet donner d'hydrogène libre que sur la surface du platine.

252. **Lois numériques de ces phénomènes.** — Les lois numériques des phénomènes du genre de celui qui vient d'être indiqué ont été données par Faraday. On peut les énoncer comme il suit :

1° L'action chimique accomplie en un temps donné varie proportionnellement à l'intensité du courant. — Cette loi peut se vérifier avec un couple formé d'une lame de zinc et d'une lame de platine plongeant dans l'eau acidulée, ce couple étant disposé de manière à permettre de mesurer l'hydrogène dégagé sur le platine. On pourra, par exemple, faire usage d'un couple semblable au couple C de la figure 228. Si l'on introduit dans le circuit une boussole de tangentes, et un rhéostat qui permette de donner successivement diverses valeurs à l'intensité du courant, on constatera que la quantité d'hydrogène dégagée en un temps donné est dans un rapport constant avec l'intensité du courant mesurée par la boussole.

2° Si plusieurs couples identiques sont réunis de manière à former une pile, la quantité d'action chimique produite en un temps donné, lorsque le circuit est fermé, est la même dans tous les couples et varie proportionnellement à l'intensité du courant. — On vérifie cette loi par des expériences analogues à la précédente.

3° Si dans le circuit d'une pile se trouve un appareil de décomposition, à chaque équivalent d'eau ou de sel décomposé correspond, dans le même temps, un équivalent d'action chimique dans chaque couple. — On constate, par exemple, que si l'on forme un circuit avec deux couples C, C′ et un voltamètre à eau acidulée V (fig. 228), les volumes d'hydrogène H, H′, H″, dégagés dans chacune des éprouvettes du voltamètre ou des couples, sont égaux entre eux.

On exprime quelquefois cette loi en disant que, dans une pile dont le circuit est fermé, le travail chimique *intérieur* est équivalent au travail chimique *extérieur*. C'est là un énoncé trop défectueux pour qu'il convienne de l'adopter : l'équivalence a lieu effectivement entre le travail chimique de *chaque* voltamètre et le travail chimique de *chaque* élément; mais, entre le travail chimique *total* de la pile et le

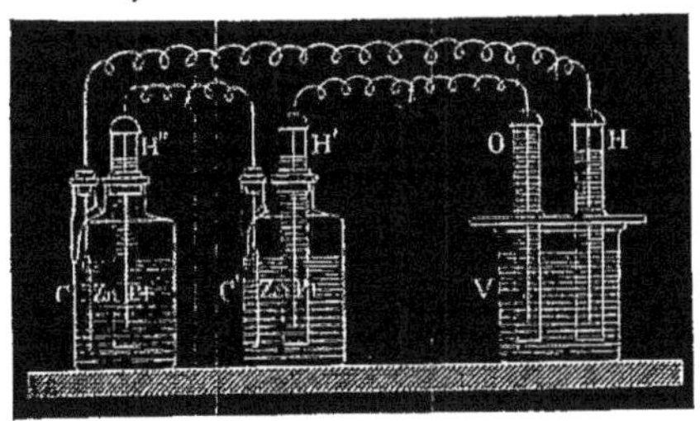

Fig. 228.

travail chimique d'un voltamètre, il n'y a qu'un rapport arbitraire, égal au nombre des éléments de la pile.

4° Pour des couples de natures diverses, réunis en pile, les actions chimiques accomplies en un temps donné dans les divers couples sont équivalentes. — La disposition des expériences à effectuer pour vérifier cette loi, et l'interprétation que l'on devra donner aux divers résultats numériques, suivant les cas, se conçoivent sans peine, d'après ce qui a été dit précédemment sur les équivalents chimiques[1].

253. **Deuxième cas : électrolyte liquide, dans lequel plongent deux métaux pouvant se substituer à son élément électro-positif.** — Soit un vase contenant de l'eau acidulée, dans laquelle plongeront une lame de zinc et une lame de cuivre. Si les deux métaux sont purs, tout se passe comme dans le premier cas : tant que le circuit n'est pas fermé, il n'y a pas d'action chimique sensible; lorsque le circuit est fermé, un seul des deux métaux se dissout, l'autre demeure sans altération, et l'élément électro-positif de l'électrolyte se dépose à sa surface. — Le métal qui se dissout est celui qui serait apte à réduire les sels formés par l'autre.

[1] On peut, dans la vérification des lois de Faraday, au lieu de mesurer le volume d'un gaz dégagé, déterminer la perte de poids du métal qui se dissout, ou doser la proportion du composé nouveau formé dans chaque élément.

254. **Perturbations produites dans les deux cas précédents par l'hétérogénéité des métaux.** — Quand les métaux qui plongent dans un électrolyte sont impurs, il arrive souvent que l'action chimique commence avant que le circuit soit fermé; ainsi le zinc ordinaire se dissout dans l'eau acidulée, et il se dégage de l'hydrogène à la surface du métal. Mais cette action chimique est purement locale, et absolument étrangère à la production du courant : le courant résulte d'une autre action chimique, qui se produit seulement lorsque le circuit est fermé et qui est soumise aux lois qu'on vient d'exposer. Dans un élément formé de zinc ordinaire, d'eau acidulée et de platine, aussitôt que le circuit est fermé, le dégagement d'hydrogène commence sur le platine, mais sans que le dégagement gazeux qui a lieu à la surface du zinc soit modifié : l'hydrogène qui se dégage à la surface du platine est en quantité proportionnelle à l'intensité du courant; la quantité qui se dégage à la surface du zinc n'a aucun rapport avec cette intensité.

L'action locale elle-même est, quant à son principe, identique à l'action productrice du courant, et donne naissance à des courants locaux dont il ne passe qu'une fraction insignifiante dans le circuit général. Si l'on examine avec un peu d'attention la surface du zinc, on voit que les points où se dégage l'hydrogène changent d'un instant à l'autre; ces points sont d'ailleurs différents, au point de vue physique ou chimique, des points environnants. On en peut conclure que, avant la fermeture du circuit, la décomposition de l'eau acidulée s'effectue sous l'action d'un grand nombre de petits couples locaux, constitués par le zinc et par les impuretés qu'il renferme. — C'est ainsi que se passent les phénomènes toutes les fois qu'on prépare de l'hydrogène, et si dans cette opération, en apparence si simple, on substitue du zinc distillé au zinc du commerce, le dégagement du gaz est ralenti; il devient sensiblement nul, si l'on emploie du zinc tout à fait pur (1).

La précipitation des métaux les uns par les autres est encore un fait du même ordre. Lorsqu'on immerge, par exemple, un fil de fer

(1) C'est le résultat qu'on observe en plongeant dans l'eau acidulée le zinc qu'on aura obtenu en décomposant par la pile un sel de zinc, purifié lui-même par un grand nombre de cristallisations successives.

dans une solution d'acétate de plomb, l'hétérogénéité chimique ou simplement physique de la surface du fer détermine des courants locaux et des actions chimiques locales auxquelles la théorie de Grotthus est applicable; de sorte que le plomb se dépose sur les points qui ne sont pas attaqués. Une fois ce premier dépôt commencé, c'est à sa surface que se fait le dépôt des quantités de plomb ultérieurement réduites, et c'est ainsi que prennent naissance les végétations métalliques qui, dans ce cas, reçoivent le nom d'*arbre de Saturne*.

L'impureté accidentelle des métaux ou simplement les variations de leur état moléculaire jouent donc un rôle important dans des actions que les chimistes considèrent ordinairement comme beaucoup plus simples qu'elles ne le sont en réalité[1].

Au point de vue pratique, l'hétérogénéité des métaux a l'influence la plus nuisible dans les appareils voltaïques; la dissolution du zinc, par exemple, qui s'opère dans un élément de pile de Wollaston lorsque le circuit n'est pas fermé, transforme bientôt l'eau acidulée en une solution de sulfate de zinc, en même temps qu'elle est la cause d'une dépense inutile de matière. Il serait donc très-avantageux de n'employer à la construction des appareils voltaïques que du zinc absolument pur; mais on obtient le même avantage, d'une manière beaucoup plus commode, en se servant de zinc ordinaire dont on amalgame la surface. Le mercure ne s'unit pas aux impuretés ordinaires du zinc métallique, et la surface en contact avec l'électrolyte peut être considérée comme formée par du zinc à peu près pur, tenu en dissolution par le mercure.

255. **Troisième cas : deux électrolytes différents, dans lesquels plongent deux métaux différents, l'un de ces métaux pouvant se substituer à l'élément électro-positif de l'un au moins des électrolytes.** — Soient une lame de zinc

[1] Théoriquement, on doit regarder le zinc pur comme impropre à précipiter le cuivre; mais, dans la pratique, on n'arrive jamais à cet état de pureté absolue. D'ailleurs, une fois qu'une parcelle de cuivre est déposée à la surface du zinc, un couple voltaïque est constitué et l'action chimique continue. L'action du zinc pur sur l'eau acidulée est au contraire sensiblement nulle, parce que les premières bulles d'hydrogène qui se forment à la surface des parties dont l'hétérogénéité est sensible sont dépourvues de conductibilité; elles arrêtent les courants électriques, et par suite les actions chimiques elles-mêmes.

plongeant dans l'eau acidulée, une lame de cuivre plongeant dans une solution de sulfate de cuivre, et une cloison poreuse interposée entre les deux liquides. Tant que le circuit demeure ouvert, l'action est nulle; dès qu'on vient à réunir la lame de cuivre à la lame de zinc par un conducteur, il y a formation de sulfate de zinc dans l'eau acidulée, et dépôt de cuivre sur la lame de cuivre. On peut d'ailleurs constater que, à chaque équivalent de zinc dissous, correspond un équivalent de cuivre déposé.

Les lois de Faraday s'étendent encore sans difficulté à ces phénomènes. — Ainsi, en plaçant dans le circuit d'un couple ainsi formé une boussole de tangentes ou une boussole de sinus pour mesurer l'intensité du courant, et un rhéostat pour faire varier la résistance, on constatera, par le dosage du cuivre déposé dans le couple, que l'action chimique est toujours proportionnelle à l'intensité mesurée par la boussole. — En plaçant, dans un circuit formé par plusieurs couples de ce genre, un voltamètre quelconque, on constatera que l'action chimique produite en un temps déterminé dans chaque couple est équivalente à l'action chimique produite dans le voltamètre.

Quant à la façon dont on peut concevoir le phénomène, la théorie de Grotthus fournit encore ici une explication des résultats observés,

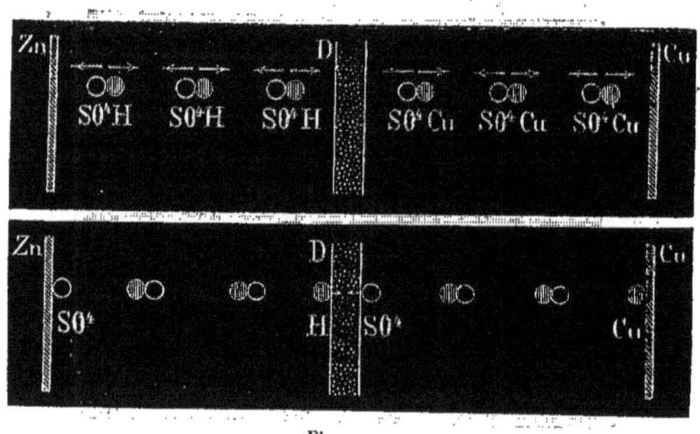

Fig. 229.

comme le montre suffisamment la figure 229. On voit qu'il doit y avoir simultanément formation d'un équivalent de sulfate de zinc, reproduction d'un équivalent d'acide sulfurique hydraté à la séparation des deux liquides, et dépôt d'un équivalent de cuivre sur la lame de cuivre.

On peut, dans cette expérience, substituer du sulfate de zinc ou du sulfate de soude à l'acide sulfurique étendu. La théorie qu'on vient d'exposer semble donc impliquer que le zinc peut réduire les solutions de ses propres sels et même celles des sels alcalins; mais on doit remarquer que le résultat définitif des réactions qui ont lieu dans la série entière des molécules de l'électrolyte est simplement d'augmenter le nombre des molécules de sulfate de zinc et de diminuer d'une égale quantité le nombre des molécules de sulfate de cuivre. Il y a donc, en réalité, substitution indirecte du zinc au cuivre, et on sait que les affinités chimiques sont aptes à produire cette substitution.

256. **Quatrième cas : action des acides sur les bases.** — La production des courants dans l'action des acides sur les bases peut être manifestée par plusieurs dispositions expérimentales diverses. — On citera, par exemple, les deux suivantes.

Une cuiller de platine C (fig. 230) contient un acide, comme l'acide chlorhydrique, l'acide sulfurique ou l'acide nitrique; une pince

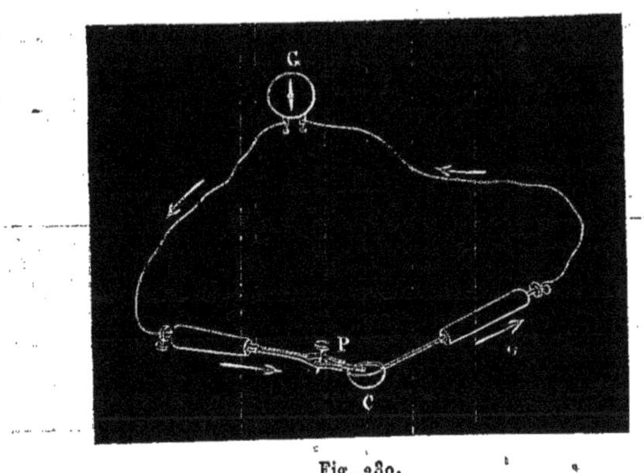

Fig. 230.

de platine P porte un fragment d'hydrate de potasse ou d'hydrate de soude; la cuiller et la pince sont mises chacune en communication avec les extrémités du fil d'un galvanomètre G. Au moment où l'on plonge la pince dans la cuiller, on constate, par la déviation de l'aiguille du galvanomètre, qu'il y a production d'un courant, dirigé de la base vers l'acide.

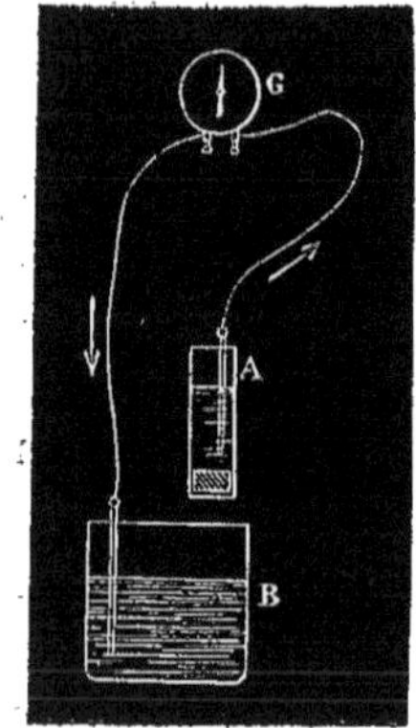

Fig. 231.

Un vase de verre B (fig. 231) contient une solution alcaline; un tube de verre A, fermé à sa partie inférieure par un diaphragme d'argile poreuse, contient un acide; dans chacun des liquides plonge une lame de platine, mise en communication avec l'une des extrémités du fil d'un galvanomètre G. Lorsqu'on vient à plonger le tube A dans le vase B, le galvanomètre accuse encore la production d'un courant dirigé de la base vers l'acide.

Dans cette dernière expérience, on constate que le courant offre son maximum d'intensité lorsque l'acide employé est de l'acide nitrique concentré; on voit alors de l'oxygène se dégager sur le fil de

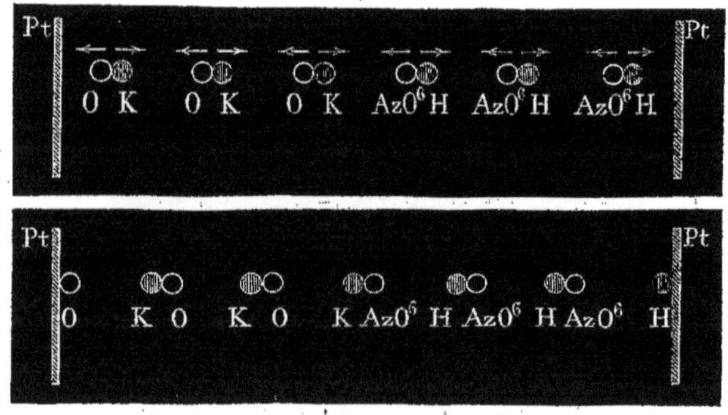

Fig. 232.

platine qui plonge dans la potasse, et l'acide nitrique prendre peu à peu la coloration rouge qui accuse sa transformation graduelle en acide hypoazotique. Cette transformation elle-même est l'indice assuré d'un dégagement d'hydrogène. — D'autre part, si l'on recueille l'oxygène dégagé sur la lame de platine qui plonge dans la potasse, on observe que son volume varie proportionnellement à l'intensité du courant; si l'on dispose plusieurs appareils de ce genre en série et qu'on interpose un voltamètre dans le circuit, chaque appareil fournit en un temps donné le même volume d'oxygène que l'électrode positive du voltamètre. Au contraire, la quantité de nitrate alcalin qui se forme dans le diaphragme n'a aucun rapport avec l'intensité du courant. — Cette expérience, qui est due au physicien anglais Daniell, montre donc que la combinaison directe de l'acide et de l'alcali n'est pas la cause productrice du courant. L'action chimique d'où résulte le courant est une action plus complexe, qui ne peut avoir lieu que lorsque le circuit est fermé, et que l'on considère comme s'effectuant conformément à la théorie de Grotthus, ainsi que l'indique la figure 232. — Il est aisé de voir en effet que l'on se rend ainsi compte de toutes les particularités que l'on vient d'indiquer.

Ces phénomènes, en apparence si différents de ceux qu'on a étudiés en premier lieu, se trouvent ainsi ramenés au même type. Il y a en effet deux électrolytes décomposés : en outre, l'élément électro-positif de l'alcali se substituant à l'élément électro-positif de l'acide, le courant doit être dirigé de l'alcali vers l'acide.

257. **Cinquième cas : piles à gaz.** — La disposition suivante a été indiquée par Grove. Une éprouvette O contenant de l'oxygène (fig. 233) et une autre éprouvette H contenant de l'hydrogène sont installées dans un vase contenant de l'eau acidulée; des lames de *platine platiné*[1] plongent à la fois dans les gaz et dans l'eau acidulée, et communiquent avec les extrémités du fil d'un galvanomètre. On constate la production d'un courant dirigé de l'hydrogène vers l'oxygène, aussitôt que le circuit est fermé; en même temps, il disparaît dans les éprouvettes des quantités de gaz qui sont entre elles dans le rapport convenable pour former de l'eau, et dont les valeurs absolues sont en raison directe de l'intensité du courant produit. — Si l'on forme une pile avec plusieurs éléments de ce genre, et qu'on intercale dans le circuit un voltamètre (fig. 234), il disparaît

[1] Ces lames s'obtiennent en produisant par voie galvanique, à la surface de lames de platine ordinaire, un précipité de platine très-fin.

en un temps donné, dans chaque élément, autant de gaz qu'il s'en dégage dans le voltamètre.

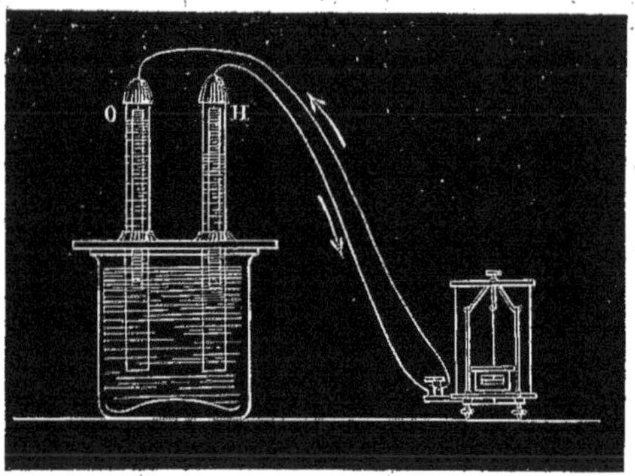

Fig. 233.

Lorsque le circuit n'est pas fermé, les gaz de la pile disparaissent également, mais beaucoup plus lentement que lorsque le circuit est fermé; le phénomène résulte alors simplement de la dissolution de

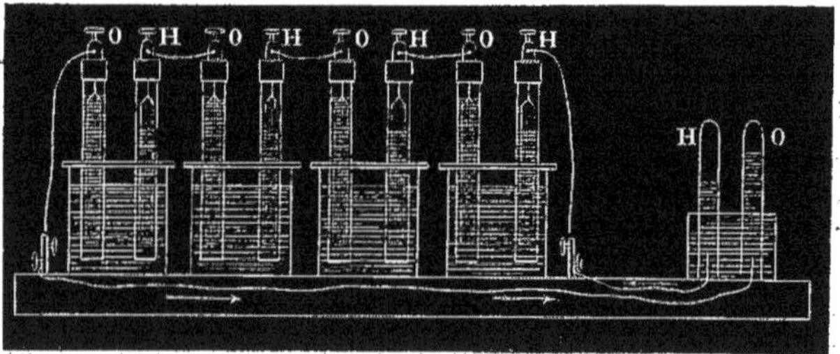

Fig. 234.

l'oxygène dans l'eau acidulée et de la diffusion qui l'amène peu à peu au contact d'une lame de platine platiné, constamment chargée d'hydrogène; c'est sur cette lame de platine que s'effectue la combinaison. — On a quelquefois voulu expliquer de la même manière l'action chimique qui produit le courant, dans les piles à gaz, lorsque le circuit est fermé; mais l'accélération de la combinaison et surtout la relation constante qui existe entre les proportions de gaz combinées et l'intensité du courant ne permettent pas de s'arrêter à cette manière de voir : c'est par une nouvelle application des idées théoriques de Grotthus qu'on peut se rendre compte des phénomènes. L'hydrogène et l'oxygène des deux éprouvettes d'un élément, séparés l'un de l'autre par une masse d'eau acidulée, ne se combinent pas ensemble; mais, lorsque le circuit est fermé, l'oxygène d'une éprouvette s'unit à l'hydrogène de la molécule d'acide sulfurique monohydraté qui est immédiatement en contact avec elle; le groupe SO^4, qui faisait partie de cette molécule, s'unit à l'hydrogène de la molécule d'acide suivante, et ainsi de suite jusqu'à la dernière molécule d'acide, qui est en contact avec la lame de platine chargée d'hydrogène; le groupe SO^4 de cette dernière molécule s'unit à l'hydrogène condensé sur le platine, et le résultat définitif de cette série de décompositions et de recompositions est la formation d'une molécule d'eau sur la surface du platine.

L'utilité du platine platiné est de condenser de nouvelles couches de gaz à sa surface, à mesure que l'action chimique se continue; mais avec du platine ordinaire le courant est encore sensible, quoique moins intense. — On peut également remplacer l'oxygène par le chlore.

258. **Comparaison entre la théorie chimique et la théorie du contact.** — Les actions chimiques auxquelles est dû le courant des piles en général sont, d'après ce qu'on vient de voir, d'un genre particulier; le caractère spécial de ces actions est de ne se produire qu'autant que les corps capables de réagir les uns sur les autres font partie d'un circuit fermé et que le courant électrique correspondant peut prendre naissance. Or, dans tout circuit fermé, siége d'une action chimique, il y a contact entre des conducteurs de natures différentes. Le contact est donc la *condition nécessaire* de l'action chimique et du courant. On peut dire, si l'on veut, qu'il en est la *cause,* et la théorie du contact, entendue dans ce sens, ne se distingue pas, à proprement parler, de la théorie chimique.

La lutte entre les deux théories rivales, la théorie chimique et la théorie du contact, a donc fini par se réduire à une querelle de mots; mais elle n'a pas toujours eu ce caractère, et la théorie du contact a été souvent présentée, à l'exemple de Volta, sous une forme où elle impliquait réellement une contradiction avec les principes scientifiques les mieux établis. Dans cette théorie, on supposait qu'au contact de deux corps hétérogènes se développe une force capable de séparer l'une de l'autre les deux électricités, et de leur imprimer indéfiniment un mouvement de circulation dans un système de conducteurs où leur mouvement rencontre une résistance. En d'autres termes, on admettait que le contact de deux corps hétérogènes est une *condition suffisante* pour développer une quantité indéfinie de travail : c'était admettre, au fond, la réalisation du mouvement perpétuel [1]. — Il n'est pas impossible que le contact de deux corps dépourvus de toute affinité réciproque, de deux métaux par exemple, donne naissance à un développement d'électricité; mais ce développement doit toujours se terminer à un état d'équilibre stable et ne peut jamais donner naissance à un courant.

Ces considérations diminuent l'intérêt qu'on a autrefois attaché à la question de savoir si, comme Volta l'avait admis, deux métaux différents, en contact l'un avec l'autre, se chargent d'électricités contraires. On peut ajouter qu'au point de vue strictement expérimental la question est à peu près insoluble. Ainsi, lorsqu'on construit un condensateur avec un plateau de zinc et un plateau de cuivre, et qu'en réunissant ces deux plateaux par un fil de cuivre on voit l'électroscope se charger, on ne peut garantir que le phénomène ne soit pas dû à l'humidité atmosphérique condensée à la surface des métaux; ce dépôt d'humidité ne permet pas d'observer les effets d'un véritable contact métallique. — Des objections semblables s'appliquent à toutes les expériences du même genre.

Il peut sembler naturel de considérer comme un simple effet de contact, préexistant à l'action chimique, le dégagement d'électricité libre qui se manifeste aux deux extrémités d'un élément voltaïque lorsque le circuit n'est pas fermé. Mais on peut tout aussi bien soutenir que le circuit est toujours fermé, au moins par l'atmosphère

[1] Dans cette théorie, les actions chimiques observées dans les éléments de pile sont de simples électrolyses, accompagnées d'une réaction secondaire des éléments séparés de l'électrolyte sur les métaux qui y sont immergés. Les diverses lois de Faraday se réduisent alors à une seule, la loi de proportionnalité entre l'action électrolytique et l'intensité du courant. Cette apparente simplification est le seul avantage de la théorie du contact sur la théorie chimique.

extérieure, dont la conductibilité, bien qu'extrêmement faible, n'est cependant pas absolument nulle. En raison de l'énorme résistance offerte par l'air extérieur, le courant n'a pas une intensité suffisante pour agir sur l'aiguille aimantée, ou pour se manifester par une action chimique appréciable; mais la charge électrique, qui est sensible aux deux extrémités de l'élément, n'en est pas moins un produit de l'action chimique. Lorsqu'on ferme le circuit par un arc métallique, cette charge électrique ne disparaît pas, mais elle se renouvelle incessamment. Ainsi, dans l'expérience précédemment décrite (167), où l'on charge les plateaux de deux électroscopes condensateurs en faisant communiquer chacun d'eux avec l'un des deux pôles d'un élément voltaïque, on constate que les électroscopes se chargent également bien lorsque les deux pôles de l'élément sont réunis ensemble par un fil conducteur isolé [1].

[1] Volta admettait que la *différence algébrique des densités électriques* à la surface des deux métaux d'un élément voltaïque est constante, et qu'elle peut servir de mesure à la *force électromotrice*, par laquelle il supposait que les deux électricités sont incessamment séparées l'une de l'autre à la surface de contact des deux métaux. Le liquide, suivant lui, n'agit que comme conducteur, et il n'existe aucune force électromotrice au contact du liquide et des métaux.

Aujourd'hui, on regarde les affinités chimiques qui sont en action dans l'élément comme la cause de la séparation des électricités; mais le résultat définitif du jeu de ces affinités peut encore être représenté par l'hypothèse de Volta. En effet, l'expérience prouve :

1° Que la différence algébrique des densités électriques, à la surface des deux métaux d'un élément voltaïque, ne dépend que de la composition de l'élément et est indépendante de ses dimensions;

2° Qu'elle est également indépendante de toute charge électrique qui peut être communiquée extérieurement à l'élément;

3° Qu'elle est proportionnelle à la *force électromotrice* définie par la formule de Ohm (239).

Il résulte de là une série de conséquences relatives à la distribution de l'électricité dans une pile dont le circuit n'est pas fermé.

1° *Pile communiquant au sol par une extrémité.* — Supposons, par exemple, que l'extrémité zinc d'une pile communique avec le sol : si l'on désigne par a la valeur constante de la différence des densités sur les deux métaux d'un même élément, les densités électriques sur les éléments successifs auront les valeurs suivantes :

1er zinc	0
1er cuivre et 2e zinc	$+a$
2e cuivre et 3e zinc	$+2a$
....	
$n^{ième}$ cuivre	$+na$.

259. **Le dégagement d'électricité n'est pas le résultat nécessaire d'une action chimique quelconque.** — Les diverses actions chimiques qu'on vient d'étudier successivement sont

Si c'est l'extrémité cuivre qui communique avec le sol, on aura au contraire la série de densités :

1er cuivre	0
1er zinc et 2e cuivre	$-a$
2e zinc et 3e cuivre	$-2a$
...	...
$n^{\text{ième}}$ zinc	$-na$.

2° *Pile complétement isolée.* — Dans une pile complétement isolée, en désignant par x la densité électrique sur le zinc qui termine l'une des extrémités de la pile, on aura la série de densités électriques :

1er zinc	x	1er cuivre	$x+a$
2e zinc	$x+a$	2e cuivre	$x+2a$
3e zinc	$x+2a$	3e cuivre	$x+3a$
...		...	
$n^{\text{ième}}$ zinc	$x+(n-1)a$	$n^{\text{ième}}$ cuivre	$x+na$.

Les éléments étant tous de même forme et de mêmes dimensions, on peut regarder la charge électrique de chacun d'eux comme proportionnelle à la densité électrique correspondante. La charge électrique de la pile entière est donc proportionnelle à la somme des densités de la série précédente. D'autre part, si la pile a été construite avec des métaux et des liquides à l'état naturel, on doit la considérer comme chargée de quantités égales de fluide positif et de fluide négatif; en d'autres termes, la somme algébrique des charges des différents éléments doit être égale à zéro. On a donc

$$nx+\frac{n(n-1)}{2}a+nx+\frac{n(n+1)}{2}a=0,$$

d'où l'on déduira la valeur de la densité électrique ou de la charge sur le premier zinc,

$$x=-\frac{na}{2},$$

et la valeur de la densité électrique ou de la charge sur le dernier cuivre,

$$x+na=+\frac{na}{2}.$$

Les charges électriques aux deux pôles sont donc égales et de signes contraires; chacune d'elles est la moitié de la charge de même signe que l'on observe lorsque la pile communique au sol par le pôle de signe opposé.

Ces diverses formules ont été établies par Volta, et vérifiées expérimentalement par M. Biot.

les seules dont on puisse affirmer qu'elles dégagent de l'électricité. On a souvent prétendu que toute action chimique, qu'elle qu'en fût la nature, était accompagnée de phénomènes électriques; cette assertion ne repose jusqu'ici que sur des expériences inexactes. — On se contentera d'en citer deux exemples.

L'électricité que dégage la flamme de l'hydrogène a été rapportée à la combustion de ce gaz. La vérité est que le dégagement d'électricité qui se produit lorsqu'un courant de gaz hydrogène brûle à l'extrémité d'un tube métallique est un phénomène très-complexe, qui doit être attribué en partie à la cause générale des phénomènes thermo-électriques, en partie à la présence d'un circuit constitué par l'hydrogène, la vapeur d'eau, l'oxygène de l'air et les appareils métalliques nécessaires à l'expérience.

On a également prétendu qu'on obtenait des signes constants d'électricité en évaporant, c'est-à-dire en décomposant par la chaleur, une solution acide ou alcaline : dans l'évaporation d'une solution acide, la vapeur d'eau emporterait l'électricité positive; elle emporterait l'électricité négative dans l'évaporation d'une solution alcaline. En réalité, l'expérience ne donne de résultats que si on l'exécute en projetant quelques gouttes d'une semblable solution dans un creuset *métallique* incandescent; le liquide prend d'abord l'état sphéroïdal et s'évapore avec lenteur; lorsque la température s'est suffisamment abaissée pour laisser s'établir le contact entre le liquide et le creuset, il se fait une évaporation rapide, accompagnée d'une projection de gouttelettes liquides: c'est par le frottement de ces gouttelettes contre le plateau de l'électroscope employé à l'expérience, ou contre le creuset lui-même, que l'électricité est dégagée.

260. **Polarisation des électrodes.** — Lorsque deux lames de platine ont servi d'électrodes pour une décomposition chimique, et qu'on vient à mettre ces deux lames en rapport avec les deux extrémités du fil d'un galvanomètre, on constate la production d'un courant qui est dirigé, dans l'électrolyte, en sens contraire du courant primitif. — Ce résultat se conçoit sans peine, si l'on remarque que, dans le circuit formé par l'électrolyte, les deux lames et le galvanomètre, il y a action mutuelle entre les produits de la décom-

position primitive qui s'étaient déposés à la surface des électrodes et l'électrolyte lui-même; si l'électrolyte est de l'eau acidulée, cette réaction est toute pareille à celle qui a lieu dans la pile à gaz de Grove (257). Le courant, dit *de polarisation*, cesse lorsque les produits de la décomposition primitive sont entièrement recombinés. — L'intensité de la polarisation est d'autant plus grande que le courant primitif était lui-même plus intense.

C'est sur la production des courants de polarisation qu'est fondée la construction des *piles secondaires* de Ritter. Ces piles se composent simplement d'une série de disques de cuivre et de rondelles de drap humides, placés alternativement au-dessus les uns des autres; lorsqu'on a fait passer dans ce système le courant d'une pile puissante, la présence de l'hydrogène et de l'oxygène déposés sur les surfaces en regard, dans chaque couple de lames consécutives, lui donne les propriétés d'une pile à gaz. — Ces propriétés disparaissent lorsque les faibles proportions d'oxygène et d'hydrogène adhérentes aux lames sont épuisées.

C'est également sur les mêmes principes que repose l'expérience suivante, due à M. G. Planté. Deux lames de plomb, repliées en hélice l'une autour de l'autre sans se toucher, servent d'électrodes pour la décomposition de l'eau acidulée; si, après avoir supprimé la communication de ces lames avec la pile, on les réunit ensemble par un fil fin, on constate que ce fil est porté au rouge, comme si on l'employait à réunir les pôles d'un élément voltaïque de grande surface.

261. **Polarisation de l'électrolyte.** — Lorsqu'une décomposition électro-chimique a duré un peu longtemps, les deux portions de l'électrolyte qui avoisinent les électrodes sont devenues hétérogènes; au voisinage de l'électrode positive, il y a de l'acide libre ou de l'oxygène dissous; au voisinage de l'électrode négative, il y a de l'alcali libre ou de l'hydrogène dissous. Il suit de là que, si l'on retire les électrodes pour les remplacer par des lames de platine neuves, placées de la même manière, et si l'on ferme le circuit par le fil d'un galvanomètre, on observera la production d'un courant inverse du courant primitif. — Il est avantageux, pour le succès de l'expérience,

que le liquide soit divisé par une cloison poreuse, de manière à empêcher le mélange graduel des produits de la décomposition.

262. **Piles à un seul liquide. — Variations d'intensité des courants qu'elles produisent.** — Parmi les piles à un seul liquide, on ne parlera ici que de celles qui se rapportent au type formé par le zinc, l'eau acidulée et le cuivre; la théorie en a été donnée précédemment (253 et 254). — On leur a d'ailleurs donné des dispositions assez variées: telles sont la *pile à couronne de tasses* (fig. 117), la *pile à colonne* (fig. 235), la *pile à auge* (fig. 236), la *pile de Wollaston* (fig. 237), et la *pile de Münch*, que la figure 238 représente en projection horizontale. — Ces diverses dispositions sont décrites dans les ouvrages élémentaires.

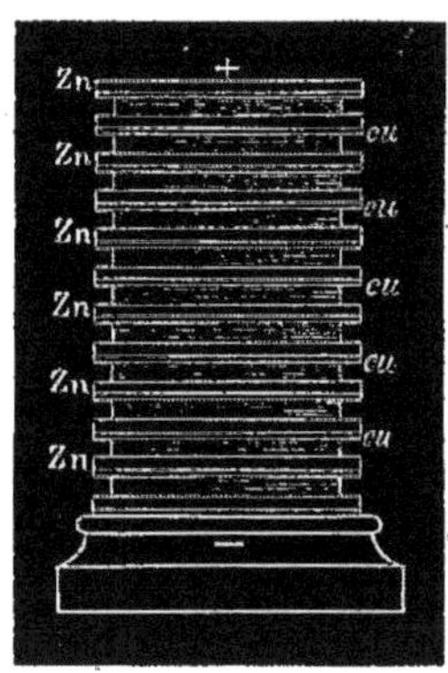

Fig. 235.

Dans toutes ces piles, il est manifeste que l'action chimique, à mesure qu'elle se produit, a pour effet de faire varier la constitution de l'élément de pile. Ces variations ont un double résultat : 1° un changement dans la conductibilité électrique du liquide de l'élément; 2° une tendance à la production d'un courant contraire au courant principal, résultant du dépôt d'hydrogène à la surface du métal négatif, ou de la polarisation de ce métal. — Ces deux effets n'ont pas une égale importance dans

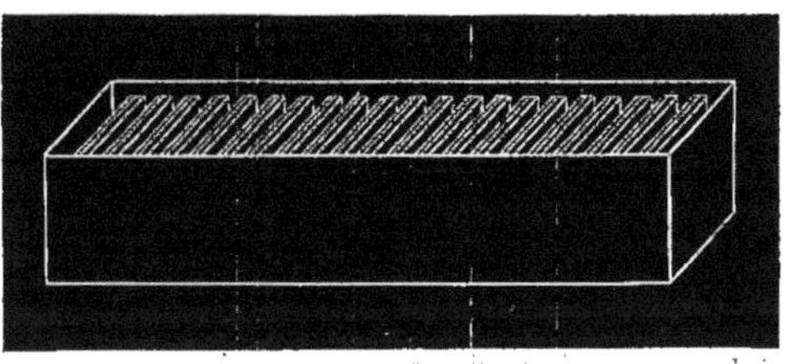
Fig. 236.

la variation d'intensité du courant, ainsi que cela résulte des considérations suivantes.

Le changement de conductibilité du liquide des éléments ne modifie l'intensité du courant que d'une manière lente et continue; on

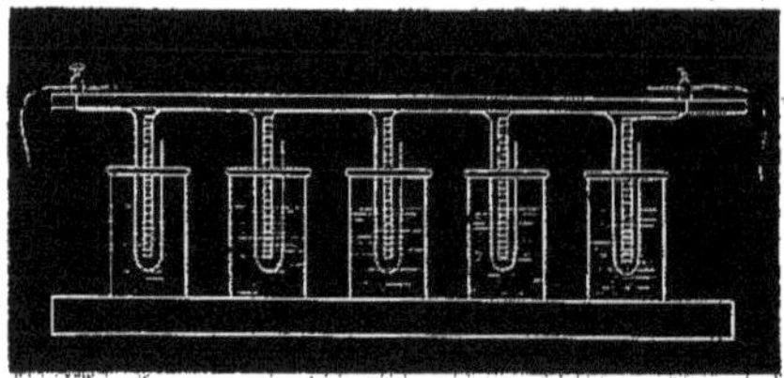

Fig. 237.

pourrait en éliminer l'influence par des observations alternées, toutes les fois qu'on aurait à exécuter des expériences de mesure.

L'influence de la polarisation du métal négatif est toute différente. Le circuit d'une pile étant fermé, la polarisation affaiblit peu à peu le courant; mais si, lorsque l'intensité s'est abaissée à une va-

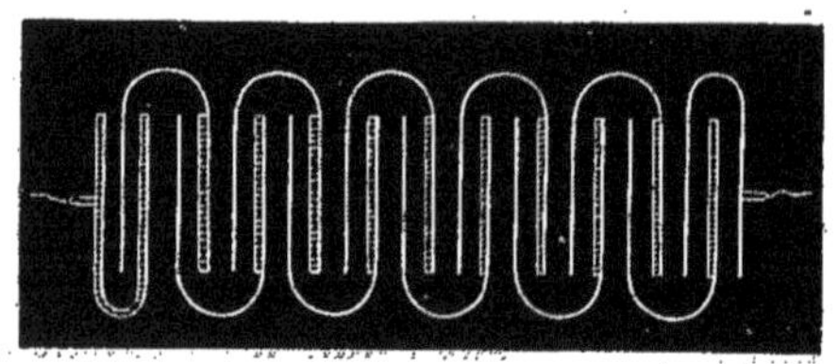

Fig. 238.

leur déterminée, on ouvre le circuit pour le refermer au bout de quelques instants, on observe alors un accroissement d'intensité du courant qui varie d'une expérience à l'autre de la façon la plus irrégulière. La cause du phénomène est d'ailleurs facile à apercevoir : l'oxygène de l'air, en se dissolvant dans l'eau acidulée et s'unissant à l'hydrogène déposé sur le métal négatif, contrarie le développement de la polarisation pendant que le circuit est fermé; lorsque le circuit est ouvert, la même action fait disparaître une partie de la polarisation, et, lorsqu'on le ferme de nouveau, le courant doit reprendre une partie de son intensité originaire. On conçoit sans peine que cette variation ait lieu d'une façon tout à fait irrégulière, et qu'il soit à peu près impossible d'en éliminer l'influence par des observations alternées.

263. **Piles à deux liquides ou à courant constant.** — Les variations que l'on vient de signaler dans les courants des piles à un seul liquide, et l'impossibilité où l'on est en général d'éliminer l'influence des variations dues à la polarisation qui s'y produit, ont conduit à construire des piles où la polarisation fût insensible. — Elles sont formées en général de deux électrolytes différents, et, les variations d'intensité étant alors plus lentes et plus régulières, on leur a donné le nom de *piles à courant constant,* bien qu'en réalité le courant qu'elles produisent soit toujours variable.

Il serait impossible d'entrer ici dans l'énumération des nombreuses variétés de piles qui ont été imaginées pour atteindre le but qui vient d'être indiqué; on se contentera d'indiquer deux des types les plus importants, celui de la pile de Daniell et celui de la pile de Grove.

264. **Pile de Daniell.** — La pile de Daniell comprend deux liquides séparés par une cloison poreuse : l'un de ces liquides est de l'eau acidulée, dans laquelle plonge une lame de zinc amalgamé; l'autre est une solution de sulfate de cuivre, dans laquelle plonge une lame de cuivre. La figure 239 représente l'une des formes qu'on a adoptées pour réaliser ces conditions.

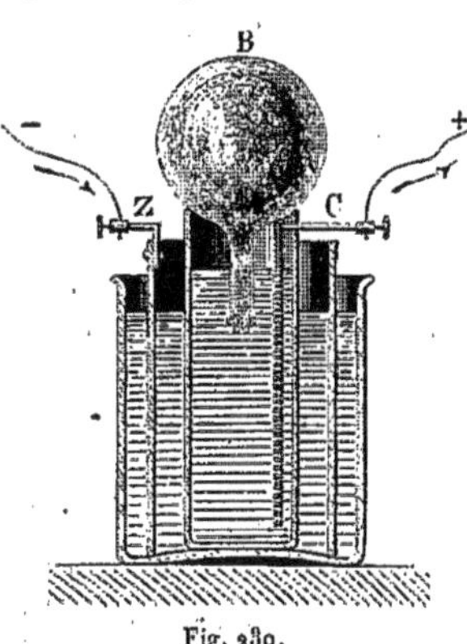

Fig. 239.

La théorie de cet élément de pile a été donnée précédemment; c'est précisément l'exemple qui a été choisi pour l'un des cas où l'on a montré l'action chimique agissant comme source d'électricité (255).

Le dépôt de cuivre ne change évidemment rien à l'état du métal sur lequel il se porte; il suffit donc de maintenir à l'état de concentration la solution de sulfate de cuivre, et l'on y parvient aisément en y conservant toujours des cristaux de sulfate en excès. — Quant à la substitution graduelle du sulfate de zinc à l'acide sulfurique, elle n'a d'inconvénient que lorsque le sulfate cristallise et arrête la transmission du courant. Daniell avait d'abord disposé au-dessus de l'élément un flacon de Mariotte qui renouvelait goutte à goutte l'acide sulfurique, tandis que la solution de sulfate de zinc, plus dense que l'eau acidulée, s'échappait par un tube communiquant avec la partie inférieure; cette disposition compliquée a bientôt été reconnue inutile.

On obtient des résultats analogues à ceux de la pile de Daniell en substituant au cuivre et au sulfate de cuivre un métal quelconque moins oxydable que le zinc et une solution d'un sel de ce métal.

265. **Pile de Grove et pile de Bunsen.** — La pile de Grove comprend, comme la précédente, deux liquides séparés par une cloison poreuse; l'un de ces liquides est encore de l'eau acidulée, dans laquelle plonge une lame de zinc amalgamé Z; l'autre liquide est de l'acide nitrique concentré, dans lequel plonge une lame de platine P. La figure 240 indique la forme le plus ordinairement adoptée.

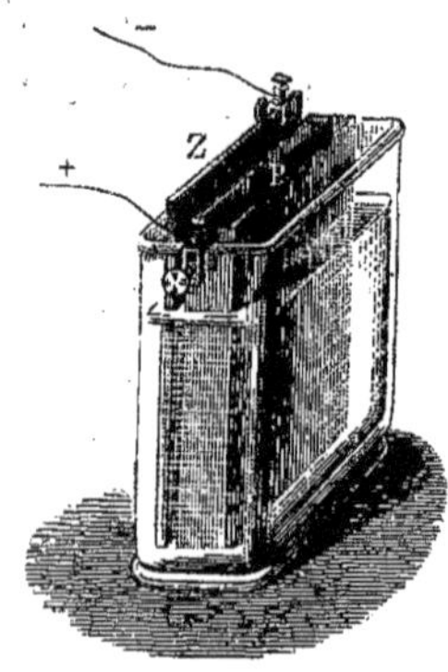

Fig. 240.

La théorie de Grotthus rend facilement compte des actions qui se produisent dans cet élément; ces actions sont indiquées par la figure 241. — L'hydrogène qui, ainsi que l'indique cette figure, est mis en liberté sur la surface du platine, exerce sur l'acide nitrique une action secondaire d'où résulte la formation d'eau et d'acide hypoazotique; la polarisation du platine est ainsi évitée.

Cette pile est beaucoup plus puissante, mais moins constante que celle de Daniell, parce que l'acide nitrique se détruit à mesure que le courant passe, et que cet acide n'est d'ailleurs pas renouvelé.

On peut remplacer l'acide nitrique par un mélange de nitre et d'acide sulfurique, par de l'acide chromique, par un mélange de bichromate de potasse et d'acide sulfurique, etc.; on peut aussi rem-

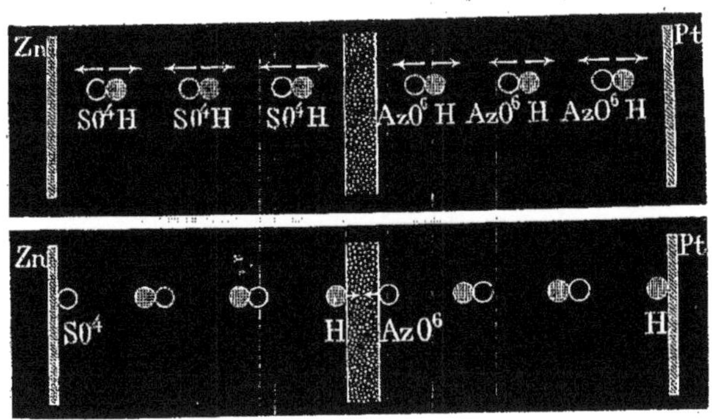

Fig. 241.

placer le platine par un conducteur quelconque, non attaquable à l'acide nitrique.

Dans la disposition adoptée par M. Bunsen, on substitue au platine un cylindre ou un prisme de charbon rendu conducteur par

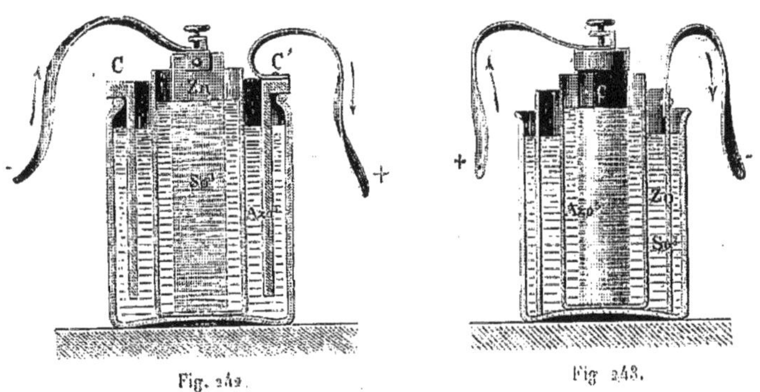

Fig. 242.

Fig. 243.

l'action d'une température élevée; le charbon des cornues dans lesquelles on prépare le gaz d'éclairage a été généralement adopté depuis quelques années.

C'est à ces éléments de pile qu'on a le plus souvent recours, lorsqu'on a besoin d'appareils d'une grande puissance et qu'on n'a pas à redouter l'effet du dégagement de vapeurs nitreuses. — Les figures 242 et 243 indiquent les dispositions qui permettent de placer le charbon C et l'acide nitrique, soit à l'extérieur, soit à l'intérieur du vase poreux, selon qu'on préfère lui donner la forme d'un cylindre creux ou celle d'un prisme plein.

EXTENSION DES LOIS DE OHM

AUX COURANTS HYDRO-ÉLECTRIQUES.

266. **Intensité du courant produit par un couple hydro-électrique dans un circuit déterminé.** — Il est manifeste que, si l'on veut essayer d'étendre les lois de Ohm aux courants hydro-électriques, il est nécessaire de prendre, parmi les formules établies pour les courants thermo-électriques, celles dans lesquelles on a tenu compte de l'influence exercée par la résistance de l'élément lui-même (242).

On est ainsi conduit à tenter de vérifier, pour un élément hydro-électrique, la formule

$$i = \frac{A}{L + \lambda},$$

dans laquelle i désigne l'intensité du courant, A est la force électromotrice de l'élément, laquelle dépend uniquement de la nature des matériaux qui le forment et de leur arrangement : L est la résistance de l'élément, qui dépend en outre des dimensions données aux diverses parties de l'élément; enfin λ est la résistance du fil interpolaire. On choisira pour cette vérification un couple à courant constant, dont on fermera le circuit par un fil dont la résistance puisse être modifiée à volonté et soit à chaque instant connue : une boussole de sinus ou de tangentes donnera les intensités.

Les expériences conduisent à considérer la formule précédente comme tout à fait applicable aux couples hydro-électriques.

267. **Intensité du courant produit par une pile de plusieurs éléments réunis en série.** — Soient plusieurs éléments hydro-électriques réunis *en série*, c'est-à-dire de façon que le pôle positif de chacun d'eux soit réuni au pôle négatif de l'élément sui-

vant. En appliquant les formules établies pour les courants hydro-électriques (243), on aura

$$I = \frac{\Sigma A}{\Sigma L + \lambda}.$$

Si les n éléments qui constituent la série peuvent être regardés comme identiques entre eux, c'est-à-dire comme ayant même force électromotrice A et même résistance L, cette formule devient

$$I = \frac{nA}{nL + \lambda}.$$

268. **Intensité du courant produit par plusieurs éléments réunis en batterie ou formant un élément multiple.** — Soient plusieurs couples AB, A'B', A''B'' (fig. 244) dont on aura réuni d'un côté tous les pôles positifs en P, de l'autre tous les pôles négatifs en N, pour faire communiquer ensuite ces deux groupes de pôles par un fil conducteur PFN. On dit, dans ce cas, que les éléments sont réunis *en batterie*, ou qu'ils constituent un *élément multiple*.

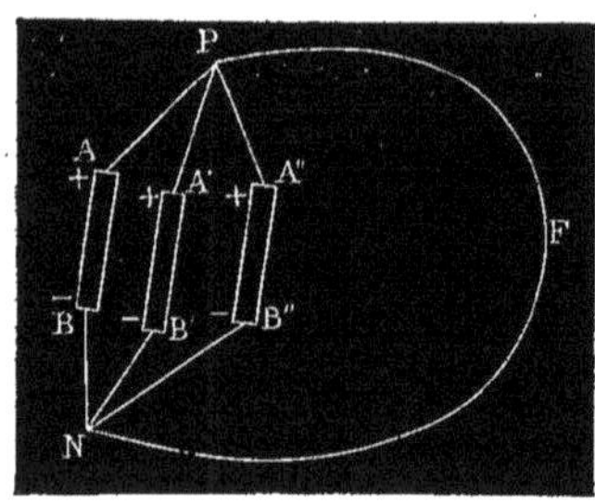

Fig. 244.

Soient A_m, L_m la force électromotrice et la résistance d'un élément particulier. S'il était possible de réduire à zéro la force électromotrice des autres éléments sans altérer leur résistance, on aurait dans le fil PFN, d'après ce qu'on a vu précédemment (244), un courant dont l'intensité serait exprimée par la formule

$$i_m = \frac{A_m x}{L_m x + L_m \lambda + \lambda x},$$

x désignant la résistance d'un conducteur équivalent au système entier des éléments dont on suppose la force électromotrice réduite à zéro. Mais chaque élément de résistance L_p pouvant être remplacé par un fil de longueur et de conductibilité égales à l'unité et de section égale à $\frac{1}{L_r}$, le système considéré équivaut à un fil de longueur et de conductibilité égales à l'unité et de section égale à

$$\Sigma\frac{1}{L}-\frac{1}{L_m},$$

puisque l'élément de résistance L_m ne doit pas être compris dans ce système. On a donc

$$x=\frac{1}{\Sigma\frac{1}{L}-\frac{1}{L_m}};$$

or la valeur de i_m peut s'écrire

$$i_m=\frac{A_m}{L_m+\lambda+\frac{L_m\lambda}{x}};$$

en substituant alors à x la valeur précédente, il vient

$$i_m=\frac{A_m}{L_m+\lambda+L_m\lambda\left(\Sigma\frac{1}{L}-\frac{1}{L_m}\right)}=\frac{A_m}{L_m+L_m\lambda\Sigma\frac{1}{L}},$$

ou enfin

$$i_m=\frac{\left(\frac{A_m}{L_m}\right)}{1+\lambda\Sigma\frac{1}{L}}.$$

L'intensité J du courant qui passe en réalité dans le fil PFN sera la somme de toutes les expressions de ce genre qu'on obtiendra en considérant successivement tous les éléments; on aura donc

$$J=\frac{\Sigma\frac{A}{L}}{1+\lambda\Sigma\frac{1}{L}}.$$

Si tous les éléments sont identiques, et s'ils sont en nombre n, la formule se réduit à

$$J=\frac{nA}{L+n\lambda}.$$

ce qu'on peut écrire

$$J = \frac{A}{\frac{L}{n} + \lambda}.$$

On voit donc que l'intensité du courant d'un élément multiple, formé de n éléments égaux, est égale à celle du courant d'un élément simple dont la résistance serait n fois moindre que celle d'un des éléments employés.

269. **Du choix du mode de réunion des éléments, selon la résistance du conducteur.** — D'après les formules que l'on vient d'établir (267 et 268), si la résistance λ du conducteur interpolaire est très-grande, l'intensité I du courant produit par n éléments réunis en série est sensiblement

$$I = \frac{nA}{\lambda};$$

dans cette même hypothèse où λ est très-grand, l'intensité J du courant produit par ces n éléments réunis en un élément multiple est sensiblement

$$J = \frac{A}{\lambda}.$$

— Donc, dans un conducteur de très-grande résistance, des éléments réunis en série donnent un courant dont l'intensité est sensiblement proportionnelle à leur nombre; au contraire, les mêmes éléments réunis en un élément multiple ne donnent pas une intensité sensiblement supérieure à celle que donnerait un seul élément.

Soit maintenant un conducteur dont la résistance λ soit très-petite; l'intensité I du courant produit par n éléments réunis en série sera sensiblement

$$I = \frac{A}{L},$$

et l'intensité J du courant produit par ces mêmes éléments réunis en un élément multiple sera sensiblement

$$J = \frac{nA}{L}.$$

— Donc, dans un conducteur ayant une faible résistance, l'intensité est sensiblement indépendante du nombre des éléments réunis en série; elle est au contraire proportionnelle au nombre des éléments réunis en un élément multiple.

Ces remarques suffisent pour indiquer, dans chaque cas particulier, quel arrangement des éléments il convient d'adopter[1].

270. **Du choix du galvanomètre, selon la nature de l'électromoteur qui lui est associé.** — Dans l'usage des galvanomètres, on doit avoir égard à des considérations analogues à celles qui précèdent. A mesure que le nombre des spires d'un galvanomètre augmente, l'action d'un courant *d'intensité constante* sur l'aiguille aimantée augmente à peu près dans la même proportion. Mais, la résistance du galvanomètre augmentant avec la longueur du fil qu'il porte, l'intensité du courant qu'on obtient en le faisant communiquer

[1] Un nombre n d'éléments égaux étant donné, on peut les employer comme on vient de le voir pour former soit une pile, soit un élément multiple; mais on en peut aussi former des arrangements intermédiaires, en construisant d'abord des éléments multiples composés chacun de p éléments, et réunissant ensuite en une pile les $\frac{n}{p}$ groupes ainsi obtenus. Chaque élément multiple pouvant être regardé comme équivalent à un élément de force électromotrice égale à A et de résistance égale à $\frac{L}{p}$, l'intensité du courant est

$$\frac{\frac{n}{p}A}{\frac{n}{p}\frac{L}{p}+\lambda} \quad \text{ou bien} \quad \frac{npA}{nL+p^2\lambda}.$$

Pour obtenir la valeur de p qui rend cette expression maximum, il suffit d'égaler à zéro la dérivée prise par rapport à p, ce qui donne

$$nL+p^2\lambda-2p^2\lambda=0,$$

ou bien

$$p=\sqrt{\frac{nL}{\lambda}}.$$

En prenant pour p le diviseur de n qui approche le plus de cette expression, on aura l'arrangement le plus avantageux pour une expérience où la résistance du conducteur est λ. — On doit remarquer que la résistance de la pile $\frac{nL}{p^2}$ est alors égale à la résistance du circuit extérieur.

avec un même appareil électromoteur est diminuée. — Dans chaque expérience, il y a évidemment à tenir compte de ces effets inverses, et à chercher quel est l'arrangement le plus avantageux.

Ainsi se justifie l'extrême inégalité des dimensions des galvanomètres destinés à des recherches de natures diverses. Lorsqu'on étudie l'électricité animale, on fait quelquefois usage d'appareils où un fil de $\frac{1}{10}$ de millimètre de diamètre fait 30 000 tours sur le cadre. Au contraire, pour l'étude des courants thermo-électriques, on emploie des galvanomètres dont le fil a un diamètre atteignant jusqu'à 1 millimètre, et où le nombre des spires ne dépasse guère une centaine.

271. **Comparaison des forces électromotrices des éléments voltaïques.** — Pour évaluer la force électromotrice d'un couple voltaïque déterminé, l'une des méthodes employées consiste à introduire dans un même circuit d'abord ce couple lui-même, et ensuite un certain nombre d'autres couples, de nature différente, égaux entre eux et agissant en sens contraire du couple soumis à l'expérience. On arrivera ainsi, par des tâtonnements successifs, à trouver deux nombres n et $n+1$ tels, que n des couples égaux laissent au courant du couple étudié sa direction primitive, et que $n+1$ de ces mêmes couples renversent la direction du courant. Alors, si l'on prend pour unité la force électromotrice de l'un des couples qui ont servi de terme de comparaison, la force électromotrice du couple étudié sera comprise entre n et $n+1$.

M. Jules Regnauld a pris comme termes de comparaison [1] des couples thermo-électriques formés de barreaux de bismuth et de barreaux de cuivre (fig. 245). Soixante de ces couples ayant été réunis d'avance en une pile, on plongeait toutes les soudures paires dans la glace fondante, toutes les soudures impaires dans l'eau bouillante, ou inversement. L'une des extrémités de la série étant mise en communication permanente avec l'une des extrémités du circuit, on réglait la position de la pièce N, qui communiquait avec l'autre extrémité et qui était mobile le long de la règle AB,

[1] *Annales de Chimie et de Physique*, 1855, 3e série, t. XLIV, p. 453.

de manière à introduire, dans chaque cas, un nombre convenable d'éléments dans le circuit. — Enfin, ces soixante éléments thermo-électriques étant insuffisants pour mesurer la force électromotrice de

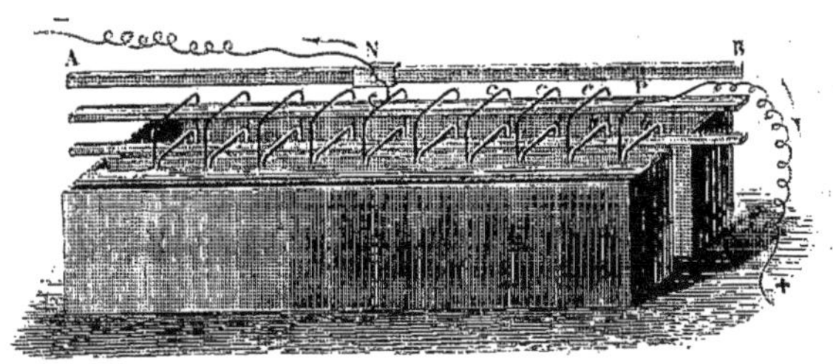

Fig. 245.

la plupart des piles hydro-électriques, on a dû faire usage, concurremment avec cette série, d'un couple hydro-électrique auxiliaire, dont la force électromotrice fût égale à celle d'un petit nombre de couples thermo-électriques. M. J. Regnauld a fait choix d'un couple formé d'une lame de zinc plongeant dans une solution saturée de sulfate de zinc, et d'une lame de cadmium plongeant dans une solution de sulfate de cadmium : la force électromotrice de ce couple auxiliaire, mesurée préalablement avec grand soin, était exprimée par le nombre 55. On ajoutait à la pile thermo-électrique, dans chaque cas, un nombre convenable de ces couples.

On a trouvé ainsi, par exemple, que la force électromotrice de l'élément de Daniell est exprimée par le nombre 179; celle de l'élément de Grove par le nombre 310.

272. **Résistance des conducteurs liquides.** — Lorsque, pour faire passer un courant dans un liquide, on choisit des électrodes de même nature que le métal dissous, le passage du courant détermine à la fois un accroissement de poids de l'électrode négative, et une dissolution du métal de l'électrode positive, si ce métal est attaquable par l'élément électro-négatif de l'électrolyte. Le passage du courant n'introduit alors aucune polarisation, mais l'expérience montre que, par la présence du liquide, la résistance du circuit est augmentée d'un terme qui est proportionnel à la lon-

gueur de la colonne liquide et en raison inverse de la section. Ce terme doit être évidemment considéré comme la *résistance* du liquide, et dès lors le coefficient de conductibilité de ce liquide peut se calculer sans difficulté. — L'expérience, tout à fait analogue à celle qui a été décrite précédemment pour les conducteurs métalliques (245), se fait avec un rhéostat, une boussole de tangentes ou de sinus, et avec un appareil à colonne liquide de longueur variable, dont la figure 246 indique l'une des dispositions.

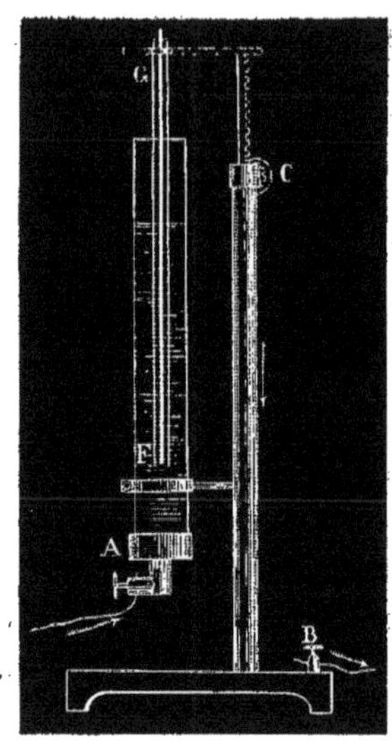

Fig. 246.

Ces expériences permettent de constater aisément :

1° Que si l'on donne diverses valeurs à la longueur l d'une colonne liquide de section s, introduite dans le circuit d'une pile ayant pour force électromotrice A et pour résistance L, l'intensité du courant peut, dans chaque cas, être exprimée par la formule

$$i = \frac{A}{L + \frac{l}{cs}};$$

2° Que diverses longueurs de liquide peuvent être remplacées par des longueurs proportionnelles du fil du rhéostat.

273. **Élimination des phénomènes de polarisation, dans la détermination de la résistance des liquides.** — Lorsque, l'expérience étant faite comme on vient de l'indiquer, on reconnaît que les conditions précédentes ne sont pas satisfaites, c'est qu'il y a polarisation des électrodes. Alors l'intensité du courant doit être exprimée par la formule

$$i = \frac{A - P}{L + \lambda},$$

A représentant la force électromotrice due à la polarisation et λ la résistance du liquide.

D'autre part, l'expérience montre que la grandeur de la polarisation consécutive au passage d'un courant croît avec l'intensité de ce courant; on doit donc regarder la force électromotrice P comme une fonction de l'intensité, et il semble qu'il n'y ait aucun usage à faire de cette formule. — On écarte cette difficulté par la méthode suivante.

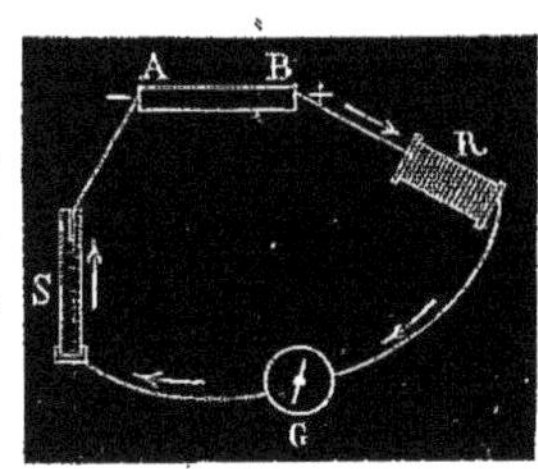

Fig. 247.

On introduit dans un même circuit une pile constante AB (fig. 247), un rhéostat métallique R, un galvanomètre G et une colonne liquide de longueur variable S. Soit i l'intensité du courant lorsqu'on introduit dans le circuit une résistance r du rhéostat métallique, et une colonne liquide ayant pour longueur l et pour résistance λ; enfin soit L la résistance des parties invariables du circuit : on aura

$$i = \frac{A - P}{L + r + \lambda}.$$

En augmentant la longueur du fil du rhéostat de manière que sa résistance devienne r', on diminue l'intensité du courant; mais si l'on réduit en même temps à une valeur convenable l' la longueur de la colonne liquide, on rétablit l'intensité primitive, et l'influence de la polarisation P reste la même. On a alors, en appelant λ' la nouvelle résistance de la colonne liquide,

$$i = \frac{A - P}{L + r' + \lambda'}.$$

La comparaison de ces deux formules donne immédiatement

$$\lambda - \lambda' = r' - r,$$

en sorte que la résistance d'une colonne liquide de longueur $l - l'$ se trouve ainsi évaluée, indépendamment du phénomène de la polarisation.

SOURCES DIVERSES D'ÉLECTRICITÉ.

274. **De quelques sources d'électricité différentes des précédentes.** — Les trois sources d'électricité les plus importantes et les mieux connues jusqu'ici sont le frottement, l'action de la chaleur sur un circuit hétérogène, et l'action chimique. — On y peut joindre encore les sources suivantes :

1° La pression : il est facile de constater, par exemple, qu'un fragment de spath, lorsqu'on le presse entre les doigts, s'électrise.

2° Le clivage des cristaux, ou en général des corps présentant une structure lamellaire : l'expérience est également facile à réaliser sur un certain nombre de ces corps.

3° L'action de la chaleur sur les cristaux à extrémités dissymétriques, ou *cristaux hémièdres* : si l'on chauffe une tourmaline, on constate que, pendant que la température s'élève, les deux extrémités de la tourmaline sont chargées d'électricités contraires; lorsque la température devient constante, les charges électriques disparaissent : elles reparaissent en sens contraire lorsque la température s'abaisse. — Un certain nombre d'autres cristaux, tels que la boracite, la pyrite de fer, donnent naissance à ce genre de phénomènes qui ont été désignés sous le nom de *phénomènes pyro-électriques.*

4° Les actions vitales : l'étude de l'électricité animale constitue aujourd'hui une branche importante de la physiologie; quant à l'électricité végétale, l'étude en est à peine commencée, mais ne paraît pas devoir conduire à des résultats aussi importants; l'une et l'autre sont d'ailleurs étrangères à ce cours.

275. **Production de courants par les diverses sources d'électricité.** — Dans les divers cas qui viennent d'être énumérés, toutes les fois qu'on établit une communication conductrice entre les deux surfaces où l'action de la source tend à accumuler des électricités contraires, ce conducteur est le siége d'un courant et

présente toutes les propriétés du fil qui réunit les pôles d'une pile voltaïque.

L'expérience montre, par exemple, que, dans le cas où l'électricité est engendrée par le frottement, elle peut produire la plupart des effets ordinaires des courants voltaïques, savoir :

1° Action sur l'aiguille aimantée : l'une des extrémités d'un galvanomètre étant mise en communication avec le sol, l'autre avec un fil métallique terminé en pointe et amené au voisinage du conducteur d'une machine électrique, la déviation de l'aiguille du galvanomètre accuse un courant dirigé de la machine vers le sol. — La même expérience peut se faire en déchargeant une bouteille de Leyde à travers le fil galvanométrique; mais il est alors nécessaire d'intérposer dans le circuit une résistance très-grande, telle que celle d'une corde mouillée. L'introduction de cette résistance ralentit la décharge, et empêche qu'elle ne passe brusquement d'une extrémité à l'autre du fil du galvanomètre, sans passer par les spires intermédiaires, et en perçant les couches isolantes qui les séparent.

2° Action électro-dynamique : on pourra, par exemple, constater cette action en faisant passer, dans les deux bobines de l'électro-dynamomètre de Weber (204), la décharge d'une bouteille de Leyde, ralentie par l'interposition d'une corde mouillée.

3° Action magnétisante : une aiguille d'acier, placée dans le voisinage d'un fil traversé par une décharge électrique et perpendiculairement à sa direction, s'aimante comme sous l'influence d'un courant électrique. — La loi de cette aimantation est d'ailleurs très-complexe et n'est pas encore bien connue : le *sens* de l'aimantation dépend en effet de l'intensité de la décharge et de la distance de l'aiguille au fil conducteur, de sorte que l'aimantation observée dans de pareilles circonstances ne fournit aucune indication certaine, relativement à la direction et à l'intensité de la décharge électrique qui l'a produite.

4° Actions chimiques : le procédé le plus commode pour constater ces actions consiste à faire simplement communiquer avec un galvanomètre les deux électrodes, après qu'elles ont servi à transmettre une décharge électrique au travers d'un liquide; la polarisation que l'on constate alors sur ces électrodes met en évidence l'action chimique dont la décharge a été accompagnée. — Lorsqu'on réduit beaucoup la surface de contact des électrodes et du liquide, on détermine la production d'une étincelle; le liquide est alors décomposé, mais cette décomposition n'a rien de commun avec le phénomène de l'électrolyse; elle ne peut être comparée qu'à la décomposition de l'ammoniaque et aux faits analogues. Les produits de la décomposition se dégagent, en effet, en proportions égales sur les deux électrodes, au lieu d'être séparés sur chacune d'elles. C'est ainsi que Wollaston a décomposé l'eau par l'électricité de la machine électrique, en employant comme électrodes des fils de platine très-fins, engagés dans des tubes de verre, de façon que la pointe de ces fils fût seule en contact avec le liquide.

ACTIONS CALORIFIQUES DES COURANTS.

276. **Influence du diamètre et de la nature des conducteurs sur la quantité de chaleur dégagée par le passage d'un courant. — Lois de Joule.** — Les expériences les plus simples suffisent pour montrer l'influence du diamètre et de la nature des conducteurs sur l'échauffement qu'ils éprouvent par l'action d'un courant.

Si l'on fait passer un courant dans une chaîne métallique formée de pièces de même nature, mais de diamètres différents (fig. 248),

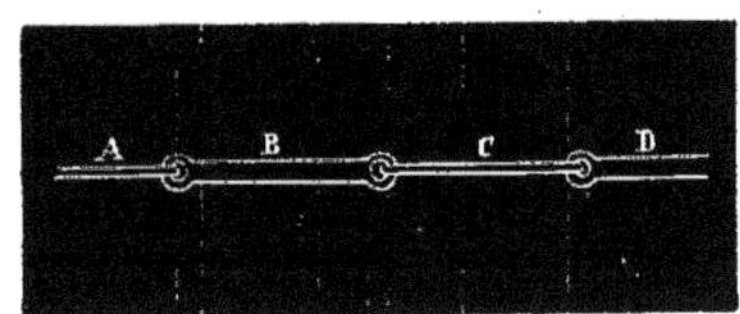

Fig. 248.

on constate que les chaînons dont le diamètre est le plus petit peuvent être portés au rouge, sans que la température des autres paraisse s'élever d'une manière sensible.

Une expérience analogue, faite avec des chaînons qui auront tous le même diamètre mais qui seront alternativement formés d'argent et de platine, montrera que le métal le moins conducteur, c'est-à-dire le platine, s'échauffe beaucoup plus que l'autre métal.

Pour établir avec précision les lois expérimentales des phénomènes, on a eu recours à des expériences calorimétriques. — La figure 249 représente l'appareil imaginé par Lenz[1] pour étudier les quantités de chaleur dégagées par le passage des courants au travers des fils métalliques. Le fil soumis à l'expérience était assujetti entre les points F et G, au milieu d'un calorimètre formé d'un

[1] *Poggendorff's Annalen*, 1844, Bd. LXI, S. 18.

flacon fermé par le bouchon C et dont le thermomètre T donnait à chaque instant la température. — La figure 250 donne une idée

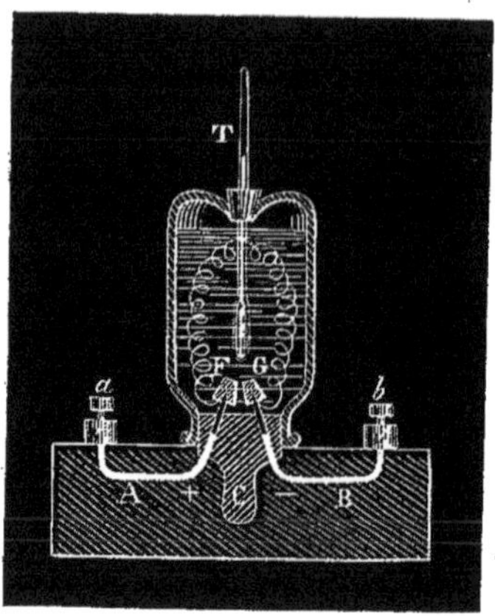

Fig. 249.

de la disposition employée par M. Joule[1] pour opérer sur les conducteurs liquides. La colonne liquide à introduire dans le circuit était placée dans un tube replié en spirale et contenu dans un calorimètre : on reconnaît d'ailleurs que dans ces expériences il est nécessaire, pour éviter certaines perturbations locales, que les parties du serpentin de verre où plongent les électrodes soient extérieures au calorimètre.

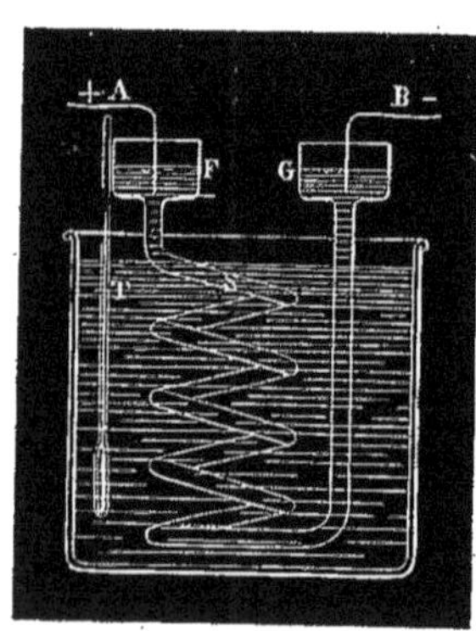

Fig. 250.

Les lois déduites de ces expériences sont les suivantes :

1° La quantité de chaleur dégagée dans l'unité de temps est proportionnelle au carré de l'intensité du courant.

2° Cette même quantité de chaleur est proportionnelle à la résistance du conducteur.

Si donc on représente par i l'intensité du courant, par r la résis-

(1) *Philosophical Magazine*, 1840, t. XIX, p. 260.

tance du conducteur que l'on considère, par θ un intervalle de temps quelconque, et par Q la quantité de chaleur dégagée dans cet intervalle de temps, les lois qui précèdent sont représentées par la formule

$$Q = Hi^2r\theta.$$

277. **Expérience de Peltier.** — On doit à Peltier d'avoir signalé le fait suivant, dont les conséquences ont une importance considérable.

Lorsqu'un courant traverse la soudure de deux métaux différents, il tend à en abaisser la température s'il a la direction du courant thermo-électrique qu'on obtiendrait en chauffant la soudure; il tend à produire une élévation de température, s'il a une direction opposée. — Si le courant est très-peu intense, les phénomènes peuvent être constatés avec une *pince thermo-électrique*, c'est-à-dire avec un système de deux couples bismuth-antimoine, qu'on applique sur la soudure et qui communiquent entre eux et avec un galvanomètre, de façon que leurs actions électromotrices soient concordantes (fig. 251). On peut ainsi reconnaître qu'un courant d'intensité

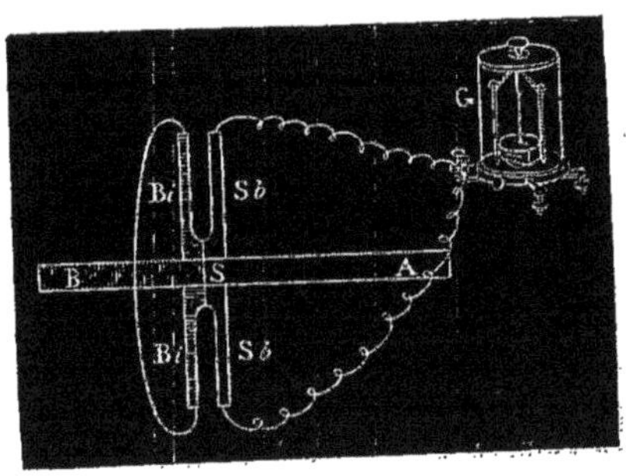

Fig. 251.

constante, traversant la même soudure S alternativement de A vers B et de B vers A, produit des variations de température égales, de signes contraires, et dont la valeur absolue est proportionnelle à l'intensité du courant.

Il suit de là que, si le courant est très-intense, l'effet particulier qui se produit aux soudures, et qui est proportionnel à l'intensité du courant, disparaît devant l'effet général produit dans tout le circuit, lequel est proportionnel au carré de l'intensité. — En outre, l'égalité des effets correspondants aux directions opposées du courant permet de regarder au moins comme très-probable que, dans un circuit fermé, les effets produits aux diverses soudures se compensent exactement et que la chaleur dégagée dans la totalité du circuit peut être calculée en faisant abstraction du phénomène observé par Peltier.

278. **Relation entre la force électromotrice et le travail des affinités chimiques ou la quantité de chaleur dégagée.** — Il résulte de ce qui précède que la chaleur totale dégagée dans un circuit hétérogène, en un temps θ, est exprimée par

$$Q = Hi^2\theta\Sigma r,$$

et si l'on remarque que l'intensité i du courant a précisément pour expression

$$i = \frac{\Sigma A}{\Sigma r},$$

il vient

$$Q = Hi\theta\Sigma A.$$

Or on peut prendre pour mesure de i le nombre d'équivalents d'action chimique [1] que produit le courant dans chaque élément de pile pendant l'unité de temps; si alors on attribue à θ la valeur qui représente la durée nécessaire à l'accomplissement d'un équivalent d'action chimique, il vient définitivement

$$Q = H\Sigma A.$$

Ainsi la chaleur dégagée dans le circuit d'une pile, tandis qu'il se produit dans chaque élément un équivalent d'action chimique,

[1] On emploie cette expression abrégée, *équivalent d'action chimique*, pour désigner une action chimique par laquelle un équivalent de l'électrolyte de l'élément voltaïque est remplacé par un équivalent d'électrolyte d'une autre nature.

est proportionnelle à la somme des forces électromotrices. — Cela est vrai d'ailleurs, en particulier, d'un seul élément de pile.

D'un autre côté, la chaleur que le courant dégage dans le circuit doit être envisagée comme le résultat de l'action chimique, ou, pour employer le langage plus précis auquel conduit la théorie mécanique de la chaleur, le produit de cette quantité de chaleur par l'équivalent mécanique de la chaleur exprime le travail des affinités mises en jeu qui correspond à un équivalent d'action chimique.

En rapprochant ces deux énoncés l'un de l'autre, on est conduit à la loi suivante :

Le travail des affinités chimiques correspondant à un équivalent d'action chimique dans un élément voltaïque, et par conséquent la quantité de chaleur dégagée, sont proportionnels à la force électromotrice. — Cette loi donne un grand intérêt aux évaluations des forces électromotrices, en permettant de les substituer dans bien des cas aux mesures calorimétriques.

279. **Expérience de M. Favre.** — L'expérience suivante, qui est due à M. Favre [1], vient à l'appui de ce qui précède.

Une des cavités du calorimètre à mercure (fig. 252) reçoit un

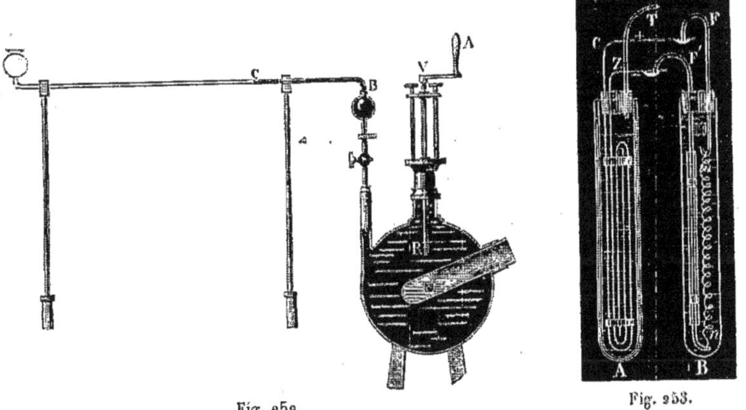

Fig. 252.

Fig. 253.

petit élément formé de zinc, d'eau acidulée et de cuivre A (fig. 253);

[1] *Annales de Chimie et de Physique*, 1854, 3e série, t. XL, p. 293.

le circuit de cet élément étant d'abord fermé par un fil très-gros et très-court, où le dégagement de chaleur est négligeable, on recueille dans le calorimètre une quantité de chaleur déterminée, pour chaque équivalent d'action chimique produite, ou pour chaque poids de 33 grammes de zinc dissous. — On ferme alors le circuit du même élément par une spirale de platine d'une grande longueur et d'un petit diamètre, et, cette spirale étant placée extérieurement par rapport au calorimètre, on constate que le calorimètre reçoit d'autant moins de chaleur que la résistance de ce fil de platine est plus considérable. — Enfin, l'élément de pile étant toujours placé dans l'une des cavités A du calorimètre, on introduit la spirale dans la seconde cavité B, comme le représente la figure 253; on constate alors que la somme des quantités de chaleur dégagées dans le couple et dans le circuit, pour chaque équivalent de zinc dissous, est constante et égale à la quantité de chaleur dégagée par la dissolution d'un équivalent dans le premier cas.

280. **Influence des décompositions chimiques qui ont lieu dans le circuit.** — Lorsque le circuit d'une pile contient un électrolyte, et que les électrodes sont choisis de manière qu'il n'y ait pas polarisation des électrodes, la somme des travaux des affinités chimiques dans l'appareil de décomposition est nulle, et on sait d'ailleurs que l'électrolyte n'influe sur l'intensité du courant que par sa résistance : il n'y a donc rien à changer à ce qui précède. — Si, par exemple, on décompose du sulfate de zinc entre des électrodes de zinc, le travail des affinités correspondant à la décomposition d'un équivalent de sel est égal et contraire au travail des affinités qui correspond à la formation d'un nouvel équivalent de sulfate à l'électrode positive, et l'absorption de chaleur correspondante au premier phénomène est exactement compensée par le dégagement de chaleur correspondant au deuxième.

Il en est autrement si l'électrolyte et les électrodes sont choisis de manière qu'il y ait polarisation. La décomposition de l'électrolyte n'est alors compensée par aucune action contraire, exercée par les produits de la décomposition sur la matière des électrodes : et si l'on appelle q la quantité de chaleur qu'absorbe la décomposition d'un équivalent de l'électrolyte, la quantité de chaleur qui se dégage dans le circuit entier, tandis qu'il s'accomplit dans chaque élément un équivalent d'action chimique, ne peut plus être donnée comme précédemment par l'expression $H\Sigma A$, mais par l'expression

$$H\Sigma A - q.$$

D'autre part, si l'on appelle P la force électromotrice de polarisation, les lois de Joule conduisent à représenter cette quantité de chaleur par

$$H(\Sigma A - P);$$

en égalant ces deux expressions et supprimant les termes communs, on obtient

$$HP = q.$$

La force électromotrice de polarisation est donc proportionnelle à la quantité de chaleur absorbée par la décomposition de l'électrolyte.

On voit ainsi par quel mécanisme s'effectue cette absorption de chaleur : ce n'est point par un abaissement local de la température de l'électrolyte au-dessous de la température qui résulterait de la loi de Joule, c'est par une diminution de la chaleur dégagée dans tous les points du circuit, et cette diminution elle-même résulte de l'introduction d'une nouvelle force électromotrice, de sens contraire à la force électromotrice des éléments de la pile [1].

[1] Si λ est la résistance de l'électrolyte, i l'intensité du courant, mesurée par le nombre d'équivalents chimiques décomposés durant l'unité de temps, la quantité de chaleur dégagée dans l'électrolyte en un temps quelconque θ est, comme on l'a vu,

$$Hi^2\theta\lambda;$$

si maintenant on désigne en particulier par θ le temps nécessaire à la décomposition d'un équivalent de l'électrolyte, cette quantité devient simplement

$$Hi\lambda;$$

enfin on doit remarquer que, dans le cas où il y a polarisation de l'électrolyte, on a, en désignant par P la force électromotrice de polarisation,

$$i = \frac{\Sigma A - P}{\Sigma R + \lambda};$$

281. **Dégagement de lumière produit par les courants.** — La température des conducteurs solides traversés par les courants peut s'élever jusqu'à l'incandescence : c'est ce qu'on démontre, par exemple, en faisant passer au travers d'un fil de platine fin le courant d'un simple élément à grande surface.

dès lors, la quantité de chaleur dégagée dans l'électrolyte pendant le temps nécessaire à la décomposition d'un équivalent chimique devient

$$H\frac{\Sigma A - P}{\Sigma R + \lambda}\lambda.$$

Supposons maintenant que, par une erreur qui a été commise bien des fois, on ne tienne pas compte de la polarisation, et qu'on mesure la résistance du liquide en déterminant les valeurs successives de l'intensité du courant avant d'introduire le liquide dans le circuit et après y avoir introduit le liquide. On trouvera pour cette résistance la valeur erronée λ' qui se déduit de l'équation

$$i = \frac{\Sigma A}{\Sigma R + \lambda'},$$

c'est-à-dire qu'on trouvera

$$\lambda' = \frac{\Sigma A}{i} - \Sigma R.$$

Si l'on se sert de la valeur de λ' pour calculer la quantité de chaleur que le courant doit, en vertu de la loi de Joule, dégager dans l'électrolyte, tandis qu'un équivalent de l'électrolyte est décomposé, on trouve

$$Hi\lambda' = H(\Sigma A - i\,\Sigma R);$$

la quantité de chaleur réellement dégagée étant seulement

$$Hi\lambda = H(\Sigma A - P - i\,\Sigma R),$$

l'excès du résultat de ce calcul inexact sur le résultat de l'expérience est

$$HP,$$

c'est-à-dire précisément la quantité de chaleur absorbée par la décomposition électro-chimique. — On comprend donc qu'en suivant ce raisonnement erroné on ait pu obtenir des évaluations calorimétriques exactes.

Si la force électromotrice de polarisation est proportionnelle à la chaleur absorbée par la décomposition de l'électrolyte, il peut sembler singulier qu'elle soit variable avec l'intensité du courant. Mais on doit remarquer que, dans la décomposition de l'eau acidulée par exemple, les produits immédiats ne sont pas de l'hydrogène et de l'oxygène libres à l'état gazeux, mais de l'hydrogène et de l'oxygène condensés sur les électrodes. L'état de condensation peut être variable avec l'intensité du courant, et par conséquent le phénomène chimique correspondant à diverses intensités n'est réellement pas le même.

L'*arc voltaïque*, employé aujourd'hui comme source de lumière, est ordinairement produit en terminant les conducteurs d'une pile d'un grand nombre d'éléments par des cônes de charbon de cornue. Ces cônes étant d'abord amenés au contact, puis éloignés d'une petite quantité, et maintenus à une distance constante au moyen de divers mécanismes régulateurs, on obtient un arc lumineux d'un vif éclat. — Lorsqu'on projette sur un écran l'image grossie des deux charbons qui sont amenés eux-mêmes à une vive incandescence (fig. 254), on voit le charbon positif se détruire rapidement, tandis que le charbon négatif diminue à peine. On en doit conclure que la température est plus élevée à l'extrémité positive de l'arc qu'à l'extrémité négative. Le phénomène s'observe, quelle que soit la nature des conducteurs entre lesquels l'arc voltaïque est produit : ce n'est probablement qu'un cas particulier de l'expérience de Peltier citée plus haut.

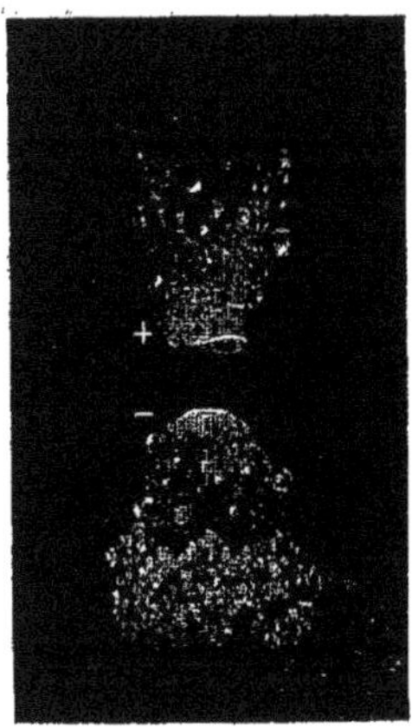

Fig. 254.

COURANTS D'INDUCTION.

PRODUCTION DES COURANTS D'INDUCTION.

282. **Production des courants d'induction, envisagée comme une conséquence de la théorie mécanique de la chaleur.** — On a considéré précédemment le travail des affinités chimiques mises en jeu dans les éléments d'une pile comme équivalant à la chaleur totale dégagée dans le circuit (278). — Il n'en est réellement ainsi qu'autant que le courant ne produit pas d'effets mécaniques.

Si, en agissant sur d'autres courants ou sur des aimants, le courant communique une vitesse déterminée à des systèmes matériels, ou déplace le point d'application d'une résistance extérieure, le travail des affinités correspondant à une somme déterminée d'actions chimiques dans la pile a pour équivalent :

1° La chaleur dégagée dans le circuit;

2° La somme du travail mécanique accompli et de la moitié des forces vives développées, et cette somme ne peut augmenter sans que la chaleur dégagée dans le circuit diminue d'une quantité équivalente.

Ainsi, toutes les fois qu'un courant détermine une production de travail mécanique ou un développement de forces vives, la quantité de chaleur que dégage, par exemple, la production d'un équivalent chimique dans chaque élément de la pile se trouve diminuée. — Mais on sait, d'autre part, qu'en vertu des lois de Joule cette quantité de chaleur est proportionnelle à la somme des forces électromotrices qui existent dans le circuit. Il est donc nécessaire que cette somme soit diminuée, et, comme les forces électromotrices des éléments ne peuvent éprouver de variations tant que leur constitution ne change pas, il est nécessaire qu'il naisse dans le circuit de nouvelles forces électromotrices, contraires à celles des éléments.

On est donc conduit à énoncer, comme une conséquence nécessaire des principes de la théorie mécanique de la chaleur, la proposition générale suivante :

Toutes les fois qu'un courant électrique, en agissant sur d'autres courants ou sur des aimants, détermine une production de travail mécanique ou de forces vives, il naît dans le circuit traversé par ce courant un système de forces électromotrices qui en diminue l'intensité.

283. **Expériences de M. Favre.** — Des expériences de M. Favre, effectuées dans des conditions semblables à celles qui ont été indiquées précédemment, fournissent une vérification de ces conséquences.

En reprenant la disposition de l'expérience citée plus haut (279), on remplace le fil conducteur de grande résistance, qui fermait le circuit de l'élément de pile, par une petite machine électro-magnétique que le courant fait mouvoir et qui est placée dans la seconde cavité du calorimètre. — Si la machine n'a d'autre résistance à vaincre que celle du frottement, la chaleur dégagée par le frottement compense exactement la diminution de la chaleur dégagée dans le circuit, et l'effet total produit sur le calorimètre est le même que dans le cas d'un conducteur en repos. — Si au contraire la machine détermine l'ascension d'un poids extérieur, la quantité de chaleur recueillie dans le calorimètre est diminuée d'une quantité telle, que, en la multipliant par l'équivalent mécanique de la chaleur, on obtienne le travail correspondant à l'élévation du poids.

284. **Loi générale des courants d'induction, ou loi de Lenz.** — Si le mouvement résultant de l'action réciproque de deux conducteurs traversés par des courants a pour conséquence une diminution de l'intensité de ces courants, on peut exprimer le phénomène en disant que ce mouvement fait naître dans chaque conducteur un courant de sens contraire, c'est-à-dire un courant qui, par sa réaction sur l'autre conducteur, tend à s'opposer au mouvement réalisé dans l'expérience. Il est d'ailleurs naturel de supposer que cette production de courant doit avoir lieu suivant les mêmes lois, lorsque le mouvement relatif des deux conducteurs résulte, non plus

de leur action mutuelle, mais de l'action d'une force extérieure. Enfin, il doit en être encore de même si l'un seulement des deux conducteurs est traversé par un courant, l'autre étant primitivement à l'état naturel. — On doit donc regarder au moins comme très-probable la conclusion générale suivante :

Si l'on déplace un conducteur fermé, dans le voisinage d'un courant ou d'un aimant, il se développe dans ce conducteur un courant dirigé de façon que, par sa réaction sur le courant ou sur l'aimant, il

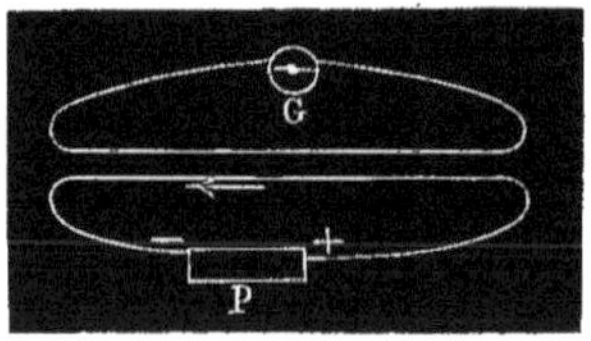

Fig. 255.

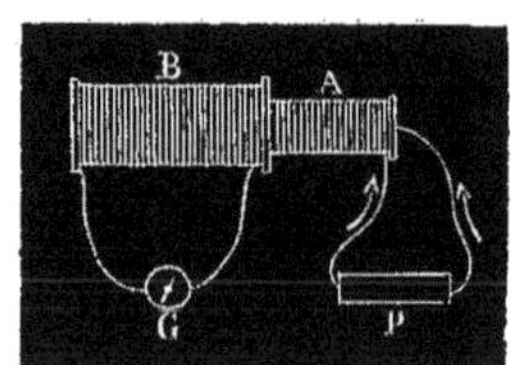

Fig. 257.

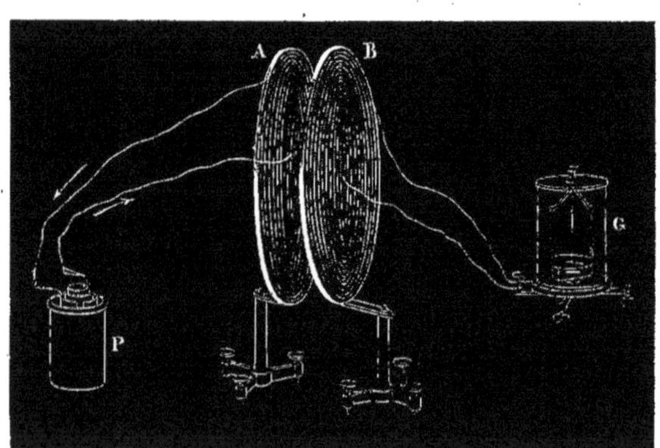

Fig. 256.

tende à s'opposer au mouvement. — Si le conducteur demeure immobile et qu'on déplace le courant ou l'aimant, il doit encore en être de même.

L'expérience confirme ces conjectures. Dans les conditions qui viennent d'être indiquées, il se développe des courants dont la durée est égale à celle du mouvement relatif qui les produit, et dont la direction est exactement conforme à la proposition générale qui vient d'être énoncée.

Faraday, qui a découvert en 1831 l'existence de ces courants, longtemps avant que les principes de la nouvelle théorie de la chaleur fussent établis[1], leur a donné le nom de *courants d'induction* ou *courants induits;* il a appelé *courant inducteur* le courant voltaïque nécessaire à l'expérience. — Faraday n'a d'ailleurs donné les lois de l'induction que dans des cas très-simples. Il a fait voir, par exemple, qu'en approchant un conducteur rectiligne d'un autre conducteur rectiligne placé dans le courant d'une pile P (fig. 255), en approchant un conducteur en spirale B (fig. 256) d'un autre conducteur en spirale A parcouru par un courant, en introduisant une bobine conductrice A traversée par un courant (fig. 257) dans l'axe d'une autre bobine B dont le circuit est simplement fermé par un galvanomètre, on obtient un courant induit de sens contraire au courant inducteur. Un mouvement communiqué au circuit inducteur de manière à l'éloigner de l'autre circuit a au contraire pour effet, dans chacune de ces trois dispositions de l'expérience, la production d'un courant induit de même sens que le courant inducteur. — C'est au physicien russe Lenz que l'on doit d'avoir établi la loi générale énoncée plus haut.

Il est utile de présenter la loi de Lenz sous la forme suivante, qui fait ressortir la connexion des phénomènes d'induction avec les phénomènes électro-magnétiques et électro-dynamiques :

Toute expérience électro-dynamique ou électro-magnétique est corrélative d'un phénomène d'induction : si, dans l'un des circuits, on remplace la pile par un galvanomètre et qu'on produise artificiellement le mouvement qui aurait eu lieu dans l'expérience considérée, il y a induction d'un courant de sens contraire à celui du courant qui eût été capable de produire ce mouvement.

Il résulte de là, en particulier, qu'un mouvement qui ne saurait être produit par les forces électro-dynamiques ou électro-magnétiques ne donne naissance à aucun effet d'induction. Par exemple,

[1] Les considérations qui établissent une liaison nécessaire entre les phénomènes d'induction et les principes de la théorie mécanique de la chaleur sont dues à M. Helmholtz.

puisque les actions d'un solénoïde fermé sur un point extérieur sont toujours nulles, on peut déplacer un conducteur quelconque d'une manière quelconque par rapport à un solénoïde fermé, traversé par un courant, sans qu'il se développe de courant induit.

285. **Induction par l'établissement ou la cessation d'un courant, par un accroissement ou un décroissement d'intensité.** — Au moment où l'on ferme le circuit d'une pile, s'il se trouve dans le voisinage un circuit fermé et parallèle, il y a production, dans ce circuit, d'un courant induit de sens contraire au courant de la pile. Au moment où l'on interrompt le circuit, il y a induction d'un courant de même sens que celui de la pile. Dans les deux cas, le courant est instantané, ou du moins il a une durée très-courte. — Ces phénomènes ont été désignés par les locutions d'*induction commençante* ou *inverse*, et d'*induction finissante* ou *directe*.

L'expérience peut se faire soit avec les appareils des figures 255, 256, 257, soit avec une bobine à deux fils isolés (fig. 258), l'un des fils CD communiquant avec un galvanomètre G, l'autre fil AB communiquant avec une pile P, dont on fermera ou l'on ouvrira alternativement le circuit.

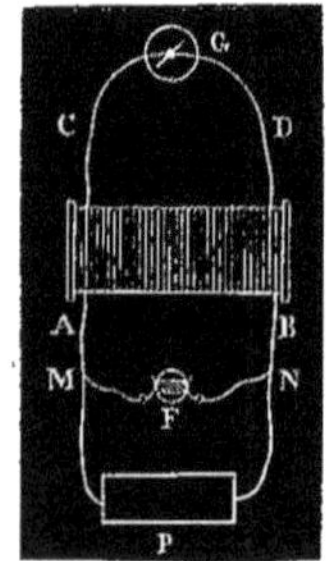

Fig. 258.

Si maintenant, dans le circuit formé par le fil AB et la pile P, on introduit une dérivation MFN, qu'on puisse à volonté ouvrir ou fermer à l'aide d'un commutateur F, on pourra observer les effets d'un simple accroissement ou décroissement de l'intensité du courant inducteur qui parcourt le fil AB. — On démontre ainsi la loi suivante :

Tout accroissement d'intensité d'un courant inducteur donne naissance à un courant induit de sens inverse; tout décroissement donne naissance à un courant induit de même sens.

286. **Relation entre la variation d'intensité du courant inducteur et l'intensité du courant induit, les deux circuits étant maintenus à une distance constante.** — Lorsque la distance des deux circuits reste constante et que ce sont seulement les

variations d'intensité du courant inducteur qui produisent les courants induits, on reconnaît, en mesurant à l'aide du galvanomètre les intensités de ces courants induits, qu'elles sont proportionnelles aux variations d'intensité du courant inducteur. — On en peut conclure que, si la loi de variation du courant inducteur est représentée par une expression telle que

$$i = f(t),$$

la force électromotrice d'induction développée dans un circuit voisin sera, à chaque instant, proportionnelle à

$$-\frac{di}{dt},$$

le signe — indiquant que la direction du courant induit est contraire à celle du courant inducteur, lorsque ce dernier éprouve un accroissement d'intensité. Si l'on représente par les ordonnées d'une courbe telle que MN (fig. 259) les intensités du courant inducteur, aux di-

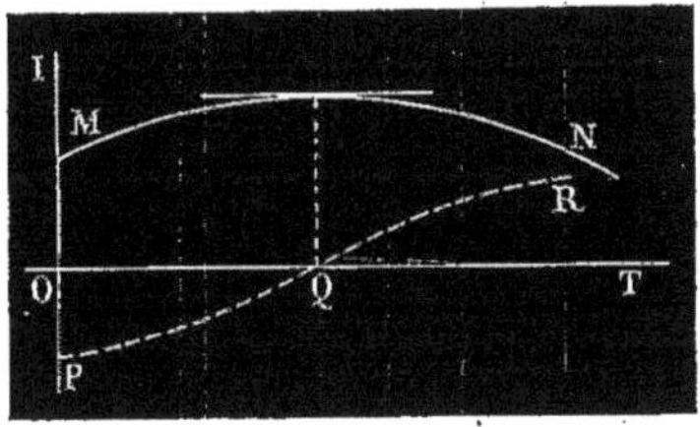

Fig. 259.

verses valeurs du temps représentées par les abscisses correspondantes, on voit que la force électromotrice d'induction sera représentée aux mêmes instants par la courbe PQR, dont les ordonnées sont égales et contraires aux tangentes trigonométriques des angles formés par les tangentes à la courbe MN avec l'axe des abscisses.

287. **Induction par les déplacements ou les variations d'intensité des aimants.** — L'introduction d'un barreau aimanté AB (fig. 260) dans l'axe d'une bobine conductrice C communiquant avec un galvanomètre G donne naissance à un courant induit, de sens contraire aux courants particulaires dont la théorie

d'Ampère admet l'existence dans l'aimant (209). — En retirant l'aimant, on détermine l'induction d'un courant de même sens que ces courants particulaires.

On donne naissance à des effets semblables en introduisant dans l'axe de la bobine C (fig. 261) un électro-aimant formé d'un noyau

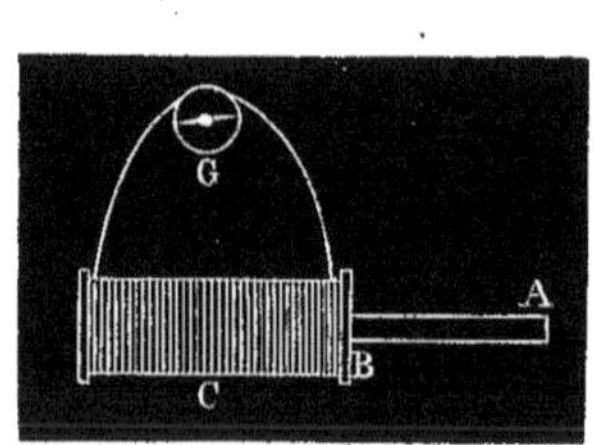

Fig. 260.

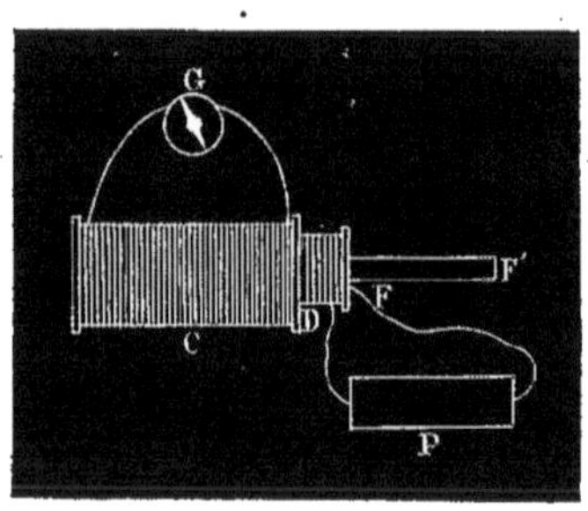

Fig. 261.

de fer doux FF' et d'une bobine D dans laquelle on fait passer le courant de la pile P.

Pour observer l'effet des variations d'intensité, on peut placer un cylindre de fer doux F dans l'intérieur d'une bobine C (fig. 262) et en approcher ou en éloigner un aimant AB. Dans le premier cas, il y a induction d'un courant contraire à celui qui pourrait communiquer au fer doux son aimantation actuelle; dans le second cas, il y a induction d'un courant de même sens. — De là résulte immédiatement l'utilité d'une disposition qui est fréquemment employée pour obtenir des courants induits d'une grande intensité. Si l'on prend une bobine portant deux fils isolés l'un de l'autre, le premier devant être employé comme circuit inducteur, le second comme circuit induit, et si dans l'axe de cette bobine on place un cylindre de fer doux, les effets inducteurs du fer doux et du premier fil de la bobine se renforcent réciproquement : on peut obtenir ainsi, comme on le verra plus loin, des courants induits extrêmement intenses.

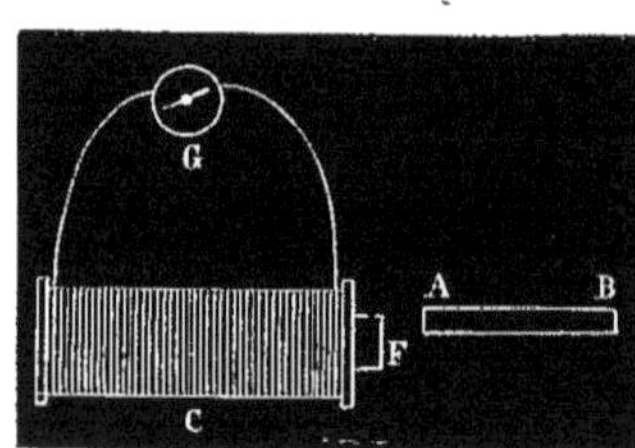

Fig. 262.

288. **Induction par l'action de la terre.** — Lorsqu'un conducteur fait partie d'un circuit fermé, et qu'on donne à ce conducteur un déplacement qui pourrait être produit par la terre si le conducteur était traversé par un courant de sens convenable, il s'y produit un courant de sens contraire. — Un déplacement qui ne pourrait être produit par l'action de la terre ne donne naissance à aucun courant.

Ainsi, lorsqu'on fait tourner un conducteur circulaire MN (fig. 263) autour d'un axe horizontal AB qu'on aura placé perpendiculairement au méridien magnétique, il y a induction d'un courant qui change de signe à chaque demi-révolution, au moment où le conducteur passe par la position où il est perpendiculaire à l'aiguille d'inclinaison; cette position serait en effet la position d'équilibre, si le conducteur était traversé par un courant. Le commutateur C, représenté par la figure 264 dans un plan perpendiculaire à celui de la figure 263, donne à ce courant variable une direction constante dans un galvanomètre introduit dans le circuit.

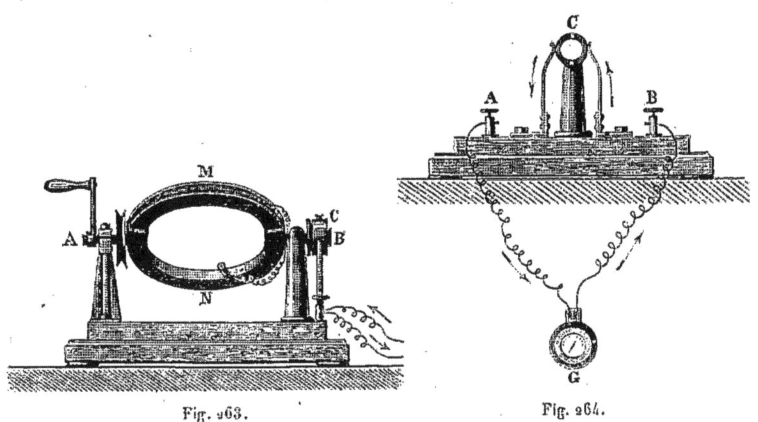

Fig. 263.

Fig. 264.

Au contraire, il n'y a production d'aucun courant induit lorsqu'on déplace un conducteur fermé parallèlement à lui-même, ou lorsqu'on fait tourner une bobine autour de son axe, puisque l'action de la terre sur de pareils conducteurs traversés par des courants ne saurait produire de mouvements de ce genre.

289. **Courants induits d'ordre supérieur.** — L'expérience montre que les courants induits peuvent exercer eux-mêmes une action inductrice sur les conducteurs voisins; ceux-ci peuvent, à leur tour, développer des courants induits dans d'autres circuits voisins, et ainsi de suite. — On nomme alors courant induit *du premier ordre* celui qui est produit par l'une des causes inductrices précédemment indiquées; courant induit *du second ordre* celui qui est développé par l'action du premier, et ainsi de suite.

Le courant induit du second ordre, étant développé par un courant qui commence et qui finit à deux époques très-rapprochées l'une de l'autre, est composé de deux courants successifs, égaux et contraires. La constitution des courants d'ordres supérieurs est analogue, mais plus compliquée.

L'existence de ces courants est toujours facile à constater au moyen de leurs actions physiologiques, par exemple au moyen des commotions qu'on éprouve quand on ferme avec les mains l'un de ces circuits, ou au moyen des contractions qu'ils produisent sur une grenouille convenablement préparée. — Pour démontrer qu'ils sont formés de courants successifs égaux et contraires, on les reçoit dans un voltamètre V (fig. 265), et on introduit dans le circuit inducteur

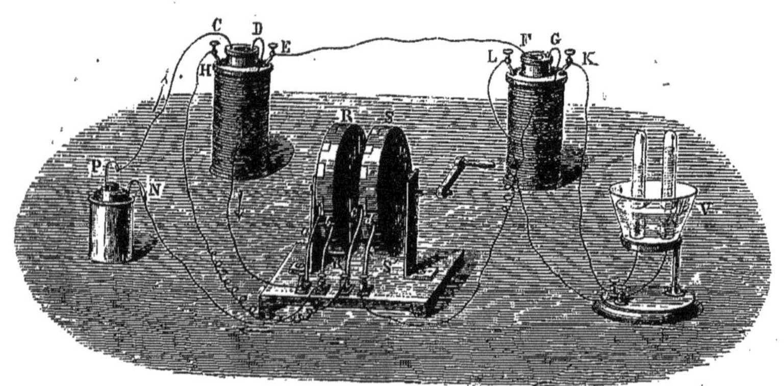

Fig. 265.

primitif un interrupteur, tel qu'une roue dentée RR′, ouvrant et refermant le circuit inducteur un grand nombre de fois en un temps donné, en même temps qu'un autre interrupteur SS′ placé dans le circuit des courants induits de premier ordre EFGH, et ayant d'ailleurs un mouvement lié à celui de RR′, ne laisse circuler que les courants induits directs, à l'exclusion des courants inverses, ou *vice versa* [1]. On recueille alors dans les deux tubes du voltamètre V, qui ferme le circuit des courants induits du second ordre KVL, un mélange explosif d'oxygène et d'hydrogène; il est donc manifeste que les courants du second ordre ont successivement les deux sens opposés. En raison de l'extrême faiblesse de ces courants, l'expérience doit nécessairement avoir une très-longue durée.

290. **Induction d'un courant sur lui-même.** — Les réactions inductrices qui ont lieu entre les éléments d'un courant d'intensité variable et les éléments d'un conducteur voisin se produisent aussi entre chaque élément du courant et les autres éléments du circuit. Ainsi, lorsqu'un courant s'établit ou augmente d'intensité, les réactions inductrices de ses divers éléments tendent à lui superposer un courant de sens contraire; lorsqu'il est interrompu ou qu'il diminue d'intensité, les mêmes réactions inductrices tendent à lui superposer un courant de même sens. — Ces courants induits

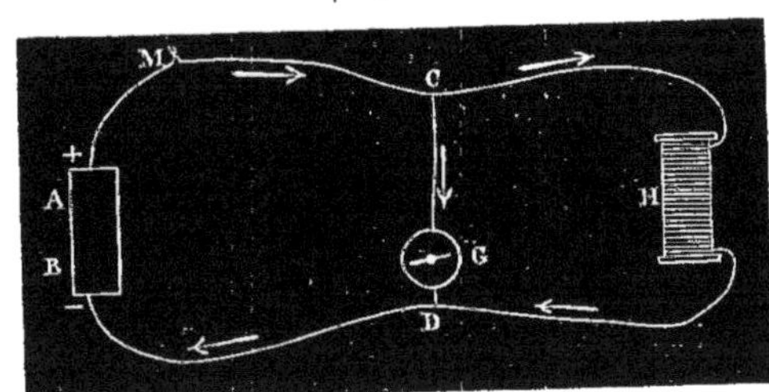

Fig. 266.

dans le circuit principal peuvent être rendus manifestes dans des fils de dérivation et ont reçu pour cette raison le nom d'*extra-courants*.

Pour constater l'extra-courant de rupture, on place dans le circuit d'une pile AB une bobine à un seul fil H (fig. 266), et dans

(1) L'installation des deux roues RR′ et SS′ sur leur axe commun de rotation est telle, que, à l'instant où le circuit principal est interrompu, le premier circuit induit est ouvert et

une dérivation CD on introduit un galvanomètre G. On ramène au zéro l'aiguille du galvanomètre au moyen d'un obstacle placé du côté où la déviation s'était produite, et, au moment où l'on interrompt le circuit en M, on la voit dévier un instant en sens contraire. Il est d'ailleurs évident qu'un courant qui parcourt le circuit fermé DGCH, et qui, dans la partie DGC, a un sens opposé à celui du courant de la pile, parcourt la bobine H dans le même sens que ce courant. — Donc l'extra-courant de rupture a, dans la bobine H, le même sens que le courant de la pile.

Pour démontrer l'existence de l'extra-courant de fermeture, on amène d'avance l'aiguille du galvanomètre dans la position d'équilibre qu'elle prendrait sous l'influence du courant et on l'y maintient au moyen d'un obstacle qui l'empêche de revenir au zéro quand le courant est interrompu; à l'instant où l'on referme le circuit, un accroissement instantané de la déviation indique qu'il se superpose au courant principal un courant qui a le même sens dans la partie BGC, et par conséquent un sens contraire dans la bobine H. — L'extra-courant de fermeture a donc, dans cette bobine, un sens opposé à celui du courant de la pile.

Si l'on remplace la bobine par un fil rectiligne de même longueur, les effets qui viennent d'être décrits deviennent très-peu sensibles; ils résultent donc bien réellement des réactions inductrices des divers éléments du fil [1].

. . . .

le courant induit direct ne peut s'établir; au contraire, à l'instant où le circuit principal se ferme, le premier circuit induit est déjà fermé et le courant inverse peut s'établir.

[1] Dans un circuit qui ne présente pas de dérivation, l'influence des réactions inductrices qui ont lieu entre les divers éléments est facile à comprendre. Soient A la somme des forces électromotrices d'une pile, R sa résistance, r celle du circuit extérieur: lorsque le courant est fermé, l'intensité est donnée par la formule de Ohm

$$I = \frac{A}{R+r}.$$

Mais la fermeture du circuit ne s'opère jamais d'une manière instantanée: pendant la durée très-courte de cette opération, la résistance du circuit extérieur à la pile peut être exprimée par une formule telle que:

$$r + \varphi(t),$$

$\varphi(t)$ étant une fonction du temps qui est infinie pour $t = 0$, lorsque le circuit est ouvert, et qui devient nulle au bout d'un temps très-court θ, lorsqu'il est entièrement fermé. S'il

291. Magnétisme de rotation. — Expérience d'Arago. — On désigne sous le nom de *magnétisme de rotation* un ensemble de phénomènes qui se produisent lorsqu'il y a mouvement relatif d'un aimant par rapport à une masse conductrice, et que l'on peut expliquer par les lois générales de l'induction.

L'expérience suivante, qui est due à Arago, a servi de point de départ à toute cette théorie. Une aiguille aimantée *ab* (fig. 267) étant placée sur un pivot, ou supportée par un fil de soie sans torsion, de manière qu'elle se tienne en équilibre dans une position horizontale, on met en mouvement au-dessous d'elle, à l'aide d'une manivelle et d'un système d'engrenages, un disque métallique CD tournant autour d'un axe qui passe par son centre et par le point de suspension de l'aiguille : on constate que l'aiguille est déviée dans le sens de la rotation du disque. La déviation augmente avec la vitesse de rotation; enfin, lorsque la déviation arrive à dépasser 90 degrés, l'aiguille prend un mouvement de rotation continu, dirigé dans le même sens que celui du disque, mais moins rapide.

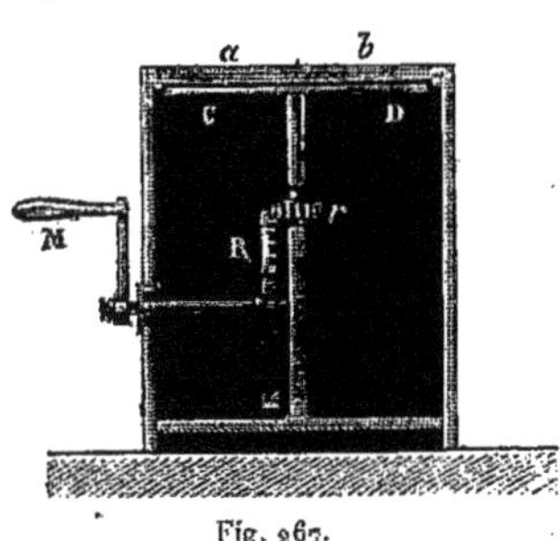

Fig. 267.

Voici l'explication de ce fait, telle que l'a donnée Faraday. Si

n'y avait pas de réactions inductrices entre les divers éléments du circuit, l'intensité du courant, durant cette période où la résistance est variable, serait

$$i = \frac{A}{R + r + \varphi(t)};$$

mais les réactions inductrices développant dans le circuit des forces électromotrices dont la somme est proportionnelle, comme on l'a vu, à $-\frac{di}{dt}$, on a réellement

$$i = \frac{A - h\frac{di}{dt}}{R + r + \varphi(t)},$$

le coefficient h dépendant de la forme et des dimensions du circuit. — L'intégration de cette équation différentielle fera connaître la loi exacte des variations éprouvées par l'intensité i, avant que cette intensité devienne constante. Si la forme de la fonction $\varphi(t)$ est connue, le problème sera ainsi complétement résolu.

l'on considère les deux moitiés du disque, M, N (fig. 268), qui sont situées de côtés différents du diamètre AB passant par la ligne des pôles de l'aiguille, il est évident que tous les points de la moitié M vont, à un instant donné, en s'éloignant du pôle austral A de l'aiguille, tandis que les points de la moitié N s'en rapprochent. Donc, en vertu de la loi de Lenz, il y a dans la moitié AMB induction de courants qui, par leur réaction sur l'aiguille, tendent à rapprocher le pôle austral de AMB; et dans la partie ANB induction de courants qui, par leur réaction sur l'aiguille, tendent à écarter ce même pôle de ANB. Ces deux actions sont évidemment concordantes et tendent à faire marcher l'aiguille dans le sens de la rotation. — Il en est de même des actions exercées sur le pôle boréal.

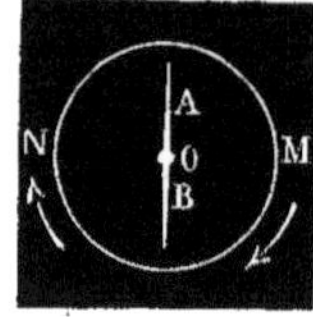

Fig. 268.

Un grand nombre d'expériences viennent confirmer l'explication qui précède :

1° Un disque non conducteur, qui ne peut être le siége de courants induits, n'agit pas sensiblement sur l'aiguille aimantée.

2° Un disque métallique agit d'autant mieux qu'il est meilleur conducteur; l'effet maximum s'observe, toutes choses égales d'ailleurs, avec un disque d'argent, l'effet minimum avec un disque de bismuth.

3° L'effet d'un disque conducteur est réduit à une valeur très-faible si l'on y pratique de nombreuses solutions de continuité (fig. 269); il reprend une grande partie de sa valeur initiale, si la continuité est rétablie par des soudures.

Fig. 269.

4° Si l'on touche deux points du disque mobile avec les extrémités du fil d'un galvanomètre, la déviation de l'aiguille accuse la présence d'un courant.

Le phénomène réciproque de ceux qui précèdent est le ralentissement que détermine, dans les oscillations d'une aiguille aimantée, le voisinage d'un disque conducteur fixe, placé à une petite distance parallèlement au plan décrit par l'aiguille [1]. — C'est là le rôle du

[1] Ce ralentissement des oscillations d'une aiguille aimantée, observé fortuitement dans les ateliers de Gambey, a été l'occasion des recherches d'Arago.

disque de cuivre qui, dans la plupart des galvanomètres, est placé au-dessous de l'aiguille supérieure (fig. 150); c'est également pour ralentir les oscillations du barreau aimanté que, dans les galvanomètres à réflexion, on dispose un anneau de cuivre qui les environne, comme l'indique la figure 153.

292. **Expérience de M. Plücker.** — Un cube de cuivre C (fig. 270) est suspendu entre les branches A, B de l'électro-aimant qui a été décrit précédemment, à l'extrémité d'un faisceau de fils que

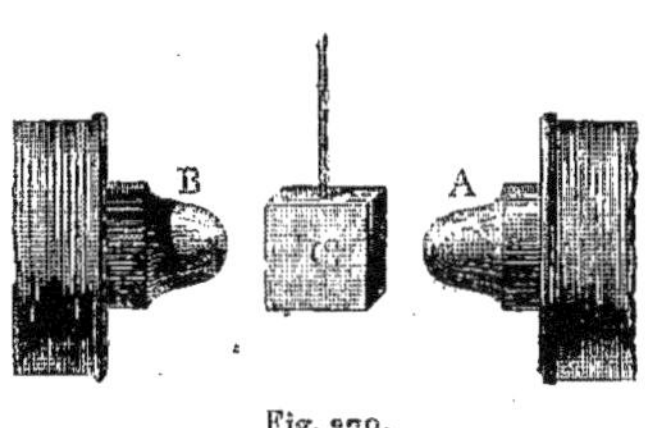

Fig. 270.

l'on a fortement tordu; lorsqu'on abandonne le cube à lui-même, ce faisceau de fils en se détordant imprime au cube un mouvement de rotation rapide. Au moment où l'on vient à déterminer l'aimantation de l'électro-aimant, on voit le cube s'arrêter brusquement, sous l'action des courants induits qui s'y développent. — Lorsqu'on supprime l'aimantation, les courants de sens contraire qui sont induits dans la masse du cube lui restituent son mouvement primitif.

Si l'on remplace le cube de cuivre massif par une série de lames carrées, empilées les unes sur les autres de manière que le système ait encore la forme cubique, et séparées par des lames isolantes, et si l'on répète l'expérience en suspendant le système de façon que le plan des lames soit horizontal, l'effet produit par l'aimantation est presque nul. — L'effet redevient sensible si l'on suspend le système de manière que le plan des lames soit vertical.

293. **Expérience de M. Foucault.** — Entre les pièces de fer doux A, B, qui forment les armatures d'un électro-aimant (fig. 271), passe librement un disque de cuivre D, auquel on peut commu-

niquer une vitesse de rotation considérable, au moyen d'un système de roues dentées mises en mouvement par une manivelle qui n'est

Fig. 271.

pas représentée dans la figure ci-contre. On commence par donner au disque D une grande vitesse de rotation, sans faire passer de courant dans le fil de l'électro-aimant; puis, lorsque cette vitesse est obtenue, on fait passer le courant: on constate que le disque s'arrête presque instantanément, par l'effet des courants induits qui s'y développent. Ces courants cessent dès que le disque est arrêté, mais la chaleur qu'ils y ont dégagée persiste, et on peut dire que le résultat définitif de l'expérience est de rendre sensible, sous forme de chaleur, toute la force vive qui appartenait au système en mouvement. L'élévation de température est d'ailleurs ici très-faible, et sensible seulement aux instruments délicats, en raison de la grandeur du nombre qui exprime l'équivalent mécanique de la chaleur.

Enfin, on peut donner à l'expérience une autre forme, dans laquelle le dégagement de chaleur est, au contraire, très-considérable. Le courant de la pile continuant de passer dans l'électro-aimant, on essaye de faire tourner le disque : on éprouve une très-grande résistance, due à la réaction de l'électro-aimant sur les courants induits développés par le mouvement. Par suite de la grande conductibilité du disque, ces courants ont une grande intensité et l'échauffent rapidement, ainsi qu'on peut s'en assurer par le contact d'une pince thermo-électrique, ou plus simplement au moyen d'un mélange de cire et de stéarine que la température du disque liquéfie. Il est évident d'ailleurs que la chaleur dégagée par ces courants est l'équivalent du travail de la force motrice par laquelle le mouvement du disque est entretenu.

MACHINES INDUCTRICES; EFFETS PRODUITS PAR LES COURANTS D'INDUCTION.

294. **Machine de Clarke.** — La machine de Clarke se compose essentiellement d'une sorte d'électro-aimant en fer à cheval MCDN (fig. 272), mobile autour d'un axe horizontal parallèle à ses

Fig. 272.

deux branches, devant les pôles d'un aimant fixe AB. Ce mouvement, que l'on produit à l'aide d'un volant R et d'un système d'engrenages destiné à accroître la vitesse de rotation, a pour effet la production de courants induits dans le fil des bobines, courants qui sont dus principalement aux variations d'intensité du magnétisme développé dans le fer doux des bobines M et N, et accessoirement aux changements de la distance de ces deux bobines aux pôles de l'aimant fixe.

Si l'on cherche à se rendre compte d'abord des effets produits par les variations d'intensité du magnétisme dans les pièces de fer doux qui forment les noyaux des bobines M et N, on voit que, si le système passe de la position MN à la position M'N' (fig. 273), son aimantation, due à l'influence de l'aimant AB, est décroissante; l'aimantation change de signe lorsque les pièces de fer doux arrivent dans la position M'N' perpendiculaire à la ligne des pôles AB de l'aimant fixe, et devient maxima lorsque MN est parallèle à AB; elle décroît ensuite, change encore de signe, redevient croissante, et ainsi de suite. Si l'on représente par des abscisses les arcs décrits par un point de l'axe de l'un des noyaux de fer doux, à partir d'une position où MN est parallèle à la ligne AB, et par des ordonnées les intensités d'aimantation correspondantes, on obtient, pour la durée d'une révolution entière, une courbe telle que MNPQR (fig. 274); le

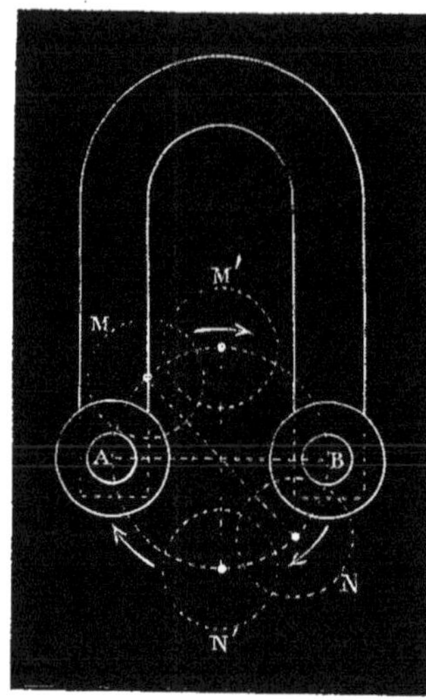

Fig. 273.

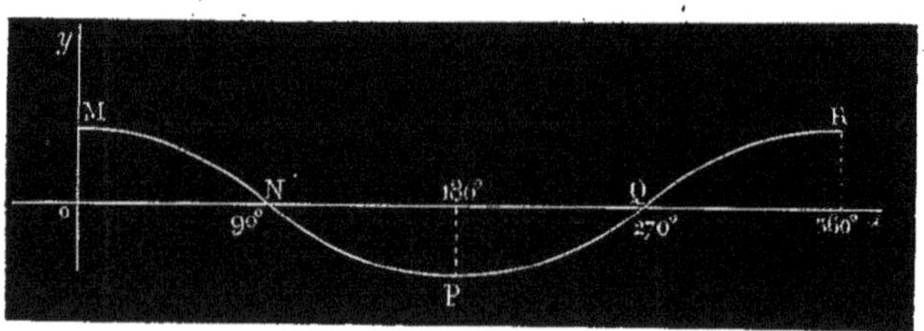

Fig. 274.

courant induit, devant être à chaque instant proportionnel à la variation de l'intensité magnétique et de signe contraire, sera alors représenté par la courbe qu'on construira en prenant pour ordonnées les valeurs de $\frac{dy}{dx}$ fournies par la courbe précédente, ces valeurs étant prises en signe contraire, ce qui donnera une courbe telle que OSTUV (fig. 275).

Si l'on considère maintenant les effets produits par les variations de distance des bobines elles-mêmes aux pôles de l'aimant fixe, on

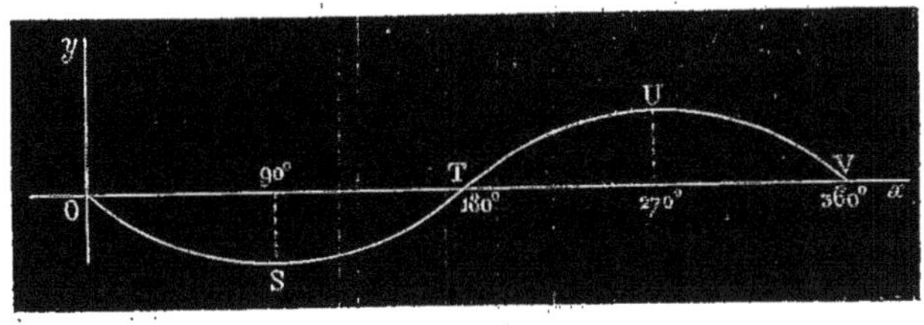

Fig. 275.

voit que la distance des bobines au pôle le plus voisin augmente quand l'aimantation du fer doux diminue, et diminue quand l'aimantation augmente; les courants induits dus à cette action sont donc dirigés comme ceux qui résultent de la première cause, et ne font qu'en accroître l'intensité.

Le commutateur K, qui est indiqué sur la figure 272, et qui est placé sur l'axe de rotation de l'électro-aimant, sert à rendre le sens du courant constant dans la portion du circuit qui est extérieure aux bobines. L'emploi de ce commutateur est indispensable lorsqu'on veut que tous les courants induits produits par la machine traversent un conducteur extérieur dans un sens variable, puisque dans les bobines le courant change de sens à chaque demi-révolution.

Des machines construites sur le même principe que la machine de Clarke, avec des dimensions considérables, sont employées à produire la lumière électrique et ont été appliquées à l'éclairage des phares.

295. **Machine de Ruhmkorff.** — On désigne sous le nom de *machine de Ruhmkorff* un système de bobines destiné à produire des courants d'induction, auquel M. Ruhmkorff a su donner de très-grandes dimensions et une grande puissance.

L'appareil (fig. 276) se compose d'une bobine intérieure, couverte d'un gros fil qui doit fonctionner comme circuit inducteur; d'une

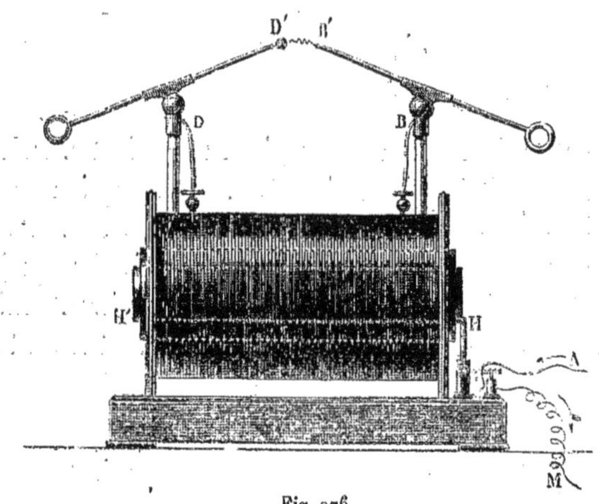

Fig. 276.

bobine extérieure à fil très-long et très-fin, qui doit fonctionner comme circuit induit; enfin, d'un faisceau de fils de fer doux, placés dans l'axe de la bobine intérieure. — On adjoint ordinairement à cet appareil l'interrupteur représenté sur la figure 277. Cet interrupteur est formé d'un petit électro-aimant, au-dessus duquel se trouve un levier TEF portant à une extrémité une armature de fer doux F, et à l'extrémité opposée deux pointes de platine T, S, qui plongent dans des capsules pleines de mercure recouvert d'une légère couche d'alcool absolu. La pointe de platine T, le mercure de la capsule correspondante et le fil de l'électro-aimant font partie du circuit d'une pile spéciale, formée d'un ou deux éléments de Bunsen. L'autre pointe S et la masse de mercure correspondante font partie du circuit inducteur. — Le circuit

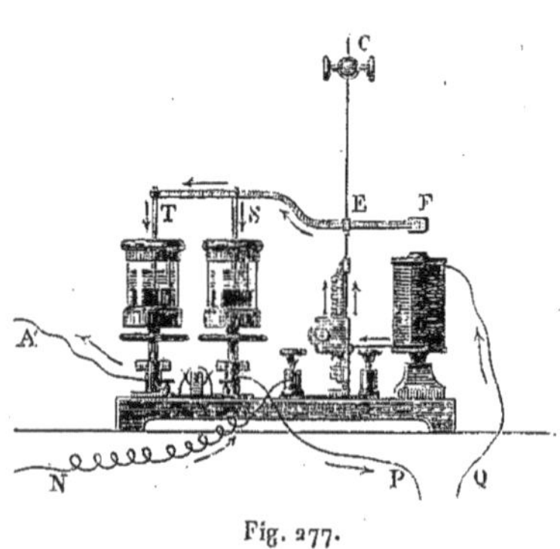

Fig. 277.

inducteur étant fermé, si l'on ferme le circuit spécial de l'interrupteur, le fer doux F est attiré par l'électro-aimant, et l'extrémité opposée du levier T, en se soulevant, interrompt les deux circuits. L'électro-aimant perdant ainsi sa vertu attractive, le levier retombe, les deux circuits se ferment de nouveau, et ainsi de suite. En raison du défaut de conductibilité de l'alcool absolu, on peut considérer la fermeture et l'interruption comme à peu près instantanées [1].

Lorsque le circuit induit est fermé, les interruptions successives du courant inducteur y déterminent une série de courants alternativement directs et inverses. — Si le circuit induit offre quelque part une petite interruption, les courants inverses paraissent entièrement supprimés, tandis que les courants directs persistent et sont transmis sous forme d'étincelles tant que l'interruption n'excède pas certaines limites. Un voltamètre introduit dans le circuit est alors le siége d'une décomposition telle, qu'on recueille de l'oxygène pur au pôle positif des courants directs, et de l'hydrogène pur sous un volume double au pôle négatif. L'appareil fournit ainsi le moyen d'obtenir, à des intervalles de temps très-rapprochés, des étincelles de direction constante et d'en étudier facilement l'aspect ou les autres propriétés.

296. **Phénomènes lumineux produits par les courants d'induction dans les gaz raréfiés.** — L'aspect de l'étincelle est surtout remarquable lorsqu'on l'observe dans un gaz raréfié. On y distingue alors facilement trois parties : une auréole diffuse autour du pôle négatif, un espace obscur, et une traînée lumineuse qui s'étend jusqu'au pôle positif. Dans l'air raréfié, l'auréole négative est bleuâtre, la lumière positive rougeâtre; dans un autre gaz, ces couleurs peuvent changer, mais la lumière positive et l'auréole négative diffèrent toujours de nuance et sont toujours séparées par un intervalle obscur. Ces caractères, qui distinguent l'un de l'autre les deux pôles, sont tellement constants, qu'ils peuvent servir, à défaut d'autres, pour indiquer la direction du courant qui produit une étincelle.

Lorsque la raréfaction est poussée suffisamment loin, la lumière

[1] La construction de cet appareil interrupteur est due à M. Foucault.

positive se partage en stratifications (fig. 278). — M. Geissler, à Bonn, et, à son exemple, M. Alvergniat, à Paris, ont construit depuis

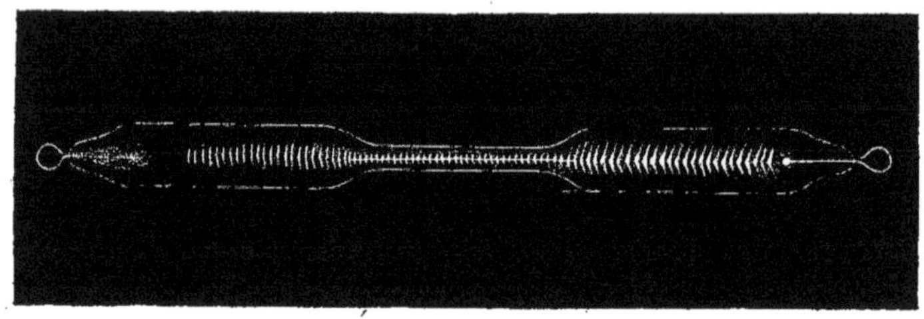

Fig. 278.

quelques années un grand nombre de tubes, contenant des gaz raréfiés et des vapeurs de diverses natures, où la lumière électrique se montre sous les aspects les plus différents. — La fluorescence du verre ajoute encore, dans certains cas, à la variété des phénomènes.

297. **Action des aimants sur les courants transmis par les gaz raréfiés.** — Les courants électriques transmis par les gaz

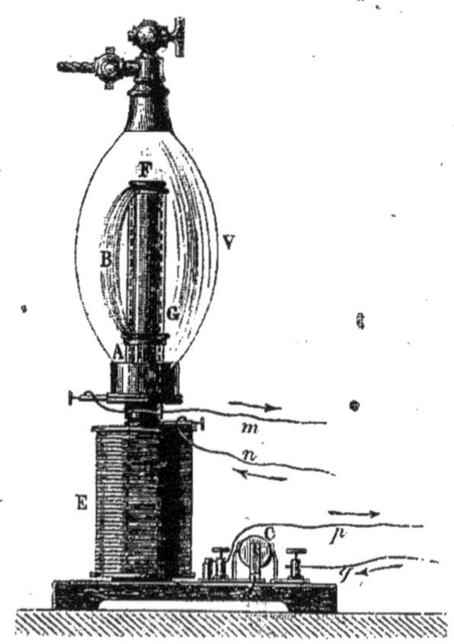

Fig. 279.

raréfiés, et rendus visibles par l'incandescence de ces gaz, obéissent à l'action des aimants ou des courants, comme les courants transmis par les conducteurs solides. Les deux appareils suivants, imaginés par M. Auguste de la Rive, sont propres à constater cette propriété.

Un cylindre de fer doux FG (fig. 279), fixé à l'extrémité d'un électro-aimant E, est engagé dans un vase de verre V où l'on peut faire le vide par la partie supérieure. Il est entouré d'une enveloppe isolante qui le sépare de l'anneau métallique A, situé à la partie inférieure du vase V. — On met en communication, d'une part l'anneau A, d'autre part le cylindre de fer, avec les deux extrémités de la bobine induite de l'appareil de Ruhmkorff : une étincelle d'apparence continue FBA jaillit de A en F. Si alors on fait passer un courant dans la bobine E, de manière à aimanter le fer doux FG, l'arc lumineux B se met à tourner, comme le ferait un conducteur solide (175).

L'anneau métallique A de l'appareil précédent étant remplacé par un anneau DD' (fig. 280), situé dans le même plan que l'extrémité libre du cylindre de fer doux, il se produit, lorsque le gaz est très-

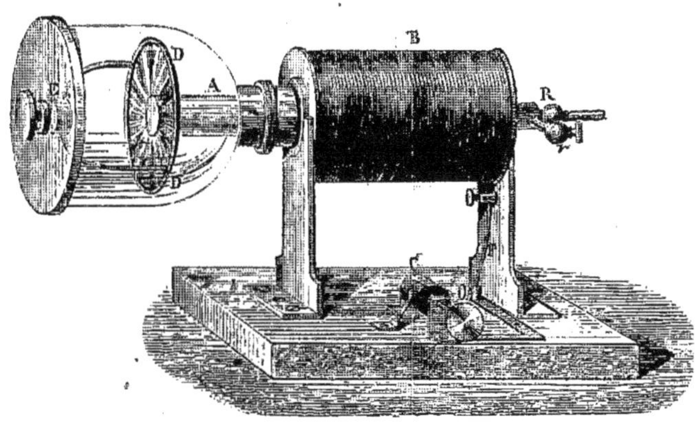

Fig. 280.

raréfié, une nappe lumineuse presque continue qui, au moment où l'électro-aimant B entre en action, se met à tourner comme l'arc lumineux de l'expérience précédente (174). — M. de la Rive pense que l'aurore boréale est composée de nappes lumineuses, analogues à celle qu'on observe dans cette expérience : ces nappes seraient dues à des décharges électriques, produites dans les couches les plus élevées et les plus rares de l'atmosphère. Les mouvements que l'observation a constatés résulteraient de l'influence du magnétisme terrestre, comme ils résultent, dans l'expérience précédente, de l'action d'un électro-aimant. L'origine de ces décharges électriques resterait seule à expliquer.

FIN DU TOME II.

TABLE DES MATIÈRES.

DE LA CHALEUR.

NOTIONS PRÉLIMINAIRES.

ÉTUDE DES DILATATIONS.

NOTIONS GÉNÉRALES SUR LES DILATATIONS.

DILATATION DES LIQUIDES.

DILATATION DES SOLIDES.

DILATATION DES GAZ.

THERMOMÉTRIE.

CHANGEMENTS D'ÉTAT PRODUITS PAR LA CHALEUR.

FUSION ET SOLIDIFICATION.

FORMATION ET PROPRIÉTÉS GÉNÉRALES DES VAPEURS.

ÉTUDE DE QUELQUES MODES SPÉCIAUX DE FORMATION DES VAPEURS.

MESURE DES DENSITÉS.

HYGROMÉTRIE.

CALORIMÉTRIE.

NOTIONS PRÉLIMINAIRES.

CHALEURS SPÉCIFIQUES DES SOLIDES ET DES LIQUIDES.

CHALEURS SPÉCIFIQUES DES GAZ.

CHALEURS LATENTES DE FUSION.

CHALEURS LATENTES DE VAPORISATION.

PRODUCTION ET CONSOMMATION DE LA CHALEUR.

DES SOURCES DE CHALEUR ET DE FROID.

NOTIONS SUR LA THÉORIE MÉCANIQUE DE LA CHALEUR.

DU MAGNÉTISME.

CONSTITUTION DES AIMANTS.

MAGNÉTISME TERRESTRE.

DES COURANTS ÉLECTRIQUES

OU

DE L'ÉLECTRICITÉ DYNAMIQUE.

NOTIONS GÉNÉRALES.

ACTION DES COURANTS SUR LES AIMANTS (ÉLECTRO-MAGNÉTISME).

MESURE DE L'INTENSITÉ DES COURANTS.

ACTION DE LA TERRE SUR LES COURANTS.

ACTION DES COURANTS SUR LES COURANTS (ÉLECTRO-DYNAMIQUE).

THÉORIE ÉLECTRO-DYNAMIQUE DU MAGNÉTISME. — AIMANTATION PAR LES COURANTS.

DIAMAGNÉTISME.

ACTIONS CHIMIQUES DES COURANTS (ÉLECTRO-CHIMIE).

COURANTS THERMO-ÉLECTRIQUES.

LOIS DE L'INTENSITÉ DES COURANTS THERMO-ÉLECTRIQUES OU LOIS DE OHM.

COURANTS PRODUITS PAR LES ACTIONS CHIMIQUES OU COURANTS HYDRO-ÉLECTRIQUES.

ACTIONS CHIMIQUES DONNANT NAISSANCE À DES COURANTS.

EXTENSION DES LOIS DE OHM AUX COURANTS HYDRO-ÉLECTRIQUES.

SOURCES DIVERSES D'ÉLECTRICITÉ.

ACTIONS CALORIFIQUES DES COURANTS.

COURANTS D'INDUCTION.

PRODUCTION DES COURANTS D'INDUCTION.

FIN DE LA TABLE DES MATIÈRES.

CONDITIONS DE LA PUBLICATION

Les *Œuvres de Verdet* forment 8 volumes grand in-8, imprimés par l'Imprimerie impériale, et accompagnés de figures dans le texte toutes dessinées et gravées spécialement pour cette publication.

LES VOLUMES SONT AINSI COMPOSÉS :

Tome I. — INTRODUCTION par M. DE LA RIVE, mémoires et travaux originaux.

Tomes II et III. — COURS DE PHYSIQUE, professé à l'École polytechnique, publié par M. É. FERNET, répétiteur à l'École polytechnique.

Tomes IV. — CONFÉRENCES DE PHYSIQUE, faites à l'École normale, publiées par M. GERNEZ, ancien élève de l'École normale.

Tomes V et VI. — LEÇONS D'OPTIQUE PHYSIQUE, publiées par M. LEVISTAL, ancien élève de l'École normale.

Tomes VII et VIII. — THÉORIE MÉCANIQUE DE LA CHALEUR, cours professé à la Sorbonne, recueilli et publié par MM. PRUDHON et VIOLLE, anciens élèves de l'École normale.

Le prix des huit volumes pour les souscripteurs aux Œuvres complète est fixée à 75 francs.

Chaque partie sera en outre vendue séparément 12 francs le volume.

PARIS. — IMP. SIMON RAÇON ET COMP., RUE D'ERFURTH, 1.

www.ingramcontent.com/pod-product-compliance
Ingram Content Group UK Ltd.
Pitfield, Milton Keynes, MK11 3LW, UK
UKHW022322190726
13856UKWH00001B/158

9 782011 900449